Springer-Lehrbuch

Jürgen Avenhaus

Reduktionssysteme

Rechnen und Schließen in gleichungsdefinierten Strukturen

Mit 39 Abbildungen

Springer

Professor Dr. Jürgen Avenhaus

Fachbereich Informatik
Universität Kaiserslautern
Postfach 3049
D-67653 Kaiserslautern

ISBN-13 : 978-3-540-58559-6   e-ISBN-13 : 978-3-642-79351-6
DOI: 10.1007 / 978-3-642-79351-6

CIP-Aufnahme beantragt

Umschlaggestaltung: Struve & Partner, Heidelberg
Satz: Reproduktionsfertige Autorenvorlage
SPIN 10486842   45/3142 - 5 4 3 2 1 0 – Gedruckt auf säurefreiem Papier

Für Ursel

Vorwort

Reduktionssysteme dienen zum Rechnen und Schließen in Strukturen, die durch Gleichungen definiert sind. In diesem Buch werden Reduktionssysteme in einem relativ allgemeinen Sinn verstanden: Sie treten in Abhängigkeit von den betrachteten Strukturen in jeweils unterschiedlicher Form auf.

So heißen etwa Reduktionssysteme auf den Wörtern über einem festen Alphabet Wortersetzungssysteme. Sie eignen sich z.B. sehr gut für das Rechnen und Schließen in Gruppen und Halbgruppen, die durch definierende Gleichungen beschrieben sind. Reduktionssysteme auf Polynomen stehen in engem Zusammenhang mit der Berechnung von Gröbner-Basen zu Idealen, die durch Polynom-Gleichungen beschrieben sind. Hier gibt es Anwendungen beim Beweisen von Aussagen in der ebenen Geometrie. Reduktionssysteme auf Termen heißen Termersetzungssysteme. Sie dienen unter anderem zum Rechnen und Schließen in logischen Strukturen, die durch definierende Gleichungen beschrieben sind. Sie bilden aber auch die Grundlage für hocheffiziente Verfahren beim automatischen Theorem-Beweisen, insbesondere dann, wenn die Axiome allquantifizierte Gleichungen sind. Sie dienen weiter zur Beschreibung von abstrakten Datentypen, genauer, zur Angabe von ausführbaren Spezifikationen. Man kann mit ihnen Eigenschaften der Spezifikationen zeigen; dies führt dann zu Korrektheitsbeweisen für Programme in einer logisch hohen Programmiersprache.

Das Buch verfolgt das Ziel, die in den letzten Jahren entwickelten Techniken für Reduktionssysteme in geschlossenem Rahmen zusammenzutragen; diese Ergebnisse findet man bisher im wesentlichen nur in der Spezialliteratur. Dabei sollen nicht nur die Techniken dargestellt werden, es wird auch Wert auf den Kontext gelegt, in dem sie eingesetzt werden.

Zentral für den Aufbau des Buches ist Kapitel 1, in dem abstrakte Reduktionssysteme betrachtet werden. Hier werden die grundlegenden Begriffe und Techniken eingeführt, die später für unterschiedliche Anwendungen instantiiert und verfeinert werden. So werden in Kapitel 2 Wortersetzungssysteme, in Kapitel 3 Termersetzungssysteme und in Kapitel 4 Termersetzungssysteme mit einer unterliegenden Gleichungstheorie besprochen. Die zunächst abstrakt entwickelten Techniken können auch für andere Strukturen und Aufgaben leicht instantiiert und angepaßt werden.

Der Aufbau der einzelnen Kapitel folgt einem festen Schema: Zunächst wird die Fragestellung anschaulich motiviert, dabei werden die zentralen Begriffe nur intuitiv verwendet. Es folgt eine formale Präzisierung der benötigten Begriffe und eine saubere Definition der Semantik definierender Gleichungssysteme. Erst dann wird versucht, die Reduktionstechniken so zu präzisieren, daß mit ihnen die angesprochenen Probleme lösbar werden. Die einzelnen Abschnitte der Kapitel werden mit Übungsaufgaben abgeschlossen. Mit diesen Übungsaufgaben werden zwei Ziele verfolgt: Sie sollen anregen, die entwickelten Verfahren an Beispielen auszuprobieren und damit das Verständnis des dargestellten Stoffs zu vertiefen. Einige Aufgaben sollen darüber hinaus dazu anregen, weiterführende Ergebnisse herzuleiten, die mit den dargestellten Techniken relativ leicht zu erzielen sind. Die einzelnen Kapitel enden mit Literaturhinweisen, die auf die benutzten Quellen und auch auf weiterführende Literatur hinweisen.

Am Ende des Buches ist zusätzlich eine detaillierte Liste wichtiger Arbeiten auf dem Gebiet der Reduktionssysteme angegeben. Sie kann zum Einstieg in aktuelle Forschungsbereiche benutzt werden.

Danksagung

Dieses Lehrbuch ist aus Vorlesungen entstanden, die ich in den letzten Jahren an der Universität Kaiserslautern gehalten habe. Dabei sind Ergebnisse aus einer Vielzahl von Diskussionen eingeflossen, die ich mit Studenten und Mitarbeitern geführt habe. Dies waren in letzter Zeit besonders Klaus Becker, Jörg Denzinger, Roland Fettig, Matthias Fuchs, Bernhard Gramlich, Carlos Loría-Sáenz, Ulrich Kühler, Joachim Steinbach und Claus-Peter Wirth. Aus der Zusammenarbeit mit meinen Kollegen Klaus Madlener und Friedrich Otto habe ich viel über Wortersetzungssysteme gelernt. Für die Durchsicht des endgültigen Manuskripts bin ich besonders Rolf Socher-Ambrosius zu Dank verpflichtet. Für die Erstellung der LATEX-Version dieses Buches möchte ich ganz herzlich Frau Rita Kohl danken, die mit viel Mühe, Sorgfalt und auch Geduld den Text geschrieben hat, sowie Thomas Deiß und Joachim Steinbach, die mir bei der Erstellung der Bilder und dem endgültigen Layout geholfen haben.

Zum Schluß möchte ich noch denen danken, die das Erscheinen dieses Buches im Springer-Verlag ermöglicht und unterstützt haben, insbesondere Prof. W. Brauer, Prof. V. Diekert und Dr. H. Wössner.

Kaiserslautern, im Januar 1995   Jürgen Avenhaus

Inhaltsverzeichnis

Kapitel 0

Einleitung

0.1 Motivation

In der Informatik werden häufig formale Methoden eingesetzt, um auf einer logisch sauberen Basis Aussagen über Datenstrukturen und Programme machen zu können. Zur Beschreibung dieser Strukturen dienen dann Formeln der Prädikatenlogik erster Stufe, sie legen die Bedeutung (die Semantik) dessen, was beschrieben wird, eindeutig fest.

Eine typische Anwendung dieser Technik ist die Verwendung abstrakter Datentypen. Hier werden auf hoher logischer Ebene die Programme durch bedingte Gleichungen spezifiziert. Dabei werden die benötigten Daten – unabhängig von der späteren Realisierung – durch Terme modelliert und durch *Anwenden der Gleichungen von links nach rechts* manipuliert. (Diese Vorgehensweise ist als *prototyping* bekannt.) Ist außerdem die Aufgabe dessen, was das Programm leisten soll, durch prädikatenlogische Ein-/Ausgabebedingungen spezifiziert, so läßt sich die Korrektheit des Programms bezüglich der Ein-/Ausgabespezifikation als logische Formel angeben und gegebenenfalls beweisen.

Die zu beweisende Formel der Prädikatenlogik ist natürlich im allgemeinen um so einfacher zu beweisen, je einfacher ihre syntaktische Struktur ist. Die in diesem Buch vorgestellten Techniken sind besonders für den Fall geeignet, daß der Gleichheitsanteil der Formel besonders groß ist. Dies ist z.B. bei abstrakten Datentypen der Fall.

Die gleichungsdefinierten Strukturen stellen einen außerordentlich wichtigen Spezialfall der Strukturen dar, die durch Formeln der Prädikatenlogik erster Stufe beschreibbar sind. Es handelt sich hier um einen Spezialfall des allgemeinen Theorembeweisens, der dadurch charakterisiert ist, daß die definierenden Axiome all-quantifizierte Gleichungen sind. Man hat hier also die Sprache der Prädikatenlogik mit Gleichheit so eingeschränkt, daß keine Prädikatssymbole und keine aussagenlogischen Operatoren (wie $\wedge$ *und*, $\vee$ *oder*, $\neg$ *nicht*) erlaubt sind. Dies scheint zunächst eine starke Einschränkung zu sein. Man kann aber trotzdem viele wichtige Strukturen beschreiben, und man erhält viel effizientere Verfahren, als sie für die volle Prädikatenlogik denkbar sind. Darüber

hinaus kann man die hier entwickelten Techniken einsetzen, um große Probleme, die
Theorembeweiser mit der Gleichheit haben, in den Griff zu bekommen. Diese Probleme
bestehen darin, daß der Suchraum sehr groß wird, weil Gleichungen in beiden Richtungen angewendet werden können. Hier werden Gleichungen nur in einer Richtung
angewendet; das schränkt den Suchraum ein und erlaubt mächtige Simplifikationen der
Datenbasis.

In diesem Buch wird das Arbeiten mit Reduktionssystemen hauptsächlich mit Anwendungen bei abstrakten Datentypen und Korrektheitsbeweisen zu Spezifikationen
motiviert, und die beschriebenen Hilfsmittel sind auf dieses Ziel ausgerichtet. Es soll
aber erwähnt werden, daß die entwickelten Techniken auf sehr vielen Gebieten eingesetzt werden können. Hierzu gehört, wie schon erwähnt, das Theorembeweisen in
der Prädikatenlogik, aber auch das Rechnen mit Wortersetzungssystemen (Rechnen
in Gruppen und Halbgruppen) und das Rechnen in Polynomringen (hier gibt es z.B.
Anwendungen beim Beweisen von Sätzen der ebenen Geometrie).

Wir geben zunächst die wesentlichen Ideen an, die dem Arbeiten mit Reduktionssystemen zugrunde liegen, und stellen die Vorgehensweise an einigen Beispielen dar. Diese
Beispiele sollen auch zeigen, auf welch unterschiedlichen Gebieten die hier dargestellten
Techniken einsetzbar sind. Aus diesem Grund werden die grundlegenden Ideen auch
zunächst abstrakt beschrieben und später konkretisiert.

Sei $\mathcal{E}$ eine Menge von syntaktischen Objekten – etwa Terme über einer festen Signatur
zur Beschreibung eines abstrakten Datentyps, Formeln der Prädikatenlogik erster Stufe,
Polynome oder Programme in einer gegebenen Programmiersprache – und sei $\sim$ eine
Äquivalenzrelation auf $\mathcal{E}$, die die semantische Gleichheit von Objekten beschreibt. Das
Wortproblem besteht dann darin, zu entscheiden, ob zwei gegebene Elemente s und t
aus $\mathcal{E}$ semantisch gleich sind, d.h., ob $s \sim t$ gilt.

Um dieses Problem zu lösen, geht man so vor: Man wählt eine wohlfundierte Partial-
ordnung $>$ und eine berechenbare Reduktionsrelation $\longrightarrow$ auf $\mathcal{E}$, so daß aus $s' \longrightarrow s''$
stets $s' \sim s''$ und $s' > s''$ folgt.   Dann können s und t nicht unendlich oft mit
$\longrightarrow$ reduziert werden, man kann also Folgen $s = s_1 \longrightarrow s_2 \longrightarrow \ldots \longrightarrow s_n$ und
$t = t_1 \longrightarrow t_2 \longrightarrow \ldots \longrightarrow t_m$ berechnen, so daß s_n und t_m nicht weiter reduzierbar
sind. Unter einer zusätzlichen Voraussetzung (der "Konfluenz"), berechnet $\longrightarrow$ in jeder
Äquivalenzklasse $[s]$ eine Normalform $\hat{s}$, d.h., jedes $s' \in [s]$ läßt sich auf $\hat{s}$ reduzieren.
Daraus folgt, daß $s \sim t$ genau dann gilt, wenn s_n und t_m syntaktisch übereinstimmen.
Dies löst dann das Wortproblem zu $(\mathcal{E}, \sim)$.

Ist die Relation $\sim$ durch ein Gleichungssystem E beschrieben, so wählt man häufig
als $\longrightarrow$ die Relation, die durch Anwenden der Gleichungen von links nach rechts entsteht. Diese Relation $\longrightarrow$ erfüllt im allgemeinen noch nicht die eben erwähnten Voraussetzungen. Man startet dann einen Algorithmus – die Vervollständigungsprozedur
nach Knuth-Bendix –, der E in ein Regelsystem R (gerichtetes Gleichungssystem) zu
transformieren versucht, so daß die durch R definierte Relation $\longrightarrow_R$ alle benötigten
Voraussetzungen erfüllt.

Diese Vorgehensweise soll an einigen Beispielen verdeutlicht werden.

Beispiel 0.1.1 (Ein Reduktionssystem für Gruppen) *Gegeben sei das folgende Axiomensystem E für die* Gruppen:

$$E: \quad x \cdot 1 = x \qquad x \cdot x^{-1} = 1 \qquad (x \cdot y) \cdot z = x \cdot (y \cdot z)$$

Es ist also $\mathcal{E}$ die Menge der Terme, die man mit den Operatoren $1, \cdot$ und $^{-1}$ aufbauen kann, und $\sim \; = \; =_E$ die durch E beschriebene Gleichheit auf Termen. Es ist bekannt, daß in jeder Gruppe die Gleichung $(x^{-1})^{-1} = x$ gilt, aber ein Beweis, daß diese Gleichung aus E folgt, ist nicht ganz leicht zu finden. Es stellt sich daher ganz grundsätzlich die Frage, ob es einen Algorithmus gibt, der zu je zwei Termen s und t entscheidet, ob die Gleichung $s = t$ aus E folgt (also in allen Gruppen gilt) oder nicht.

Die Lösung dieses Problems durch ein Reduktionssystem sieht so aus: Man startet die Vervollständigungsprozedur nach Knuth-Bendix. Sie transformiert E in folgendes Regelsystem R:

$$
\begin{array}{llll}
R: & x \cdot 1 & \rightarrow \; x & \qquad\qquad 1 \cdot x & \rightarrow \; x \\
& x \cdot x^{-1} & \rightarrow \; 1 & \qquad\qquad x^{-1} \cdot x & \rightarrow \; 1 \\
& 1^{-1} & \rightarrow \; 1 & \qquad\qquad (x^{-1})^{-1} & \rightarrow \; x \\
& (x \cdot y)^{-1} & \rightarrow \; y^{-1} \cdot x^{-1} & \qquad\qquad (x \cdot y) \cdot z & \rightarrow \; x \cdot (y \cdot z) \\
& x \cdot (x^{-1} \cdot y) & \rightarrow \; y & \qquad\qquad x^{-1} \cdot (x \cdot y) & \rightarrow \; y
\end{array}
$$

Dieses Regelsystem R definiert eine Reduktionsrelation $\longrightarrow$ mit allen gewünschten Eigenschaften. Speziell gilt

$$s =_E t \quad \text{genau dann, wenn} \quad \widehat{s} \equiv \widehat{t}.$$

Hierbei sind $\widehat{s}$ und $\widehat{t}$ die eindeutig bestimmten $\longrightarrow$-Normalformen zu s und t, und $\equiv$ bezeichnet die syntaktische Gleichheit von Termen. Das Regelsystem R entscheidet also die E-Gleichheit: Man kann zu je zwei Termen s und t testen, ob die Gleichung $s = t$ in allen Gruppen gilt.

Als Beispiel soll gezeigt werden, daß die Gleichung

$$(x^{-1} \cdot (y \cdot x))^{-1} = (x^{-1} \cdot y^{-1}) \cdot x$$

aus E folgt, also in allen Gruppen gilt. Setzt man $s \equiv (x^{-1} \cdot (y \cdot x))^{-1}$ und $t \equiv (x^{-1} \cdot y^{-1}) \cdot x$, so ergeben sich folgende R-Ableitungen (der reduzierte Teilterm ist jeweils unterstrichen):

$$s \;\equiv\; \underline{(x^{-1} \cdot (y \cdot x))^{-1}} \;\longrightarrow\; \underline{(y \cdot x)^{-1}} \cdot (x^{-1})^{-1} \;\longrightarrow\; (x^{-1} \cdot y^{-1}) \cdot \underline{(x^{-1})^{-1}}$$

$$\longrightarrow\; x^{-1} \cdot (y^{-1} \cdot \underline{(x^{-1})^{-1}}) \;\longrightarrow\; x^{-1} \cdot (y^{-1} \cdot x) \equiv \widehat{s}$$

$$t \;\equiv\; \underline{(x^{-1} \cdot y^{-1}) \cdot x} \;\longrightarrow\; x^{-1} \cdot (y^{-1} \cdot x) \equiv \widehat{t}$$

Wegen $\widehat{s} \equiv \widehat{t}$ gilt $s =_E t$.

Beispiel 0.1.2 (Reduktionssysteme auf Wörtern) *Wir betrachten als zweites Beispiel* Wortersetzungssysteme. *Sei $\mathcal{E}$ die Menge der Wörter über einem festen Alphabet Σ, also*

$$\mathcal{E} = \Sigma^* \qquad\qquad \Sigma = \{a_1, \ldots, a_n\} \ \text{ein Alphabet}$$
$$E \subseteq \Sigma^* \times \Sigma^* \qquad\qquad E \ \text{ein Gleichungssystem}$$

Solche Systeme werden zur Beschreibung von Gruppen und Halbgruppen benutzt. Dabei ist $=_E$ die kleinste Kongruenz $\sim$ auf Σ^* mit $w_1 u w_2 \sim w_1 v w_2$, falls $(u, v) \in E$ oder $(v, u) \in E$. Das Wortproblem zu E besteht darin, zu je zwei Wörtern u und v festzustellen, ob $u =_E v$ gilt. Ist es lösbar, so kann man effektiv in der durch E definierten Gruppe bzw. Halbgruppe rechnen. Wieder liefert die Knuth-Bendix-Vervollständigung in vielen Fällen bei Eingabe von E ein Regelsystem R, mit dem man das Wortproblem zu E lösen kann.

Wir betrachten als Beispiel $\Sigma = \{a, b\}$ und

$$E: \qquad aba = \lambda \qquad\qquad b^2 = \lambda$$

Hier ist λ das leere Wort, also das Eins-Element der durch E beschriebenen Halbgruppe H. Es erscheint auf den ersten Blick nicht ganz leicht, folgende Fragen zu beantworten:

(i) *Gilt $(ba)^4 =_E ab$?*

(ii) *Wie viele E-Äquivalenzklassen gibt es?*

Die Knuth-Bendix-Vervollständigung liefert das zu E äquivalente Regelsystem

$$R: \qquad a^2 \to b \qquad\qquad b^2 \to \lambda \qquad\qquad ba \to ab$$

Man sieht leicht, daß nur die Wörter λ, a, b und ab nicht mit R reduzierbar sind. Damit gibt es vier E-Äquivalenzklassen, nämlich die zu λ, a, b und ab. Weiter gilt $(ba)^4 \xrightarrow{*}_R \lambda$, $ab \xrightarrow{*}_R ab$, also sind die R-Normalformen von $(ba)^4$ und ab verschieden, d.h., es gilt $(ba)^4 \neq_E ab$.

Beispiel 0.1.3 (Reduktionssysteme auf Polynomen) *Als drittes Beispiel betrachten wir Reduktionssysteme auf* Polynomringen. *Sei K ein Körper und $K[x_1, \ldots, x_r]$ der Polynomring über K in den r Unbestimmten $x_1, \ldots, x_r$. Viele Probleme lassen sich auf folgende Fragestellung reduzieren: Gegeben seien die Polynome $p, p_1, \ldots, p_n \in K[x_1, \ldots, x_r]$, gefragt wird, ob p im von $F = \{p_1, \ldots, p_n\}$ erzeugten Ideal $J(F)$ liegt.*

Dieses Problem wird mit Reduktionstechniken so behandelt: Eine geeignete Ordnung legt für jedes Polynom p das größte Monom $hd(p)$ in p fest, dann ist $rest(p) = p - hd(p)$. Damit läßt sich jede Gleichung $p = 0$ in eine Regel $hd(p) \to -rest(p)$ umwandeln. Nun werden Vervollständigungstechniken angewendet, die F in ein Regelsystem R transformieren mit

$$p \in J(F) \qquad \textit{genau dann, wenn} \qquad p \xrightarrow{*}_R 0.$$

Beispiel 0.1.4 (Ein Reduktionssystem für die Aussagenlogik) *Als letztes Beispiel betrachten wir die* Aussagenlogik. *Mit den Operatoren* $*$ *(Konjunktion) und* $+$ *(exklusive Disjunktion) lassen sich alle Booleschen Funktionen beschreiben: Setzt man*

$$
\begin{array}{llll}
R: & x \wedge y & \rightarrow & x * y & & & & \textit{Konjunktion} \\
 & x \vee y & \rightarrow & x * y + x + y & & & & \textit{Disjunktion} \\
 & x \supset y & \rightarrow & x * y + x + 1 & & & & \textit{Implikation} \\
 & \neg x & \rightarrow & x + 1 & & & & \textit{Negation} \\
 & x + 0 & \rightarrow & x & & x * 1 & \rightarrow & x \\
 & x + x & \rightarrow & 0 & & x * x & \rightarrow & x \\
 & x * (y + z) & \rightarrow & (x * y) + (x * z) & & x * 0 & \rightarrow & 0
\end{array}
$$

$+$ *und* $*$ *sind assoziativ und kommutativ,*

so transformiert R *jeden Booleschen Ausdruck* f *in den Operatoren* $\wedge, \vee, \supset, \cdot$ *in ein eindeutig bestimmtes "flaches" Boolesches Polynom* $\widehat{f}$ *über dem Körper* $\mathbb{B} = (\{0,1\}, *, +, 0, 1)$. *Es handelt sich hier um die Termersetzung modulo einer Kongruenz, wie sie in Kapitel 4 beschrieben wird. Besteht A aus den Assoziativitäts- und Kommutativitätsaxiomen von* $+$ *und* $*$, *so wird eine Reduktionsrelation* $\longrightarrow_{R.A}$ *verwendet, die das nicht in* R *enthaltene Zusatzwissen über* $+$ *und* $*$ *ausnutzt. Es gilt*

$$
\begin{array}{lll}
f & \textit{ist allgemeingültig} \quad \textit{genau dann, wenn} \quad \widehat{f} \equiv 1, \\
f & \textit{ist unerfüllbar} \quad \textit{genau dann, wenn} \quad \widehat{f} \equiv 0.
\end{array}
$$

0.2 Termersetzungssysteme und abstrakte Datentypen

In diesem Abschnitt werden einige Probleme dargestellt, die im Zusammenhang mit der Verwendung von abstrakten Datentypen auftreten. In den späteren Kapiteln werden dann Hilfsmittel entwickelt, mit denen man diese Probleme behandeln kann. Dieser Abschnitt hat einen motivierenden Charakter. Die genauen Definitionen folgen später, und die entwickelten Hilfsmittel sind allgemeiner einsetzbar.

Generell besteht eine Spezifikation aus der Angabe von Sorten, Operatoren und einem System E von definierenden Gleichungen. Dabei legt E die Bedeutung der Operatoren fest. Die Operatoren operieren auf Daten. Dabei sind Daten gewisse Grundterme (variablenfreie Terme): Jede E-Äquivalenzklasse von Grundtermen wird durch einen "natürlichen" Term repräsentiert. Diese Repräsentanten der E-Äquivalenzklassen nennen wir Daten.

Beispiel 0.2.1 *Wir betrachten den abstrakten Datentyp* Listen über natürlichen Zahlen *und spezifizieren:*

a) *Boolesche Werte:* $BOOL$
   Operatoren :

$$
\begin{array}{lll}
true, false : & & \rightarrow \quad BOOL \\
not : & BOOL & \rightarrow \quad BOOL \\
and : & BOOL, BOOL & \rightarrow \quad BOOL
\end{array}
$$

$Variable : b \in V_{BOOL}$

$$E_1 : \quad \begin{array}{llll} not(true) & = & false & \qquad not(false) \quad = \quad true \\ and(true, b) & = & b & \qquad and(b, true) \quad = \quad b \\ and(false, b) & = & false & \qquad and(b, false) \quad = \quad false \end{array}$$

Daten vom Typ BOOL sind true *und* false. *Jeder Grundterm in den obigen Operatoren ist E_1-gleich zu* true *oder* false.

b) *Natürliche Zahlen: NAT*
Operatoren :

$$\begin{array}{llll} 0 : & & \rightarrow & NAT \\ s : & NAT & \rightarrow & NAT \\ + : & NAT, NAT & \rightarrow & NAT \\ \leq : & NAT, NAT & \rightarrow & BOOL \end{array}$$

$Variablen : x, y \in V_{NAT}$

$$E_2 : \quad \begin{array}{lll} x + 0 & = & x \\ x + s(y) & = & s(x + y) \end{array} \qquad \begin{array}{lll} 0 \leq x & = & true \\ s(x) \leq 0 & = & false \\ s(x) \leq s(y) & = & x \leq y \end{array}$$

Daten vom Typ NAT sind die Zahlen $\underline{i} = s^i(0), i \in \mathbb{N}$. Jeder Grundterm der Sorte NAT hat eine eindeutige E_2-Normalform $\underline{i}$.

c) *Listen über NAT: LIST*
Operatoren :

$$\begin{array}{llll} nil : & & \rightarrow & LIST \\ . : & NAT, LIST & \rightarrow & LIST \\ app : & LIST, LIST & \rightarrow & LIST \\ if : & BOOL, LIST, LIST & \rightarrow & LIST \end{array}$$

$Variablen : q, q_1, q_2 \in V_{LIST}$

$$E_3 : \quad \begin{array}{lll} app(nil, q_1) & = & q_1 \\ app(x.q_0, q_1) & = & x.app(q_0, q_1) \\ if(true, q_1, q_2) & = & q_1 \\ if(false, q_1, q_2) & = & q_2 \end{array}$$

Daten vom Typ LIST haben die Form $q \equiv a_1.a_2 \ldots a_k.nil$ mit a_i der Form $s^j(0)$. Jeder Grundterm der Sorte LIST hat eine eindeutige E_3-Normalform dieser Gestalt.

Auf dem Datentyp LIST kann man rechnen; wir programmieren den Sortieralgorithmus Quicksort *mit Gleichungen:*

$$E_S : \quad \begin{array}{lll} sort(nil) & = & nil \\ sort(x.q) & = & app(sort(low(x, q)), x.sort(up(x, q))) \\ low(x, nil) & = & nil \\ up(x, nil) & = & nil \\ low(x, y.q) & = & if \ (not(x \leq y), \ y.low(x, q), \ low(x, q)) \\ up(x, y.q) & = & if \ (x \leq y, \ up(x, q), \ y.up(x, q)) \end{array}$$

Liest man diese Gleichungen von links nach rechts, so ergibt sich unmittelbar als Programm ein Regelsystem, das jede Liste sortiert, z.B. gilt

$$sort(5.2.4.6.nil) \xrightarrow{*} 2.4.5.6.nil.$$

Um die Korrektheit dieses Algorithmus zu zeigen, spezifiziert man weiter

$$
\begin{aligned}
E_K : \quad sorted(nil) \quad &= \quad true \\
sorted(x.nil) \quad &= \quad true \\
sorted(x.y.q) \quad &= \quad and(x \leq y, sorted(y.q))
\end{aligned}
$$

Man zeigt dann

$$sorted(sort(q_0)) \;=_E\; true$$

für jede Liste $q_0 \equiv a_1.a_2 \ldots a_n.nil, a_i$ der Form $s^j(0)$. Dabei ist $E = E_1 \cup E_2 \cup E_3 \cup E_S \cup E_K$ die Vereinigung aller Gleichungssysteme. Dies liefert dann die Korrektheit des Sortieralgorithmus.

Wir betrachten die Beweisaufgabe etwas genauer. Sowohl das Programm als auch die Korrektheitsbedingungen sind durch Gleichungen spezifiziert. Die Gleichung *sorted* $(sort(q)) = true$ gilt nicht in allen Modellen von E, sie gilt aber im *Datenmodell* von E, d.h., sie läßt sich für jede konkrete Einsetzung $q_0 \equiv a_1.a_2 \ldots a_n.nil$ eines Datums für q mit den Gleichungen aus E beweisen. Man muß also zwischen zwei E-Gleichheiten unterscheiden:

a) Gleichheit in allen Modellen von E im Sinne der Logik.

b) Gleichheit im Datenmodell (initiales Modell) von E.

Im Falle a) reicht für den Nachweis der Gültigkeit einer Gleichung die Beweismethode *Ersetze Gleiches durch Gleiches* aus, d.h., die Anwendung von Gleichungen aus E. Dieses Problem ist den Reduktionstechniken direkt zugänglich. Im Falle b) reicht dieses Beweisverfahren nicht aus, man benötigt zusätzliche Hilfsmittel, etwa Induktionsbeweise. Wir betrachten in diesem Buch fast ausschließlich die *E-Gleichheit in allen Modellen*. Mit der *E-Gleichheit* sei jetzt also die Gleichheit in allen Modellen gemeint.

Die Behandlung der E-Gleichheit mit Reduktionstechniken stößt dann auf Schwierigkeiten, wenn E Anteile enthält, die prinzipiell nicht richtbar sind, ohne die Termination der Reduktionsrelation zu verlieren. Dies ist z.B. immer dann der Fall, wenn einige Operatoren als assoziativ und kommutativ spezifiziert werden. Da dies in der Praxis sehr häufig auftritt (z.B. bei $+$ und $*$ auf Zahlen oder *and* und *or* bei Booleschen Werten), benötigt man hier spezielle Konstruktionen. Dies wird im Kapitel über die Termersetzung modulo einer Kongruenz behandelt.

Wir geben noch zwei Erweiterungen der Theorie der Termersetzungssysteme an, die in diesem Buch nicht behandelt werden.

Für die Spezifikation von abstrakten Datentypen reichen unbedingte Gleichungen wie im obigen Beispiel nicht aus. Man beachte, daß in diesem Beispiel der if-then-else-Operator axiomatisiert wurde. Nur so konnten bedingte Gleichungen vermieden werden. Diese Axiomatisierung ist unnatürlich, sie erweist sich in vielen Beweisaufgaben als zu schwach. Wir spezifizieren als zweites Beispiel das *Sortieren durch Einfügen*:

$$
\begin{aligned}
E_{S_1}: \quad ins(x, nil) &= x.nil \\
ins(x, y.q) &= x.y.q, && \text{if } x \le y = true \\
ins(x, y.q) &= y.ins(x.q), && \text{if } x \le y = false \\
sort1(nil) &= nil \\
sort1(x.q) &= ins(x, sort1(q))
\end{aligned}
$$

Ersetzt man in E das Gleichungssystem E_S durch E_{S_1}, so entsteht ein bedingtes Gleichungssystem E'. Auch für solche bedingten Gleichungen sind Reduktionstechniken für die Entscheidung der E-Gleichheit entwickelt worden. Dabei treten jedoch neue Probleme auf.

Häufig will man die Ausdruckskraft von Spezifikationen dadurch steigern, daß man Informationen über die spezifizierten Objekte in der Signatur kodiert. Dies hat mehrere Vorteile. Es erlaubt zum einen häufig kürzere und übersichtlichere Spezifikationen, und es reduziert zum anderen bei Beweisen den Suchraum, da viel Information direkt in der Signatur zur Verfügung steht. Eine Methode, Informationen in der Signatur zu kodieren, besteht in der Verwendung von Untersorten. Dies erlaubt die Ausnutzung des Vererbungsmechanismus. Will man etwa die ganzen Zahlen INT spezifizieren, so kann man die in Abbildung 0.1 angegebene Sortenhierarchie aufbauen:

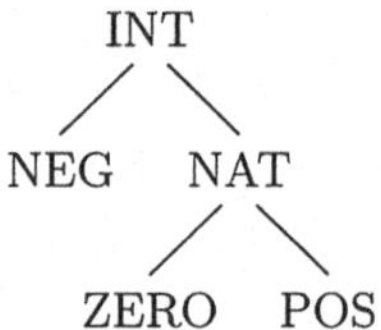

Abbildung 0.1: Sortenhierarchie

Ist x eine Variable der Sorte NAT und z eine Variable der Sorte NEG, so beschreibt

$$
\begin{aligned}
0 \le x &= true && \text{alle natürlichen Zahlen sind größer-gleich 0,} \\
0 \le z &= false && \text{alle negativen Zahlen sind kleiner als 0,} \\
z \le x &= true && \text{alle natürlichen Zahlen sind größer-gleich als alle negativen}
\end{aligned}
$$

Zahlen.

Dies sind offenbar kompakte Beschreibungen einiger Eigenschaften der Relation kleinergleich.

Diese zwei zuletzt dargestellten Aspekte der Termersetzung werden in diesem Buch aus Platzgründen nicht dargestellt.

Kapitel 1

Abstrakte Reduktionssysteme

1.1 Definitionen und erste Ergebnisse

Wir betrachten jetzt abstrakte Reduktionssysteme und studieren ihre wesentlichen Eigenschaften. Bei speziellen Anwendungen, z.B. Termersetzungssystemen, lassen sich diese Eigenschaften weiter spezialisieren und zum Teil effektiv testen.

Definition 1.1.1 (Wortproblem) *Sei $\mathcal{E}$ eine Menge und $\sim$ eine Äquivalenzrelation auf $\mathcal{E}$. Dann ist das* Wortproblem *zu $(\mathcal{E}, \sim)$ gegeben durch*

Eingabe: $u, v \in \mathcal{E}$
Frage: *Gilt $u \sim v$?*

Dieses Wortproblem soll mit Reduktionstechniken gelöst werden. Wir führen daher zuerst den Begriff *Reduktionssystem* ein. Er ist zwar sehr allgemein gehalten, erlaubt aber die Festlegung später häufig verwendeter Bezeichnungen.

Definition 1.1.2 (Reduktionssystem) *Ist $\mathcal{E}$ eine Menge und $\longrightarrow$ eine zweistellige Relation auf $\mathcal{E}$, so heißt $(\mathcal{E}, \longrightarrow)$ ein* Reduktionssystem.

Die Idee zur Lösung des Wortproblems zu $(\mathcal{E}, \sim)$ besteht darin, daß eine Reduktionsrelation $\longrightarrow$ gesucht wird, die auf jeder $\sim$-Äquivalenzklasse $[x]$ eine eindeutige Normalform $x\!\downarrow$ definiert. Ist $\overset{*}{\longleftrightarrow}$ die kleinste Äquivalenzrelation, die $\longrightarrow$ enthält, so soll also gelten:

(1) $\overset{*}{\longleftrightarrow} \; = \; \sim$,

(2) Jedes $u \in \mathcal{E}$ hat eine eindeutige $\longrightarrow$-Normalform $u\!\downarrow$,

(3) $u \sim v$ gdw[1] $u\!\downarrow \; = \; v\!\downarrow$.

---

[1] Wir benutzen generell "gdw" als Abkürzung von "genau dann, wenn".

Die Normalform $u{\downarrow}$ soll aus u berechenbar sein. Ist dies erreicht, so ist wegen (3) das Wortproblem entscheidbar.

Wir beginnen mit einigen häufig gebrauchten Bezeichnungen.

Ist ρ eine beliebige zweistellige Relation auf einer Menge M, so sind die Relationen ρ^i (i-faches Produkt von ρ), ρ^+ (transitiver Abschluß von ρ) und ρ^* (reflexiv-transitiver Abschluß von ρ) erklärt durch:

$$
\begin{aligned}
x\rho^0 y \qquad &\text{gdw} \qquad x = y \\
x\rho^{i+1} y \qquad &\text{gdw} \qquad \exists z \in M : x\rho^i z \,\wedge\, z\rho y \\
x\rho^+ y \qquad &\text{gdw} \qquad \exists i > 0 : x\rho^i y \\
x\rho^* y \qquad &\text{gdw} \qquad \exists i \geq 0 : x\rho^i y
\end{aligned}
$$

Wir spezialisieren dies für das Reduktionssystem $(\mathcal{E}, \longrightarrow)$. Die Relationen $\longleftarrow$ und $\longleftrightarrow$ sind auf $\mathcal{E}$ erklärt durch:

$$
\begin{aligned}
x \longleftarrow y \qquad &\text{gdw} \qquad y \longrightarrow x \\
x \longleftrightarrow y \qquad &\text{gdw} \qquad x \longrightarrow y \quad \text{oder} \quad x \longleftarrow y
\end{aligned}
$$

Es gilt also $x \xrightarrow{n} y$ genau dann, wenn sich y aus x durch n $\longrightarrow$-Schritte erreichen läßt. Weiter gilt $x \xleftrightarrow{n} y$ genau dann, wenn es $x_0, x_1, \ldots, x_n \in \mathcal{E}$ gibt mit $x = x_0, y = x_n$ und $x_{i-1} \longrightarrow x_i$ oder $x_{i-1} \longleftarrow x_i$ für alle $i = 1, \ldots, n$. Es ist $\longleftrightarrow$ (bzw. $\xrightarrow{+}, \xrightarrow{*}, \xleftrightarrow{*}$) der symmetrische (bzw. transitive, transitiv-reflexive, symmetrisch-transitiv-reflexive) Abschluß von $\longrightarrow$. Es ist $\xleftrightarrow{*}$ also die kleinste Äquivalenzrelation auf $\mathcal{E}$, die $\longrightarrow$ enthält.

Sei im folgenden das Reduktionssystem $(\mathcal{E}, \longrightarrow)$ fest. $x \in \mathcal{E}$ heißt *reduzierbar*, falls es ein y gibt mit $x \longrightarrow y$, sonst ist x *irreduzibel*. y heißt eine *Normalform* zu x, falls $x \xrightarrow{*} y$ und y irreduzibel ist. Hat x genau eine Normalform, so wird sie mit $x{\downarrow}$ bezeichnet. x, y heißen *zusammenführbar*, falls es ein z gibt mit $x \xrightarrow{*} z$ und $y \xrightarrow{*} z$. Wir bezeichnen dies mit $x {\downarrow} y$.

Wir betrachten jetzt die obige Bedingung (2) etwas genauer: Zu jedem $u \in \mathcal{E}$ soll mit $\longrightarrow$ eine eindeutige Normalform $u{\downarrow}$ berechenbar sein. Es zeigt sich, daß für dieses Ziel zwei Eigenschaften von zentraler Bedeutung sind:

(a) Es gibt keine unendliche Kette $u_0 \longrightarrow u_1 \longrightarrow u_2 \longrightarrow \ldots$

(b) Gilt $u \xrightarrow{*} u_1$ und $u \xrightarrow{*} u_2$, so gilt auch $u_1 {\downarrow} u_2$.

Gilt (b), so heißt $\longrightarrow$ konfluent. Wir betrachten die Konfluenz genauer in Abschnitt 1.2. Hier soll die Eigenschaft (a) genauer untersucht werden.

Definition 1.1.3 (Termination) *Die Relation* $\longrightarrow$ *auf $\mathcal{E}$ heißt* terminierend, *falls es keine unendliche Kette* $u_0 \longrightarrow u_1 \longrightarrow u_2 \ldots$ *gibt.*

An einigen Beispielen sollen jetzt die eingeführten Begriffe verdeutlicht werden.

Beispiel 1.1.4

a) *Sei $\mathcal{E} = \mathbb{N}$ und $n \longrightarrow m$ gdw $n = m + 5$.*

Es gilt $n \xrightarrow{i} m$ gdw $n = m + 5i$, und es ist n genau dann irreduzibel, wenn $0 \leq n < 5$ gilt. Offenbar ist $\longrightarrow$ terminierend.

b) *Sei $\mathcal{E} = \mathbb{N}$ und $n \longrightarrow m$ gdw $n < m$.*
Hier ist jedes n reduzierbar. Es ist $\longrightarrow$ nicht terminierend, da es z.B. die unendliche Kette $2 \longrightarrow 4 \longrightarrow 6 \longrightarrow \ldots$ gibt.

c) *$\mathcal{E} = \{a, b\}^*$ und $u \longrightarrow v$ gdw $\exists x, y : u = xbay, v = xaby$.*
Dieses Reduktionssystem sortiert die Wörter $u \in \{a, b\}^*$: Ist $i = |u|_a =$ Anzahl der a in u, and analog $j = |u|_b$, so gilt $u \xrightarrow{*} a^i b^j$. Es gilt $u \downarrow v$ gdw $|u|_a = |v|_a$ und $|u|_b = |v|_b$. Die Relation $\longrightarrow$ ist terminierend.

d) *$\mathcal{E} = \{a, b\}^*$ und $u \longrightarrow v$ gdw $\exists x, y : (u = xbay, v = xaby)$ oder $(u = xaaby, v = xbaay)$.*
Ein Wort $u \in \mathcal{E}$ ist genau dann irreduzibel, wenn es weder ba noch aab als Teilwort enthält. Von irreduziblen Wörtern kann offenbar keine unendliche Kette ausgehen. Es gibt aber Wörter, von denen eine unendliche Kette ausgeht, z.B. gilt $aab \longrightarrow baa \longrightarrow aba \longrightarrow aab$, also $u_0 \xrightarrow{+} u_0$ für $u_0 = aab$. Also gibt es eine unendliche Kette ab u_0 und $\longrightarrow$ ist nicht terminierend.

Man beachte, daß die Terminationsbedingung nur verlangt, daß es keine unendlichen Ketten gibt. Es darf durchaus beliebig lange Ketten geben. Es kann sogar sein, daß es ein $u \in \mathcal{E}$ gibt, so daß es für jedes $i \in \mathbb{N}$ eine Kette der Länge i von u aus gibt und $\longrightarrow$ trotzdem terminierend ist.

Beispiel 1.1.5 $\mathcal{E} = \{a_i \mid i \geq 0\}$, $\longrightarrow = \{(a_0, a_i) \mid i \geq 1\} \cup \{(a_{i+1}, a_i) \mid i \geq 1\}$.
Dies ist in Abbildung 1.1 dargestellt.

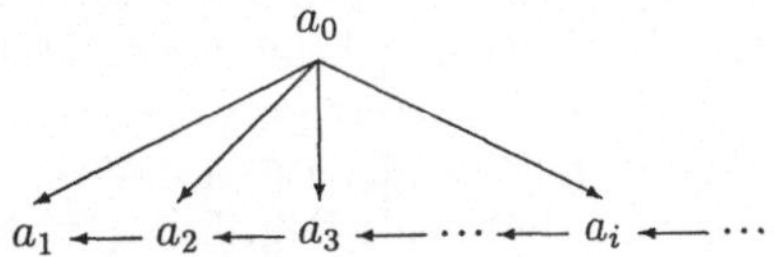

Abbildung 1.1: Beliebig lange, aber keine unendlichen Ketten

Für jedes $n > 0$ hat jede Kette ab a_n eine Länge $\leq n - 1$. Für jedes i gibt es eine Kette der Länge i ab a_0, nämlich $a_0 \longrightarrow a_i \longrightarrow a_{i-1} \longrightarrow \ldots a_2 \longrightarrow a_1$. Es gibt aber keine unendliche Kette ab a_0. Also ist $\longrightarrow$ terminierend.

Als nächstes Ziel soll ein allgemeines Hilfsmittel entwickelt werden, mit dem man die Termination einer Reduktionsrelation $\longrightarrow$ nachweisen kann. Die Idee besteht darin, auf $\mathcal{E}$ eine Noethersche Partialordnung $>$ zu konstruieren mit $\longrightarrow \,\subseteq\, >$. Dann muß $\longrightarrow$ terminierend sein. (Man beachte, daß $\longrightarrow \,\subseteq\, >$ äquivalent ist zur Aussage: Aus $u \longrightarrow v$ folgt $u > v$.)

Wir beschäftigen uns zunächst mit Partialordnungen.

Definition 1.1.6 (Partialordnung) *Eine zweistellige Relation* $\geq$ *auf einer Menge* M *heißt eine* Partialordnung, *falls für alle* $x, y, z \in M$ *gilt*
(i) $x \geq x$ *(Reflexivität),*
(ii) $x \geq y \ \wedge \ y \geq x \ \curvearrowright \ x = y$ *(Anti-Symmetrie),*
(iii) $x \geq y \ \wedge \ y \geq z \ \curvearrowright \ x \geq z$ *(Transitivität).*
Der strikte Anteil $>$ *von* $\geq$ *ist gegeben durch* $x > y$ *gdw* $x \geq y \ \wedge \ x \neq y$.
Eine Partialordnung $\geq$ *heißt* total, *falls für alle* $x, y \in M$ *entweder* $x \geq y$ *oder* $y \geq x$
gilt.

Wir schreiben auch $x \leq y$ statt $y \geq x$ und $x < y$ statt $y > x$. Man beachte, daß sich $>$ und $\geq$ gegenseitig definieren: Ist $\geq$ gegeben, so ist $>$ wie oben definiert. Ist eine Relation $>$ gegeben, so daß für alle $x, y, z \in M$ gilt
(1) $x \not> x$ (Irreflexivität),
(2) $x > y \ \wedge \ y > z \ \curvearrowright \ x > z$ (Transitivität),
so ist eine Partialordnung $\geq$ definiert durch $x \geq y$ gdw $x > y \ \vee \ x = y$. Wir bezeichnen also sowohl $>$ mit den Eigenschaften (1) und (2) als auch $\geq$ mit den Eigenschaften (i), (ii) und (iii) als Partialordnung.

Definition 1.1.7 (Noethersche Partialordnung) *Eine Partialordnung* $\geq$ *auf* M *heißt* Noethersch *oder* wohlfundiert, *wenn es keine unendliche absteigende Kette* $u_0 > u_1 > u_2 > \dots$ *gibt. Wir sagen dann auch, daß* $(M, \geq)$ *Noethersch geordnet ist.*

Wir benutzen hier die Begriffe *Noethersch* und *wohlfundiert* synonym, weil das in der Literatur über Ordnungen und die Termination von Reduktionssystemen so üblich ist (vgl. etwa [Der87]). Diese Begriffe werden in der Literatur aber auch unterschieden: $(M, \geq)$ heißt Noethersch geordnet, wenn es keine unendliche absteigende Kette $u_0 > u_1 > u_2 > \dots$ gibt. $(M, \geq)$ heißt wohlfundiert geordnet, wenn jede Teilmenge $A \subseteq M$ ein minimales Element a besitzt, d.h., es gilt $a \in A$ und $a > x$ für kein $x \in A$. Unter der Annahme des Auswahlaxioms sind beide Begriffe äquivalent.

Lemma 1.1.8 *Sei* $(M, \geq)$ *Noethersch geordnet, sei* $\varphi : \mathcal{E} \to M$ *eine Funktion und sei* $>_0$ *auf* $\mathcal{E}$ *definiert durch*

$$u >_0 v \qquad gdw \qquad \varphi(u) > \varphi(v).$$

Dann ist $>_0$ *eine Noethersche Partialordnung auf* $\mathcal{E}$.

Beweis: Es ist $>_0$ irreflexiv und transitiv, weil dieses für $>$ gilt. Es gibt keine unendliche absteigende $>_0$-Kette, weil es keine solche unendliche $>$-Kette gibt. $\qquad\qquad \square$

Satz 1.1.9 *Ist $(\mathcal{E}, \longrightarrow)$ ein Reduktionssystem und $>$ eine Noethersche Partialordnung auf $\mathcal{E}$ mit $\longrightarrow\, \subseteq\, >$, so ist $\longrightarrow$ terminierend.*

Beweis: Gäbe es eine unendliche $\longrightarrow$-Kette $u_0 \longrightarrow u_1 \longrightarrow u_2 \longrightarrow \ldots$, so gäbe es auch eine unendliche $>$-Kette $u_0 > u_1 > u_2 > \ldots$. Da dies nach Voraussetzung nicht möglich ist, ist $\longrightarrow$ terminierend. $\qquad\square$

Beispiel 1.1.10 *Sei $\mathcal{E} = \{a, b\}^*$ und $u \longrightarrow v$ gdw $\exists x, y : (u = xaby, v = xa^3y)$ oder $(u = xbay, v = xa^3y)$. Es ist $(\mathbb{N}, \geq)$ Noethersch geordnet. Definiert man $\varphi : \mathcal{E} \to \mathbb{N}$ und $>_0$ auf $\mathcal{E}$ durch*

$$\varphi(u) = |u|_b\ = Anzahl\ der\ b's\ in\ u,$$
$$u >_0 v \quad gdw \quad \varphi(u) > \varphi(v),$$

so ist $>_0$ eine Noethersche Partialordnung auf $\mathcal{E}$, und es gilt $\longrightarrow\, \subseteq\, >_0$. Also ist $\longrightarrow$ terminierend.

Man beachte, daß $\geq\, =\, \overset{*}{\longrightarrow}$ eine Noethersche Partialordnung ist, falls $\longrightarrow$ terminierend ist. Der Satz 1.1.9 läßt sich also insoweit verschärfen, als gilt: $\longrightarrow$ ist genau dann terminierend, wenn es eine Noethersche Partialordnung $>$ gibt mit $\longrightarrow\, \subseteq\, >$. Er wird aber praktisch nur in der oben angegebenen Form angewandt: Es ist eine Ordnung $>$ zu konstruieren mit $\longrightarrow\, \subseteq\, >$. Dann ist $\longrightarrow$ terminierend.

Da wir mit Noetherschen Relationen arbeiten, benötigen wir für Beweise ein Induktionsprinzip, das stärker ist als die vollständige Induktion auf den natürlichen Zahlen. Dieses Prinzip heißt *Noethersche Induktion*. Es ist immer dann anwendbar, wenn auf der zugrundeliegenden Menge eine Noethersche Partialordnung erklärt ist.

Das Prinzip der vollständigen Induktion läßt sich so formulieren: Sei P ein einstelliges Prädikat auf $\mathbb{N}$ mit der Eigenschaft: Für alle $x \in \mathbb{N}$ läßt sich $P(x)$ folgern, wenn man als Induktionsvoraussetzung annimmt, daß $P(y)$ für alle y mit $x > y$ gilt. Dann gilt $P(x)$ für alle x. Wir verallgemeinern dies so:

Definition 1.1.11 ($\geq$-vollständiges Prädikat) *Es sei $\geq$ eine Partialordnung auf $\mathcal{E}$ und P ein Prädikat auf $\mathcal{E}$. Dann heißt P $\geq$-vollständig, falls für alle $x \in \mathcal{E}$ gilt: Gilt $P(y)$ für alle y mit $x > y$, so gilt $P(x)$. Als Formel geschrieben:*

$$\forall\, x[\forall\, y(x > y\ \curvearrowright\ P(y))\ \curvearrowright\ P(x)]$$

Prinzip der Noetherschen Induktion: Das Prinzip der Noetherschen Induktion lautet dann: Ist $\geq$ Noethersch und P $\geq$-vollständig auf $\mathcal{E}$, so gilt $P(x)$ für alle $x \in \mathcal{E}$.

Wir verwenden dieses Beweisprinzip im folgenden ohne weitere Rechtfertigung. Es ist einleuchtend und durch das Auswahlaxiom mathematisch abgesichert. Wesentlich ist natürlich die Voraussetzung, daß die Partialordnung Noethersch ist. Dies garantiert, daß die Induktion verankert ist. Wendet man dieses Induktionsprinzip mit einer nicht-Noetherschen Partialordnung an, so kann man leicht falsche Aussagen "beweisen".

Man sieht leicht, daß die vollständige Induktion ein Spezialfall der Noetherschen Induktion ist: Sie entsteht, wenn man für $(\mathcal{E}, >)$ die Menge $\mathbb{N}$ der natürlichen Zahlen mit der üblichen Ordnung auf $\mathbb{N}$ wählt. Wir zeigen nun als Anwendung des Prinzips der Noetherschen Induktion einige einleuchtende Aussagen. An ihnen soll das Prinzip und der Formalismus der Noetherschen Induktion verdeutlicht werden.

Lemma 1.1.12 *Ist $\longrightarrow$ terminierend, so hat jedes $u \in \mathcal{E}$ mindestens eine Normalform.*

Beweis: Sei P das Prädikat mit $P(u)$ gdw u hat mindestens eine Normalform, und sei $\geq$ gegeben durch $\geq \;=\; \overset{*}{\longrightarrow}$. Dann ist $\geq$ eine Noethersche Partialordnung. Wir zeigen, daß P $\geq$-vollständig ist. Damit ist dann Lemma 1.1.12 bewiesen.

Sei $x \in \mathcal{E}$ gegeben. Ist x $\geq$-minimal (d.h., gibt es kein y mit $x > y$), so ist x irreduzibel, und x ist seine eigene Normalform, also gilt $P(x)$. Gibt es ein y mit $x > y$, so gilt $P(y)$ nach Induktionsvoraussetzung, also hat y eine Normalform y_0, es gilt also (nach Definition von $>$) $x \overset{+}{\longrightarrow} y \overset{*}{\longrightarrow} y_0$. Damit ist y_0 auch eine Normalform zu x, also gilt auch hier $P(x)$. $\qquad\square$

Das Prinzip der Noetherschen Induktion ist sehr stark, mit ihm läßt sich z.B. das häufig benutzte Lemma von König beweisen.

Satz 1.1.13 (Lemma von König) *Sei T ein Baum mit*
a) es gibt keinen unendlich langen Ast in T,
b) es gibt keinen Knoten in T mit unendlich vielen Söhnen.
Dann ist T endlich (d.h., T hat nur endlich viele Knoten).

Beweis: Wir führen Noethersche Induktion auf den Knoten von T. Setze
$P(u)$ gdw u hat in T nur endlich viele Nachkommen,
$u > v$ gdw v ist ein Nachkomme von u im Baum T.

Dann ist $\geq$ eine Noethersche Partialordnung, weil T keinen unendlich langen Ast hat. Wir zeigen, daß P $\geq$-vollständig ist. Sei u ein beliebiger Knoten in T. Hat u keinen Sohn, so gilt offenbar $P(u)$. Hat u die endlich vielen Söhne $u_1, \ldots, u_n$, so hat nach Induktionsvoraussetzung jedes u_i nur endlich viele, etwa k_i Nachkommen. Dann hat u genau $n + k_1 + \ldots + k_n$, also endlich viele Nachkommen. Also gilt auch hier $P(u)$. Da jetzt nach dem Induktionsprinzip $P(u)$ für alle Knoten u gilt, gilt auch $P(w)$ für die Wurzel w von T. Also ist T endlich. $\qquad\square$

Übungsaufgaben

Aufgabe 1.1.1: Sei $(\mathcal{E}, \longrightarrow)$ das Reduktionssystem mit $\mathcal{E} = \mathbb{N}_+ =$ Menge der positiven ganzen Zahlen und $n \longrightarrow m$, falls $m = 3 \cdot n/2$ oder $m = 7 \cdot n/5$.
a) Man zeige, daß $\longrightarrow$ terminierend ist.
b) Man bestimme die Menge der irreduziblen Elemente.
c) Man bestimme die Normalform von 150.
d) Man zeige, daß $14 \longleftrightarrow 10$ und $28 \overset{*}{\longleftrightarrow} 45$ gilt.

Aufgabe 1.1.2: Sei $(\mathcal{E}, \longrightarrow)$ das Reduktionssystem mit $\mathcal{E} = \mathbb{N}_+$ und $n \longrightarrow m$, falls $m = 3 \cdot n/2$ oder $m = 4 \cdot n/3$.
a) Man zeige, daß $\longrightarrow$ nicht terminierend ist.
b) Man bestimme die Menge der irreduziblen Elemente.
c) Man zeige, daß $40 \xleftrightarrow{*} 45$ gilt.

Aufgabe 1.1.3: Sei $(\mathcal{E}, \longrightarrow)$ ein Reduktionssystem.
a) Man gebe eine möglichst schwache Bedingung $\longrightarrow$ an, so daß $> \; = \; \xrightarrow{+}$ eine Partialordnung ist.
b) Ist $\longrightarrow$ terminierend, so ist $> \; = \; \xrightarrow{+}$ eine Noethersche Partialordnung.

Aufgabe 1.1.4: Eine Relation $\longrightarrow$ auf $\mathcal{E}$ heißt *endlich verzweigend*, falls für jedes $u \in \mathcal{E}$ die Menge $\wedge(u) = \{v \mid u \longrightarrow v\}$ der direkte Nachfolger von u endlich ist. Sie heißt *absolut terminierend*, wenn für jedes u der Wert $\varphi(u) = max\{i \mid$ es gibt ab u eine Kette der Länge $i\}$ existiert.
a) Ist $\longrightarrow$ absolut terminierend, so ist $\longrightarrow$ terminierend.
b) Ist $\longrightarrow$ endlich verzweigend und terminierend, so ist $\longrightarrow$ absolut terminierend.

Aufgabe 1.1.5: Seien $\longrightarrow_1$ und $\longrightarrow_2$ zwei Reduktionsrelationen auf $\mathcal{E}$, sei $\longrightarrow \; = \; \longrightarrow_1 \cup \longrightarrow_2$ und $\longrightarrow_0 \; = \; \xrightarrow{*}_1 \cup \xrightarrow{*}_2$.
a) Sind $\longrightarrow_1$ und $\longrightarrow_2$ terminierend, so ist $\longrightarrow$ im allgemeinen nicht terminierend.
b) Aus $\longrightarrow_1 \; \subseteq \; \xrightarrow{*}_2$ folgt $\xrightarrow{*}_1 \; \subseteq \; \xrightarrow{*}_2$.
c) Es gilt $\xrightarrow{*} \; = \; \xrightarrow{*}_0$.

1.2 Konfluenz und die Church-Rosser-Eigenschaft

In Abschnitt 1.1 wurde gezeigt: Ist $\longrightarrow$ terminierend auf $\mathcal{E}$, so hat jedes $u \in \mathcal{E}$ mindestens eine Normalform. Wir suchen jetzt nach Bedingungen, unter denen jedes u höchstens eine Normalform hat. Diese Eigenschaft heißt *Konfluenz*. Wir benötigen noch zwei weitere Eigenschaften, die *lokale Konfluenz* und die *Church-Rosser-Eigenschaft*.

Die lokale Konfluenz ist im allgemeinen schwächer als die Konfluenz, aber einfacher zu testen. Häufig reicht lokale Konfluenz für die Konfluenz aus. Die Church-Rosser-Eigenschaft ist motiviert durch den Wunsch, das Wortproblem zu $(\mathcal{E}, \xleftrightarrow{*})$ mit Reduktionstechniken zu lösen. Wir zeigen später, daß sie äquivalent zur Konfluenz ist.

Definition 1.2.1 (Konfluenz, lokale Konfluenz, Church-Rosser-Eigenschaft)
Sei $(\mathcal{E}, \longrightarrow)$ ein Reduktionssystem.
a) $\longrightarrow$ *heißt* konfluent, *falls* $\xleftarrow{*} \; \circ \; \xrightarrow{*} \; \subseteq \; \downarrow$ *gilt, also: Aus* $u \xrightarrow{*} x$ *und* $u \xrightarrow{*} y$ *folgt* $x \downarrow y$.
b) $\longrightarrow$ *heißt* lokal konfluent, *falls* $\longleftarrow \; \circ \; \longrightarrow \; \subseteq \; \downarrow$ *gilt, also: Aus* $u \longrightarrow x$ *und* $u \longrightarrow y$ *folgt* $x \downarrow y$.
c) $\longrightarrow$ *erfüllt die* Church-Rosser-Eigenschaft *(CR), falls* $\xleftrightarrow{*} \; \subseteq \; \downarrow$ *gilt, also: Aus* $x \xleftrightarrow{*} y$ *folgt* $x \downarrow y$.

Diese Definitionen sind in Abbildung 1.2 verdeutlicht.

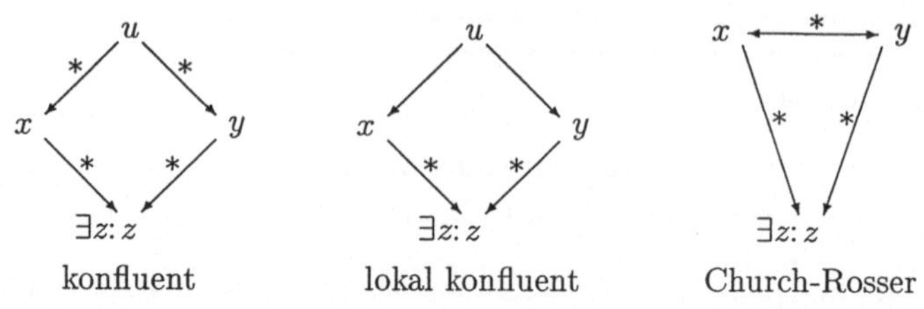

konfluent   lokal konfluent   Church-Rosser

Abbildung 1.2: Konfluenz und die Church-Rosser-Eigenschaft

Bei der Konfluenz wird also gefordert: Sind x, y beliebige Nachfolger von u, so sind x und y zusammenführbar. Bei der lokalen Konfluenz wird dies nur für direkte Nachfolger x, y von u gefordert. Wir bezeichnen die Situation $x \overset{*}{\longleftarrow} u \overset{*}{\longrightarrow} y$ als *Divergenz* und $x \longleftarrow u \longrightarrow y$ als *lokale Divergenz* oder als *Spitze*.

Man beachte: Ist $\longrightarrow$ konfluent, so ist $\longrightarrow$ lokal konfluent. Die Umkehrung dieser Aussage gilt aber nicht, wie die folgenden Beispiele zeigen.

Beispiel 1.2.2

a) *Es ist $\longrightarrow$ gegeben durch $b \longrightarrow a$, $b \longrightarrow c$, $c \longrightarrow b$ und $c \longrightarrow d$.*

b) *Es ist $\longrightarrow$ gegeben durch $b_i \longrightarrow c_i$, $c_i \longrightarrow b_{i+1}$, $b_i \longrightarrow a$ und $c_i \longrightarrow d$. Siehe Abbildung 1.3.*

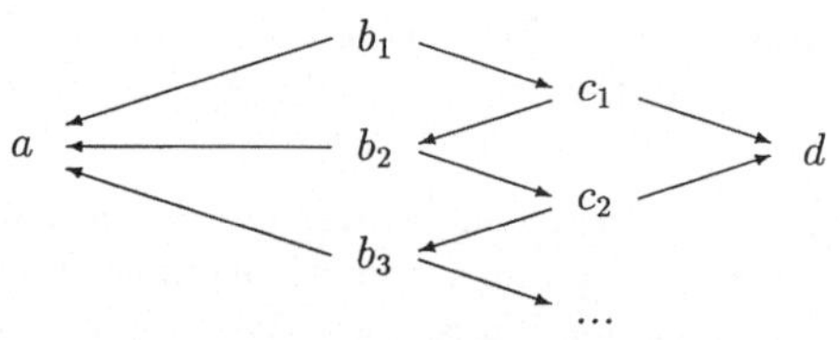

Abbildung 1.3: Eine lokal konfluente, aber nicht konfluente Relation

In den beiden Beispielen ist $\longrightarrow$ lokal konfluent, aber nicht konfluent. Wir zeigen dies am Beispiel b). Es gibt folgende lokale Divergenzen:

$$a \longleftarrow b_i \longrightarrow c_i: \qquad wegen \quad c_i \overset{*}{\longrightarrow} a \qquad gilt \quad a \downarrow c_i$$
$$b_{i+1} \longleftarrow c_i \longrightarrow d: \qquad wegen \quad b_{i+1} \overset{*}{\longrightarrow} d \qquad gilt \quad b_{i+1} \downarrow d$$

Also ist $\longrightarrow$ lokal konfluent. Es gilt aber auch $a \overset{*}{\longleftarrow} b_i \overset{*}{\longrightarrow} d$, aber nicht $a \downarrow d$. Also ist $\longrightarrow$ nicht konfluent.

Man beachte, daß in beiden Beispielen $\longrightarrow$ nicht terminierend ist. Wir werden in Satz 1.2.9 zeigen, daß die Eigenschaften *konfluent* und *lokal konfluent* zusammenfallen, wenn man nur terminierende Reduktionsrelationen betrachtet.

Wir zeigen jetzt, daß die Eigenschaften *konfluent* und *Church-Rosser* stets zusammenfallen. Dazu führen wir noch eine weitere Eigenschaft ein:

Definition 1.2.3 (Einseitig lokale Konfluenz) *Sei* $(\mathcal{E}, \longrightarrow)$ *ein Reduktionssystem. Die Reduktionsrelation* $\longrightarrow$ *heißt einseitig lokal konfluent, wenn* $\longleftarrow \circ \overset{*}{\longrightarrow} \,\subseteq\, \downarrow$ *gilt, also: Aus* $u \longrightarrow x$ *und* $u \overset{*}{\longrightarrow} y$ *folgt* $x \downarrow y$.

Satz 1.2.4 *Sei* $(\mathcal{E}, \longrightarrow)$ *ein Reduktionssystem. Die folgenden Aussagen sind äquivalent*

(1) $\longrightarrow$ *ist konfluent,*
(2) $\longrightarrow$ *ist einseitig lokal konfluent,*
(3) $\longrightarrow$ *hat die Church-Rosser-Eigenschaft.*

Beweis:

(1) $\curvearrowright$ **(2)** Dies ist trivial.

(2) $\curvearrowright$ **(3)** Wir zeigen durch vollständige Induktion nach n: Aus $x \overset{n}{\longleftrightarrow} y$ folgt $x \downarrow y$.
$n = 0$: Es gilt $x = y$, also $x \downarrow y$.
$n \rightsquigarrow n + 1$: Es gibt ein z mit $x \longleftrightarrow z \overset{n}{\longleftrightarrow} y$. Nach Induktionsvoraussetzung gibt es ein u mit $z \overset{*}{\longrightarrow} u, y \overset{*}{\longrightarrow} u$. Wir unterscheiden die zwei Fälle a) $z \longrightarrow x$ und b) $x \longrightarrow z$, siehe Abbildung 1.4.
a) Es existiert ein v mit $x \overset{*}{\longrightarrow} v$ und $u \overset{*}{\longrightarrow} v$ wegen $z \longrightarrow x, z \overset{*}{\longrightarrow} u$ und weil $\longrightarrow$ einseitig lokal konfluent ist. Also gilt $x \overset{*}{\longrightarrow} v, y \overset{*}{\longrightarrow} v$, und damit $x \downarrow y$.
b) Es gilt $x \overset{*}{\longrightarrow} u, y \overset{*}{\longrightarrow} u$, also $x \downarrow y$.

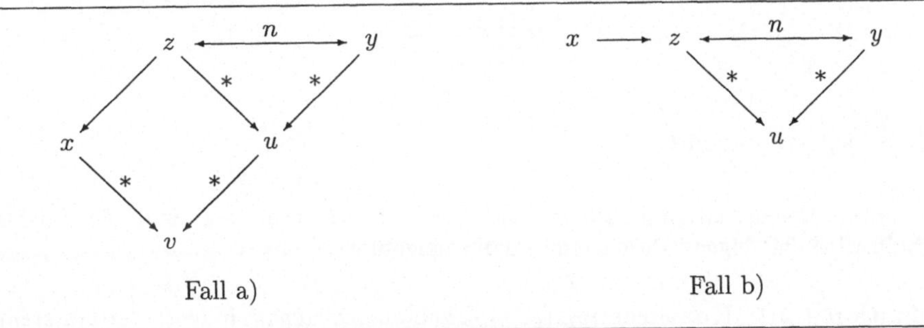

Abbildung 1.4: Beweis zu Satz 1.2.4

(3) $\curvearrowright$ **(1)** Sei $u \overset{*}{\longrightarrow} x$ und $u \overset{*}{\longrightarrow} y$. Dann gilt $x \overset{*}{\longleftrightarrow} y$, und aus der CR-Eigenschaft von $\longrightarrow$ folgt $x \downarrow y$. $\qquad\Box$

Die folgenden Aussagen sind sehr einfach und werden später häufig ohne Begründung benutzt.

Lemma 1.2.5 *Sei $\longrightarrow$ konfluent und sei $x \stackrel{*}{\longleftrightarrow} y$.*
a) Ist y irreduzibel, so gilt $x \stackrel{*}{\longrightarrow} y$.
b) Sind x und y irreduzibel, so gilt $x = y$.
c) Jedes u hat höchstens eine Normalform.

Beweis:
a) Es gibt ein z mit $x \stackrel{*}{\longrightarrow} z, y \stackrel{*}{\longrightarrow} z$ nach Satz 1.2.4. Da y irreduzibel ist, gilt $y = z$, also $x \stackrel{*}{\longrightarrow} y$.
b) Es gibt ein z wie in a), und es gilt $x = z = y$.
c) Seien u_1, u_2 zwei Normalformen zu u. Dann gilt $u_1 \stackrel{*}{\longleftrightarrow} u_2$, und b) liefert $u_1 = u_2$.$\square$

Lemma 1.2.6
a) Ist $\longrightarrow$ terminierend und konfluent, so hat jedes $u \in \mathcal{E}$ genau eine Normalform.
b) Hat jedes $u \in \mathcal{E}$ genau eine Normalform, so ist $\longrightarrow$ konfluent, im allgemeinen aber nicht terminierend.
c) Ein terminierendes Reduktionssystem ist genau dann konfluent, wenn jedes $u \in \mathcal{E}$ genau eine Normalform hat.

Beweis:
a) Sei $u \in \mathcal{E}$. Es gibt höchstens eine Normalform, da $\longrightarrow$ konfluent ist. Es gibt mindestens eine Normalform, da $\longrightarrow$ terminierend ist.
b) Sei $u \stackrel{*}{\longrightarrow} u_1, u \stackrel{*}{\longrightarrow} u_2$. Zu zeigen ist $u_1 \downarrow u_2$. Sei v_i *die* Normalform zu u_i. Dann gilt $u \stackrel{*}{\longrightarrow} u_i \stackrel{*}{\longrightarrow} v_i$ für $i = 1, 2$, also sind v_1, v_2 Normalformen zu u. Da u genau eine Normalform hat, folgt $v_1 = v_2$ und somit $u_1 \downarrow u_2$.
Im folgenden Beispiel hat jedes $u \in \mathcal{E}$ genau eine Normalform (nämlich c), aber $\longrightarrow$ ist nicht terminierend.

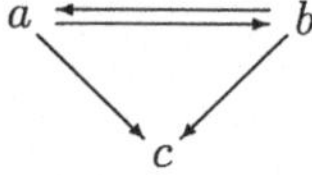

c) Dies folgt aus a) und b). $\square$

Die beiden Eigenschaften *konfluent* und *terminierend* zusammen sind sehr wichtig, deshalb wird eine eigene Bezeichnung dafür eingeführt.

Definition 1.2.7 (Konvergenz) $(\mathcal{E}, \longrightarrow)$ *heißt* konvergent *(eindeutig terminierend), falls* $(\mathcal{E}, \longrightarrow)$ *konfluent und terminierend ist.*

In der Literatur sind auch die Bezeichnungen *kanonisch* und *vollständig* statt *konvergent* gebräuchlich. Wir benutzen die Bezeichnung *kanonisch* später in einem etwas schärferen Sinn. Das folgende Lemma folgt direkt aus Lemma 1.2.6.

Lemma 1.2.8 $(\mathcal{E}, \longrightarrow)$ *sei konvergent. Dann gilt:*
$$u \stackrel{*}{\longleftrightarrow} v \quad gdw \quad u{\downarrow} = v{\downarrow}. \qquad\qquad \square$$

Es ist schon erwähnt worden, daß die lokale Konfluenz im allgemeinen viel leichter zu testen ist als die Konfluenz. Wir zeigen nun, daß diese beiden Eigenschaften zusammenfallen, wenn $\longrightarrow$ terminierend ist.

Satz 1.2.9 (Newman-Lemma [New42]) *Sei* $(\mathcal{E}, \longrightarrow)$ *terminierend. Dann ist die Relation* $\longrightarrow$ *genau dann konfluent, wenn sie lokal konfluent ist. (Siehe Abbildung 1.5)*

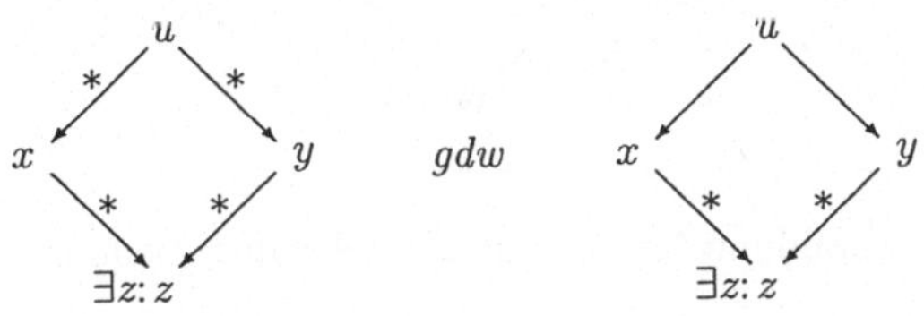

Abbildung 1.5: Das Newman-Lemma im Bild

Beweis: Ist $\longrightarrow$ konfluent, so ist $\longrightarrow$ lokal konfluent. Sei jetzt $\longrightarrow$ lokal konfluent und terminierend. Wir zeigen durch Noethersche Induktion, daß $\longrightarrow$ konfluent ist. Setze:

$$P(u) \quad gdw \quad \forall x,y(u \stackrel{*}{\longrightarrow} x \wedge u \stackrel{*}{\longrightarrow} y \curvearrowright x{\downarrow}y),$$
$$u \geq v \quad gdw \quad u \stackrel{*}{\longrightarrow} v.$$

Dann ist $\geq$ eine Noethersche Partialordnung, da $\longrightarrow$ terminierend ist. Wir zeigen, daß P $\geq$-vollständig ist. Sei $u \in \mathcal{E}$, und für alle v mit $u > v$ gelte $P(v)$. Zu zeigen ist $P(u)$. Sei dazu $u \stackrel{*}{\longrightarrow} x, u \stackrel{*}{\longrightarrow} y$. Zu zeigen ist $x{\downarrow}y$.

a) Gilt $u = x$ oder $u = y$, so gilt $x{\downarrow}y$ trivialerweise.

b) Gilt $u \neq x$ und $u \neq y$, so gibt es x_0, y_0 mit $u \longrightarrow x_0 \stackrel{*}{\longrightarrow} x$ und $u \longrightarrow y_0 \stackrel{*}{\longrightarrow} y$. Damit ergibt sich das in Abbildung 1.6 dargestellte Bild. z_0 existiert, da $\longrightarrow$ lokal konfluent ist. z_1 existiert nach Induktionsvoraussetzung für x_0, da $u > x_0$. z_2 existiert nach Induktionsvoraussetzung für y_0, da $u > y_0$. Also gilt $x{\downarrow}y$ und damit auch $P(u)$.
$$\square$$

Man beachte, daß in Satz 1.2.9 $\longrightarrow$ als terminierend vorausgesetzt ist. Dies liefert, daß $\geq$ eine Noethersche Partialordnung ist. Ohne diese Voraussetzung ist Satz 1.2.9 falsch (siehe Beispiel 1.2.2).

Der Satz 1.2.9 verlangt für den Nachweis der Konfluenz von $\longrightarrow$, daß $\longrightarrow$ terminierend ist. Wir diskutieren noch hinreichende Kriterien für die Konfluenz ohne die Voraussetzung der Termination. In Satz 1.2.4 wurde schon gezeigt, daß die einseitige lokale

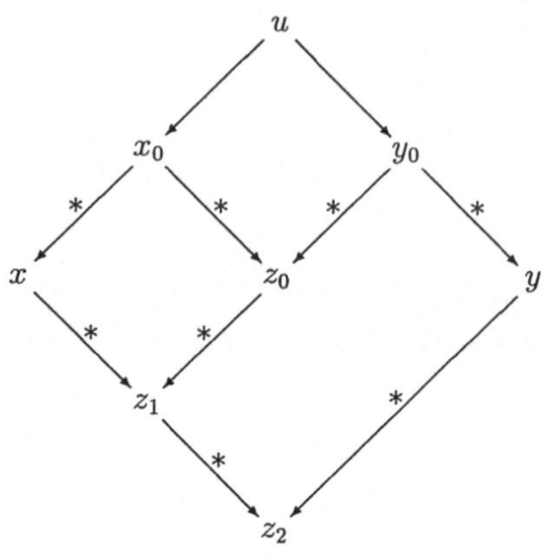

Abbildung 1.6: Beweis zum Newman-Lemma

Konfluenz die Konfluenz impliziert. Der folgende Satz erlaubt es, den Konfluenztest beidseitig zu lokalisieren, wenn über die Zusammenführbarkeit von x und y in lokalen Divergenzen $x \longleftarrow u \longrightarrow y$ zusätzliche Voraussetzungen erfüllt sind.

Definition 1.2.10 (Strenge Konfluenz) *Sei* $x \overset{\leq 1}{\longrightarrow} y$ *gdw* $x \longrightarrow y$ *oder* $x = y$.
Die Relation $\longrightarrow$ *heißt* streng konfluent, *falls* $\longleftarrow \circ \longrightarrow \subseteq \overset{*}{\longrightarrow} \circ \overset{\leq 1}{\longleftarrow}$ *gilt, also:*
Aus $u \longrightarrow x,\ u \longrightarrow y$ *folgt* $\exists z : x \overset{*}{\longrightarrow} z,\ y \overset{\leq 1}{\longrightarrow} z.$ *(Siehe Abbildung 1.7)*

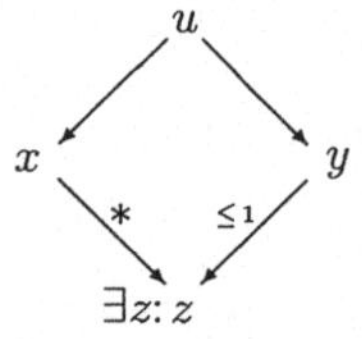

Abbildung 1.7: Strenge Konfluenz

Man beachte die Symmetrie in dieser Definition: Gilt $u \longrightarrow x$ und $u \longrightarrow y$, so wird auch gefordert, daß es ein z' gibt mit $x \overset{\leq 1}{\longrightarrow} z'$ und $y \overset{*}{\longrightarrow} z'$.

Satz 1.2.11 *Ist* $\longrightarrow$ *streng konfluent, so ist* $\longrightarrow$ *konfluent.*

Beweis: Wir zeigen durch Induktion nach n, daß für alle x, y, u gilt:
$$u \longrightarrow x \ \wedge\ u \overset{n}{\longrightarrow} y \ \curvearrowright\ \exists z : x \overset{*}{\longrightarrow} z \ \wedge\ y \overset{\leq 1}{\longrightarrow} z. \qquad (*)$$

Dann ist $\longrightarrow$ einseitig lokal konfluent, und die Behauptung folgt aus Satz 1.2.4.

Für $n = 1$ gilt $(*)$, da $\longrightarrow$ streng konfluent ist. Für $n = m+1$ betrachte man Abbildung 1.8. Es gibt ein y_0 mit $u \longrightarrow y_0 \overset{m}{\longrightarrow} y$, und wegen der strengen Konfluenz gibt es z_0 und i mit $x \overset{*}{\longrightarrow} z_0, y_0 \overset{i}{\longrightarrow} z_0$ und $i \in \{0, 1\}$.

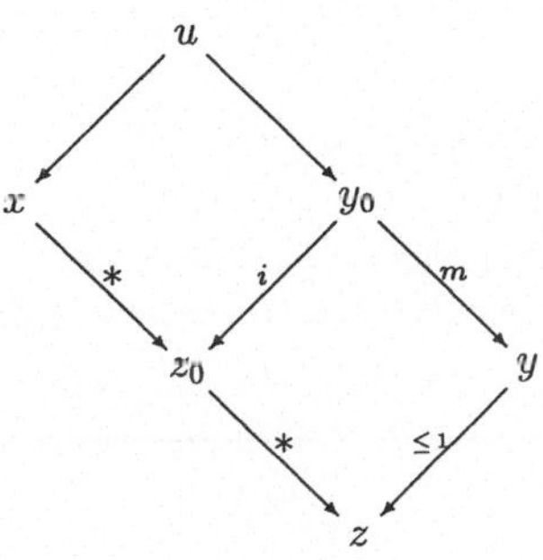

Abbildung 1.8: Beweis zu Satz 1.2.11

Ist $i = 0$, so ist $z_0 = y_0$ und $x \overset{*}{\longrightarrow} y$. Man wähle $z = y$. Ist $i = 1$, so existiert z wie im Bild angegeben nach Induktionsvoraussetzung für y_0. In beiden Fällen gilt $x \overset{*}{\longrightarrow} z$ und $y \overset{\leq 1}{\longrightarrow} z$. $\qquad \square$

Wir beschließen diesen Absatz mit einer Diskussion über die Frage, wann die Vereinigung zweier konfluenter Relationen wieder konfluent ist. Sind etwa (wie in den folgenden Kapiteln) $\longrightarrow_1$ und $\longrightarrow_2$ durch Regelsysteme R_1 und R_2 gegeben, und ist $R = R_1 \cup R_2$, so ist $\longrightarrow = \longrightarrow_1 \cup \longrightarrow_2$. Die Frage, unter welchen Bedingungen die Konfluenz von $\longrightarrow_1$ und $\longrightarrow_2$ die Konfluenz von $\longrightarrow$ impliziert, hat also einen ganz konkreten Hintergrund.

Man beachte, daß $\longrightarrow$ im allgemeinen nicht konfluent ist. Dies zeigt schon das einfache Beispiel $\longrightarrow_1$: $a \longrightarrow_1 b$ und $\longrightarrow_2$: $a \longrightarrow_2 c$. Offenbar sind $\longrightarrow_1$ und $\longrightarrow_2$ konfluent, aber $\longrightarrow = \longrightarrow_1 \cup \longrightarrow_2$ ist nicht konfluent.

Der folgende Satz besagt, daß $\longrightarrow$ konfluent ist, wenn $\longrightarrow_1$ und $\longrightarrow_2$ konfluent sind und miteinander kommutieren. Er gibt auch eine lokale Bedingung dafür an, daß $\longrightarrow_1$ und $\longrightarrow_2$ kommutieren.

Definition 1.2.12 (Kommutierende Relationen) *Zwei Relationen $\longrightarrow_1$ und $\longrightarrow_2$ kommutieren, falls $_1\overset{*}{\longleftarrow} \circ \overset{*}{\longrightarrow}_2 \subseteq \overset{*}{\longrightarrow}_2 \circ {}_1\overset{*}{\longleftarrow}$ gilt. Sie kommutieren lokal, falls $_1\longleftarrow \circ \longrightarrow_2 \subseteq \overset{*}{\longrightarrow}_2 \circ {}_1\overset{*}{\longleftarrow}$ gilt.*

Also: Die Relationen $\longrightarrow_1$ und $\longrightarrow_2$ kommutieren, falls (1) gilt. Sie kommutieren lokal, falls (2) gilt

$$\forall x, y, u(u \overset{*}{\longrightarrow}_1 x \;\wedge\; u \overset{*}{\longrightarrow}_2 y \;\curvearrowright\; \exists z : x \overset{*}{\longrightarrow}_2 z \;\wedge\; y \overset{*}{\longrightarrow}_1 z) \tag{1}$$

$$\forall x, y, u(u \longrightarrow_1 x \;\wedge\; y \longrightarrow_2 y \;\curvearrowright\; \exists z : x \overset{*}{\longrightarrow}_2 z \;\wedge\; y \overset{*}{\longrightarrow}_1 z) \tag{2}$$

Satz 1.2.13

a) *Kommutieren* $\longrightarrow_1$ *und* $\longrightarrow_2$ *lokal und terminiert* $\longrightarrow\ =\ \longrightarrow_1\ \cup\ \longrightarrow_2$, *so kommutieren* $\longrightarrow_1$ *und* $\longrightarrow_2$.

b) *Sind* $\longrightarrow_1$ *und* $\longrightarrow_2$ *konfluent und kommutieren* $\longrightarrow_1$ *und* $\longrightarrow_2$, *so ist auch* $\longrightarrow\ =\ \longrightarrow_1\ \cup\ \longrightarrow_2$ *konfluent.*

Beweis:

a) Wir führen Noethersche Induktion mit $\geq\ =\ \overset{*}{\longrightarrow}$ und $P(u)$:
$$P(u)\ \text{gdw}\ \forall x,y : (u \overset{*}{\longrightarrow}_1 x \ \wedge\ u \overset{*}{\longrightarrow}_2 y \ \curvearrowright\ \exists z : x \overset{*}{\longrightarrow}_2 z \ \wedge\ y \overset{*}{\longrightarrow}_1 z)$$
Sei $u \overset{*}{\to}_1 x$ und $u \overset{*}{\to}_2 y$. Zu zeigen ist, daß es ein z gibt mit $x \overset{*}{\longrightarrow}_2 z, y \overset{*}{\longrightarrow}_1 z$. Gilt $u = x$ oder $u = y$, so ist dies trivial. Sonst ergibt sich das in Abbildung 1.9 dargestellte Bild.

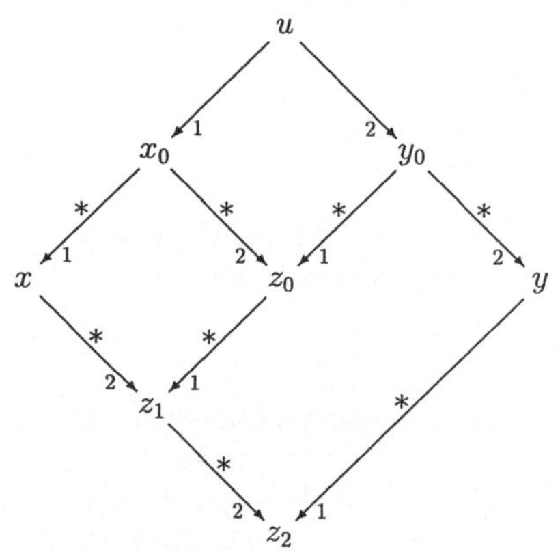

Abbildung 1.9: Beweis zu Satz 1.2.13

z_0 existiert, da $\longrightarrow_1, \longrightarrow_2$ lokal kommutieren, z_1 existiert nach Induktionsvoraussetzung zu x_0, und z_2 existiert nach Induktionsvoraussetzung zu y_0. Also gilt $x \overset{*}{\longrightarrow}_2 z_2$ und $y \overset{*}{\longrightarrow}_1 z_2$.

b) Setze $\longrightarrow_0\ =\ \overset{*}{\longrightarrow}_1\ \cup\ \overset{*}{\longrightarrow}_2$, dann ist $\overset{*}{\longrightarrow}\ =\ \overset{*}{\longrightarrow}_0$ (Dies sei als Übung empfohlen !). Da $\longrightarrow_1$ und $\longrightarrow_2$ kommutieren und konfluent sind, ist $\longrightarrow_0$ streng konfluent, nach Satz 1.2.11 also auch konfluent. Wegen $\overset{*}{\longrightarrow}\ =\ \overset{*}{\longrightarrow}_0$ ist dann auch $\longrightarrow$ konfluent. $\square$

Übungsaufgaben

Aufgabe 1.2.1: Sei $(\mathcal{E}, \longrightarrow)$ das Reduktionssystem mit $\mathcal{E} = \mathbb{N}_+$ und $n \longrightarrow n/p$, falls p eine Primzahl ist, und p^2 n teilt.
a) Man zeige, daß $\longrightarrow$ konfluent und terminierend ist.
b) Man bestimme zu jedem $n \in \mathbb{N}_+$ seine eindeutige Normalform.

Aufgabe 1.2.2: Sei $(\mathcal{E}, \longrightarrow)$ das Reduktionssystem mit $\mathcal{E} = \mathbb{N}_+$ und $n \longrightarrow p \cdot n$, falls p eine Primzahl ist.
a) Man zeige, daß $\longrightarrow$ nicht terminierend, wohl aber konfluent ist.
b) Wieviele $\overset{*}{\longleftrightarrow}$-Äquivalenzklassen gibt es ?

Aufgabe 1.2.3: Sei $(\mathcal{E}, \longrightarrow)$ das Reduktionssystem mit $\mathcal{E} = \mathbb{N}_+$ und
$$n \longrightarrow n - p, \qquad \text{falls } n > p$$
$$n \longrightarrow n - q, \qquad \text{falls } n > q$$
Dabei sind $p, q \in \mathbb{N}_+$ fest.
a) Ist $\longrightarrow$ konfluent, falls $p - 4$ und $q - 6$?
b) Ist $\longrightarrow$ konfluent, falls $p \mid q$ teilt?

Aufgabe 1.2.4: Seien $(\mathcal{E}, \longrightarrow_i)$, $i = 1, 2$ Reduktionssysteme mit $\overset{+}{\longrightarrow}_1 = \overset{+}{\longrightarrow}_2$
a) Gilt notwendigerweise $\longrightarrow_1 = \longrightarrow_2$?
b) Es ist $\longrightarrow_1$ genau dann konfluent, wenn $\longrightarrow_2$ konfluent ist.
c) Es ist $\longrightarrow_1$ genau dann terminierend, wenn $\longrightarrow_2$ terminierend ist.

Aufgabe 1.2.5: Seien $\longrightarrow_1$ und $\longrightarrow_2$ Reduktionsrelationen auf $\mathcal{E}$, und sei $\longrightarrow = \longrightarrow_1$ $\cup \longrightarrow_2$. Die Relationen $\longrightarrow_1$ und $\longrightarrow_2$ kommutieren schwach, falls $_1\overset{*}{\longleftarrow} \circ \overset{*}{\longrightarrow}_2 \subseteq \downarrow$ gilt. Sie kommutieren lokal schwach, wenn $_1\longleftarrow \circ \longrightarrow_2 \subseteq \downarrow$ gilt.
a) Sind $\longrightarrow_1$ und $\longrightarrow_2$ lokal konfluent, kommutieren sie schwach und ist $\longrightarrow$ terminierend, so ist $\longrightarrow$ auch konfluent.
b) Es gibt zwei schwach kommutierende, konfluente und terminierende Relationen $\longrightarrow_1$ und $\longrightarrow_2$, für die $\longrightarrow$ nicht konfluent ist. In Teil a) ist also die Voraussetzung, daß $\longrightarrow$ terminierend ist, wichtig.
Hinweis: Man spalte die Reduktionsrelation $\longrightarrow$ mit $b \longrightarrow a$, $b \longrightarrow c$, $c \longrightarrow b$, $c \longrightarrow d$ geschickt auf.

Aufgabe 1.2.6: Seien $\longrightarrow_1$ und $\longrightarrow_2$ Reduktionsrelationen auf $\mathcal{E}$, und sei $\longrightarrow = \longrightarrow_1$ $\cup \longrightarrow_2$. Wir sagen, $\longrightarrow_1$ *kommutiert über* $\longrightarrow_2$ falls gilt: Gilt $u \longrightarrow_2 v \longrightarrow_1 w$, so gibt es $v' \in \mathcal{E}$ mit $u \longrightarrow_1 v' \overset{*}{\longrightarrow} w$.
a) Es kommutiere $\longrightarrow_1$ über $\longrightarrow_2$. Dann gilt für alle $i \in \mathbb{N}$: Ist $u \overset{i}{\longrightarrow}_2 v \longrightarrow_1 w$, so gibt es ein v' mit $u \longrightarrow_1 v' \overset{*}{\longrightarrow} w$.
b) Sind $\longrightarrow_1$ und $\longrightarrow_2$ terminierend und kommutiert $\longrightarrow_1$ über $\longrightarrow_2$, so ist auch $\longrightarrow$ terminierend.
Hinweis: Noethersche Induktion mit $> = \overset{+}{\longrightarrow}_1$.

Aufgabe 1.2.7: Sei $(\mathcal{E}, \longrightarrow)$ ein Reduktionssystem und $\longrightarrow$ absolut terminierend (siehe Aufgabe 1.1.4). Dann läßt sich das Newmann-Lemma 1.2.9 auch mit vollständiger Induktion beweisen.
Hinweis: Man zeige durch vollständige Induktion nach $n = \varphi(x)$: Aus $u \overset{*}{\longleftarrow} x \overset{*}{\longrightarrow} v$ folgt $u \downarrow v$.

Aufgabe 1.2.8: Sei $>$ eine Partialordnung auf $\mathcal{E}$ und sei $> = \overset{+}{\longrightarrow}$, wobei $\longrightarrow$ terminierend und endlich verzweigend ist. Sei P ein Prädikat auf $\mathcal{E}$. Läßt sich durch Noethersche Induktion mit $>$ zeigen, daß $P(x)$ für alle $x \in \mathcal{E}$ gilt, so läßt sich dies auch durch vollständige Induktion zeigen.

1.3   Konstruktion von Noetherschen Partialordnungen

Wir hatten schon in Abschnitt 1.1 gesehen, wie wichtig starke Noethersche Partialordnungen sind. Sie lassen sich für den Nachweis der Termination von Reduktionsrelationen und für Induktionsbeweise benutzen. Wir werden später Noethersche Partialordnungen auf Beweisen aus Noetherschen Partialordnungen auf $\mathcal{E}$ konstruieren. Das soll hier vorbereitet werden.

Beispiel 1.3.1 *Sei $M = \Sigma^*$ die Menge der Wörter über einem Alphabet Σ. Für $x \in \Sigma^*$ sei $|x|$ die Länge von x, und für $a \in \Sigma$ sei $|x|_a$ die a-Länge von x, d.h., die Anzahl der a's in x. Die folgenden Partialordnungen sind Noethersch:*
a) $x > y$ gdw $|x| > |y|$,
b) $x > y$ gdw $|x|_a > |y|_a$,
c) $x > y$ gdw $|x| > |y|$ oder $(|x| = |y|, \quad |x|_a > |y|_a)$.

Im obigen Beispiel ist die Ordnung c) die lexikographische Kombination der Ordnungen a) und b): Bringt beim Vergleich von x und y die Ordnung a) kein Ergebnis, so wird anschließend die Ordnung b) zum Vergleich herangezogen. Man beachte auch, daß durch $x \gtrsim y$ gdw $|x| \geq |y|$ keine Partialordnung $\gtrsim$ definiert wird, da $\gtrsim$ nicht antisymmetrisch ist, d.h., aus $x \gtrsim y$ und $y \gtrsim x$ folgt nicht $x = y$. Es ist aber $\gtrsim$ eine Quasiordnung auf $M = \Sigma^*$. Wir präzisieren diese Überlegungen.

Definition 1.3.2 (Quasiordnung) *Eine zweistellige Relation $\gtrsim$ auf M heißt eine* Quasiordnung, *falls sie reflexiv und transitiv ist. Es ist dann die Äquivalenzrelation $\approx$ und der strikte Anteil $>$ von $\gtrsim$ definiert durch*

$$
\begin{aligned}
u \approx v \quad &\text{gdw} \quad u \gtrsim v \quad \text{und} \quad v \gtrsim u, \\
u > v \quad &\text{gdw} \quad u \gtrsim v, \quad \text{nicht} \quad v \gtrsim u.
\end{aligned}
$$

Die Quasiordnung $\gtrsim$ heißt Noethersch, wenn der strikte Anteil $>$ von $\gtrsim$ Noethersch ist.

Man beachte, daß jede Partialordnung $\geq$ auch eine Quasiordnung ist. Für sie ist $\approx$ die Gleichheit. Man beachte auch, daß für jede Quasiordnung $\gtrsim$ der strikte Anteil $>$ eine Partialordnung ist.

Lemma 1.3.3 *Sind $\gtrsim_1$ und $\gtrsim_2$ Noethersche Quasiordnungen auf M und ist $\gtrsim$ auf M definiert durch*
$$u \gtrsim v \quad \text{gdw} \quad u >_1 v \ \text{oder}$$
$$u \approx_1 v, u \gtrsim_2 v$$
so ist $\gtrsim$ eine Noethersche Quasiordnung auf M.

Beweis: Man rechnet leicht nach, daß $\gtrsim$ eine Quasiordnung ist. Wir zeigen durch Noethersche Induktion nach $>_1$, daß $>$ Noethersch ist. Es reicht zu zeigen, daß $P(u)$ für alle $u \in M$ gilt:

$\qquad P(u) \quad$ gdw $\quad$ es gibt keine unendliche absteigende $>$-Kette ab u.

Wir nehmen an, es gebe eine unendliche Kette $u > u_1 > u_2 > u_3 > \dots$. Dann gilt $u \gtrsim u_i$ für alle $i \geq 1$. Gilt $u \approx_1 u_i$ für alle $i \geq 1$, so gilt $u_1 >_2 u_2 >_2 u_3 >_2 \dots$. Dies ist unmöglich, da $>_2$ Noethersch ist. Gilt nicht $u \approx_1 u_i$ für alle $i \geq 1$, so gibt es ein kleinstes i mit $u >_1 u_i$. Nach Induktionsvoraussetzung gibt es keine unendliche absteigende $>$-Kette ab u_i. Dies steht im Widerspruch zur Annahme, daß $u > u_1 > u_2 > \dots$ eine unendliche absteigende $>$-Kette ist.

Also gilt $P(u)$ für alle u, und Lemma 1.3.3 ist bewiesen. $\qquad\qquad\square$

Beispiel 1.3.4 *Wir zeigen an einem Beispiel die Mächtigkeit dieser Konstruktion. Sei* $\mathcal{E} = \{a, b\}^*$ *und*

$$u \gtrsim_1 v \quad gdw \quad |u|_a \geq |v|_a,$$
$$u \gtrsim_2 v \quad gdw \quad |u|_b \geq |v|_b.$$

Dann gilt:

$$u \gtrsim v \quad gdw \quad |u|_a > |v|_a \ oder \ (|u|_a = |v|_a \ \wedge \ |u|_b \geq |v|_b).$$

Es gibt die absteigende Kette (für $i, j, k \geq 1$)

$$a^5 > a^4 b^i > a^4 b^{i-1} > \dots > a^4 > a^3 b^j > \dots > a^3 > a^2 b^k > \dots > a^2.$$

Es existieren also aufsteigende Ketten in $(\mathcal{E}, >)$, in die $(\mathbb{N}, >)$ unendlich oft isomorph eingebettet ist. Also ist $(\mathcal{E}, >)$ nicht Ordnungs-isomorph zu $(\mathbb{N}, >)$. Trotzdem gibt es keine unendliche absteigende Kette $u_0 > u_1 > u_2 > \dots$ in $(\mathcal{E}, >)$.

Die in Lemma 1.3.3 konstruierte Quasiordnung heißt die lexikographische Kombination von $\gtrsim_1$ und $\gtrsim_2$. Wie schon erwähnt, ist im obigen Beispiel die Ordnung c) so konstruiert. Man kann diese Konstruktion etwas variieren und Quasiordnungen auf Produktmengen definieren. Das geschieht im nächsten Lemma.

Lemma 1.3.5 *Seien $(M_1, \gtrsim_1)$ und $(M_2, \gtrsim_2)$ Noethersche Quasiordnungen auf M_1 bzw. M_2, und sei $M = M_1 \times M_2$. Definiert man $\gtrsim$ auf M durch*

$$(u_1, u_2) \gtrsim (v_1, v_2) \quad gdw \quad u_1 >_1 v_1 \ oder$$
$$u_1 \approx_1 v_1, u_2 \gtrsim_2 v_2,$$

so ist $\gtrsim$ eine Noethersche Quasiordnung auf M.

Beweis: Man rechnet leicht nach, daß $\gtrsim$ eine Quasiordnung ist, und zeigt wie im Beweis zu Lemma 1.3.3, daß $>$ Noethersch ist. $\qquad\qquad\square$

Beispiel 1.3.6 *Sei* $(M_1, \succsim_1) = (M_2, \succsim_2) = (\mathbb{N}, \geq)$. *Auf* $\mathbb{N} \times \mathbb{N}$ *gilt:*

$$(m_1, m_2) > (n_1, n_2) \quad gdw \quad m_1 > n_1 \ oder$$
$$m_1 = n_1, m_2 > n_2$$

Dieses Beispiel ist ähnlich zum Beispiel 1.3.4. Es ist $>$ Noethersch, d.h., es gibt keine unendlichen absteigenden Ketten. Es gibt aber unendlich viele unendlich lange aufsteigende Ketten hintereinander.

$$(0,1) < \ldots (0, i_0) < \ldots < (1,0) < \ldots (1, i_1) < \ldots < (k, 0) < \ldots (k, i_k) < \ldots$$

Man sagt, $(\mathbb{N}^2, >)$ ist vom Ordnungstyp ω^2. Hierbei ist ω der Ordnungstyp von $\mathbb{N}$ mit der natürlichen Ordnung.

Wir haben jetzt mit Lemma 1.3.3 und Lemma 1.3.5 zwei Techniken, mit denen man aus Noetherschen Partialordnungen weitere (mächtigere) Noethersche Partialordnungen konstruieren kann. Als dritte Technik zur Konstruktion mächtiger Noetherscher Partialordnungen soll die Übertragung einer Ordnung $>$ auf M auf eine Ordnung $\gg$ auf den Multimengen über M besprochen werden. In einer Multimenge dürfen nur endlich viele verschiedene Elemente vorkommen, aber diese dürfen mehrfach (endlich oft) auftreten. Wir beschreiben eine Multimenge A formal durch eine Funktion $A : M \to \mathbb{N}$, wobei $A(m)$ die Häufigkeit von $m \in M$ in A ist.

Definition 1.3.7 (Multimengen) *Sei M eine Menge. Eine* Multimenge A *über M ist eine Funktion $A : M \to \mathbb{N}$, so daß $\{m \mid A(m) > 0\}$ endlich ist.*
Sei $Mult(M)$ das System der Multimengen über M. Wir schreiben $A \subseteq B$, falls $A(m) \leq B(m)$ für alle $m \in M$ gilt. Auf $Mult(M)$ sind die Operationen $\cup, \cap, -$ erklärt durch

$$\begin{array}{llll}
(A \cup B)(m) & = & A(m) + B(m) & \text{\textit{Vereinigung } } A \cup B \\
(A \cap B)(m) & = & min\{A(m), B(m)\} & \text{\textit{Durchschnitt } } A \cap B \\
(A - B)(m) & = & max\{0, A(m) - B(m)\} & \text{\textit{Differenz } } A - B
\end{array}$$

Als andere Schreibweise benutzen wir auch die explizite Angabe der Elemente entsprechend ihrer Häufigkeit. Sei etwa $M = \mathbb{N}$ und $A = \{0, 1, 1, 4\}, B = \{1, 2, 2, 4, 4, 5\}$. Dann ist

$$\begin{array}{lll}
A \cup B & = & \{0, 1, 1, 1, 2, 2, 4, 4, 4, 5\}, \\
A \cap B & = & \{1, 4\}, \\
A - B & = & \{0, 1\}.
\end{array}$$

Wir kommen nun zur Definition der Ordnung $\gg$ auf $Mult(M)$, die durch die Ordnung $>$ auf M induziert wird (siehe [DM79]). Diese Ordnung ist anschaulich so definiert: Man verkleinert eine Multimenge A dadurch, daß man aus A ein Element entfernt und es durch endlich viele kleinere Elemente ersetzt. Diese Operation darf man mehrmals ausführen (siehe Teil a) von Lemma 1.3.10).

Definition 1.3.8 (Multimengenordnung) *Sei $>$ eine Partialordnung auf M. Dann ist $\gg$ auf $Mult(M)$ definiert durch*

$$A \gg B \quad gdw \quad \exists X, Y \in Mult(M) \text{ mit}$$
$$\emptyset \neq X \subseteq A, \quad B = (A - X) \cup Y$$
$$\forall y \in Y : \exists x \in X : x > y$$

Beispiel 1.3.9 *Sei $M = \mathbb{N}$.*
a) Wählt man $X = \{3\}$ bzw. $X = \{5\}$ in obiger Definition, so ergibt sich
$\{1,3,5\} \gg \{1,1,2,2,5\} \gg \{1,1,2,2,3,3,4\}$.
b) Wählt man $X = \{5,5\}$ bzw. $X = \{3,2,2\}$ in obiger Definition, so ergibt sich
$\{1,3,5,5\} \gg \{1,1,2,2,3,3,4\} \gg \{1,1,1,1,3,4\}$.

Wir zeigen zunächst, daß $\gg$ eine Partialordnung auf $Mult(M)$ ist, und geben einige weitere Eigenschaften an. Man beachte, daß $\gg$ auf $Mult(M)$ eindeutig durch die Partialordnung $>$ auf M bestimmt ist.

Lemma 1.3.10
a) Sei $A \longmapsto B \quad gdw \quad \exists a \in A, b_1, \ldots, b_m \in M, m \geq 0$ mit
$$B = (A - \{a\}) \cup \{b_1, \ldots, b_m\}, a > b_i \text{ für } i = 1, \ldots, m.$$
Dann ist $\gg$ der transitive Abschluß von $\longmapsto$, d.h. $A \gg B$ gdw $A \overset{+}{\longmapsto} B$.
b) $\gg$ ist eine Partialordnung.
c) $\{m_1\} \gg \{m_2\} \quad gdw \quad m_1 > m_2$ für alle $m_1, m_2 \in M$.
d) $A \gg B$ impliziert $A \cup C \gg B \cup C$ für alle $A, B, C \in Mult(M)$.
e) Ist $>$ total auf M, so ist $\gg$ total auf $Mult(M)$.

Beweis:
a1) $\overset{+}{\longmapsto} \subseteq \gg$: Es reicht zu zeigen: Aus $A_0 \longmapsto A_1 \longmapsto \ldots \longmapsto A_n$ folgt $A_0 \gg A_n$. Wir zeigen dies durch Induktion nach n.
$n = 1$: Wegen $A_0 \longmapsto A_1$ gibt es $a \in A_0$ und $b_1, \ldots, b_m \in A_1$, so daß $A_1 = (A_0 - X) \cup Y$ mit $X = \{a\}, Y = \{b_1, \ldots, b_m\}$ gilt. Weiter hat man $a > b_i$ für $i = 1, \ldots, m$, also gilt $A_0 \gg A_1$.
$n \rightsquigarrow n + 1$: Es gelte $A_0 \longmapsto A_1 \longmapsto \ldots \longmapsto A_n \longmapsto A_{n+1}$. Die Induktionsvoraussetzung liefert $A_0 \gg A_n$, und $A_n \longmapsto A_{n+1}$ liefert $A_{n+1} = (A_n - \{a\}) \cup \{b_1, \ldots, b_m\}$ mit $a \in A_n$ und $a > b_i$. Wegen $A_0 \gg A_n$ gibt es $\emptyset \neq X \subseteq A_0$ und Y mit $A_n = (A_0 - X) \cup Y$, so daß zu jedem $y \in Y$ ein $x \in X$ existiert mit $x > y$. Wir unterscheiden die Fälle (i) $a \in Y$ und (ii) $a \notin Y$.
(i) Sei $a \in Y$. Dann gibt es $x_0 \in X$ mit $x_0 > a$, also $x_0 > b_i$ für $i = 1, \ldots, m$. Setzt man $Y_1 = (Y - \{a\}) \cup \{b_1, \ldots, b_m\}$, so gilt $A_{n+1} = (A_0 - X) \cup Y_1$ und für jedes $y \in Y_1$ gibt es ein $x \in X$ mit $x > y$. Dies liefert $A_0 \gg A_{n+1}$.
(ii) Sei $a \notin Y$. Wegen $a \in A_n$ und $A_n = (A_0 - X) \cup Y$ ist dann $a \in A_0$. Setze $X_1 = X \cup \{a\}$ und $Y_1 = Y \cup \{b_1, \ldots, b_m\}$. Dann gilt $A_{n+1} = (A_0 - X_1) \cup Y_1$, und für jedes $y \in Y_1$ gibt es ein $x \in X_1$ mit $x > y$. Dies liefert wieder $A_0 \gg A_{n+1}$.

a2) $\gg \subseteq \overset{+}{\longmapsto}$: Sei $A \gg B$, also $B = (A - X) \cup Y$ mit $\emptyset \neq X \subseteq A$, so daß zu jedem $y \in Y$ ein $x \in X$ existiert mit $x > y$. Wir zeigen durch Induktion nach $n =\mid X \mid$, daß

$A \overset{+}{\longmapsto} B$ gilt.

$n = 1$: Es gilt $X = \{a\}$, also $A \longmapsto B$, demnach auch $A \overset{+}{\longmapsto} B$.

$n \rightsquigarrow n + 1$: Sei $a \in X$, $X_1 = X - \{a\}$, $Y_1 = \{y \in Y \mid a > y\}$, $Y_2 = Y - Y_1$ und $A_1 = (A - X_1) \cup Y_2$. Dann gilt $A \gg A_1$, also $A \overset{+}{\longmapsto} A_1$ nach Induktionsvoraussetzung. Weiter gilt $B = (A_1 - \{a\}) \cup Y_1$, also $A_1 \longmapsto B$. Dies und $A \overset{+}{\longmapsto} A_1$ liefern $A \overset{+}{\longmapsto} B$.

b) Es ist zu zeigen, daß die Relation $\gg$ transitiv und irreflexiv ist. Sie ist transitiv nach Teil a). Gäbe es eine Multimenge A mit $A \gg A$, so gäbe es X und Y mit $A = (A - X) \cup Y$, also $X = Y$, so daß es zu jedem $y \in Y$ ein $x \in X$ gibt mit $x > y$. Da $>$ eine Partialordnung ist und $X = Y$ endlich ist, ist dies nicht möglich.

c) - e) Dies sei als Übung empfohlen.   □

Satz 1.3.11 *Die Partialordnung* $\gg$ *auf* $Mult(M)$ *ist genau dann Noethersch, wenn* $>$ *auf* M *Noethersch ist.*

Beweis: ↶ Dies folgt aus Lemma 1.3.10, Teil c).

↷ Sei $(M, >)$ Noethersch, und sei als Annahme $(Mult(M), \gg)$ nicht Noethersch. Dann gibt es eine unendliche Kette $A_1 \gg A_2 \gg A_3 \gg \ldots$. Wir führen zunächst ein neues Symbol $\bot$ ein, setzen $M_0 = M \cup \{\bot\}$ und erweitern $>$ auf M_0 durch $m > \bot$ für alle $m \in M$. Dann ist auch $(M_0, >)$ Noethersch. Wir bauen schrittweise Bäume T_i mit folgender Eigenschaft auf: (1) Die Knoten von T_i, mit Ausnahme der Wurzel, tragen eine Marke $m \in M_0$. (2) Die Multimenge der Marken $m \neq \bot$ auf den Blättern von T_i ist gleich A_i. (3) Die Marken auf jedem Ast von T_i bilden eine echt absteigende $>$-Kette.

T_1 hat die Höhe 1. Zu jedem $m \in A_1$ hat die Wurzel genau ein Blatt mit Marke m.

$T_i \rightsquigarrow T_{i+1}$: Es gilt $A_i \gg A_{i+1}$, also gibt es $\emptyset \neq X \subseteq A_i$ und Y mit $A_{i+1} = (A_i - X) \cup Y$, und für jedes $y \in Y$ gibt es ein $x_y \in X$ mit $x_y > y$. Es wird in T_i für jedes $y \in Y$ ein Knoten mit Marke y unter den Knoten mit Marke x_y gehängt. Außerdem erhält jedes Blatt mit Marke $x \in X$ einen Sohn mit Marke $\bot$. Da $X \neq \emptyset$ gilt, hat T_{i+1} echt mehr Knoten als T_i.

Der so entstehende Baum T_∞ hat unendlich viele Knoten. Nach dem Lemma von König hat T_∞ also einen unendlich langen Ast. Die Marken auf diesem Ast bilden eine unendliche Kette $x_1 > x_2 > \ldots$ in M_0. Dies ist ein Widerspruch zur Tatsache, daß $(M_0, >)$ Noethersch ist. Also ist die Annahme nicht haltbar, und $\gg$ ist Noethersch. □

Die obige Definition von $\gg$ ist etwas unhandlich, wenn man zwei Multimengen effektiv vergleichen will. Man überzeugt sich leicht, daß folgende Definition von $\gg$ zur obigen Definition äquivalent ist:

$$A \gg B \quad \text{gdw} \quad A \neq B \text{ und}$$
$$\forall b \in B - (A \cap B)\ \exists a \in A - (A \cap B): a > b$$

Für den Nachweis von $A \gg B$ kann man also zunächst $B' = B - (A \cap B)$ und $A' = A - (A \cap B)$ durch Streichen der gemeinsamen Elemente von A und B berechnen und dann zeigen, daß jedes $b \in B'$ durch ein $a \in A'$ majorisiert wird.

Beispiel 1.3.12 *Sei* $(M, >) = (\mathbb{N}, >)$ *und* $A = \{2, 2, 5, 8, 8\}, B = \{1, 2, 5, 7, 7, 7, 8\}$. *Dann ist* $A' = \{2, 8\}$ *und* $B' = \{1, 7, 7, 7\}$. *Da jedes* $b \in B'$ *durch ein* $a \in A'$ *majorisiert wird, gilt* $A \gg B$.

Wir benötigen später die Multimengenordnung zu verschiedenen Ordnungen. Ist $(M, >_1)$ gegeben, so bezeichnet $\gg_1$ die entsprechende Ordnung auf $Mult(M)$. Ist etwa $>_2 = \gg_1$, so ist $\gg_2$ eine Partialordnung auf $Mult(Mult(M))$. Dies erlaubt die Konstruktion von sehr mächtigen Partialordnungen.

Multimengenordnungen stellen ein mächtiges Hilfsmittel für Terminationsbeweise zu Algorithmen dar. Als Beispiel betrachten wir hier die Termination des folgenden Spieles.

Man hat einen beliebig großen Topf und zu jedem $n \in \mathbb{N}$ einen beliebig großen Vorrat an Kugeln, die mit n markiert sind. Zu Beginn des Spieles enthält der Topf genau eine Kugel. Ein Spielzug besteht darin, daß zunächst eine beliebige Kugel aus dem Topf entfernt wird; sie habe die Marke k. Ist $k > 0$, so darf man anschließend eine beliebige (endliche) Anzahl von Kugel in den Topf legen, aber nur solche, deren Marke kleiner als k ist. Ist $k = 0$, so darf man keine Kugel in den Topf legen. Die Frage ist nun: Hält das Spiel in jedem Fall oder kann man eine unendliche Folge von Spielzügen konstruieren?

Zur Beantwortung dieser Frage beachte man, daß die Anzahl der Kugeln während des Spiels zwar endlich bleibt, aber beliebig groß werden kann. Dem steht gegenüber, daß immer nur Kugeln in den Topf gelegt werden dürfen, die (in der Markierung gemessen) kleiner sind als die entfernte Kugel. Um dies zu verdeutlichen, versuchen wir zunächst, eine unendliche Folge von Spielzügen zu konstruieren. Dazu wählen wir eine schnell wachsende Folge $p_1, p_2, \ldots$ von Zahlen und gestalten den i-ten Spielzug so, daß wir eine größte Kugel, etwa mit Marke k_i aus dem Topf nehmen und sie durch p_i Kugeln mit Marke $k_i - 1$ ersetzen. Wir wählen $p_1 = 2$ und $p_{i+1} = 2^{p_i}$, und setzen voraus, daß beim Start im Topf nur eine Kugel mit der Marke 1000 liegt. Im ersten Spielzug wird dann diese Kugel durch $p_1 = 2$ Kugeln mit Marke 999 ersetzt. Im zweiten Zug wird die erste Kugel mit Marke 999 durch $p_2 = 4$ Kugeln mit Marke 998 ersetzt, und im dritten Zug wird die zweite Kugel mit Marke 999 durch $p_3 = 16$ Kugeln mit Marke 998 ersetzt. Im Topf sind jetzt also 20 Kugeln mit Marke 998. Im vierten Zug wird eine dieser Kugeln durch $p_4 = 65.536$ Kugeln mit Marke 997 ersetzt, und im fünften Zug wird eine weitere dieser Kugeln durch $p_5 = 2^{65.536}$ Kugeln mit Marke 997 ersetzt. Man sieht leicht, daß die Anzahl der Kugeln im Topf sehr schnell sehr groß wird. Es ist deshalb nicht direkt einsichtig, daß das Spiel stoppt. Wir zeigen aber, daß das Spiel mit der betrachteten Strategie doch stoppt. Wir zeigen nämlich jetzt, daß es prinzipiell unmöglich ist, eine unendliche Zugfolge zu konstruieren.

Wir modellieren das Spiel so: Der aktuelle Inhalt des Topfes wird durch die Multimenge M der Marken der Kugeln im Topf beschrieben. Es ist also $M \in Mult(\mathbb{N})$ und $>$ ist die natürliche Ordnung auf $\mathbb{N}$. Die Menge der möglichen Spielzüge läßt sich dann durch die folgende Relation $\longrightarrow$ auf $Mult(\mathbb{N})$ beschreiben:

$$M_1 \longrightarrow M_2 \quad \text{gdw} \quad \exists k \in M \text{ und } k_1, \ldots, k_n < k \text{ mit}$$
$$M_2 = (M_1 - \{k\}) \cup \{k_1, \ldots, k_n\}$$

Offenbar gilt $\longrightarrow \subseteq \gg$ und $\gg$ ist eine Noethersche Partialordnung. Also ist $\longrightarrow$ terminierend. Daher hält das Spiel in jedem Fall.

Übungsaufgaben

Aufgabe 1.3.1: Sei $(\mathcal{E}, \longrightarrow)$ ein Reduktionssystem und sei $\gtrsim = \overset{*}{\longrightarrow}$.
a) Es ist $\gtrsim$ eine Quasiordnung.
b) Es ist $\gtrsim$ Noethersch, wenn $\longrightarrow$ terminierend ist.
c) Es sei $\mathcal{E} = \mathbb{N}$ und $n \longrightarrow m$ gdw $m = n - 1$ oder $(m = n + 3$ und 5 teilt $n)$. Man bestimme $\gtrsim$. Gilt die Umkehrung von Aussage b) ?

Aufgabe 1.3.2: Sei $>$ eine Noethersche Partialordnung auf der Menge M. Für $n \in \mathbb{N}$ sei M^n die Menge der Folgen der Länge n über M, und M^∞ sei die Menge der unendlichen Folgen über M.
a) Es sei $>^n$ auf M^n erklärt durch
$$(u_1, \ldots, u_n) >^n (v_1, \ldots, v_n) \quad \text{gdw} \quad u_1 > v_1 \text{ oder}$$
$$u_1 = v_1, (u_2, \ldots, u_n) >^{n-1} (v_2, \ldots, v_n)$$
Dann ist $>^n$ eine Noethersche Partialordnung.
b) Es sei $>^\infty$ auf M^∞ erklärt durch
$$(u_1, u_2, \ldots) >^\infty (v_1, v_2, \ldots) \quad \text{gdw} \quad u_1 > v_1 \text{ oder}$$
$$u_1 = v_1, (u_2, u_3, \ldots) >^\infty (v_2, v_3, \ldots)$$
Dann ist $>^\infty$ eine Partialordnung, aber im allgemeinen nicht Noethersch.

Aufgabe 1.3.3: Seien $>_1$ und $>_2$ Noethersche Partialordnungen auf M.
a) Ist $>$ eine Partialordnung mit $> \subseteq >_1$, so ist sie Noethersch.
b) $> = >_1 \cap >_2$ ist eine Noethersche Partialordnung.
c) $> = >_1 \cup >_2$ ist im allgemeinen nicht transitiv. Ist $>$ transitiv, so ist $>$ eine Noethersche Partialordnung.

Aufgabe 1.3.4: Man gebe Noethersche Partialordnungen auf $\mathbb{N} \times \mathbb{N}$ an, mit denen man die Termination der folgenden Programme zeigen kann.
a) Berechnung des größten gemeinsamen Teilers von u, v.
$x := u; \ y := v;$
while $x \neq y$ **do**
     if $x > y$ **then** $x := x - y$ **else** $y := y - x$
od;
$print(x)$
b) Paare aufzählen
$x := u; \ y := v;$
while $x + y > 0$ **do**
     $print(x, y);$
     if $x = 0$ **then** $y := y - 1; \ x := y$ **else** $x := x - 1$
od

Aufgabe 1.3.5: Sei $\varphi : \mathbb{N}_+ \to Mult(\mathbb{N}_+)$ gegeben durch $\varphi(n) =$ Multimenge der Primzahlen, die n teilen. So ist z.B. $\varphi(3) = \{3\}$ und $\varphi(40) = \{2, 2, 2, 5\}$. Man benutze φ und $\gg$ auf $Mult(\mathbb{N}_+)$ zum Nachweis, daß folgendes Reduktionssystem $(\mathbb{N}_+, \longrightarrow)$ terminiert:

$n \longrightarrow m \qquad$ gdw $\qquad n \cdot p_1 \ldots p_{k-1} = m \cdot p_k$

Dabei ist p_i die i-te Primzahl, also $p_1 = 2$, $p_2 = 3$, $p_3 = 5, \ldots$.

Aufgabe 1.3.6: Es ist unbekannt, ob das folgende Reduktionssystem $(\mathbb{N}_+, \longrightarrow)$ terminiert:

$\quad n \longrightarrow n/2, \qquad$ falls $\quad n$ gerade,

$\quad n \longrightarrow 3n + 1, \qquad$ falls $\quad n$ ungerade.

Man berechne die Normalformen zu einigen Zahlen.

Aufgabe 1.3.7: Sei $M = \{a, b\}$ und es gelte $a > b$.

a) Es gibt keine endlich verzweigende Relation $\longrightarrow$ auf $Mult(M)$ mit $\gg_M = \xrightarrow{+}$.

b) Sei $>_0$ auf $M \times \mathbb{N}$ erklärt durch $(m, j) >_0 (m', i)$ falls $m >_M m'$ oder $(m = m'$ und $j > i)$. Dann gibt es kein endlich verzweigendes $\longrightarrow$ mit $>_0 = \xrightarrow{+}$.

1.4 Konstruktion von konvergenten Reduktionssystemen[2]

In diesem Abschnitt soll eine Methode beschrieben werden, mit der man die Äquivalenzrelation $\sim$ in eine konvergente Reduktionsrelation $\longrightarrow$ transformieren kann, so daß $\sim = \xleftrightarrow{*}$ gilt. Das zugrundeliegende Prinzip ist die Beweis-Transformation. Es wird später mehrfach benötigt, um Gleichungssysteme in konvergente Regelsysteme zu transformieren, genauer, um die Korrektheit solch einer Transformation nachzuweisen. Will man auf die Effizienz solcher Transformationsalgorithmen achten – und das ist für den praktischen Einsatz unerläßlich –, so darf bei der Transformation nicht nur neue Information in Form von neuen Gleichungen erzeugt werden, sondern man muß auch redundante Information löschen können. Dies macht Korrektheitsbeweise für die Transformation im allgemeinen sehr kompliziert.

Das von Bachmair, Dershowitz, Hsiang [BDH86] vorgeschlagene Verfahren (für Termersetzungssysteme, siehe Abschnitt 3.6) behandelt diese Schwierigkeit so: Es wird zu jedem Zeitpunkt i mit einem Paar (E_i, R_i) gearbeitet, das aus einem Gleichungs- und einem Regelsystem besteht und zum Ausgangssystem E äquivalent ist, d.h., daß $=_E \, = \, =_{E_i \cup R_i}$ gilt. Es wird ein Inferenzsystem $\mathcal{B}$ angegeben, das aus Regeln besteht, mit denen man von (E_i, R_i) nach (E_{i+1}, R_{i+1}) gelangen kann. Das Inferenzsystem beschreibt also, welche Schritte bei der Transformation erlaubt sind, es enthält aber keine Kontrolle über die Anwendungen der Regeln. Das Inferenzsystem garantiert, daß Beweise beim Übergang von (E_i, R_i) nach (E_{i+1}, R_{i+1}) in einem noch zu präzisierenden Sinn kleiner werden. Kleinste Beweise sind *V-Beweise*, also Beweise der Form $s \xrightarrow{*} u \xleftarrow{*} t$. Gibt es zu jedem Paar (s, t) mit $s =_E t$ solch einen V-Beweis, so ist $\longrightarrow$ konfluent, und die Transformation von $\sim \, = \, =_E$ in $\longrightarrow \, = \, \longrightarrow_R$ ist erfolgreich abgeschlossen.

---

[2]Dieser Abschnitt kann beim ersten Lesen überschlagen werden. Er dient zur Motivation und Vorbereitung der Abschnitte 2.3, 3.6, 4.2 und 4.3.

Wichtig sind nun zwei Punkte. Zum einen ist die Ordnung auf den Beweisen Noethersch, also kann jeder Beweis nur endlich oft verkleinert werden. Zum anderen werden *Fairness-Bedingungen* angegeben, unter denen jeder Beweis, der noch nicht die gewünschte Form hat, auch verkleinert wird. Ein Transformationsverfahren, das (1) nur erlaubte Schritte gemäß dem Inferenzsystem ausführt und (2) die erlaubten Regeln so anwendet, daß die Fairness-Bedingung erfüllt ist, ist dann automatisch korrekt.

Dieser Ansatz beschreibt also eine ganze Klasse von Algorithmen durch die Angabe

    (i) von erlaubten Inferenzregeln,

    (ii) einer minimalen Kontrolle über die Anwendung der Inferenzregeln.

Diese abstrakte Sicht erleichtert den Korrektheitsbeweis zu einem konkreten Algorithmus enorm.

Wir beschreiben das Vorgehen in vereinfachter Form auf einem abstrakten Niveau. Sei die Äquivalenzrelation $\sim$ gegeben durch eine erzeugende symmetrische Relation $\vdash\!\dashv$, d.h., es gilt $\sim\, = \overset{*}{\vdash\!\dashv}$ oder $u \sim v$ gdw $\exists u_0, u_1, \ldots, u_n : u = u_0 \vdash\!\dashv u_1 \vdash\!\dashv \ldots \vdash\!\dashv u_n = v$. Weiter sei eine feste Noethersche Partialordnung $>$ auf $\mathcal{E}$ gegeben.

Wir benutzen folgende Idee zur Konstruktion von $\longrightarrow$: Es wird $\longrightarrow$ sukzessiv aufgebaut; dazu wird $\sim$ im i-ten Schritt durch zwei Relationen $(\vdash\!\dashv_i, \longrightarrow_i)$ beschrieben. Dabei ist $\longrightarrow_i$ die i-te Approximation von $\longrightarrow$ und beschreibt den bisher – bezüglich der festen Partialordnung $>$ – gerichteten Anteil von $\sim$, während $\vdash\!\dashv_i$ den noch ungerichteten Anteil beschreibt. Es soll also stets gelten

(a) $\sim\, = (\longleftarrow_i \cup \vdash\!\dashv_i)^*$

(b) $\longrightarrow_i \,\subseteq\, >$

Das Grenzsystem $\longrightarrow\, = \bigcup_{i\in\mathbb{N}} \longrightarrow_i$ soll terminierend und konfluent sein und es soll $\overset{*}{\longleftrightarrow}\, = \,\sim$ gelten. Die Termination wird schon durch (b) garantiert. Die Konfluenz wird durch das Auflösen von lokalen Divergenzen erreicht, d.h. dadurch, daß jede lokale Divergenz durch einen kleineren Beweis ersetzt wird. Weiter muß $\overset{*}{\longleftrightarrow}\, \subseteq\, \sim$ und $\sim\, \subseteq\, \overset{*}{\longleftrightarrow}$ garantiert werden. Während die erste Inklusion bereits durch (a) gesichert ist, muß die zweite Inklusion noch durch *Fairness-Bedingungen* gesichert werden.

Wir starten mit $\longrightarrow_0\, = \,\emptyset$ und $\vdash\!\dashv_0\, = \,\vdash\!\dashv$. Im i-ten Schritt sind folgende Operationen erlaubt.

(1) $u \vdash\!\dashv_i v$ wird zu $u \longrightarrow_{i+1} v$ gerichtet, falls $u > v$ gilt.

(2) $u \vdash\!\dashv_{i+1} v$ wird neu aufgenommen, falls $u \,_i\!\!\longleftarrow w \longrightarrow_i v$ gilt.

(3) $u \vdash\!\dashv_i v$ wird zu $u \vdash\!\dashv_{i+1} w$ verkleinert, falls $v \longrightarrow_i w$ gilt.

Beispiel 1.4.1 *Wir machen das Vorgehen an folgendem Beispiel klar, siehe Abbildung 1.10. Es sei $\vdash\!\dashv$ gegeben durch den folgenden ungerichteten Graphen, der aus drei Zusammenhangskomponenten besteht. Jede Zusammenhangskomponente bildet also eine $\sim$-Äquivalenzklasse. Für zwei Elemente u, v von $\mathcal{E}$ (Knoten des Graphen) sei $u > v$, falls u im Bild höher als v liegt. Knoten auf gleicher Höhe sind mit $>$ nicht vergleichbar.*

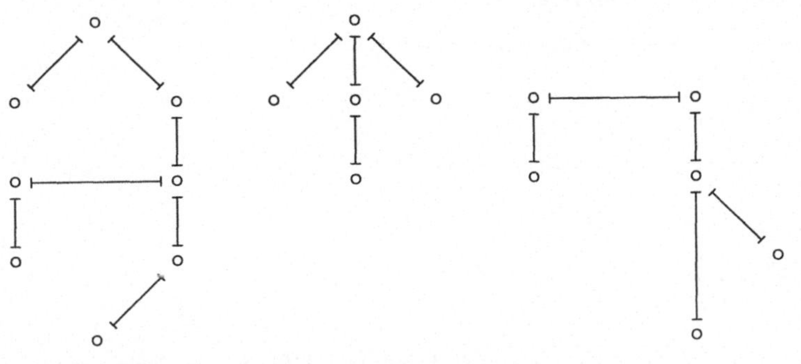

Abbildung 1.10: Darstellung der Äquivalenzrelation

Die Regeln (1) bis (3) erlauben die in Abbildung 1.11 dargestellte Transformation der dritten Zusammenhangskomponente des Graphen. Zur besseren Erläuterung haben wir den Knoten Buchstaben als Namen zugewiesen.

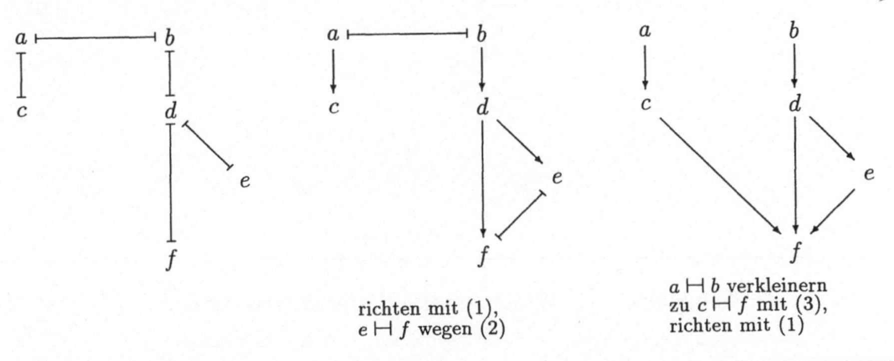

Abbildung 1.11: Transformation der Äquivalenzrelation

Nach dieser Transformation ist jedes Element u der Zusammenhangskomponente auf f reduzierbar, d.h., es gilt $u \xrightarrow{*} f$. Sind alle Zusammenhangskomponenten so behandelt, so ist die konvergente Relation $\longrightarrow$ gefunden.

Wir betrachten jetzt wieder den allgemeinen Fall.

Definition 1.4.2 (Inferenzsystem B) *Das Inferenzsysten $B = B_>$ zu der festen Noetherschen Partialordnung $>$ besteht aus folgenden Regeln:*

(1) *Orientieren*

$$\frac{(\vdash \cup \{u \vdash v\}; \longrightarrow)}{(\vdash; \longrightarrow \cup \{u \longrightarrow v\})} \quad falls\ u > v$$

(2) *Neue Konsequenz einführen*

$$\frac{(\vdash; \longrightarrow)}{(\vdash \cup \{u \vdash v\}; \longrightarrow)} \qquad falls\ u \longleftarrow o \longrightarrow v$$

(3) *Simplifizieren*

$$\frac{(\vdash \cup \{u \vdash v\}; \longrightarrow)}{(\vdash \cup \{u \vdash w\}; \longrightarrow)} \qquad falls\ v \longrightarrow w$$

(4) *Löschen*

$$\frac{(\vdash \cup \{u \vdash u\}; \longrightarrow)}{(\vdash; \longrightarrow)}$$

Man beachte zu (3), daß $\vdash$ symmetrisch ist; also läßt sich auch von $u \vdash v$ zu $w \vdash v$ übergehen, falls $u \longrightarrow w$ gilt. Häufig werden mehrere Vereinfachungsschritte hintereinander ausgeführt, z.B. beim Übergang von $u \vdash v$ zu $u_0 \vdash v_0$, falls $u \stackrel{*}{\longrightarrow} u_0, v \stackrel{*}{\longrightarrow} v_0$. Dies ist in Abbildung 1.12 dargestellt.

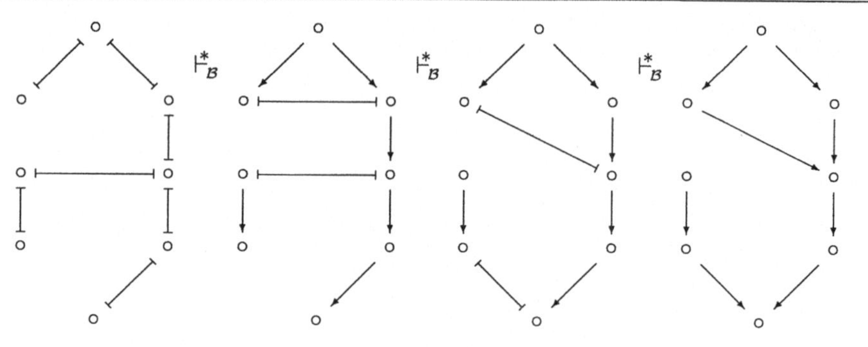

Abbildung 1.12: Wirkungsweise des Inferenzsystems $\mathcal{B}$

Definition 1.4.3 ($\mathcal{B}$-Ableitung)

a) *Wir schreiben* $(\vdash, \longrightarrow) \vdash_{\mathcal{B}} (\vdash', \longrightarrow')$, *falls sich* $(\vdash, \longrightarrow)$ *mit* $\mathcal{B}$ *in einem Schritt in* $(\vdash', \longrightarrow')$ *überführen läßt.*

b) $(\vdash_0, \longrightarrow_0), (\vdash_1, \longrightarrow_1), \ldots$ *heißt* $\mathcal{B}$-*Ableitung, falls* $(\vdash_i, \longrightarrow_i) \vdash_{\mathcal{B}} (\vdash_{i+1}, \longrightarrow_{i+1})$ *für alle* $i \geq 0$ *gilt.*

Man beachte, daß $\mathcal{E}$ im allgemeinen unendlich ist. Eine $\mathcal{B}$-Ableitung kann endlich oder unendlich sein. Man beachte auch, daß durch $\mathcal{B}$ nur Inferenzregeln angegeben sind, aber noch keine Kontrolle über die Anwendung der Regeln festgelegt ist.

Lemma 1.4.4 *Sei* $>$ *eine Partialordnung,* $\mathcal{B} = \mathcal{B}_{>}$ *und* $(\vdash, \longrightarrow) \vdash_{\mathcal{B}} (\vdash', \longrightarrow')$.
a) Ist $\longrightarrow\ \subseteq\ >$, *so gilt auch* $\longrightarrow' \subseteq\ >$.
b) Es ist $(\vdash \cup \longleftrightarrow)^* = (\vdash' \cup \longleftrightarrow')^*$. $\qquad\qquad\qquad\square$

Wir zeigen als nächstes, daß "$\mathcal{B}$ Beweise verkleinert". Dazu präzisieren wir den Begriff des Beweises und erklären eine geeignete Ordnung $>_\mathcal{B}$ auf Beweisen. Wir zeigen, daß (1) $>_\mathcal{B}$ Noethersch ist und (2) jede Anwendung einer $\mathcal{B}$-Regel wirklich Beweise verkleinert. Dies führt dazu, daß die Anwendung von $\mathcal{B}$-Regeln (in vielen Fällen) eine Relation $\longrightarrow$ liefert, die konfluent ist.

Definition 1.4.5 (Beweis) *Ein* Beweis *für* $u \sim v$ *in* $(\vdash, \longrightarrow)$ *ist eine Folge* $B = (u_0, b_1, u_1, \ldots, b_n, u_n)$ *mit* $u = u_0, v = u_n$ *und* $u_{i-1} \vdash u_i$ *oder* $u_{i-1} \longrightarrow u_i$ *oder* $u_{i-1} \longleftarrow u_i$ *für* $i = 1, \ldots, n$. *Es ist* b_i *die Begründung des i-ten Beweisschrittes, d.h., es ist* $b_i \in \{\vdash, \longrightarrow, \longleftarrow\}$ *entsprechend den drei Fällen. Ist* $n = 0$, *so heißt* B *ein* leerer Beweis. *Ist* B *von der Form* $B = u_0 \longrightarrow u_1 \ldots \longrightarrow u_k \longleftarrow \ldots u_{n-1} \longleftarrow u_n$ *für ein* $0 \le k \le n$, *so heißt* B *ein* V-Beweis.

Der Name *V-Beweis* soll an die übliche zweidimensionale Darstellung von $u_0 \longrightarrow u_1 \ldots \longrightarrow u_k \longleftarrow \ldots u_{n-1} \longleftarrow u_n$ erinnern:

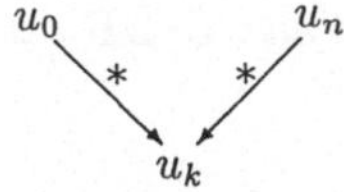

Nachdem formal definiert ist, was ein Beweis ist, soll nun eine Ordnung auf Beweisen definiert werden, und zwar so, daß $\mathcal{B}$ Beweise in dieser Ordnung verkleinert. Dazu gehen wir von der festen Partialordnung $>$ auf $\mathcal{E}$ aus.

Definition 1.4.6 (Beweisordnung $>_\mathcal{B}$) *Sei* $B = (u_0, b_1, u_1, \ldots, b_n, u_n)$ *ein Beweis. Wir ordnen dem i-ten Beweisschritt die folgende Komplexität* $c_i = c(u_{i-1}, b_i, u_i)$ *zu:*

$$c_i = \begin{cases} \{u_{i-1}\}, & falls \ b_i = \longrightarrow, \quad d.h. \ u_{i-1} \longrightarrow u_i \\ \{u_i\}, & falls \ b_i = \longleftarrow, \quad d.h. \ u_{i-1} \longleftarrow u_i \\ \{u_{i-1}, u_i\}, & falls \ b_i = \vdash, \quad d.h. \ u_{i-1} \vdash u_i \end{cases}$$

Die Komplexität von B *ist dann die Multimenge* $c(B) = \{c_1, \ldots, c_n\}$. *Es gilt also* $c(B) \in Mult(Mult(\mathcal{E}))$. *Sei* $>_0 = \gg$ *die Multimengenordnung zu* $>$, *und sei* $\gg_0$ *die Multimengenordnung zu* $>_0$. *Dann ist die* Beweisordnung $>_\mathcal{B}$ *definiert durch*

$$B >_\mathcal{B} B' \quad gdw \ c(B) \gg_0 c(B').$$

Beispiel 1.4.7 *Sei* $\longrightarrow \ \subseteq \ >$.

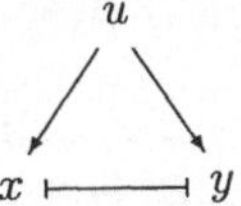

Wir zeigen $B = x \longleftarrow u \longrightarrow y \ >_\mathcal{B} \ B' = x \vdash y$: *Aus* $u > x$ *und* $u > y$ *folgt* $\{u\} >_0 \{x, y\}$. *Also gilt* $c(B) = \{\{u\}, \{u\}\} \gg_0 \{\{x, y\}\} = c(B')$.

Man beachte folgende Punkte:

(i) Es ist $>_B$ wirklich eine Partialordnung auf Beweisen. Sie ist Noethersch, falls $>$ auf $\mathcal{E}$ Noethersch ist. Dies folgt aus Satz 1.3.11. Ein Beweis B zu $u \sim v$ kann dann also nur endlich oft verkleinert werden.

(ii) Sind $B_1 = (u, \ldots, v)$, $B_2 = (v, \ldots, w)$, und $B_3 = (w, \ldots, z)$ Beweise für $u \sim v, v \sim w$ und $w \sim z$, so ist

$$B_1 B_2 B_3 = (u, \ldots, v, \ldots, w, \ldots, z)$$

ein Beweis für $u \sim z$. Wir sagen, B_2 ist ein *Teilbeweis* von $B_1 B_2 B_3$.

Das folgende Lemma besagt, daß ein Beweis kleiner wird, wenn man einen Teilbeweis durch einen kleineren Beweis ersetzt.

Lemma 1.4.8 *Seien B, B' Beweise für $u \sim v$, sei B_1 ein Beweis für $x \sim u$, und sei B_2 ein Beweis für $v \sim y$. Dann sind also $B_1 B B_2$ und $B_1 B' B_2$ Beweise für $x \sim y$. Aus $B >_B B'$ folgt $B_1 B B_2 >_B B_1 B' B_2$.*

Beweis: Aus $B >_B B'$ folgt $c(B) \gg_0 c(B')$. Mit Lemma 1.3.10, Teil d), ergibt sich $c(B_1 B B_2) = c(B_1) \cup c(B) \cup c(B_2) \gg_0 c(B_1) \cup c(B') \cup c(B_2) = c(B_1 B' B_2)$, also gilt $B_1 B B_2 >_B B_1 B' B_2$. $\qquad\qquad\qquad\square$

Wir präzisieren jetzt die Aussage, daß $\mathcal{B}$ Beweise verkleinert: Es gelte $(\mathsf{H}, \longrightarrow) \vdash_\mathcal{B} (\mathsf{H}', \longrightarrow')$ und es sei $B = (u_0, b_1, u_1, \ldots, b_n, u_n)$ ein Beweis für $u_0 \sim u_n$ in $(\mathsf{H}, \longrightarrow)$. Gelten alle Begründungen b_i auch in $(\mathsf{H}', \longrightarrow')$, so ist B auch ein Beweis für $u_0 \sim u_n$ in $(\mathsf{H}', \longrightarrow')$. Gilt eine der Begründungen nicht in $(\mathsf{H}', \longrightarrow')$, so soll gezeigt werden, daß dann ein Beweis B' zu $u_0 \sim u_n$ in $(\mathsf{H}', \longrightarrow')$ existiert mit $B >_B B'$.

Die Idee zur Konstruktion von B' sieht so aus: Ist ein Ein-Schritt-Beweis (u, b, v) in $(\mathsf{H}, \longrightarrow)$ gültig, nicht aber in $(\mathsf{H}', \longrightarrow')$, so muß die Inferenzregel, die $(\mathsf{H}, \longrightarrow)$ in $(\mathsf{H}', \longrightarrow')$ transformiert, die Begründung b ungültig machen. Wir zeigen anhand der einzelnen Regeln in $\mathcal{B}$, daß dann ein Beweis B_0 zu $u \sim v$ in $(\mathsf{H}', \longrightarrow')$ existiert mit $(u, b, v) >_B B_0$. Man kann also in B die einzelnen Beweisschritte, die in $(\mathsf{H}', \longrightarrow')$ nicht gelten, durch kleinere Beweise ersetzen. Dadurch entsteht ein Beweis B' zu $u_0 \sim u_n$ in $(\mathsf{H}', \longrightarrow')$, für den $B >_B B'$ nach Lemma 1.4.8 gilt.

Wir benötigen einige Bezeichnungen. Sei $B = (u_0, b_1, u_1, \ldots, b_n, u_n)$ ein Beweis in $(\mathsf{H}, \longrightarrow)$ und $B' = (v_0, b'_0, v_1, \ldots, b'_m, v_m)$ ein Beweis in $(\mathsf{H}', \longrightarrow')$. Wir schreiben $B = B'$, wenn B und B' als Folgen gleich sind. Gilt $u_0 = v_0$ und $u_n = v_m$, so heißen B und B' *äquivalent*. Es gilt $B \geq_B B'$, falls $B >_B B'$ oder $B = B'$.

Lemma 1.4.9 *Sei $(\mathsf{H}, \longrightarrow) \vdash_\mathcal{B} (\mathsf{H}', \longrightarrow')$ und $\mathcal{B} = \mathcal{B}_>$. Zu jedem Beweis B in $(\mathsf{H}, \longrightarrow)$ gibt es einen äquivalenten Beweis B' in $(\mathsf{H}', \longrightarrow')$ mit $B \geq_B B'$. Enthält B einen Teilbeweis der Form $u \vdash v$ oder $u \longleftarrow \circ \longrightarrow v$ und wurde hierauf die Inferenzregel beim Übergang von $(\mathsf{H}, \longrightarrow)$ zu $(\mathsf{H}', \longrightarrow')$ angewendet, so gilt $B >_B B'$.*

Beweis: Sei $B = (u_0, b_1, u_1, \ldots, b_n, u_n)$ ein Beweis in $(\vdash, \longrightarrow)$. Ist B auch ein Beweis in $(\vdash', \longrightarrow')$, so kann man $B' = B$ wählen. Ist dies nicht der Fall, so muß gezeigt werden, daß jeder Beweisschritt $B_i = (u_{i-1}, b_i, u_i)$ in $(\vdash', \longrightarrow')$ durch einen kleineren Beweis B_i' ersetzt werden kann. Es gibt drei Möglichkeiten:

a) $u_{i-1} \vdash u_i$ wurde zu $u_{i-1} \longrightarrow' u_i$ gerichtet. Dann gilt $B_i >_B B_i'$ für $B_i = u_{i-1} \vdash u_i$ und $B_i' = u_{i-1} \longrightarrow u_i$ wegen $c(B_i) = \{\{u_{i-1}, u_i\}\} \gg_0 c(B_i') = \{\{u_{i-1}\}\}$.

b) $u_{i-1} \vdash u_i$ wurde mit $u_i \longrightarrow z$ zu $u_{i-1} \vdash z$ vereinfacht. Dann gilt $B_i >_B B_i'$ für $B_i = u_{i-1} \vdash u_i$ und $B_i' = u_{i-1} \vdash' z \longleftarrow u_i$ wegen $c(B_i) = \{\{u_{i-1}, u_i\}\} \gg_0 c(B_i') = \{\{u_{i-1}, z\}, \{u_i\}\}$. Für den Beweis von $c(B_i) \gg_0 c(B_i')$ beachte man, daß $u_i \longrightarrow z$ und daher $u_i > z$ gilt. Dies zeigt $\{u_{i-1}, u_i\} \gg \{u_{i-1}, z\}$. Wegen $\{u_{i-1}, u_i\} \gg \{u_i\}$ gilt also wirklich $c(B_i) \gg_0 c(B_i')$.

c) Es gilt $u_{i-1} = u_i$ und nicht $u_{i-1} \vdash' u_i$. Dann gilt $B_i >_B B_i'$ für $B_i = u_{i-1} \vdash u_i$ und $B_i' = $ leerer Beweis.

In allen drei Fällen – die den Regeln (1), (3) und (4) von B entsprechen – läßt sich also B_i durch einen kleineren äquivalenten Beweis B_i' in $(\vdash', \longrightarrow')$ ersetzen. Ersetzt man in B die B_i wenn nötig durch die B_i', so entsteht ein zu B äquivalenter Beweis B' in $(\vdash', \longrightarrow')$ mit $B >_B B'$. Dabei ergibt sich $B >_B B'$ aus Lemma 1.4.8.
Enthält B den Teilbeweis der Form $B_i = u \longleftarrow s \longrightarrow v$, so kann man ihn in $(\vdash', \longrightarrow')$ durch $B_i' = u \vdash' v$ ersetzen. Es gilt $c(B_i) = \{\{s\}, \{s\}\} \gg_0 c(B_i') = \{\{u, v\}\}$ wegen $s > u, s > v$. Ersetzt man in B also B_i durch B_i', so ergibt sich B' mit $B >_B B'$. $\square$

Wir haben bisher keine Einschränkung in Bezug auf die Kontrolle über die Anwendung der einzelnen Regeln aus B gemacht. Wir betrachten jetzt sehr schwache Bedingungen, die die Korrektheit des Transformationsverfahrens mit B garantieren. Dies ist die unten definierte Fairness-Bedingung. Sie läßt genügend Freiraum für Optimierungsmaßnahmen, wenn man das Inferenzsystem B zu einem festen Algorithmus konkretisieren will.

Sei $(\vdash_i, \longrightarrow_i)_{i \in \mathbb{N}}$ eine B-Ableitung. Anschaulich verlangt die Fairness-Bedingung, daß jede mögliche Inferenz irgendwann auch einmal gezogen werden muß. Etwas genauer wird verlangt

1) Gilt $u \;_i\!\longleftarrow w \longrightarrow_i v$, so muß es ein j geben mit $u \vdash_j v$.

2) Gilt $u \vdash_i v$, so muß auf das Paar (u, v) zu einem Zeitpunkt j eine Inferenzregel angewandt werden. Dann gilt nicht mehr $u \vdash_j v$.

Wir präzisieren dies. Dazu wird zunächst jede endliche B-Ableitung $(\vdash_0, \longrightarrow_0), \ldots,$ $(\vdash_n, \longrightarrow_n)$ formal zu einer unendlichen B-Ableitung $(\vdash_i, \longrightarrow_i)_{i \in \mathbb{N}}$ erweitert, indem $(\vdash_i, \longrightarrow_i) = (\vdash_n, \longrightarrow_n)$ für alle $i \geq n$ gesetzt wird. Damit müssen also nur unendliche B-Ableitungen betrachtet werden.

Man beachte, daß $\longrightarrow_i \subseteq \longrightarrow_{i+1}$ gilt, da aus der $\longrightarrow$-Komponente nie Elemente entfernt werden. Im Gegensatz dazu werden in die $\vdash$-Komponente nicht nur Elemente aufgenommen, es werden auch Elemente entfernt. Wir betrachten das Grenzsystem $(\vdash^\infty, \longrightarrow^\infty)$. Dabei besteht $\vdash^\infty$ (bzw. $\longrightarrow^\infty$) aus allen Paaren (u, v), die in ein $\vdash_i$ (bzw. $\longrightarrow_i$) aufgenommen, aber nie wieder gelöscht worden sind. Wir präzisieren dies.

Definition 1.4.10 (Grenzsystem, Fairness) *Sei* $(\mathsf{H}_i, \longrightarrow_i)_{i \in \mathbb{N}}$ *eine $\mathcal{B}$-Ableitung.*

a) *Das Grenzsystem* $(\mathsf{H}^\infty, \longrightarrow^\infty)$ *zur $\mathcal{B}$-Ableitung ist gegeben durch*
$$\mathsf{H}^\infty = \bigcup_{i \geq 0} \bigcap_{j \geq i} \mathsf{H}_j \ \ und \ \longrightarrow^\infty = \bigcup_{i \geq 0} \longrightarrow_i.$$

b) *Die $\mathcal{B}$-Ableitung heißt* fair, *falls gilt:*
  (i) $\mathsf{H}^\infty = \emptyset$ *und*

  (ii) $x^\infty \longleftarrow u \longrightarrow^\infty y \ \ \curvearrowright \ \ \exists k \ mit \ x \mathrel{\mathsf{H}_k} y.$

Es ist natürlich erwünscht, daß das Inferenzsystem $\mathcal{B}$ bei Eingabe $(\mathsf{H}_0, \longrightarrow_0) = (\mathsf{H}, \emptyset)$ nach endlich vielen Schritten das Ergebnis $(\mathsf{H}_n, \longrightarrow_n) = (\emptyset, \longrightarrow)$ liefert, wobei $\longrightarrow$ konvergent ist. Dies ist leider nicht immer erreichbar. Gilt aber $\mathsf{H}_n = \emptyset$ und ist $\longrightarrow_n$ konfluent, so bricht die $\mathcal{B}$-Ableitung nach n Schritten ab. Bildet man zu einer endlichen Ableitungsfolge $(\mathsf{H}_0, \longrightarrow_0), \ldots, (\mathsf{H}_n, \longrightarrow_n)$ die Relationen H^∞ und $\longrightarrow^\infty$, so ergibt sich $\mathsf{H}^\infty = \mathsf{H}_n$ und $\longrightarrow^\infty = \longrightarrow_n$. Solch eine endliche Folge ist also fair, falls $\mathsf{H}_n = \emptyset$ ist und es für jede lokale Divergenz $x_n \longleftarrow u \longrightarrow_n y$ ein $k \leq n$ gibt mit $x \mathrel{\mathsf{H}_k} y$.

Ein $\mathcal{B}$-Vervollständigungsverfahren ist ein Verfahren, das bei Eingabe von $(\mathsf{H}, \longrightarrow)$ ausgehend von $(\mathsf{H}_0, \longrightarrow_0) = (\mathsf{H}, \longrightarrow)$ entweder eine faire $\mathcal{B}$-Ableitung liefert oder abbricht.

Sei $(\mathsf{H}_i, \longrightarrow_i)_{i \in \mathbb{N}}$ eine faire $\mathcal{B}$-Ableitung, also $\mathsf{H}^\infty = \emptyset$, und sei $\longrightarrow = \longrightarrow^\infty$. Wir wollen zeigen:

a) $\longrightarrow$ ist terminierend,

b) $\longrightarrow$ ist konfluent und,

c) $\stackrel{*}{\longleftrightarrow} = \sim$.

Der Teil a) ist einfach, da $\longrightarrow \ \subseteq \ >$ gilt und $>$ Noethersch ist. Wir zeigen: Ist B ein Beweis zu $u \sim v$ in $(\mathsf{H}_i, \longrightarrow_i)$, aber kein V-Beweis, so gibt es ein $j \geq i$ und einen Beweis B' zu $u \sim v$ in $(\mathsf{H}_j, \longrightarrow_j)$ mit $B >_\mathcal{B} B'$. Dies liefert dann b) und c).

Lemma 1.4.11 *Sei* $(\mathsf{H}_i, \longrightarrow_i)_{i \in \mathbb{N}}$ *eine faire $\mathcal{B}$-Ableitung. Sei $i \in \mathbb{N}$ und B ein Beweis in* $(\mathsf{H}_i, \longrightarrow_i)$, *der kein V-Beweis ist. Dann gibt es ein $j \geq i$ und einen zu B äquivalenten Beweis B' in* $(\mathsf{H}_j, \longrightarrow_j)$ *mit $B >_\mathcal{B} B'$.*

Beweis: Ist B kein V-Beweis, so enthält B einen Teilbeweis der Form $x \mathrel{\mathsf{H}} y$ oder $x \longleftarrow z \longrightarrow y$.

a) B enthält $x \mathrel{\mathsf{H}} y$. Wegen der Fairness-Bedingung gibt es einen Zeitpunkt $j > i$, zu dem $x \mathrel{\mathsf{H}} y$ aus dem ungerichteten Anteil H entfernt wird. Dies geschieht entweder durch Richten von $x \mathrel{\mathsf{H}} y$ zu $x \longrightarrow y$ oder $y \longrightarrow x$ oder durch Löschen von $x \mathrel{\mathsf{H}} y$. Nach Lemma 1.4.9 gibt es einen zu B äquivalenten Beweis B'' in $(\mathsf{H}_{j-1}, \longrightarrow_{j-1})$ mit $B \geq_\mathcal{B} B''$, der den Beweisschritt $x \mathrel{\mathsf{H}} y$ enthält. Sei B' der Beweis in $(\mathsf{H}_j, \longrightarrow_j)$, der durch das oben beschriebene Richten oder Löschen von $x \mathrel{\mathsf{H}} y$ in B'' entsteht. Dann ist $B \geq_\mathcal{B} B'' >_\mathcal{B} B'$.

b) B enthält $x \longleftarrow z \longrightarrow y$. Wegen der Fairness-Bedingung gibt es einen Zeitpunkt j, in dem $x \vdash y$ in den unrichtbaren Anteil aufgenommen wird. Es gilt $c(x \longleftarrow z \longrightarrow y) = \{\{z\}, \{z\}\} \gg \{\{x, y\}\} = c(x \vdash y)$, man kann also den Teilbeweis $x \longleftarrow z \longrightarrow y$ durch den kleineren Beweis $x \vdash y$ ersetzen. Ist $j \leq i$, so gibt es nach Lemma 1.4.9 einen zu $x \vdash y$ äquivalenten Beweis B_0 in $(\vdash_i, \longrightarrow_i)$ mit $x \vdash y \geq_B B_0$. Ersetzt man in B den Teilbeweis $x \longleftarrow z \longrightarrow y$ durch B_0, so entsteht ein Beweis B' mit $B \geq_B B'$. Ist $j > i$, so zeigt man wie unter a), daß es in $(\vdash_j, \longrightarrow_j)$ ein B' gibt mit $B >_B B'$. $\square$

Der folgende Satz faßt das Ergebnis dieses Abschnitts zusammen. Er gibt an, wie man zu $(\mathcal{E}, \sim)$ ein äquivalentes konvergentes Reduktionssystem $(\mathcal{E}, \longrightarrow)$ konstruieren kann.

Satz 1.4.12 *Sei* $(\vdash_i, \longrightarrow_i)_{i \in \mathbb{N}}$ *eine faire $\mathcal{B}$-Ableitung. Sei* $\longrightarrow\ =\ \longrightarrow^{\infty}$.
a) Gilt $u \sim v$, *so gibt es ein* $i \in \mathbb{N}$ *mit* $u \stackrel{*}{\longrightarrow}_i \circ_i \stackrel{*}{\longleftarrow} v$, *und es gilt* $u \stackrel{*}{\longrightarrow} \circ \stackrel{*}{\longleftarrow} v$.
b) $\longrightarrow$ *ist konvergent, und es gilt* $\stackrel{*}{\longleftrightarrow}\ =\ \sim$.

Beweis: Ein k-Beweis sei ein Beweis in $(\vdash_k, \longrightarrow_k)$.

a) Wegen $u \sim v$ und $\sim\ =\ \stackrel{*}{\vdash}_0$ gibt es einen 0-Beweis $B = (u, \ldots, v)$ zu $u \sim v$. Nach Lemma 1.4.9 gibt es für alle $i \in \mathbb{N}$ i-Beweise B_i zu $u \sim v$ mit $B_i \geq_B B_{i+1}$. Sei $0 < i_1 < i_2 < \ldots$ mit $B_0 >_B B_{i_1} >_B B_{i_2} > \ldots$. Da $>_B$ Noethersch ist, bricht jede solche Folge ab. Sei also $B_0 >_B B_{i_1} >_B \ldots >_B B_{i_k}$ solch eine Folge, die nicht verlängerbar ist. Dann muß nach Lemma 1.4.11 B_{i_k} ein V-Beweis sein, für $j = i_k$ gilt also $u \stackrel{*}{\longrightarrow}_j \circ_j \stackrel{*}{\longleftarrow} v$. Für alle $i \geq j$ und oben erwähnte i-Beweise B_i gilt $B_j \geq_B B_i$ und nicht $B_j >_B B_i$, also $B_i = B_j$. Hieraus folgt, daß die B_i auch Beweise in $(\vdash^{\infty}, \longrightarrow^{\infty})$ sind, also gilt $u \stackrel{*}{\longrightarrow} \circ \stackrel{*}{\longleftarrow} v$.

b) Es gilt $\stackrel{*}{\longleftrightarrow}\ \subseteq\ \sim$ nach Konstruktion und $\sim\ \subseteq\ \stackrel{*}{\longleftrightarrow}$ nach a), also gilt $\stackrel{*}{\longleftrightarrow}\ =\ \sim$. Es ist $\longrightarrow$ terminierend nach Konstruktion und konfluent nach Teil a). $\square$

Es soll hier noch bemerkt werden, daß Satz 1.4.12 ausdrücklich voraussetzt, daß die $\mathcal{B}$-Ableitung fair ist. In vielen Fällen läßt sich eine endliche $\mathcal{B}$-Ableitung so fortsetzen, daß sie fair wird. Dazu müssen nur (i) alle ziehbaren Konsequenzen mit Regel (2) auch gezogen werden und (ii) alle Paare $u \vdash v$ mit den Regeln (1), (3) und (4) auch behandelt werden. Hierbei ist aber der Punkt (ii) kritisch. Es kann sein, daß man $u \vdash v$ weder orientieren, noch verkleinern, noch als Trivialität entfernen kann. Tritt solch eine Situation ein, so existiert keine faire $\mathcal{B}$-Ableitung. Ein einfaches Beispiel für solch eine Situation ist, daß $\longrightarrow$ leer ist und $\vdash$ nur aus $a \vdash b$ besteht, wobei weder $a > b$ noch $b > a$ gilt.

Diese Konstruktion ist sehr abstrakt, da wir nicht gesagt haben, wie die Relationen $\sim$ und $\vdash$ konkret gegeben sind. Wir werden diese Technik der Beweistransformation in den nächsten Kapiteln auf Wort- und Termersetzungssysteme anwenden. In diesem Fall sind $\sim$ und $\vdash$ durch ein Gleichungssystem E beschrieben und die $\longrightarrow_i$ sind durch Regelsysteme R_i beschrieben. Die hier vorgestellte Technik der Beweistransformation bildet dann die Grundlage für den Beweis, daß das Grenzsystem R^{∞} zu E äquivalent und konvergent ist.

Übungsaufgaben

Aufgabe 1.4.1: Man gebe eine faire $\mathcal{B}$-Ableitung für das ganze in Abbildung 1.10 dargestellte Beispiel an.

Aufgabe 1.4.2: Man gebe je eine faire und eine unfaire unendliche $\mathcal{B}$-Ableitung für folgendes Beispiel an

$M = \{a, b\} \cup \{c_i \mid i \geq 0\}$,
$>:\ a > c_i,\quad b > c_i,\quad c_{i+1} > c_i\qquad$ für $i \geq 0$
$\vdash:\ a \vdash c_6,\quad b \vdash c_7,\quad c_{i+2} \vdash c_i\qquad$ für $i \geq 0$

Aufgabe 1.4.3: Ist B' ein Teilbeweis des Beweises B in $(\vdash, \longrightarrow)$, so gilt $B = B'$ oder $B >_\mathcal{B} B'$.

Aufgabe 1.4.4: Man beweise Lemma 1.4.4.

Aufgabe 1.4.5: Sei $(\vdash, \longrightarrow)$ fest vorgegeben, und sei $>$ eine Noethersche Partialordnung mit $\longrightarrow\ \subseteq\ >$. Es sei $\vdash = \emptyset$ und $\longrightarrow$ konfluent.
a) Jeder minimale Beweis in $(\vdash, \longrightarrow)$ ist ein V-Beweis.
b) Es gibt im allgemeinen V-Beweise in $(\vdash, \longrightarrow)$, die nicht minimal sind.

Aufgabe 1.4.6: Sei $\longrightarrow$ konfluent, sei $>$ eine Noethersche Partialordnung, sei $\stackrel{*}{\vdash} = \stackrel{*}{\longleftrightarrow}$, und $\longrightarrow\ \subseteq\ >$. Dann gibt es in jeder Äquivalenzklasse $[u] = \{v \mid u \stackrel{*}{\vdash} v\}$ genau ein $u_0 \in [u]$ mit $v \geq u_0$ für alle $v \in [u]$. Hat also ein $[u]$ kein $>$-kleinstes Element, so kann es kein konfluentes $\longrightarrow$ mit $\longrightarrow\ \subseteq\ >$ und $\stackrel{*}{\vdash} = \stackrel{*}{\longleftrightarrow}$ geben. Es kann also keine faire $\mathcal{B}_>$-Ableitung geben, die mit $(\vdash, \emptyset)$ startet.

Literaturhinweise zu Kapitel 1

Die Idee, das Wortproblem in algebraischen Strukturen mit Hilfe von Reduktionssy-STEMEN zu lösen, reicht bis zum Anfang der 50er Jahre zurück (siehe z.B. [Eva51]). Der große Durchbruch kam aber erst mit der Arbeit von Knuth und Bendix [KB70], in der die Theorie entwickelt wurde, wie man mit Termersetzungssystemen das Wortproblem in gleichungsdefinierten Strukturen lösen kann. Etwa gleichzeitig mit dieser Arbeit entstand der Buchberger-Algorithmus [Buc83], der in Polynomringen über einem Körper zu jeder Basis eines Ideals eine sogenannte Gröbner-Basis berechnet. Später stellte sich heraus, daß in beiden Arbeiten fast die gleichen Techniken entwickelt wurden, nur daß auf unterschiedlichen Mengen operiert wurde. Einen Überblick dazu findet man in der Arbeit [Buc87].

Huet [Hue80] arbeitet diese Techniken klar heraus. Er betrachtet zunächst abstrakte Reduktionssysteme und wendet die Ergebnisse dann auf Termersetzungssysteme an. Die Abschnitte 1.1 und 1.2 lehnen sich stark an diese Arbeit an. Satz 1.2.13 über das Kommutieren von Relationen stammt aus [Ros73]. Das Problem, die Termination von Ableitungen mit Noetherschen Partialordnungen zu beweisen, wird in vielen Arbeiten behandelt. Die Verwendung von Multimengen – wie in Abschnitt 1.3 dargestellt – findet man in der Arbeit von Dershowitz und Manna [DM79]. Die Methode zur Konstruktion von konvergenten Reduktionssystemen findet sich (für Termersetzungssysteme) zuerst in der Arbeit von Bachmair, Dershowitz und Hsiang [BDH86]. Für systematische Betrachtungen siehe [Bac91]. Der Abschnitt 1.4 ist eine Abstraktion dieser Arbeiten von Termersetzungssystemen auf allgemeine Reduktionssysteme.

Kapitel 2

Wortersetzungssysteme

2.1 Motivation

Wir betrachten in diesem Kapitel das Problem, wie man in einfachen algebraischen Strukturen – den Monoiden – mit Hilfe von Reduktionstechniken effektiv rechnen kann. Wir werden das so tun, daß sich eine Konkretisierung des allgemeinen Rahmens aus Kapitel 1 ergibt: Es ist $\mathcal{E} = \Sigma^*$ die Menge der Wörter über einem endlichen Alphabet Σ, es ist $\sim$ durch ein Gleichungssystem E und $\longrightarrow$ durch ein Regelsystem R beschrieben. Dies wird gleich genauer entwickelt. Hier sei zunächst erwähnt, daß wir verschiedene Gleichheiten benötigen: Es bezeichnet $\equiv$ die syntaktische Gleichheit von Wörtern. (Dies entspricht in Kapitel 1 der Gleichheit auf $\mathcal{E}$ und wurde dort mit $=$ bezeichnet.) Wir benutzen das Zeichen $=$ zur Angabe einer Gleichung, so haben die Elemente aus E die Form $u = v$ mit $u, v \in \Sigma^*$. Schließlich bezeichnen wir die durch E definierte Gleichheit mit $=_E$. Es erscheint wichtig, die verschiedenen Gleichheitsrelationen deutlich zu unterscheiden, damit Verwechselungen vermieden werden.

Definition 2.1.1 (Monoid) *Ein* Monoid $(M; \cdot, 1)$ *besteht aus einer nichtleeren Menge* M, *einer Konstanten* $1 \in M$ *und einer zweistelligen Funktion* $\cdot : M \times M \to M$, *so daß für alle* $x, y, z \in M$ *gilt:*

$$
\begin{aligned}
1 \cdot x &= x \\
x \cdot 1 &= x \\
x \cdot (y \cdot z) &= (x \cdot y) \cdot z
\end{aligned}
$$

Solche Monoide treten in Anwendungen sehr häufig auf, und sie können sehr kompliziert sein. Diese Kompliziertheit kann sich sowohl auf die Darstellung des Monoids, als auch auf die Schwierigkeit beziehen, die zweistellige Funktion (Multiplikation) $\cdot$ zu berechnen. Wir betrachten hier nur Monoide, die endlich erzeugt und durch definierende Gleichungssysteme beschrieben sind.

Sei $\Sigma = \{a_1, \ldots, a_r\}$ eine endliche Menge. Wir nennen Σ ein Alphabet und die a_i Buchstaben. Sei Σ^* die Menge aller Wörter (endliche Zeichenreihen) über Σ, sei λ das leere Wort, sei $\Sigma^+ = \Sigma^* - \{\lambda\}$, und sei $\equiv$ die Identität auf Σ^*. Die zweistellige Funktion

$\cdot$ auf Σ^* sei definiert durch $u \cdot v = uv$. Man überzeugt sich leicht, daß $(\Sigma^*; \cdot, \lambda)$ ein Monoid ist; es heißt das *freie Monoid* über Σ. Es sei $|u|$ die *Länge* von u und für $a \in \Sigma$ sei $|u|_a$ die *a-Länge* von u. Dabei ist wie früher $|u|_a$ die Anzahl der a's in u.

In einem freien Monoid stellen unterschiedliche Wörter unterschiedliche Monoidelemente dar. Häufig will man unterschiedliche Wörter mit dem gleichen Monoidelement identifizieren. Dies geschieht durch ein definierendes Gleichungssystem.

Eine *Gleichung* über Σ ist ein Paar (u, v) von Wörtern über Σ. Wir schreiben auch $u = v$ statt (u, v). Ein Gleichungssystem E über Σ ist eine Menge von Gleichungen über Σ. Es definiert die Relation $\vdash_E$ durch

$$w_1 \vdash_E w_2 \quad \text{gdw} \quad \text{es gibt } x, y \in \Sigma^* \text{ und } u = v \text{ in } E$$
$$\text{mit } w_1 \equiv xuy, w_2 \equiv xvy$$
$$\text{oder } w_1 \equiv xvy, w_2 \equiv xuy.$$

Wir bezeichnen mit $=_E$ die reflexive und transitive Hülle von $\vdash_E$, also $=_E = \overset{*}{\vdash}_E$. Man sieht leicht, daß $=_E$ eine Kongruenzrelation ist, d.h., aus $w_1 =_E w_2$ folgt $xw_1y =_E xw_2y$ für alle $x, y \in \Sigma^*$. Sei $[w]$ die Kongruenzklasse zu $w \in \Sigma^*$.

Definition 2.1.2 (Das Monoid $\langle \Sigma, E \rangle$) *Sei E ein Gleichungssystem über Σ. Dann ist $\langle \Sigma, E \rangle$ das Monoid $(M; \cdot, 1)$ mit $M = \{[w] \mid w \in \Sigma^*\}$ und $[w_1] \cdot [w_2] = [w_1 w_2]$ und $1 = [\lambda]$.*

Man überzeugt sich leicht, daß die Multiplikation $\cdot$ eindeutig definiert und $\langle \Sigma, E \rangle$ wirklich ein Monoid ist. Wir betrachten nur noch Monoide, die in der Form $\langle \Sigma, E \rangle$ gegeben sind. Ist ein Monoid M isomorph zu $\langle \Sigma, E \rangle$, und sind Σ, E endlich, so heißt M *endlich dargestellt*.

Beispiel 2.1.3 *Sei $\Sigma = \{a, b\}$.*

a) *Sei $E = \{ab = ba\}$*
Es ist $\langle \Sigma, E \rangle = (M; \cdot, [\lambda])$ das freie kommutative Monoid über Σ.
Es gilt $M = \{[a^i b^j] \mid i, j \in \mathbb{N}\}$ und $[a^i b^j] \cdot [a^k b^l] = [a^{i+k} b^{j+l}]$.

b) *Sei $E = \{ba = ab^2, a^2 = \lambda, b^3 = \lambda\}$*
Es gilt $\langle \Sigma, E \rangle = (M; \cdot, [\lambda])$ mit $M = \{[a^i b^j] \mid 0 \leq i \leq 1, 0 \leq j \leq 2\}$ und der Multiplikation

	$[\lambda]$	$[b]$	$[b^2]$	$[a]$	$[ab]$	$[ab^2]$
$[\lambda]$	$[\lambda]$	$[b]$	$[b^2]$	$[a]$	$[ab]$	$[ab^2]$
$[b]$	$[b]$	$[b^2]$	$[\lambda]$	$[ab^2]$	$[a]$	$[ab]$
$[b^2]$	$[b^2]$	$[\lambda]$	$[b]$	$[ab]$	$[ab^2]$	$[a]$
$[a]$	$[a]$	$[ab]$	$[ab^2]$	$[\lambda]$	$[b]$	$[b^2]$
$[ab]$	$[ab]$	$[ab^2]$	$[a]$	$[b^2]$	$[\lambda]$	$[b]$
$[ab^2]$	$[ab^2]$	$[a]$	$[ab]$	$[b]$	$[b^2]$	$[\lambda]$

c) *Sei $E = \{ab = \lambda\}$*
Es gilt $\langle \Sigma, E \rangle = (M, \cdot, [\lambda])$ mit $M = \{[b^i a^j] \mid i, j \in \mathbb{N}\}$ und

$$[b^i a^j][b^k a^l] = \begin{cases} [b^{i+k-j} a^l] & , \quad falls \ k \geq j \\ [b^i a^{j-k+l}] & , \quad falls \ k \leq j \end{cases}$$

Im Fall a) und c) ist es sehr leicht, das Monoid $\langle \Sigma, E \rangle$ zu bestimmen. Dies ist im Fall b) nicht ganz so leicht, da zunächst nicht klar ist, wieviel Kongruenzklassen es gibt und was geeignete *Repräsentanten* für die Kongruenzklassen sind. Weiter ist nicht klar, wie man aus Repräsentanten $\hat{u} \in \lfloor u \rfloor$ und $\hat{v} \in \lfloor v \rfloor$ einen Repräsentanten $\hat{w} \in [uv]$ berechnet. Die im folgenden zu entwickelnden Techniken erlauben es, diese Fragen zu beantworten.

Will man in $\langle \Sigma, E \rangle$ effektiv rechnen, so stellen sich zwei Probleme:

(1) Man entscheide, ob zwei Wörter u, v das gleiche Element in $\langle \Sigma, E \rangle$ darstellen.
  Eingabe: $u, v \in \Sigma^*$.
  Frage: Gilt $[u] = [v]$, d.h. $u =_E v$?

(2) Man definiere eindeutige Repräsentanten $\hat{w} \in [w]$ für alle $w \in \Sigma^*$.
  Eingabe: $w \in \Sigma^*$.
  Aufgabe: Berechne $\hat{w}$.

Das Problem (1) heißt das Wortproblem zu E. Ist es lösbar, so kann man zu jedem Wort $w \in \Sigma^*$ als Repräsentanten von $[w]$ das kleinste Wort $\hat{w}$ bezüglich einer geeigneten totalen Ordnung $>$ auf Σ^* berechnen. Dann ist also auch das Problem (2) lösbar. Ist andererseits das Problem (2) lösbar, so gilt $u =_E v$ genau dann, wenn $\hat{u} \equiv \hat{v}$ gilt. In diesem Fall ist also auch das Wortproblem zu E lösbar. Die beiden Probleme sind also aufeinander reduzierbar. Sind sie lösbar, so kann man in $\langle \Sigma, E \rangle$ effektiv rechnen, es gilt nämlich $[\hat{u}] \cdot [\hat{v}] = [\widehat{uv}]$.

Wir werden versuchen, diese Probleme mit Reduktionstechniken zu lösen. Dazu konkretisieren wir den abstrakten Rahmen aus Kapitel 1:

$$(\mathcal{E}, \sim) = (\Sigma^*, =_E)$$

Man beachte, daß damit die Menge $\mathcal{E} = \Sigma^*$ eine Struktur trägt und daß $\sim \ = \ =_E$ endlich beschrieben ist, falls E endlich ist. Es soll jetzt die Reduktionsrelation $\longrightarrow \ = \ \longrightarrow_R$ durch ein Regelsystem (System von gerichteten Gleichungen) beschrieben werden.

Definition 2.1.4 (Wortersetzungssystem) *Eine Regel über Σ ist ein Paar (l, r) von Wörtern über Σ mit $l \not\equiv \lambda$. Wir schreiben auch $l \rightarrow r$ statt (l, r). Ein Regelsystem oder Wortersetzungssystem R ist eine Menge von Regeln. Es beschreibt die Reduktionsrelation $\longrightarrow_R$ auf Σ^* durch*

$$u \longrightarrow_R v \quad gdw \quad \text{Es gibt } x, y \in \Sigma^* \text{ und } l \rightarrow r \text{ in } R$$
$$\text{mit } u \equiv xly, \ v \equiv xry$$

Wir bezeichnen mit $Irr(R)$ die Menge der irreduziblen Wörter.

Wortersetzungssysteme sind in der Literatur auch unter dem Namen Semi-Thue-Systeme bekannt.

Für ein endliches R ist jetzt auch das Reduktionssystem $(\mathcal{E}, \longrightarrow) = (\Sigma^*, \longrightarrow_R)$ endlich beschrieben. Um dem in Kapitel 1 angegebenen Vorgehen zu folgen, müssen Kriterien entwickelt werden für den Nachweis von

$\longrightarrow_R$ ist terminierend

$\longrightarrow_R$ ist (lokal) konfluent.

Dies wird in diesem Kapitel geschehen. Wir werden für eine terminierende Relation $\longrightarrow_R$ einen endlichen Test angeben, der die Konfluenz von $\longrightarrow_R$ entscheidet. Aus diesem Test wird dann ein Verfahren entwickelt (das Vervollständigungsverfahren nach Knuth-Bendix), das versucht, E in ein Regelsystem R^* zu transformieren mit

$\longrightarrow_{R^*}$ ist konvergent

$=_E \; = \; \overset{*}{\longleftrightarrow}_{R^*}$

Ist dies gelungen, so sind die obengenannten Probleme (1) und (2) gelöst: Es ist $\hat{u}$ die eindeutig bestimmte R^*-Normalform zu u.

Dieses Kapitel hat einen motivierenden Charakter: Es soll an einem einfachen Anwendungsfall gezeigt werden, wie man den abstrakten Rahmen für Reduktionssysteme aus Kapitel 1 konkretisieren kann und welche Ideen dem Vervollständigungsverfahren von Knuth-Bendix zugrunde liegen. Hierbei wird noch nicht sehr stark auf Effizienz geachtet.

Das Kapitel soll aber auch die prinzipiellen Grenzen der Reduktionstechniken aufzeigen. Wir werden sehen, daß das Wortproblem zu $(\Sigma^*, =_E)$ für endliche Gleichungssysteme im allgemeinen unentscheidbar ist. Also kann das Vervollständigungsverfahren nach Knuth-Bendix gar nicht immer mit Erfolg halten. Die Situation ist aber noch viel schlimmer. Wir zeigen, daß für endliche Regelsysteme

– die Termination,

– die Konfluenz und

– die lokale Konfluenz

im allgemeinen unentscheidbar sind. Dies klingt zunächst sehr pessimistisch. Es zeigt sich aber, daß die entwickelten Techniken in erstaunlich vielen Anwendungsfällen doch zum Erfolg führen.

Wir werden später zeigen, daß Wortersetzungssysteme als spezielle Termersetzungssysteme betrachtet werden können. Damit sind die Unentscheidbarkeitsresultate direkt auf Termersetzungssysteme übertragbar. Die Vervollständigungstechniken müssen jedoch noch verfeinert werden.

Übungsaufgaben

Aufgabe 2.1.1: Sei $\langle \Sigma, E \rangle$ das Monoid aus Beispiel 2.1.3, Teil b). Sei $A = \{\lambda, b, b^2, a, ab, ab^2\}$. Man zeige ohne Vervollständigungstechniken:

a) Es gilt $(ab)^2 =_E (ba)^2$

b) Zu jedem $w \in \Sigma^*$ gibt es ein $u \in A$ mit $w =_E u$.

c) Für alle $u, v \in A$ gilt: Aus $u =_E v$ folgt $u \equiv v$.

d) Man verifiziere die angegebene Multiplikationstafel.

Aufgabe 2.1.2: Sei $\langle \Sigma, E \rangle$ ein Monoid und R ein konfluentes Wortersetzungssystem mit $=_E \; = \; \overset{*}{\longleftrightarrow}_R$ und $|l| > |r|$ für alle $l \to r$ in R. Dann ist das Wortproblem für E in linearer Zeit entscheidbar.

Aufgabe 2.1.3: Sei $\langle \Sigma, E \rangle$ ein Monoid mit $|u| = |v|$ für alle $u = v$ in E. Dann ist das Wortproblem zu E entscheidbar.

2.2 Termination und Konfluenz

Sei R ein Regelsystem über Σ. Wir sagen, R ist terminierend (bzw. konfluent, lokal konfluent), wenn dies für $\longrightarrow_R$ gilt. In diesem Abschnitt sollen Verfahren entwickelt werden, mit denen man diese Eigenschaften für Regelsysteme nachweisen kann.

2.2.1 Termination

Zunächst zur Termination: Nach Satz 1.1.9 reicht es, auf Σ^* eine Noethersche Partialordnung $>$ zu finden, so daß $u > v$ gilt, falls $u \longrightarrow_R v$ gilt. Dann ist R terminierend. Nun gibt es im allgemeinen unendlich viele Wörter u, v mit $u \longrightarrow_R v$. Erwünscht ist aber ein endlicher Test auf den Regeln von R, der die Termination garantiert. Dies wird möglich, wenn man von der Partialordnung zusätzlich verlangt, daß sie verträglich ist mit der Wortstruktur. Solch eine Partialordnung heißt dann eine Reduktionsordnung.

Definition 2.2.1 (Reduktionsordnung) *Eine Noethersche Partialordnung $>$ auf Σ^* heißt eine* Reduktionsordnung, *falls sie verträglich ist mit der Wortstruktur, d.h.*

$$u > v \quad \curvearrowright \quad xuy > xvy \quad \text{für alle } x, y \in \Sigma^*$$

Eine Reduktionsordnung $>$ auf Σ^* heißt total, *falls für alle $u, v \in \Sigma^*$ gilt $u \equiv v$ oder $u > v$ oder $v > u$.*

Wir werden später Beispiele für totale Reduktionsordnungen angeben.

Man beachte, daß in einer beliebigen Reduktionsordnung kein Wort kleiner als ein Teilwort ist: Wäre etwa $u > vuw$, so gäbe es eine unendliche Kette $u > vuw > v^2uw^2 > v^3uw^3 > \ldots$. Dies ist aber nicht möglich, da $>$ Noethersch ist. Ist $>$ total, so sind u und vuw $>$-vergleichbar, also ist jedes Wort größer als jedes seiner echten Teilwörter. Speziell ist $u > \lambda$, falls $u \not\equiv \lambda$.

Satz 2.2.2 *Ist R ein Wortersetzungssystem, ist $>$ eine Reduktionsordnung und gilt $l > r$ für jede Regel $l \to r$ in R, so ist R terminierend.*

Beweis: Ist $u \longrightarrow_R v$, so gibt es $x, y \in \Sigma^*$ und $l \to r$ in R mit $u = xly, v = xry$. Aus $l > r$ folgt $u > v$, da $>$ eine Reduktionsordnung ist. Jetzt liefert Satz 1.1.9 die Aussage des Satzes. $\qquad\square$

Wir schreiben der Einfachheit halber auch $R \subseteq >$, falls $l > r$ für jede Regel $l \to r$ in R gilt. Dann heißt auch R mit $>$ *verträglich*.

Wir betrachten einige Beispiele von Reduktionsordnungen. Dazu sei wieder $|u|$ die Länge von $u \in \Sigma^*$ und für $a \in \Sigma$ sei $|u|_a$ die a-Länge von $u \in \Sigma^*$, d.h., die Anzahl der a's in u. Ist $\Sigma = \{a_1, \ldots, a_r\}$, so wird durch $a_1 >_0 a_2 >_0 \ldots >_0 a_r$ in natürlicher Weise eine lexikographische Ordnung $>_{lex} = >_{0,lex}$ auf Σ^* erklärt. Man beachte aber, daß für $r > 1$ dies keine Noethersche Partialordnung ist. Es gibt nämlich z.B. die unendliche Kette $a_1 >_{lex} a_2a_1 >_{lex} a_2^2a_1 >_{lex} \ldots >_{lex} a_2^ia_1 >_{lex} \ldots$. Man zeigt jedoch leicht, daß die im folgenden Beispiel angegebenen Ordnungen Noethersch sind.

Beispiel 2.2.3

a) *Sei*

$$
\begin{aligned}
u > v \quad &gdw \quad |u| > |v| \\
\text{und} \quad u >' v \quad &gdw \quad |u| > |v| \quad oder \\
&\qquad\quad\; |u| = |v| \quad und \quad u >_{0,lex} v
\end{aligned}
$$

Dann sind $>$ und $>'$ Reduktionsordnungen. Offenbar ist $>'$ eine Verfeinerung von $>$: Aus $u > v$ folgt $u >' v$. Weiter ist $>'$ eine totale Ordnung. Wir nennen $>$ auf Σ^* die Längenordnung. *Wir nennen $>'$ die* kanonische Ordnung *zur Vorordnung $>_0$ auf Σ.*

b) *Sei $g : \Sigma \to \mathbb{N}_+ = \mathbb{N} - \{0\}$ eine Gewichtsfunktion, und sei $g : \Sigma^* \to \mathbb{N}_+$ definiert durch*

$$
g(\lambda) = 0 \qquad g(ua) = g(u) + g(a) \quad \text{für } u \in \Sigma^*, a \in \Sigma
$$

Setzt man $u > v$ gdw $g(u) > g(v)$, so ist $>$ eine Reduktionsordnung. Sie heißt die Knuth-Bendix-Ordnung *zu g. Sie ist offenbar äquivalent zur Längenordnung, wenn man $g(a) = 1$ für alle $a \in \Sigma$ wählt.*

c) *Sei $a \in \Sigma, \Sigma_0 = \Sigma - \{a\}$ und $>_0$ eine Reduktionsordnung auf Σ_0^*. Sei*

$$
\begin{aligned}
u > v \quad gdw \quad &i) \quad |u|_a > |v|_a \quad oder \\
&ii) \quad |u|_a = |v|_a = n \; und \\
&\qquad u \equiv u_0au_1 \ldots au_n, v \equiv v_0av_1 \ldots av_n \; mit \; u_i, v_i \in \Sigma_0^* \; und \\
&\qquad (u_0, u_1, \ldots, u_n) >_{0,lex} (v_0, v_1, \ldots, v_n)
\end{aligned}
$$

Dabei ist $>_{0,lex}$ die lexikographische Erweiterung von $>_0$ auf Folgen von Wörtern. Dann ist $>$ die Silbenordnung *zu $>_0$ und $a \in \Sigma$. Sie ist eine Reduktionsordnung.*

Wir machen einige Bemerkungen zur Silbenordnung. Sie ist sehr mächtig, mit ihr lassen sich viele Regelsysteme nach Satz 2.2.2 als terminierend nachweisen. Dazu betrachten wir folgendes

Beispiel 2.2.4 $R:$ $ba \to ab^2$ $a^2 \to \lambda$ $b^3 \to \lambda$
Sei $\Sigma = \{a, b\}$ und $\Sigma_0 = \{b\}$ und $>_0$ die Längenordnung auf Σ_0. Es gilt:

$ba > ab^2$ wegen $|ba|_a = |ab^2|_a = 1$ und $(b, \lambda) >_{0,lex} (\lambda, b^2)$,

$a^2 > \lambda$ wegen $|a^2|_a = 2 > |\lambda|_a = 0$,

$b^3 > \lambda$ wegen $|b^3|_a = |\lambda|_a = 0$ und $b^3 >_0 \lambda$.
Also ist R terminierend.

Es soll noch gezeigt werden, daß die Silbenordnung wirklich eine Reduktionsordnung ist. Man sieht leicht, daß sie eine Partialordnung und mit der Wortstruktur verträglich ist. Es bleibt also zu zeigen, daß jede Kette

$$u_0 > u_1 > u_2 > \ldots > u_i > \ldots$$

abbricht: Es gilt $|u_0|_a \geq |u_1|_a \geq |u_2|_a \geq \ldots$, also gibt es ein k mit $|u_i|_a = |u_j|_a$ für alle $i, j \geq k$. Es reicht zu zeigen, daß die Kette $u_k > u_{k+1} > \ldots$ abbricht. Sei $|u_k|_a = n$, also $u_i \equiv u_{i,0} a u_{i,1} \ldots a u_{i,n}$ mit $u_{i,j} \in \Sigma_0^*$ für alle $i \geq k$. Es gilt $u_{i,0} \geq_0 u_{i+1,0}$ für alle $i \geq k$. Da $>_0$ Noethersch ist, gibt es ein k_0 mit $u_{i,0} \equiv u_{j,0}$ für $i, j \geq k_0$. In gleicher Weise zeigt man, daß es ein $k_1 \in \mathbb{N}$ gibt mit $u_{i,0} \equiv u_{j,0}$ und $u_{i,1} \equiv u_{j,1}$ für $i, j \geq k_1$. Durch Iteration dieses Arguments erhält man ein $k_n \in \mathbb{N}$, so daß $u_{i,0} \equiv u_{j,0}, u_{i,1} \equiv u_{j,1}, \ldots, u_{i,n} \equiv u_{j,n}$ für $i, j \geq k_n$. Dies zeigt, daß die Kette beim Glied u_{k_n} abbricht.

Beispiel 2.2.5

a) $R_1:$ $abb \to ba$ $R_2:$ $ba \to abb$
Es terminiert R_1 nach der Längenordnung und R_2 nach der Silbenordnung bezüglich a. Dieses Beispiel zeigt, daß man die Gleichung $abb = ba$ in beide Richtungen richten kann, so daß jeweils ein terminierendes Regelsystem entsteht.

b) $R:$ $b \to aa$, $ca \to bb$
Man kann die Termination von R mit mehreren Reduktionsordnungen nachweisen. Dies geht z.B. mit der Knuth-Bendix-Ordnung zur Gewichtsfunktion $g(a) = 1, g(b) = 3, g(c) = 10$. Hier ist $g(b) = 3 > g(aa) = 2$ und $g(ca) = 11 > g(bb) = 6$, also gilt $b > aa$ und $ca > bb$. Eine zweite Möglichkeit ist die Verwendung einer iterierten Silbenordnung. Sei $>_0$ die Längenordnung auf $\{a\}^*$, $>_1$ die Silbenordnung auf $\{b, a\}^*$ zu $>_0$ und b und sei $>$ die Silbenordnung auf $\Sigma^* = \{a, b, c\}$ zu $>_1$ und c. Dann gilt auch hier: $b > aa$ und $ca > bb$.

2.2.2   Konfluenz

Wir kommen nun zur Konfluenz. Dazu beschränken wir uns auf terminierende Regelsysteme. Nach dem Newman-Lemma (Satz 1.2.9) reicht es dann, die lokale Konfluenz von R nachzuweisen. Wir werden zeigen, daß für endliche terminierende Regelsysteme die lokale Konfluenz, und damit auch die Konfluenz, entscheidbar ist.

Ein Regelsystem R ist genau dann lokal konfluent, wenn gilt (sei $\longrightarrow = \longrightarrow_R$):

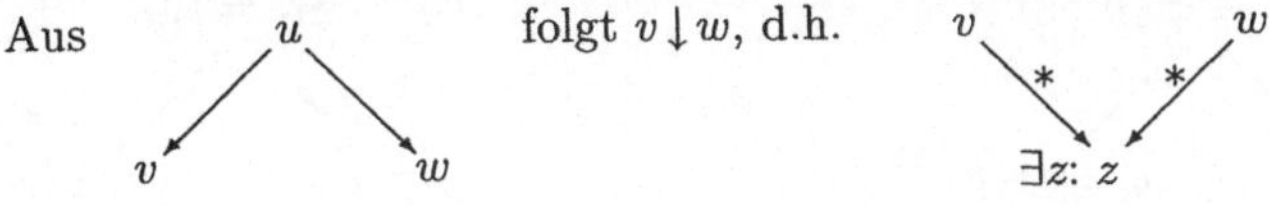

Wir betrachten systematisch alle lokalen Divergenzen $v \longleftarrow u \longrightarrow w$. Sei

$$u \longrightarrow v \quad \text{mit} \quad l_1 \to r_1$$
$$u \longrightarrow w \quad \text{mit} \quad l_2 \to r_2$$

Fall 1: Es sind l_1 und l_2 disjunkte Teilwörter von u, d.h. $u \equiv x l_1 y l_2 z$. Dann gilt:

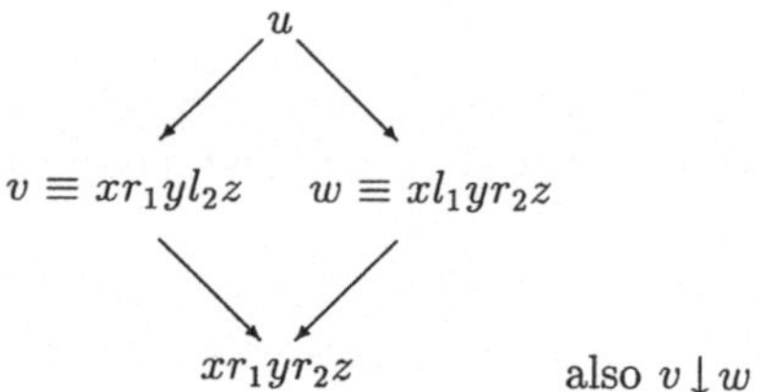

$$\text{also } v \downarrow w$$

Fall 2: l_1 und l_2 überlappen sich in u. Sei u_0 das kürzeste Teilwort von u, das l_1 und l_2 enthält, d.h.

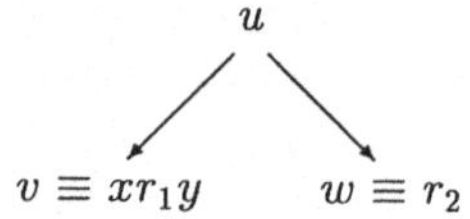

Es gilt $v \downarrow w$, falls $v_0 \downarrow w_0$ gilt, daher reicht es, sich auf den Fall $x_0 \equiv y_0 \equiv \lambda$ zu beschränken.

Fall 2a: l_1 ist Teilwort von l_2, d.h. $u \equiv l_2 \equiv x l_1 y$. Es ergibt sich

$$u$$
$$v \equiv x r_1 y \qquad w \equiv r_2$$

Das Paar $(x r_1 y, r_2)$ ist daraufhin zu untersuchen, ob es in R zusammenführbar ist.

Fall 2b: l_2 ist ein Teilwort von l_1. Dieser Fall ist symmetrisch zu Fall 2a.

Fall 2c: l_1 und l_2 überlappen sich echt, d.h. $u \equiv x l_1 \equiv l_2 y$ mit $x \not\equiv \lambda \not\equiv y$. Es ergibt sich

$$u$$
$$v \equiv x r_1 \qquad w \equiv r_2 y$$

Das Paar $(x r_1, r_2 y)$ ist daraufhin zu untersuchen, ob es in R zusammenführbar ist.

Diese Überlegungen führen zu folgender Definition.

Definition 2.2.6 (Kritische Paare) *Seien $l_1 \to r_1$ und $l_2 \to r_2$ zwei Regeln über Σ. Ein Paar (p, q) von Wörtern über Σ heißt ein* kritisches Paar *zu den beiden Regeln, falls es $x, y \in \Sigma^*$ gibt mit*

Es heißt l_1 bzw. xl_1 die Überlappung dieser Regeln. Sei $CP(R)$ die Menge aller kritischen Paare zu je zwei Regeln aus R.

Beispiel 2.2.7

a) $R: \quad aa \to b$

Es gibt genau ein kritisches Paar (ab, ba) wegen

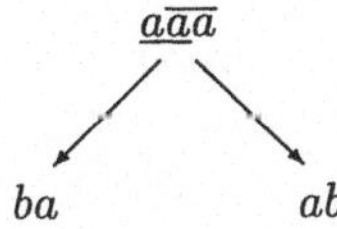

b) $R: \quad ba \to ab^2 \quad a^2 \to \lambda \quad b^3 \to \lambda$

Die erste Regel überlappt sich nicht mit sich selbst. Die erste und zweite (bzw. dritte) Regel überlappen sich.

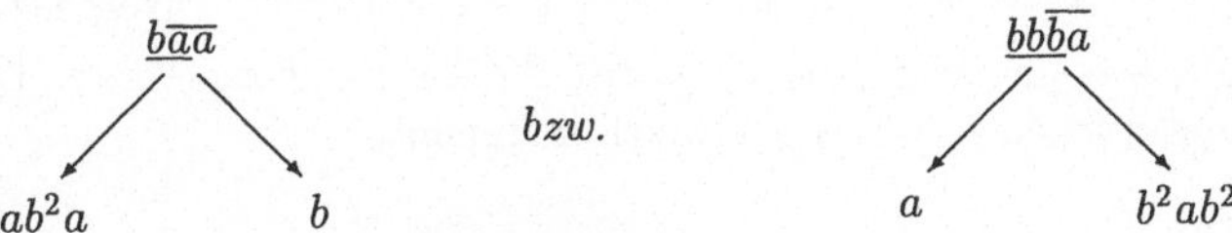

Die zweite Regel überlappt sich mit sich selbst.

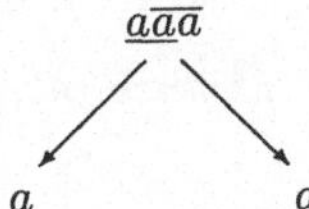

Die zweite und die dritte Regel überlappen sich nicht. Die dritte Regel überlappt sich zweimal mit sich selbst.

Mit dem Begriff des kritischen Paares gelingt es nun, für ein endliches R einen endlichen Test auf lokale Konfluenz zu entwickeln. Dazu beachte man, daß für ein endliches R auch $CP(R)$ endlich ist. Man beachte auch, daß hier R nicht als terminierend vorausgesetzt ist.

Satz 2.2.8 *Ein Regelsystem R ist genau dann lokal konfluent, wenn jedes kritische Paar $(p, q) \in CP(R)$ zusammenführbar ist.*

Beweis: Der Beweis für die eine Richtung der Aussage orientiert sich stark an der Vorüberlegung. Sei $\longrightarrow = \longrightarrow_R$ und $v \longleftarrow u \longrightarrow w$ eine lokale Divergenz. Zu zeigen ist $v \downarrow w$.

Sei genauer $u \longrightarrow v$ mit $l_1 \to r_1$ und $u \longrightarrow w$ mit $l_2 \to r_2$ wie in der Vorüberlegung. Im Fall 1 gilt $v \downarrow w$. Im Fall 2 kann man sich auf den Fall beschränken, daß u die Überlappung der beiden Regeln und $(v, w) = (p, q)$ ein kritisches Paar zu den Regeln ist. Die Voraussetzung über die Zusammenführbarkeit der kritischen Paare garantiert jetzt $v \downarrow w$. Also ist R lokal konfluent.

Die andere Richtung der Aussage ist trivial: Ist (p, q) ein kritisches Paar, so gibt es eine lokale Divergenz $p \longleftarrow u \longrightarrow q$. Da R lokal konfluent ist, gilt $p \downarrow q$.   □

Der Beweis zu Satz 2.2.8 liefert noch etwas schärfere Aussagen.

Lemma 2.2.9 (Kritisches-Paar-Lemma) *Sei R ein Regelsystem und $\longrightarrow \; = \; \longrightarrow_R$. Gilt $v \longleftarrow u \longrightarrow w$, so gilt entweder $v \downarrow w$, oder es gibt $x, y \in \Sigma^*$ und $(p, q) \in CP(R)$ mit $v \equiv xpy, w \equiv xqy$.*   □

Lemma 2.2.10 *Jedes Regelsystem R mit $CP(R) = \emptyset$ ist konfluent.*

Beweis: Sei $CP(R) = \emptyset$. Die obige Analyse der lokalen Divergenzen zeigt: Gilt $u \longrightarrow_R v$ und $u \longrightarrow_R w$, so gibt es ein z mit $v \xrightarrow{\leq 1}_R z$ und $w \xrightarrow{\leq 1}_R z$. Damit ist $\longrightarrow_R$ streng konfluent und nach Satz 1.2.11 auch konfluent.   □

Beispiel 2.2.11 *Wir betrachten erneut die beiden Regelsysteme aus dem letzten Beispiel.*

a) $R: \quad aa \to b$

Es gibt genau ein kritisches Paar, nämlich (ab, ba). Offenbar gilt nicht $ab \downarrow ba$, also ist R nicht lokal konfluent.

b) $R: \quad ba \to ab^2 \quad a^2 \to \lambda \quad b^3 \to \lambda$

Die kritischen Paare $(a, a), (bb, bb)$ und (b, b) sind trivialerweise zusammenführbar. Wir betrachten (ab^2a, b) und (a, b^2ab^2). Es gilt:

$$
\begin{array}{ccccccccc}
abba & \longrightarrow & abab^2 & \longrightarrow & aab^4 & \longrightarrow & b^4 & \longrightarrow & b \\
bbab^2 & \longrightarrow & bab^4 & \longrightarrow & ab^6 & \longrightarrow & ab^3 & \longrightarrow & a
\end{array}
$$

Also gilt $ab^2a \downarrow b$ und $a \downarrow b^2ab^2$. Damit sind alle kritischen Paare zusammenführbar, und R ist lokal konfluent. Da R auch terminierend ist, ist R sogar konvergent.

Es ist das Hauptziel dieses Abschnittes, hinreichende Kriterien für die Konfluenz eines Regelsystems R zu entwickeln. Nach Lemma 2.2.10 ist R stets konfluent, wenn es keine kritischen Paare gibt. Gibt es kritische Paare, so benötigt man als zusätzliche Voraussetzung die Termination von R. Aus Satz 2.2.8 folgt unmittelbar

Satz 2.2.12 *Ein terminierendes Regelsystem R ist genau dann konfluent, wenn alle kritischen Paare zusammenführbar sind.*   □

Dieses Ergebnis führt unmittelbar zu einem Entscheidungsverfahren für die Konfluenz.

Satz 2.2.13 *Für endliche terminierende Regelsysteme ist die Konfluenz entscheidbar.*

Beweis: Betrachte folgenden Algorithmus:
  Eingabe: Ein endliches terminierendes Regelsystem R.
  Ausgabe: JA, falls R konfluent ist.
         NEIN, falls R nicht konfluent ist.

1. Berechne $CP(R)$.

2. Berechne für jedes Paar $(p, q) \in CP(R)$ beliebige Normalformen p_0, q_0 zu p bzw. q, d.h., $p \overset{*}{\longrightarrow} p_0$, $q \overset{*}{\longrightarrow} q_0$ und p_0, q_0 sind irreduzibel.

3. Gibt es ein Paar $(p, q) \in CP(R)$ mit $p_0 \not\equiv q_0$, so antworte NEIN. Sonst antworte JA.

Da R endlich ist, ist $CP(R)$ endlich und berechenbar. Da R auch terminierend ist, ist zu (p, q) auch (p_0, q_0) berechenbar. Gilt $p_0 \equiv q_0$ für alle $(p, q) \in CP(R)$, so ist R nach Satz 2.2.12 konfluent. Gibt es ein $(p, q) \in CP(R)$ mit $p_0 \not\equiv q_0$, so gibt es ein u mit $u \longrightarrow p \overset{*}{\longrightarrow} p_0$ und $u \longrightarrow q \overset{*}{\longrightarrow} q_0$, aber nicht $p_0 \downarrow q_0$. Also ist R nicht konfluent. $\square$

Jetzt ist das Ziel von Abschnitt 2.2 erreicht: Wir haben Techniken entwickelt, mit denen man die Termination von Regelsystemen nachweisen kann. Außerdem wurde ein Verfahren angegeben, mit dem man unter der Voraussetzung der Termination die Konfluenz entscheiden kann. Man beachte, daß dieses Verfahren nicht nur eine Ja-Nein-Entscheidung liefert, sondern daß es für den Fall, daß R nicht konfluent ist, auch einen Grund hierfür angibt, und zwar in Form eines kritischen Paares, das nicht zusammenführbar ist. Man könnte versuchen, diesen Grund für die Nicht-Konfluenz dadurch zu beseitigen, daß man das kritische Paar richtet und in R aufnimmt. Genau dies ist die wesentliche Idee für das Vervollständigungsverfahren.

Übungsaufgaben

Aufgabe 2.2.1: Gegeben sei das Wortersetzungssystem
  $R = \{ba \to ab^2c,\ ca \to abc^2,\ cb \to bc\}$
  a) Man zeige, daß R terminierend ist.
  b) Man zeige, daß R konfluent ist.
  c) Gilt $cba \overset{*}{\longleftrightarrow}_R bca$?
  d) Man bestimme die Menge $Irr(R)$ der irreduziblen Wörter.

Aufgabe 2.2.2: Schon für Wortersetzungssysteme R mit nur einer Regel ist die Frage der Terminierung häufig schwer. Man betrachte die Regel $a^p b^q \to b^r a^s$.
  a) Ist $p \geq s$ oder $q \geq r$, so ist R terminierend.
  b) Ist $p = q = r = 1$ und $s = 2$, so gibt es exponentiell lange Ketten, z.B. ab $u = ab^n$ eine Kette der Länge $2^n - 1$.
  c) Ist $s \geq 2p$ und $r \geq 2q$, so ist R nicht terminierend. (Es gibt eine unendliche Kette ab $a^{2p}b^q$.)

Aufgabe 2.2.3: Gegeben sei das Wortersetzungssystem R über $\Sigma = \{a, b, c, d\}$.
  $R: abc \to \lambda,\quad ca \to d,\quad bd \to \lambda,\quad db \to \lambda$

a) Man zeige, daß R konfluent und terminierend ist.

b) Man zeige, daß $\langle \Sigma, R \rangle$ eine Gruppe ist.

Hinweis zu b): Es reicht zu zeigen, daß zu jedem $u \in \Sigma$ ein $u^{-1} \in \Sigma^*$ existiert, so daß $uu^{-1} \xrightarrow{\ *\ } \lambda$ gilt.

Aufgabe 2.2.4: Sei R ein Wortersetzungssystem, so daß es zu jedem kritischen Paar $(u, v) \in CP(R)$ ein w gibt mit $u \xrightarrow{\leq 1}_R w \;_R\xleftarrow{\leq 1} v$. Dann ist R konfluent.

Hinweis: Man zeige, daß R streng konfluent ist.

Aufgabe 2.2.5: Seien R_i Wortersetzungssysteme über Σ_i, $i = 1, 2$. Sei $\Sigma_1 \cap \Sigma_2 = \emptyset$, $\Sigma = \Sigma_1 \cup \Sigma_2$ und $R = R_1 \cup R_2$.

a) Es ist R genau dann terminierend, wenn R_1 und R_2 terminierend sind.

b) Es ist R genau dann konfluent, wenn R_1 und R_2 konfluent sind.

Hinweis: Zeige zunächst: $\longrightarrow = \xrightarrow{+}_{R_1} \cup \xrightarrow{+}_{R_2}$ ist streng konfluent bzw. terminierend.

Aufgabe 2.2.6: Seien R_1 und R_2 Regelsysteme über Σ und sei $R = R_1 \cup R_2$.

a) Gibt es keine Überlappung zwischen Regeln $l_1 \to r_1$ in R_1 und $l_2 \to r_2$ in R_2, so kommutieren $\longrightarrow_{R_1}$ und $\longrightarrow_{R_2}$.

b) Gibt es keine Überlappung zwischen Regeln $l_1 \to r_1$ in R_1 und $r_2 \to l_2$ mit $l_2 \to r_2$ in R_2, so ist R genau dann terminierend, wenn R_1 und R_2 terminierend sind.

Hinweis zu b): Man verwende das Ergebnis aus Aufgabe 1.2.6.

2.3 Die Vervollständigung nach Knuth-Bendix

Wir betrachten jetzt wieder die zentrale Aufgabe aus Abschnitt 2.1: Gegeben sei ein Gleichungssystem E über Σ, gesucht ist ein konvergentes Regelsystem R mit $=_E = \xleftrightarrow{\ *\ }_R$.

2.3.1 Ein einfacher Algorithmus

Die Überlegungen am Schluß von Abschnitt 2.2 legen folgendes Verfahren nahe. Man wähle eine feste Reduktionsordnung $>$, richte alle Gleichungen aus E zum Regelsystem R_0 und teste, ob R_0 konfluent ist. Dies geht nach Satz 2.2.12, da R_0 wegen $\longrightarrow_{R_0} \subseteq >$ terminiert. Ist dies der Fall, so ist $R = R_0$ gefunden. Sonst richte man alle kritischen Paare, die in R_0 nicht zusammenführbar sind, mit der Ordnung $>$. Sie und die Regeln aus R_0 bilden R_1. Man iteriere dieses Verfahren, bis ein konfluentes R_i gefunden ist und setze dann $R = R_i$. Wir formulieren dies als Algorithmus 2.3.1. Es stehe $u \doteq v$ für $u = v$ oder $v = u$.

Algorithmus 2.3.1

Eingabe: Ein Gleichungssystem E und eine Reduktionsordnung $>$.

Ausgabe: Ein konvergentes Regelsystem R mit $=_E = \xleftrightarrow{\ *\ }_R$.

1. *Setze $R_0 := \{u \to v \mid u \doteq v \text{ in } E,\ u > v\}$, $i := 0$.*

   Gibt es eine Gleichung $u \doteq v$ in E, so daß u und v $>$-unvergleichbar sind, so brich erfolglos ab.

2. *Setze* $E_i := \{\hat{p} = \hat{q} \mid (p,q) \in CP(R_i), \hat{p} \not\equiv \hat{q}\}$. *Dabei sind* $\hat{p}, \hat{q}$ *beliebige* R_i-*Normalformen von* p, q *(siehe den Beweis zu Satz 2.2.13). Setze* $R_{i+1} := R_i \cup \{p \to q \mid p \doteq q \text{ in } E_i, p > q\}$.
Ist eine Gleichung in E_i *nicht richtbar, so brich erfolglos ab.*

3. *Ist* $E_i = \emptyset$, *so setze* $R := R_i$ *und stoppe erfolgreich. Sonst setze* $i := i+1$ *und gehe nach 2.*

Dieser Algorithmus kann a) mit Erfolg halten, b) erfolglos abbrechen oder c) unendlich lange laufen. Die Ausgabespezifikation ist für den Fall a) erfüllt. Der Fall b) kann nicht eintreten, falls > eine totale Ordnung auf Σ^* ist.

Zur Korrektheit des Algorithmus zeigt man durch Induktion nach i:

a) $\longrightarrow_{R_i} \subseteq >$, also ist R_i terminierend.

b) $R_i \subseteq R_{i+1}$.

c) $=_E = \overset{*}{\longleftrightarrow}_{R_i}$. Hält der Algorithmus also mit $R = R_k$, so gilt $=_E = \overset{*}{\longleftrightarrow}_R$, und R ist terminierend und konfluent, also konvergent.

Beispiel 2.3.2
a) $E = \{a^2 = b\}$
  Wir wählen die Ordnung

$$u > v \quad gdw \quad |u| > |v| \ oder \ (|u| = |v|, u >_{lex} v)$$

Dabei ist $>_{lex}$ *die lexikographische Ordnung zu* $b > a$. *Dann ergibt sich*

$$
\begin{array}{llll}
R_0 & = & \{a^2 \to b\} & \qquad E_0 & = & \{ba = ab\} \\
R_1 & = & \{a^2 \to b, ba \to ab\} & \qquad E_1 & = & \emptyset
\end{array}
$$

Also gilt $R = R_1$. *Wir betrachten genauer die Menge* $CP(R_1)$. *Sie besteht aus* $CP(R_0)$ *und den neuen kritischen Paaren, die sich aus den neuen Regeln in* $R_1 - R_0$ *und den alten Regeln aus* R_0 *bilden lassen. Die Regel* $ba \to ab$ *überlappt sich nicht mit sich selbst. Es überlappt sich aber* $ba \to ab$ *mit* $a^2 \to b$:

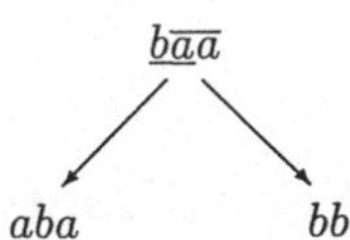

Wegen $aba \longrightarrow aab \longrightarrow bb$ *in* R_1 *sind* aba *und* b^2 *in* R_1 *zusammenführbar, und es gilt* $E_1 = \emptyset$.

b) $E = \{aba = ba\}$
  Sei > *die Längenordnung, also* $u > v$ *gdw* $|u| > |v|$. *Dann ergibt sich*

$$
\begin{array}{llll}
R_0 & = & \{aba \to ba\} & \qquad E_0 & = & \{ab^2a = b^2a\} \\
R_1 & = & \{aba \to ba, ab^2a \to b^2a\} & \qquad E_1 & = & \{ab^3a = b^3a, ab^4a = b^4a\} \\
\cdots \\
R_i & = & \{ab^ja \to b^ja \mid 1 \le j \le 2^i\} & \qquad E_i & = & \{ab^ja = b^ja \mid 2^i < j \le 2^{i+1}\} \\
\cdots
\end{array}
$$

Der Algorithmus 2.3.1 mit Eingabe $(E, >)$ läuft also unendlich lange. Wir betrachten die Berechnung der R_i, E_i (siehe Abbildung 2.1). Es gibt in R_0 eine Überlappung, sie ist im Bild links dargestellt. Daraus ergibt sich E_0 und R_1 wie oben angegeben. Die Berechnung von E_i aus R_i liefert 2^i kritische Paare, wie im Bild rechts dargestellt. Dies führt zu E_i und R_{i+1} wie oben angegeben.

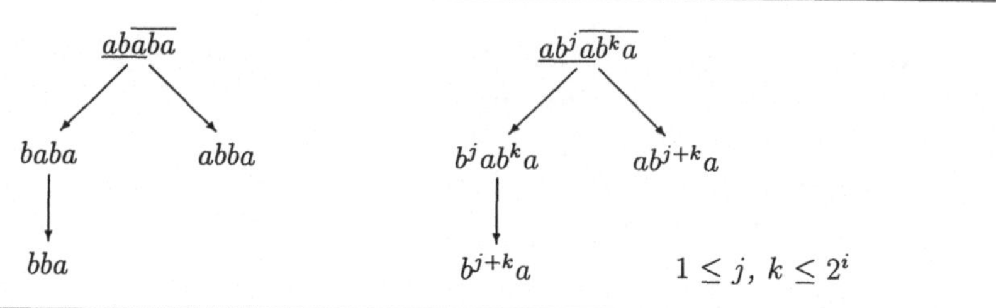

Abbildung 2.1: Erzeugung eines unendlichen Regelsystems

Wir vergleichen den Algorithmus 2.3.1 mit dem Inferenzsystem $\mathcal{B}$ aus Abschnitt 1.4, das ja auf der abstrakten Ebene zur Konstruktion einer konvergenten Relation $\longrightarrow$ aus der gegebenen Äquivalenzrelation $\sim\, = \overset{*}{\vdash}$ gedacht war. Zunächst fällt auf, daß $\mathcal{B}$ auf den (unendlichen) Relationen $\vdash$ und $\longrightarrow$ arbeitet, der obige Algorithmus aber auf den (endlichen) Mengen E_i und R_i. (Es beschreiben ja E_i und R_i die aktuellen Relationen $\vdash_i$ und $\longrightarrow_i$.) Abstrahiert man von diesem Unterschied, so sieht man aber leicht, daß der Algorithmus aus den Inferenzregeln aus $\mathcal{B}$ zusammengesetzt ist. Die Anwendung dieser Regeln ist einer festen Kontrolle unterworfen, sie sind zu größeren Einheiten zusammengefaßt. Man beachte auch, daß der Algorithmus nur faire $\mathcal{B}$-Ableitungen erzeugt. Daraus ergibt sich ein neuer Beweis dafür, daß der Algorithmus korrekt ist. Die großen Vorteile der Beschreibung der Knuth-Bendix-Vervollständigung durch ein Inferenzsystem werden hier aber noch nicht sichtbar. Sie kommen erst zum Tragen, wenn das Vervollständigungsverfahren noch effizienter gemacht wird. Hierzu wird auf Kapitel 3 verwiesen.

2.3.2 Ein verbesserter Algorithmus

Der Algorithmus 2.3.1 ist noch sehr ineffizient. Dafür gibt es zwei Gründe: (1) Es werden zu viele Regeln und damit auch zu viele kritische Paare gebildet. (2) Es werden zwar Gleichungen (genauer: kritische Paare) mit der jeweils gültigen Reduktionsrelation simplifiziert, nicht aber Regeln. Die Simplifikation von Regeln bringt technische Schwierigkeiten beim Korrektheitsbeweis des Vervollständigungsverfahrens, sie soll deshalb hier nicht besprochen werden. Es soll aber gezeigt werden, wie man durch möglichst starke Simplifikation den obigen Algorithmus erheblich verbessern kann.

Um diese Ineffizienz von Algorithmus 2.3.1 einzusehen, sei der Leser eingeladen, die Rechnung mit der folgenden Eingabe $(E, >)$ zu verfolgen.

$$E = \{a = b, \ a^2b = c, \ a^2 = \lambda\}$$
$$u > v \quad \text{gdw} \quad |u| > |v| \quad \text{oder} \quad (|u| = |v|, u >_{lex} v)$$

Dabei ist $>_{lex}$ die lexikographische Ordnung auf $\Sigma^* = \{a, b, c\}^*$ mit $a > c > b$. Es ergibt sich

$$R_0 : \quad a \rightarrow b \quad a^2b \rightarrow c \quad a^2 \rightarrow \lambda$$

R_0 produziert die in Abbildung 2.2 angegebenen kritischen Paare.

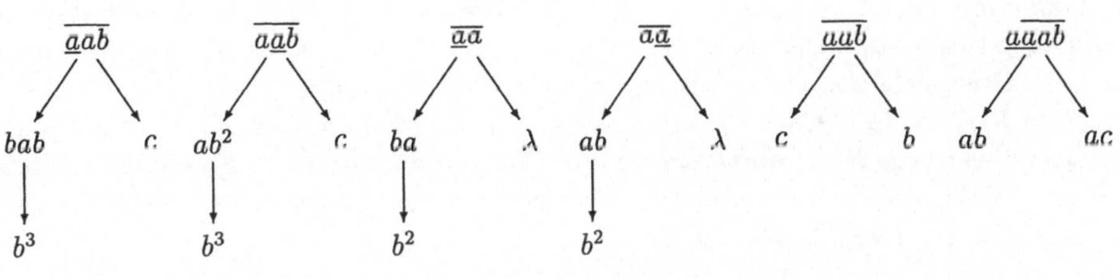

Abbildung 2.2: Wirkungsweise von Algorithmus 2.3.1

Damit gilt

$$R_1 = R_0 \cup \{b^3 \rightarrow c, \ b^2 \rightarrow \lambda, \ c \rightarrow b, \ ac \rightarrow ab\},$$

und es sind erneut viele kritische Paare zu bilden. Die volle Rechnung ist sehr langwierig, sie wird daher hier abgebrochen.

Wir verfolgen jetzt folgende Strategie: Es werden zwei Mengen R_i, E_i verwaltet mit $R_i \subseteq >$. Es entsteht (R_{i+1}, E_{i+1}) aus (R_i, E_i) dadurch, daß eine minimale Gleichung $u = v$ aus E_i entfernt, mit R_i simplifiziert und gerichtet in R_{i+1} aufgenommen wird. (Dabei sei $|u| + |v|$ die Größe der Gleichung $u = v$.) Dann werden alle neuen kritischen Paare gebildet, mit R_i simplifiziert und in E_i aufgenommen, das Ergebnis sei E_{i+1}.

Im obigen Beispiel $(E, >)$ ergibt sich (die minimale Gleichung ist unterstrichen)

i	R_i		E_i
0	$-$		$\underline{a = b} \quad a^2b = c \quad a^2 = \lambda$
1	$a \rightarrow b$		$a^2b = c \quad \underline{a^2 = \lambda}$
2	$a \rightarrow b$	$b^2 \rightarrow \lambda$	$\underline{a^2b = c}$
3	$a \rightarrow b$	$b^2 \rightarrow \lambda$	$-$
	$c \rightarrow b$		
4	$a \rightarrow b$	$b^2 \rightarrow \lambda$	$\underline{b = b}$
	$c \rightarrow b$		(kritisches Paar zu $b^2 \rightarrow \lambda$
5	$a \rightarrow b$	$b^2 \rightarrow \lambda$	$-$
	$c \rightarrow b$		

Hier ist also nur ein kritisches Paar gebildet worden (beim Übergang von (R_3, E_3) nach (R_4, E_4)), alle anderen Inferenzen sind Simplifikationen von Gleichungen. R_5 ist das konvergente Regelsystem zu E und $>$.

Wir formulieren diese Strategie als neuen Vervollständigungsalgorithmus.

Algorithmus 2.3.3

Eingabe: Ein Gleichungssystem E und eine Reduktionsordnung $>$.
Ausgabe: Ein konvergentes Regelsystem R mit $=_E = \xleftrightarrow{*}_R$.

1. *Setze $R_0 := \emptyset, E_0 := E, i := 0$.*
2. *Falls $E_i = \emptyset$, stoppe mit $R = R_i$.*
3. *Wähle* fair *eine Gleichung $u = v$ aus E_i, entferne sie aus E_i und simplifiziere sie mit R_i zu $u_0 = v_0$. Gilt $u_0 \equiv v_0$, so gehe nach 2., sonst richte $u_0 = v_0$ mit $>$ zu $l \to r$. Brich erfolglos ab, falls u_0, v_0 $>$-unvergleichbar sind.*
4. *Setze $R_{i+1} := R_i \cup \{l \to r\}$, bilde alle kritischen Paare zwischen $l \to r$ und allen Regeln $l' \to r'$ aus R_{i+1}, simplifiziere sie mit R_{i+1} und nimm sie in E_i auf. Es entsteht E_{i+1}.*
5. *Setze $i := i + 1$ und gehe nach 2.*

Der Algorithmus 2.3.3 kann wie Algorithmus 2.3.1 bei Eingabe $(E, >)$ a) erfolgreich halten oder b) erfolglos abbrechen oder c) unendlich lange laufen. Im Fall c) sei $R = \bigcup_{i \geq 0} R_i$. Die Bedingung *fair* in Punkt 3 muß garantieren, daß keine Gleichung $u = v$, die in ein E_i aufgenommen wird, in allen E_j mit $j \geq i$ enthalten bleibt. Dann gilt die Ausgabespezifikation für die Fälle a) und c).

Es soll jetzt die Korrektheit des Algorithmus 2.3.3 formal bewiesen werden. Dazu betrachten wir manchmal ein Regelsystem R auch als Gleichungssystem; es gilt dann $=_R = \xleftrightarrow{*}_R$. Der Algorithmus 2.3.3 beruht im wesentlichen auf zwei Operationen: Einführen einer neuen (gültigen) Gleichung und Entfernen einer (überflüssigen) Gleichung. Durch diese Operationen wird die E-Gleichheit nicht zerstört. Wir machen dies explizit. Es gilt:

$$E' = E \cup \{u = v\} \quad u =_E v \quad \curvearrowright \quad =_E = =_{E'}$$
$$E' = E - \{u = v\} \quad u =_{E'} v \quad \curvearrowright \quad =_E = =_{E'}$$

Wir betrachten jetzt die Rechnung von Algorithmus 2.3.3 mit Eingabe $(E, >)$. Sei $\longrightarrow_i = \longrightarrow_{R_i}$ und $=_i = =_{E_i \cup R_i}$ und $\longrightarrow = \longrightarrow_R$.

Lemma 2.3.4 *Es gilt für alle $i \geq 0$*
a) $R_i \subseteq R_{i+1}$ und $\longrightarrow_i \subseteq >$
b) Wird $u = v$ zur Zeit i in Punkt 3 bearbeitet, so gilt $u \downarrow v$ in R_{i+1}, also in R_j für alle j mit $j > i$.
c) $=_E = =_i$.

Beweis:

a) Dies zeigt man leicht durch Induktion nach i.

b) Es gilt $u \xrightarrow{*}_i u_0, v \xrightarrow{*}_i v_0$ und $u_0 \downarrow v_0$ in R_{i+1}. Wegen $R_i \subseteq R_j$ gilt $u \downarrow v$ in R_j für alle $j > i$.

c) Wir führen Induktion nach i: Wegen $E_0 = E$ und $R_0 = \emptyset$ gilt die Aussage für $i = 0$. Sie gelte für i, zu zeigen ist $=_E = =_{i+1}$. In Punkt 3 wird zunächst $u = v$ mit Regeln aus R_i auf $u_0 = v_0$ reduziert. Man kann also ohne die Gleichheit zu verändern, erst $u_0 = v_0$ neu aufnehmen und dann $u = v$ streichen. Dies geschieht durch Streichen von $u = v$ aus E_i und Aufnahme von $l \to r$ in R_{i+1}. Gilt $u_0 \equiv v_0$, so kann die Gleichung $u_0 = v_0$ ersatzlos gestrichen werden. Unter Punkt 4 werden kritische Paare (p, q) als Gleichungen in E_i aufgenommen. Es gibt stets ein u mit $p \;_i\!\longleftarrow\; u \;\longrightarrow_i q$, also gilt $p \stackrel{*}{\longleftrightarrow}_i q$, nach Induktionsvoraussetzung also auch $p =_E q$, und die Aufnahme von $p = q$ in E_i zerstört die Gleichheit nicht. Ebenso zerstört die Simplifikation von $p = q$ die Gleichheit nicht. Hieraus folgt $=_E = =_{i+1}$. $\qquad\square$

Satz 2.3.5 *Der Algorithmus 2.3.3 ist korrekt: Startet man ihn mit Eingabe $(E, >)$, so gilt (falls kein Abbruch auftritt) $=_E = \stackrel{*}{\longleftrightarrow}_R$, und R ist konvergent.*

Beweis: Sei $\longrightarrow \;=\; \longrightarrow_R$.

a) R ist terminierend: Nach Lemma 2.3.4 gilt $l > r$ für alle $l \to r$ in R_i, also auch $l > r$ für alle $l \to r$ in R. Also ist R terminierend.

b) R ist konfluent: Es reicht zu zeigen, daß alle R-kritischen Paare in R zusammenführbar sind. Sei (p, q) ein kritisches Paar zu $l_1 \to r_1$ und $l_2 \to r_2$, sei $l_1 \to r_1$ zur Zeit i und $l_2 \to r_2$ zur Zeit j entstanden, und sei $j \geq i$. Dann ist die Gleichung $p = q$ in E_j, und sie wird wegen der Fairness-Bedingung zu einem Zeitpunkt k entfernt. Dann sind p, q in R_{k+1}, also auch in R zusammenführbar.

c) $=_E = \stackrel{*}{\longleftrightarrow}$: Jede Gleichung $u = v$ in $E = E_0$ wird wegen der Fairness-Bedingung zu einem Zeitpunkt bearbeitet. Es gibt also einen Zeitpunkt k, an dem alle Gleichungen $u = v$ aus E_0 bearbeitet sind. Dann gilt $u \downarrow v$ in R_{k+1}, also $u \downarrow v$ in R, also $u \stackrel{*}{\longleftrightarrow} v$ für alle $u = v$ in E. Dies zeigt $=_E \;\subseteq\; \stackrel{*}{\longleftrightarrow}$. Sei $u \stackrel{*}{\longleftrightarrow} v$, dann werden für den Beweis für $u \stackrel{*}{\longleftrightarrow} v$ nur endlich viele Regeln aus R benötigt, es gibt also ein i, so daß alle diese Regeln in R_i liegen. Also gilt $u \stackrel{*}{\longleftrightarrow}_i v$ und Teil c) von Lemma 2.3.4 liefert $u =_E v$. Dies zeigt $\stackrel{*}{\longleftrightarrow} \;\subseteq\; =_E$. $\qquad\square$

Wir bezeichnen im Rest dieses Abschnittes den oben angegebenen Algorithmus 2.3.3 als die *Knuth-Bendix-Vervollständigung*. Man beachte, daß man den Abbruch in diesem Algorithmus stets dadurch vermeiden kann, daß man mit einer totalen Reduktionsordnung $>$ arbeitet.

2.3.3 Das Verhalten des Vervollständigungsverfahrens

Wir untersuchen jetzt das Verhalten der Knuth-Bendix-Vervollständigung. Dazu gehören die Fragen, wie die Rechnung von der verwendeten Ordnung abhängt, wann die Rechnung hält und wann sie abbricht.

Es soll zunächst an einem Beispiel gezeigt werden, welche Bedeutung die Wahl der Reduktionsordnung für das Halten der Knuth-Bendix-Vervollständigung hat. Bei festem Gleichungssystem E kann eine Ordnung zum Erfolg, eine andere Ordnung aber zu einer unendlichen Rechnung führen. Das Beispiel betrachtet die freie kommutative Gruppe in zwei Erzeugenden a und b.

Beispiel 2.3.6 *Sei $\Sigma = \{a, b, \overline{a}, \overline{b}\}$ und sei*

$$E: \quad a\overline{a} = \lambda, \quad \overline{a}a = \lambda, \quad b\overline{b} = \lambda, \quad \overline{b}b = \lambda,$$
$$ba = ab, \quad b\overline{a} = \overline{a}b, \quad \overline{b}a = a\overline{b}, \quad \overline{b}\overline{a} = \overline{a}\overline{b}$$

Die Ordnung sei definiert durch $u > v \quad gdw \quad |u| > |v| \ oder \ (|u| = |v|, u >_{lex} v)$

a) *Sei $>_{lex}$ die lexikographische Ordnung zu $b > \overline{b} > a > \overline{a}$. Es wird E gerichtet zu*

$$R: \quad a\overline{a} \to \lambda, \quad \overline{a}a \to \lambda, \quad b\overline{b} \to \lambda, \quad \overline{b}b \to \lambda,$$
$$ba \to ab, \quad \overline{b}a \to a\overline{b}, \quad b\overline{a} \to \overline{a}b, \quad \overline{b}\overline{a} \to \overline{a}\overline{b}$$

und R ist bereits konvergent.

b) *Sei $>_{lex}$ die lexikographische Ordnung zu $b > a > \overline{a} > \overline{b}$. Es wird E gerichtet zu*

$$R_0: \quad a\overline{a} \to \lambda, \quad \overline{a}a \to \lambda, \quad b\overline{b} \to \lambda, \quad \overline{b}b \to \lambda,$$
$$ba \to ab, \quad b\overline{a} \to \overline{a}b, \quad a\overline{b} \to \overline{b}a, \quad \overline{a}\overline{b} \to \overline{b}\overline{a}$$

Die Vervollständigung läuft unendlich lange und liefert

$$R = R_0 \cup \{\overline{b}a^i b \to a^i, \overline{b}\overline{a}^i b \to \overline{a}^i \mid i \geq 1\}.$$

Es war über das definierende Gleichungssystem E bisher nur vorausgesetzt, daß es endlich ist. Insbesondere war nicht vorausgesetzt, daß das Wortproblem entscheidbar ist. Es soll jetzt gezeigt werden, daß das Wortproblem zu E stets rekursiv aufzählbar ist. Man kann Algorithmus 2.3.3 so modifizieren, daß er bei Eingabe von E, einer totalen Ordnung $>$ und einer Gleichung $u = v$ im Fall $u =_E v$ stets hält und JA liefert. Gilt $u =_E v$ nicht, so kann die Rechnung NEIN liefern oder unendlich lange laufen.

Satz 2.3.7 *Sei $>$ eine totale Reduktionsordnung und $u = v$ eine beliebige Gleichung. Startet man die Knuth-Bendix-Vervollständigung mit Eingabe $(E, >)$, so gilt $u =_E v$ genau dann, wenn es ein i gibt mit $u \downarrow v$ in R_i.*

Beweis: Gilt $u \downarrow v$ in R_i, so gilt $u \xleftrightarrow{*}_i v$, und Teil c) von Lemma 2.3.4 liefert $u =_E v$. Gilt $u =_E v$, so gilt auch $u \downarrow v$ in R nach Satz 2.3.5, da ein erfolgloses Abbrechen unmöglich ist. Im Beweis zu $u \downarrow v$ in R werden nur endlich viele Regeln aus R benötigt. Da R die Vereinigung der R_j ist und weil $R_j \subseteq R_{j+1}$ für alle j gilt, gibt es ein i, so daß R_i alle diese Regeln enthält. Also gilt $u \downarrow v$ in R_i. $\qquad\qquad\square$

Die oben erwähnte Modifikation von Algorithmus 2.3.3 besteht also einfach darin, daß man für jedes i testet, ob $u \downarrow v$ in R_i gilt. Gilt dies, so stoppe man mit der Ausgabe JA. Hält die Rechnung und gilt beim Stop $u \downarrow v$ nicht, so antworte man NEIN.

Die Knuth-Bendix-Vervollständigung versucht, zu $(E, >)$ ein konvergentes Regelsystem R mit $R \subseteq >$ und $\xleftrightarrow{*}_R \ = \ =_E$ zu bestimmen. Es stellt sich die Frage, ob die Rechnung immer mit einem endlichen R stoppt, wenn es solch ein endliches R gibt. Diese Frage ist leider mit NEIN zu beantworten: Ist $>$ nicht total, so kann die Rechnung abbrechen, obwohl ein endliches konvergentes R existiert mit $R \subseteq >$ und $\xleftrightarrow{*}_R \ = \ =_E$.

Beispiel 2.3.8

$$E: \quad a^3 = a \quad b^3 = c \quad a^2 b = a \quad\quad bab = a$$
$$a^3 = b \quad c^3 = \lambda \quad ba^2 = a$$
$$>: \quad u > v \quad gdw \quad |u| > |v|$$

Es ist leicht zu sehen, daß Algorithmus 2.3.3 alle Gleichungen von links nach rechts richtet und daß für alle kritischen Paare (p, q) nach der Reduktion $|\hat{p}| = |\hat{q}|$ gilt. Also bricht der Algorithmus erfolglos ab. Es gilt aber

$$\lambda =_E c^3 =_E b^9 =_E a^{27} =_E a^{25} =_E \ldots =_E a^3 =_E a$$
$$\lambda -_E a^3 -_E b$$
$$\lambda =_E b^3 =_E c$$

Also ist $R = \{a \to \lambda, b \to \lambda, c \to \lambda\}$ ein konvergentes Regelsystem zu E mit $R \subseteq >$.

Wir zeigen als nächstes, daß die Knuth-Bendix-Vervollständigung bei Eingabe $(E, >)$ nicht unendlich lange laufen kann, wenn es ein endliches konvergentes R mit $R \subseteq >$ und $\xleftrightarrow{*}_R \; = \; =_E$ gibt. Ist etwa $>$ total, so kann kein Abbruch stattfinden und die Rechnung hält erfolgreich.

Lemma 2.3.9 *Sei $>$ eine Reduktionsordnung, R ein konvergentes Regelsystem mit $R \subseteq >$ und $\hat{u}$ die R-Normalform zu u.*
a) Ist $l \to r$ in R und r irreduzibel, so gilt $u \geq r$ für alle u mit $u \xleftrightarrow{*}_R r$.
b) Setzt man $R_0 = \{l \to \hat{r} \mid l \to r \text{ in } R\}$, so ist R_0 konvergent und es gilt $\xleftrightarrow{*}_R \; = \; \xleftrightarrow{*}_{R_0}$.

Beweis: Sei $\longrightarrow \; = \; \longrightarrow_R$ und $\longrightarrow_0 \; = \; \longrightarrow_{R_0}$.

a) Ist $u \xleftrightarrow{*} r$, so gilt $u \downarrow r$ in R, da R konfluent ist. Da r irreduzibel ist, gilt sogar $u \xrightarrow{*} r$ und dies liefert $u \geq r$.

b) Sei $Irr(R)$ die Menge der R-irreduziblen Wörter.
  b1) Es gilt $Irr(R) = Irr(R_0)$: Es gilt $u \in Irr(R)$ gdw u enthält kein Teilwort l mit $l \to r$ in R gdw u enthält kein Teilwort l mit $l \to r$ in R_0 gdw $u \in Irr(R_0)$.

  b2) R_0 ist terminierend wegen $R_0 \subseteq >$.

  b3) R_0 ist konfluent: Sei $v \; _0\!\xleftarrow{*} \; u \; \xrightarrow{*}_0 w$. Da R_0 terminierend ist, gibt es $v_0, w_0 \in Irr(R_0)$ mit $v_0 \; _0\!\xleftarrow{*} \; v \; _0\!\xleftarrow{*} \; u \; \xrightarrow{*}_0 \; w \; \xrightarrow{*}_0 w_0$. Nach Konstruktion von R_0 gilt $\longrightarrow_0 \; \subseteq \; \xrightarrow{*}$, also auch $\xrightarrow{*}_0 \; \subseteq \; \xrightarrow{*}$. Dies liefert $v_0 \xleftarrow{*} u \xrightarrow{*} w_0$ und $v_0 \downarrow w_0$ in R, da R konfluent ist. Wegen $v_0, w_0 \in Irr(R_0) = Irr(R)$ gilt $v_0 \equiv w_0$. Dies liefert $v \downarrow w$ in R_0.

  b4) Es gilt $\xleftrightarrow{*} \; = \; \xleftrightarrow{*}_0$: Aus $\longrightarrow_0 \; \subseteq \; \xrightarrow{*}$ folgt $\xleftrightarrow{*}_0 \; \subseteq \; \xleftrightarrow{*}$. Für den Nachweis von $\xleftrightarrow{*} \; \subseteq \; \xleftrightarrow{*}_0$ sei $u \xleftrightarrow{*} v$, zu zeigen ist $u \xleftrightarrow{*}_0 v$. Da R_0 terminierend ist, gibt es $u_0, v_0 \in Irr(R_0) = Irr(R)$ mit $u \xrightarrow{*}_0 u_0$ und $v \xrightarrow{*}_0 v_0$. Wegen $\longrightarrow_0 \; \subseteq \; \xrightarrow{*}$ gilt also $u_0 \xleftrightarrow{*} v_0$, und hieraus folgt $u_0 \equiv v_0$, da R konfluent ist. Es gilt also $u \xrightarrow{*}_0 u_0 \equiv v_0 \; _0\!\xleftarrow{*} \; v$, und dies zeigt $u \xleftrightarrow{*}_0 v$.   □

Wir zeigen nun das angekündigte Resultat über das Verhalten der Knuth-Bendix-Vervollständigung.

Satz 2.3.10 *Bricht die Knuth-Bendix-Vervollständigung mit Eingabe $(E, >)$ nicht ab, so hält die Rechnung genau dann, wenn es ein endliches konvergentes Regelsystem R gibt mit $R \subseteq >$ und $\stackrel{*}{\longleftrightarrow}_R = \; =_E$.*

Beweis: Hält die Rechnung des Algorithmus 2.3.3 mit Eingabe $(E, >)$, so liefert sie ein R mit den genannten Eigenschaften.

Sei jetzt $R = \{l_i \to r_i \mid i = 1, \ldots, n\}$ konvergent, sei $R \subseteq >$ und $\stackrel{*}{\longleftrightarrow}_R = \; =_E$. Nach Lemma 2.3.9 kann man annehmen, daß alle r_i in R irreduzibel sind. Sei weiter $R_1, R_2, \ldots$ die Folge der vom Algorithmus produzierten Regelsysteme bei Eingabe $(E, >)$. Es ist zu zeigen, daß es ein j gibt, so daß R_j konfluent ist und $=_E \; = \; \stackrel{*}{\longleftrightarrow}_{R_j}$ gilt. Dann hält die Rechnung spätestens, nachdem alle Gleichungen $u = v$ in E zu $u_0 \equiv v_0$ simplifiziert sind.

Für jede Regel $l \to r$ in R gilt $l =_E r$, nach Satz 2.3.7 gibt es also ein j mit $l \downarrow r$ in R_j. Da R endlich ist, gibt es sogar ein j mit $l \downarrow r$ in R_j für alle $l \to r$ in R. Sei weiter $\longrightarrow_j = \; \longrightarrow_{R_j}$. Wir zeigen zunächst $=_E \; = \; \stackrel{*}{\longleftrightarrow}_j$: Nach Lemma 2.3.4 gilt $\stackrel{*}{\longleftrightarrow}_j \; \subseteq \; =_E$. Wegen $l \downarrow r$ in R_j für alle $l \to r$ in R gilt $=_E \; = \; =_R \; \subseteq \; \stackrel{*}{\longleftrightarrow}_j$. Es bleibt die Konfluenz von R_j zu zeigen. Ist $[u]$ die E-Kongruenzklasse von u, so ist nach Lemma 2.3.9 r das $>$-kleinste Element in $[r]$ für jede Regel $l \to r$ in R. Wegen $R_j \; \subseteq \; >$ ist also r in R_j irreduzibel. Aus $l \downarrow r$ in R_j folgt also $l \stackrel{*}{\longrightarrow}_j r$. Diese Überlegung liefert $\longrightarrow \; \subseteq \; \stackrel{*}{\longrightarrow}_j$ und $\stackrel{*}{\longrightarrow} \; \subseteq \; \stackrel{*}{\longrightarrow}_j$. Sei $u \stackrel{*}{\longleftrightarrow}_j v$, für die Konfluenz ist $u \downarrow v$ in R_j zu zeigen. Aus $u \stackrel{*}{\longleftrightarrow}_j v$ folgt $u \stackrel{*}{\longleftrightarrow} v$ und $u \downarrow v$ in R. Wegen $\stackrel{*}{\longrightarrow} \; \subseteq \; \stackrel{*}{\longrightarrow}_j$ gilt also wirklich $u \downarrow v$ in R_j. $\square$

Der Satz 2.3.10 läßt sich anwenden, wenn es nur endlich viele E-Kongruenzklassen gibt. Dann läßt sich die E-Gleichheit immer durch ein endliches konvergentes Regelsystem beschreiben.

Satz 2.3.11 *Sei E ein Gleichungssystem, so daß es nur endlich viele E-Kongruenzklassen gibt. Startet man die Knuth-Bendix-Vervollständigung mit $(E, >)$, so bricht die Rechnung entweder erfolglos ab oder sie hält erfolgreich an. Ist also $>$ total, so findet die Knuth-Bendix-Vervollständigung ein endliches konvergentes Regelsystem R mit $=_E \; = \; \stackrel{*}{\longleftrightarrow}_R$.*

Beweis: Die Knuth-Bendix-Vervollständigung mit Eingabe $(E, >)$ breche nicht ab. Dann gibt es nach Satz 2.3.5 ein konfluentes Regelsystem R' mit $=_E \; = \; \stackrel{*}{\longleftrightarrow}_{R'}$ und $R' \subseteq >$. Wir zeigen, daß es auch ein endliches konfluentes Regelsystem R gibt mit $=_E \; = \; \stackrel{*}{\longleftrightarrow}_R$ und $R \subseteq >$. Dann folgt die Behauptung aus Satz 2.3.10.

Es gibt nur endlich viele E-Kongruenzklassen, etwa $[r_1], \ldots, [r_n]$. Da R' konvergent ist, kann man annehmen, daß die r_i R'-irreduzibel sind. Dann ist r_i das $>$-kleinste Element in $[r_i]$. Sei $N = \{r_1, \ldots, r_n\}$. Wir zeigen zunächst, daß N Teilwort-abgeschlossen ist: Ist u Teilwort eines r_i, so gilt $u \in N$. Sei $r_i \equiv xuy$. Es gibt ein j mit $u \in [r_j]$, also $u =_E r_j$ und $u \geq r_j$. Wäre $u \not\equiv r_j$, so wäre $u > r_j$ und $r_i =_E xr_jy$ und $r_i \equiv xuy > xr_jy$. Dies ist nicht möglich, da r_i das kleinste Wort in $[r_i]$ ist.

Jedes r_i ist das kleinste Wort seiner Äquivalenzklasse. Wir suchen also ein Regelsystem, in dem genau die Wörter in $\Sigma^* - N$ reduzierbar sind, und zwar auf ein Wort in

N. Dazu reicht es, jedes kürzeste Wort aus $\Sigma^* - N$ (und das sind nur endlich viele) als linke Seite einer Regel aufzunehmen. Diese Überlegung führt zu folgender Konstruktion.

Sei $\underline{N} = \{ar, ra \mid r \in N, a \in \Sigma\} - N$. Offenbar ist $\underline{N}$ endlich, und zu jedem $u \in \underline{N}$ gibt es genau ein $\varphi(u) \in N$ mit $u =_E \varphi(u)$. Wegen $u \notin N$ gilt $u > \varphi(u)$. Setze

$$R = \{u \to \varphi(u) \mid u \in \underline{N}\}$$

Es ist R endlich, und es gilt $R \subseteq >$ und $\longrightarrow_R \subseteq =_E$, also auch $\stackrel{*}{\longleftrightarrow}_R \subseteq =_E$. Sei $\longrightarrow = \longrightarrow_R$. Ein Wort $v \in \Sigma^*$ ist genau dann R-reduzierbar, wenn v ein $u \in \underline{N}$ als Teilwort enthält. Da N Teilwort-abgeschlossen ist, gilt dies genau dann, wenn $v \notin N$ gilt. Also läßt sich jedes $v \in \Sigma^*$ auf ein $r \in N$ reduzieren. Gilt $v \stackrel{*}{\longrightarrow} r$ und $v \stackrel{*}{\longrightarrow} r'$, so gilt $r \stackrel{*}{\longleftrightarrow} r'$, also $r =_E r'$. Wegen $r_i \neq_E r_j$ für $i \neq j$ läßt sich also jedes v auf genau ein $r \in N$ reduzieren. Daher ist R konfluent. Es bleibt $\stackrel{*}{\longleftrightarrow} = =_E$ zu zeigen. Die Inklusion $\subseteq$ ist schon gezeigt. Für die Inklusion $\supseteq$ sei $u =_E v$, also $u, v \in [r]$ für ein $r \in N$. Es gilt $u \stackrel{*}{\longrightarrow} r$ und $v \stackrel{*}{\longrightarrow} r$, also $u \stackrel{*}{\longleftrightarrow} v$. $\qquad\square$

Die Konstruktion des Regelsystems aus dem letzten Beweis läßt sich noch für ein allgemeineres Resultat verwenden: Jedes Monoid $M = \langle \Sigma, E \rangle$ hat eine Darstellung $\langle \Sigma, R \rangle$, wobei R konvergent ist. Dabei ist R im allgemeinen natürlich unendlich. Dies ist insbesondere dann der Fall, wenn das Wortproblem zu M unentscheidbar ist.

Wir skizzieren die Konstruktion von R: Sei $M = \langle \Sigma, E \rangle$ gegeben, und sei $>$ eine totale Reduktionsordnung auf Σ^*. Weiter sei $[u]$ die E-Kongruenzklasse zu $u \in \Sigma^*$ und $\varphi(u)$ das $>$-kleinste Element in $[u]$. Setze

$$\begin{aligned} N &= \{\varphi(u) \mid u \in \Sigma^*\}, \\ \underline{N} &= \{au, ua \mid u \in N, a \in \Sigma\} - N, \\ R &= \{u \to \varphi(u) \mid u \in \underline{N}\}. \end{aligned}$$

Die obige Konstruktion liefert dann: R ist konvergent, und es gilt $=_E = \stackrel{*}{\longleftrightarrow}_R$. Wir präzisieren dies im etwas allgemeineren Rahmen der Termersetzungssysteme im Abschnitt 3.6.

Übungsaufgaben

Aufgabe 2.3.1: Man verfolge die Rechnung von Algorithmus 2.3.1 und Algorithmus 2.3.3 bei Eingabe von $(E, >)$:
$E = \{a^3 = a, \quad a^3 = b, \quad b^3 = c, \quad c^3 = \lambda\}$,
$>=$ kanonische Ordnung zur Vorordnung $a > b > c$.

Aufgabe 2.3.2: Gegeben sei das Monoid $\langle \Sigma, E \rangle$ mit $\Sigma = \{a, b, c\}$ und $E = \{ba = ab^2c, \ ca = abc^2, \ cb = bc^3, \ a^2 = \lambda, \ b^3 = b, \ c^2 = \lambda\}$.
a) Man bestimme eine iterierte Silbenordnung $>$, mit der alle Gleichungen in E von links nach rechts gerichtet werden.
b) Man vervollständige E.
c) Man zeige, daß das Monoid endlich ist und bestimme seine Multiplikationstafel.

Aufgabe 2.3.3: Das Regelsystem
$$R: \quad ba \to ab^2 c, \quad ca \to abc^2, \quad cb \to bc \quad .$$
ist konvergent. (Siehe Aufgabe 2.2.1.) Sei $>$ die kanonische Ordnung zur Verordnung $a > b > c$. Gibt es ein endliches, konvergentes und zu R äquivalentes R' mit $R' \subseteq >$?

Aufgabe 2.3.4: Sei $>$ die Längenordnung auf $\Sigma^* = \{a, b\}^*$. Gibt es ein konfluentes R mit $R \subseteq >$ und $=_E = \overset{*}{\longleftrightarrow}_R$?
a) $E = \{a^2 = b^2,\ b^2 = b\}$
b) $E = \{a^2 = b^2,\ b^2 = \lambda\}$

Aufgabe 2.3.5: Sei E ein Gleichungssystem über Σ mit $|u| = |v|$ für alle $u = v$ in E. Sei $>$ eine Reduktionsordnung und der Vervollständigungsalgorithmus 2.3.3 liefere R. Dann gilt auch $|l| = |r|$ für alle $l \to r$ in R.

Aufgabe 2.3.6: Sei $\Sigma = \{a, b, c\}$ und $E = \{au = a, bu = b, cu = c \mid u \in \Sigma^*\}$. Man gebe ein endliches konvergentes Regelsystem R an mit $=_E = \overset{*}{\longleftrightarrow}_R$.

Aufgabe 2.3.7: Man betrachte das Monoid $\langle \Sigma, E \rangle$ mit $\Sigma = \{a, b\}$ und $E = \{aba = bab\}$.
a) Man wähle eine beliebige totale Reduktionsordnung $>$ und starte den Vervollständigungsalgorithmus mit Eingabe $(E, >)$. Die Rechnung wird nicht halten. (Es gibt kein endliches konvergentes Regelsystem über Σ zu E, siehe [KN85a]).
b) Sei $\Sigma' = \{a, b, c\}$ und $E = E' \cup \{ba = c\}$. Dann ist $\langle \Sigma, E \rangle$ isomorph zu $\langle \Sigma', E' \rangle$, und die Vervollständigung von E' mit der kanonischen Ordnung zur Verordnung $a > b > c$ hält.

2.4 Entscheidbarkeitsfragen

In diesem Abschnitt sollen einige Resultate über die Entscheidbarkeit von Fragen zu Wortersetzungssystemen hergeleitet werden. Es wird z.B. gezeigt, daß es unentscheidbar ist, ob ein beliebig gegebenes endliches Wortersetzungssystem R terminierend (bzw. konfluent bzw. lokal konfluent) ist. Da Wortersetzungssysteme spezielle Termersetzungssysteme sind, übertragen sich die Unentscheidbarkeitsresultate automatisch von Wort- auf Termersetzungssysteme. Siehe dazu Abschnitt 3.3.

2.4.1 Entscheidbare Probleme

Wir beginnen mit einigen positiven Ergebnissen.

Satz 2.4.1 *Zu jedem endlichen Regelsystem R über Σ ist die Menge $Irr(R)$ der irreduziblen Wörter regulär. Man kann entscheiden, ob $Irr(R)$ endlich ist, und im positiven Fall die Anzahl seiner Elemente berechnen.*

Beweis: Sei $L = \{l \mid l \to r \text{ in } R\}$. Ein Wort $u \in \Sigma^*$ ist genau dann reduzierbar, wenn es eine Regel $l \to r$ in R gibt, so daß l ein Teilwort von u ist, also $u \in \Sigma^* \cdot L \cdot \Sigma^*$ ist.

Also ist $Irr(R) = \Sigma^* - \Sigma^* \cdot L \cdot \Sigma^*$, und $Irr(R)$ ist regulär. Aus R läßt sich mit Standardtechniken ein endlicher Automat M konstruieren, der $Irr(R)$ akzeptiert. Aus M läßt sich ablesen, ob $Irr(R)$ endlich ist, und im positiven Fall läßt sich die Kardinalität von $Irr(R)$ bestimmen. $\qquad\square$

Ist R konvergent, so ist $\{[u] \mid u \in Irr(R)\}$ die Menge der Kongruenzklassen zu $\overset{*}{\longleftrightarrow}_R$. In diesem Fall kann man also entscheiden, ob das Monoid $\langle \Sigma, R \rangle$ endlich ist.

Ein Regelsystem R über Σ ist ein gerichtetes Gleichungssystem. Damit ist wie in Abschnitt 2.1 die R-Gleichheit $=_R = \overset{*}{\longleftrightarrow}_R$ und das Monoid $\langle \Sigma, R \rangle$ erklärt. Es heißt *trivial*, wenn es nur aus einem Element besteht, d.h., wenn $w =_R \lambda$ für jedes $w \in \Sigma^*$ gilt. Es heißt *kommutativ*, falls $[u] \cdot [v] = [v] \cdot [u]$ für alle $u, v \in \Sigma^*$ gilt. Dies ist äquivalent zur Aussage $u \cdot v =_R v \cdot u$ für alle $u, v \in \Sigma^*$. Zwei Regelsysteme R, R' über Σ heißen *äquivalent*, wenn sie das gleiche Monoid definieren, d.h., wenn $\overset{*}{\longleftrightarrow}_R = \overset{*}{\longleftrightarrow}_{R'}$ gilt.

Satz 2.4.2 *Die folgenden Probleme sind entscheidbar:*

a) *Eingabe:* *Ein konvergentes Regelsystem R.*
     Frage: *Ist $\langle \Sigma, R \rangle$ trivial?*

b) *Eingabe:* *Ein konvergentes Regelsystem R.*
     Frage: *Ist $\langle \Sigma, R \rangle$ kommutativ?*

c) *Eingabe:* *Zwei konvergente Regelsysteme R, R'.*
     Frage: *Sind R, R' äquivalent?*

Beweis:

a) Es ist $\langle \Sigma, R \rangle$ genau dann trivial, wenn $a =_R \lambda$ für alle $a \in \Sigma$ gilt. Da R konvergent ist, gilt dies genau dann, wenn $a \overset{*}{\longrightarrow}_R \lambda$ für alle $a \in \Sigma$ gilt. Dies ist entscheidbar.

b) Es ist $\langle \Sigma, R \rangle$ genau dann kommutativ, wenn $ab =_R ba$ für alle $a, b \in \Sigma$ gilt. Da Σ endlich und R konvergent ist, ist dies entscheidbar.

c) Es gilt $\overset{*}{\longleftrightarrow}_R \subseteq \overset{*}{\longleftrightarrow}_{R'}$ genau dann, wenn $l =_{R'} r$ für alle $l \to r$ in R gilt. Analog gilt $\overset{*}{\longleftrightarrow}_{R'} \subseteq \overset{*}{\longleftrightarrow}_R$ genau dann, wenn $l' =_R r'$ für alle $l' \to r'$ in R' gilt. Da die Regelsysteme R, R' konvergent sind, sind sie also genau dann äquivalent, wenn $l \downarrow r$ in R' für alle $l \to r$ in R gilt und $l' \downarrow r'$ in R für alle $l' \to r'$ in R' gilt. Dies ist entscheidbar. $\qquad\square$

Wir werden später sehen, daß diese Probleme für beliebige Regelsysteme nicht entscheidbar sind.

2.4.2 Unentscheidbare Probleme

Es sollen jetzt Unentscheidbarkeitsresultate hergeleitet werden. Dazu reduzieren wir ein bekanntermaßen unentscheidbares Problem Q auf ein zu untersuchendes Problem

P und folgern: Wäre P entscheidbar, so wäre es auch Q. Also ist P unentscheidbar.
Unentscheidbare Probleme treten in natürlicher Weise auf, wenn man den Begriff der
Berechenbarkeit präzisiert, etwa durch Turing-Maschinen. Es gibt auf diesem Gebiet
eine Fülle von Lehrbüchern, hier sei auf [Dav58], [BL74] und [LP81] verwiesen.
Anschaulich besteht das Modell der Turing-Maschine aus einem beiderseits unendlich
langen Band, einem Lese-Schreibkopf und der Zentraleinheit. Zu jedem Zeitpunkt
steht auf dem Band nur endlich viel Information, d.h., nur endlich viele Felder des
Arbeitsbandes sind nicht mit dem Leerzeichen beschrieben (siehe unten). Diese relevante Bandinschrift wird durch eine Konfiguration beschrieben. Der Lese-Schreibkopf
zeigt auf das aktuelle Feld des Bandes, das Arbeitsfeld. Die Rechnung wird durch eine
Turing-Tafel δ gesteuert. Sie gibt zu dem jeweils aktuellen Zustand der Zentraleinheit
und dem aktuellen Inhalt des Arbeitsfeldes den auszuführenden Befehl und den Fol-
gezustand an. Mögliche Befehle sind, das Arbeitsfeld neu zu beschriften oder es nach
rechts oder nach links zu verlegen.

Formal ist eine konkrete Turing-Maschine ein 5-Tupel

$$M = (\Sigma, Q, q_0, q_s, \delta)$$

Dabei ist Σ ein Alphabet, Q eine endliche Menge von Zuständen, $q_0 \in Q$ der Start-
zustand, $q_s \in Q$ der Stoppzustand und δ die Übergangsfunktion, das *Programm* der
Turing-Maschine. Weiter ist $\underline{b} \notin \Sigma$ ein neues Zeichen, das Leerzeichen, und $\Sigma_0 =
\Sigma \cup \{\underline{b}\}$. M arbeitet auf der Menge $K = \Sigma_0^* \, Q \, \Sigma_0^+$ der Konfigurationen: Ist $k = uqav$
die aktuelle Konfiguration mit $u, v \in \Sigma_0^*, a \in \Sigma_0$ und $q \in Q$, so gibt $\delta : Q \times \Sigma_0 \rightarrow
Q \times (\Sigma \cup \{l, r\})$ die Folgekonfiguration k' an. Es ist

$$k' = \begin{cases}
uq'a'v & falls \quad \delta(q, a) & = & (q', a') & \\
uaq'v & & = & (q', r) & v \not\equiv \lambda \\
uaq'\underline{b} & & = & (q', r) & v \equiv \lambda \\
u'q'a'av & & = & (q', l) & u \equiv u'a' \\
q'\underline{b}av & & = & (q', l) & u \equiv \lambda
\end{cases}$$

Hat k die Form uq_sv, so heißt k eine Stopp-Konfiguration und k hat keine Folgekonfiguration. Wir schreiben $k \vdash_M k'$, falls k' die Folgekonfiguration von k ist.

Als erstes unentscheidbares Problem betrachten wir das *allgemeine Halteproblem* für
Turing-Maschinen. Es ist definiert durch

$Halt(M)$ gdw   zu jeder Konfiguration k gibt es eine Stopp-Konfiguration k'
 mit $k \vdash_M^* k'$.

Fakt 2.4.3 *(ohne Beweis, siehe [Her71])*
Das allgemeine Halteproblem für Turing-Maschinen ist unentscheidbar:
Eingabe: Eine Turing-Maschine M.
Frage: Gilt $Halt(M)$? $\square$

Wir zeigen mit Hilfe dieses unentscheidbaren Problems, daß auch das Terminationsproblem für Wortersetzungssysteme unentscheidbar ist.

Satz 2.4.4 *Das Terminationsproblem für Wortersetzungssysteme ist unentscheidbar:*
Eingabe: *R ein endliches Wortersetzungssystem.*
Frage: *Ist R terminierend?*

Beweis: Wir reduzieren das Halteproblem für Turing-Maschinen auf das Terminationsproblem für Wortersetzungssysteme. Genauer: Wir konstruieren zu jeder Turing-Maschine M ein Regelsystem $R = R(M)$, so daß $Halt(M)$ genau dann gilt, wenn R terminierend ist. Wäre also das Terminationsproblem entscheidbar, so wäre auch das allgemeine Halteproblem entscheidbar. Daher kann dann das Terminationsproblem nicht entscheidbar sein.

Der Konstruktion von $R = R(M)$ aus M liegt folgende Idee zugrunde: Man hätte gern, daß R die Turing-Maschine M in dem Sinn simuliert, daß für alle $u, u' \in \Sigma^*, v, v' \in \Sigma^+$ und $q, q' \in Q$ gilt:

$$uqv \vdash^*_M u'q'v' \qquad \text{gdw} \qquad uqv \xrightarrow{\ *\ }_R u'q'v'$$

Dann hätte man $Halt(M)$ genau dann, wenn es keine unendliche R-Ableitung von einem Wort der Form $w \equiv uqv$ gibt. Es ergibt sich aber das Problem, daß man auch Wörter der Form $w \equiv u_0q_1u_1 \dots u_{n-1}q_nu_n$ betrachten muß, die mehrere $q_i \in Q$ enthalten. Es muß vermieden werden, daß die dann möglichen M-Rechnungen mit Startzustand q_i interagieren. Das wird in der folgenden Konstruktion dadurch berücksichtigt, daß w in n disjunkte Blöcke zerlegt wird, so daß die i-te M-Rechnung den i-ten Block nicht verlassen kann. Dies erlaubt es, die oben skizzierte Simulation von M durch R zu erreichen.

Sei $M = (\Sigma, Q, q_0, q_s, \delta)$ eine beliebige Turing-Maschine mit Leerzeichen $\underline{b}$. Das Regelsystem $R = R(M)$ über Σ_1 wird so konstruiert: Sei $\overline{\Sigma}_0 = \{\overline{a} \mid a \in \Sigma_0\}$ eine Kopie von $\Sigma_0 = \Sigma \cup \{\underline{b}\}$, und sei $\Sigma_1 = \Sigma_0 \cup \overline{\Sigma}_0 \cup Q$. Das Regelsystem R besteht aus folgenden Regeln ($a \in \Sigma_0, q \in Q - \{q_s\}$)

$$
\begin{array}{lcllcll}
q\overline{a} & \rightarrow & q'\overline{a}' & \text{falls} & \delta(q,a) & = & (q',a') \\
q\overline{a}c & \rightarrow & aq'\overline{c} & & & = & (q',r) \quad \overline{c} \in \overline{\Sigma}_0 \\
q\overline{a}c & \rightarrow & aq'\underline{\overline{b}}c & & & = & (q',r) \quad c \in \Sigma_0 \cup Q \\
cq\overline{a} & \rightarrow & q'\overline{ca} & & & = & (q',l) \quad c \in \Sigma_0 \\
\overline{c}q\overline{a} & \rightarrow & \overline{c}q'\underline{\overline{b}}a & & & = & (q',l) \quad \overline{c} \in \overline{\Sigma}_0 \cup Q
\end{array}
$$

Für $u \in \Sigma_0^*$ sei $\overline{u} \in \overline{\Sigma}_0^*$ das Wort, das aus u entsteht, wenn man jedes $a \in \Sigma_0$ durch $\overline{a} \in \overline{\Sigma}_0$ ersetzt.

Das Regelsystem R ist so konstruiert, daß für alle $u_1, u_2 \in \Sigma^*, v_1, v_2 \in \Sigma^+$ und $q, q' \in Q$ und $\overline{a} \in \overline{\Sigma}_0 \cup Q, a' \in \Sigma_0 \cup Q$ gilt

$$u_1qv_1 \vdash^*_M u_2q'v_2 \qquad \text{gdw} \qquad \overline{a}u_1q\overline{v}_1a' \xrightarrow{\ *\ }_R \overline{a}u_2q'\overline{v}_2a' \tag{$*$}$$

Hieraus folgt: Gibt es eine Konfiguration uqv, so daß M mit uqv nicht hält, so ist R nicht terminierend. Man beachte, daß $\overline{a}uq\overline{v}a'$ irreduzibel ist, falls uqv keine Konfiguration ist, d.h. $v \equiv \lambda$ gilt.

Wir zeigen jetzt, daß R terminierend ist, falls M mit jeder Konfiguration uqv hält. Sei $w \in \Sigma_1^*, w \equiv w_0 q_1 w_1 \ldots q_m w_m$ mit $q_i \in Q$ und $w_i \in (\Sigma_0 \cup \overline{\Sigma}_0)^*$. Dann gibt es maximale Wörter $u_i \in \Sigma_0^*, \overline{v}_i \in \overline{\Sigma}_0^*$ und Wörter $z_i \in (\Sigma_0 \cup \overline{\Sigma}_0)^*$ mit

$$\begin{aligned}
w_i &\equiv \overline{v}_i z_i u_{i+1} \\
w &\equiv z_0 u_1 q_1 \overline{v}_1 z_1 u_2 q_2 \overline{v}_2 z_2 \ldots z_{m-1} u_m q_m \overline{v}_m z_m
\end{aligned}$$

Nach Konstruktion von R bleiben in jeder R-Ableitung die Blöcke z_i unverändert, d.h., gilt $w \xrightarrow{*}_R w'$, so hat w' die Gestalt

$$\begin{aligned}
w' &\equiv z_0 u_1' q_1' \overline{v}_1' z_1 u_2' q_2' \overline{v}_2' z_2 \ldots z_{m-1} u_m' q_m' \overline{v}_m' z_m \\
\overline{a} u_i q_i \overline{v}_i a' &\xrightarrow{*}_R \overline{a} u_i' q_i' \overline{v}_i' a' \quad i = 1, \ldots, m \ , \ \overline{a} \in \overline{\Sigma}_0 \cup Q \ , \ a' \in \Sigma_0 \cup Q
\end{aligned}$$

Gibt es also eine unendliche R-Kette ab w, so gibt es auch eine unendliche R- Kette ab $\overline{a} u_i q_i \overline{v}_i a'$ für ein i. Aus (*) folgt dann, daß M mit der Konfiguration $u_i q_i v_i$ nicht hält. Da dies ausgeschlossen war, muß R terminierend sein.

Also gilt $Halt(M)$ genau dann, wenn R terminierend ist. Dies beschließt den Beweis zu Satz 2.4.4. $\square$

Der Satz 2.4.4 besagt, daß die Termination für beliebige Regelsysteme unentscheidbar ist. Wir zeigen jetzt, daß auch das Wortproblem unentscheidbar ist: Es gibt ein endliches (sogar konfluentes) Regelsystem R, so daß das Wortproblem zu R unentscheidbar ist. Wir zeigen dies dadurch, daß wir dieses Problem auf das *spezielle Halteproblem* für Turing-Maschinen reduzieren.

Sei $M = (\Sigma, Q, q_0, q_s, \delta)$ eine Turing-Maschine, dann ist $L(M) = \{w \in \Sigma^* \mid M$ hält mit Startkonfiguration $q_0 \underline{b} w\}$ der Haltebereich von M. Das Halteproblem zu M ist gegeben durch:

Eingabe: $w \in \Sigma^*$.

Frage: Gilt $w \in L(M)$?

Es ist bekannt, daß dieses (spezielle) Halteproblem im allgemeinen unentscheidbar ist.

Fakt 2.4.5 *(ohne Beweis, siehe [Dav58])*
Es gibt eine Turing-Maschine mit unentscheidbarem Halteproblem. $\square$

Wir benutzen diese Tatsache, um zu zeigen, daß auch das Wortproblem für Wortersetzungssysteme im allgemeinen unentscheidbar ist.

Satz 2.4.6 *Es gibt ein endliches konfluentes Wortersetzungssystem R über Σ_1 mit unentscheidbarem Wortproblem:*

Eingabe: $u, v \in \Sigma_1^*$.

Frage: Gilt $u =_R v$?

Beweis: Wir variieren den Beweis zu Satz 2.4.4. Sei $M = (\Sigma, Q, q_0, q_s, \delta)$ eine Turing-Maschine mit unentscheidbarem Halteproblem. Sei Σ_0 und $\overline{\Sigma}_0$ wie im Beweis zu Satz

2.4.4, seien $h, \overline{h}$ neue Symbole und sei $\Sigma_1 = Q \cup \Sigma_0 \cup \overline{\Sigma}_0 \cup \{h, \overline{h}\}$. Wir benutzen die Buchstaben h und $\overline{h}$ anschaulich zur Begrenzung des relevanten Teils des Bandes, d.h., links von h und rechts von $\overline{h}$ stehen nur Leerzeichen. Soll der relevante Teil vergrößert werden, so werden die Begrenzungsmarken verschoben. Das Regelsystem $R = R(M)$ besteht aus folgenden Regeln (für alle $a \in \Sigma_0, q \in Q - \{q_s\}$)

$$
\begin{array}{rcllll}
q\overline{a} & \rightarrow & q'\overline{a}' & \text{falls} & \delta(q,a) = (q',a') & \\
q\overline{a} & \rightarrow & aq' & & \delta(q,a) = (q',r) & \\
q\overline{h} & \rightarrow & \underline{b}q'\overline{h} & & \delta(q,\underline{b}) = (q',r) & \\
cq\overline{a} & \rightarrow & q'\overline{ca} & & \delta(q,a) = (q',l) & c \in \Sigma_0 \\
hq\overline{a} & \rightarrow & hq'\overline{\underline{b}a} & & \delta(q,a) = (q',l) & \\
q_s\overline{a} & \rightarrow & q_s & & & \\
aq_s\overline{h} & \rightarrow & q_s\overline{h} & & &
\end{array}
$$

Wir bemerken zunächst, daß R konfluent ist. Dies folgt aus Lemma 2.2.10, da die Menge $CP(R)$ der kritischen Paare leer ist. (Man beachte, daß Satz 2.2.12 hier nicht angewendet werden kann, da R nicht terminierend ist.) Weiter gilt $huq_s\overline{vh} \xrightarrow{*}_R hq_s\overline{h}$ für alle $u, v \in \Sigma^*$.

Nach Konstruktion von R gilt: $q_0\underline{b}w \vdash^*_M uqv$ gdw $hq_0\overline{\underline{b}wh} \xrightarrow{*}_R huq\overline{vh}$. Also gilt $w \in L(M)$ genau dann, wenn es eine Stopp-Konfiguration uq_sv gibt mit $hq_0\overline{\underline{b}wh} \xrightarrow{*}_R huq_s\overline{vh}$. Da $\longrightarrow_R$ konfluent und $hq_s\overline{h}$ irreduzibel ist, ergibt sich

$$
\begin{array}{ll}
& hq_0\overline{\underline{b}wh} =_R hq_s\overline{h} \\
\text{gdw} & hq_0\overline{\underline{b}wh} \xleftrightarrow{*}_R hq_s\overline{h} \\
\text{gdw} & hq_0\overline{\underline{b}wh} \xrightarrow{*}_R hq_s\overline{h} \\
\text{gdw} & w \in L(M)
\end{array}
$$

Wäre das Wortproblem zu R entscheidbar, so könnte man zu jedem $w \in \Sigma^*$ entscheiden, ob $hq_0\overline{\underline{b}wh} =_R hq_s\overline{h}$ gilt, d.h., ob $w \in L(M)$ gilt. Da das Problem $w \in L(M)$ unentscheidbar ist, kann das Wortproblem zu R nicht entscheidbar sein. $\square$

Man kann die eben benutzte Beweistechnik auch dazu verwenden, um die Unentscheidbarkeit der Konfluenz und der lokalen Konfluenz von Regelsystemen zu zeigen.

Satz 2.4.7 *Das Problem der Konfluenz und das der lokalen Konfluenz für Wortersetzungssysteme ist unentscheidbar:*

Eingabe: *Ein endliches Wortersetzungssystem R.*
Frage 1:   *Ist R konfluent?*
Frage 2:   *Ist R lokal konfluent?*

Beweis: Sei $M = (\Sigma, Q, q_0, q_s, \delta)$ eine Turing-Maschine mit unentscheidbarem Halteproblem. Sei Σ_1 wie im Beweis von Satz 2.4.6 und $\Sigma_2 = \Sigma_1 \cup \{S\}$. Wir ordnen jedem $w \in \Sigma^*$ ein Regelsystem $R(w, M)$ zu. Es besteht $R(w, M)$ aus den Regeln in $R(M)$ wie im Beweis zu Satz 2.4.6 und zusätzlich aus den Regeln (S-Regeln)

$$S \to hq_0\underline{b}\overline{wh} \qquad S \to hq_s\overline{h}$$

Wir zeigen, daß folgende Aussagen äquivalent sind:

(1) $R(w, M)$ ist konfluent,
(2) $R(w, M)$ ist lokal konfluent,
(3) $w \in L(M)$.

Da M ein unentscheidbares Halteproblem hat, kann dann weder die Konfluenz noch die lokale Konfluenz für endliche Regelsysteme entscheidbar sein.

Sei $\longrightarrow \;=\; \longrightarrow_{R(w,M)}$

(1) $\curvearrowright$ **(2):** Dies ist trivial

(2) $\curvearrowright$ **(3):** Ist $R(w, M)$ lokal konfluent, so gibt es wegen $S \longrightarrow hq_0\underline{b}\overline{wh}$ und $S \longrightarrow hq_s\overline{h}$ ein Wort $u \in \Sigma_2^*$ mit $hq_0\underline{b}\overline{wh} \overset{*}{\longrightarrow} u$ und $hq_s\overline{h} \overset{*}{\longrightarrow} u$. Da $hq_s\overline{h}$ irreduzibel ist, gilt $hq_0\underline{b}\overline{wh} \overset{*}{\longrightarrow} hq_s\overline{h}$, und bei dieser Ableitung können keine S-Regeln verwendet worden sein. Also gilt $hq_0\underline{b}\overline{wh} \overset{*}{\longrightarrow}_{R(M)} hq_s\overline{h}$ und damit $w \in L(M)$ wie im Beweis zu Satz 2.4.6.

(3) $\curvearrowright$ **(1):** Aus der Gestalt der Regeln in $R(w, M)$ folgt: Ist $u \equiv u_0 S u_1 \ldots u_{n-1} S u_n$ mit $u_i \in \Sigma_1^*$ und gilt $u \overset{*}{\longrightarrow} v$, so hat v die Gestalt $v \equiv v_0 w_1 v_1 \ldots v_{n-1} w_n v_n$ mit $v_i \in \Sigma_1^*, u_i \overset{*}{\longrightarrow}_{R(M)} v_i$ und $S \overset{*}{\longrightarrow} w_i$. Dabei ist entweder $w_i \equiv hq_s\overline{h}$ oder es gilt $S \longrightarrow hq_0\underline{b}\overline{wh} \overset{*}{\longrightarrow}_{R(M)} w_i$. Wegen $w \in L(M)$ gilt wie im Beweis zu Satz 2.4.6 nun $w_i \overset{*}{\longrightarrow}_{R(M)} hq_s\overline{h}$, also auch $w_i \overset{*}{\longrightarrow} hq_s\overline{h}$.

Es ist die Konfluenz von $\longrightarrow$ zu zeigen. Sei $u \overset{*}{\longrightarrow} v', u \overset{*}{\longrightarrow} v''$ und $u \equiv u_0 S u_1 \ldots u_{n-1} S u_n$ wie oben. Dann haben v' und v'' die Gestalt $v' \equiv v_0' w_1' v_1' \ldots v_{n-1}' w' v_n'$ und $v'' \equiv v_0'' w_1'' v_1'' \ldots v_{n-1}'' w_n'' v_n''$. Es gibt v_i mit $v_i' \overset{*}{\longrightarrow}_{R(M)} v_i$ und $v_i'' \overset{*}{\longrightarrow}_{R(M)} v_i$, da $R(M)$ konfluent ist. Setzt man also $v \equiv v_0 hq_s\overline{h} v_1 \ldots v_{n-1} hq_s\overline{h} v_n$, so gilt $v' \overset{*}{\longrightarrow} v$ und $v'' \overset{*}{\longrightarrow} v$. Dies zeigt die Konfluenz von $\longrightarrow$. $\qquad\square$

Es soll jetzt ein allgemeines Verfahren vorgestellt werden, mit dem man eine ganze Klasse von Problemen über Wortersetzungssystemen R als unentscheidbar nachweisen kann: Wir zeigen, daß eine Eigenschaft P schon dann unentscheidbar ist, wenn gilt:

(i) Ist $\langle \Sigma, R \rangle$ trivial, so hat R die Eigenschaft P.

(ii) Hat R die Eigenschaft P, so hat $\langle \Sigma, R \rangle$ ein entscheidbares Wortproblem.

Um dies zu zeigen, wird folgendes technisches Lemma benutzt.

Lemma 2.4.8 *Sei E ein Gleichungssystem über Σ, seien $u, v \in \Sigma^*$ und seien $a, b \notin \Sigma$ neue Buchstaben. Sei weiter $\Sigma_1 = \Sigma \cup \{a, b\}$ und $E_1 = E \cup \{aub = \lambda\} \cup \{cavb = avb \mid c \in \Sigma_1\}$. Dann gilt:*
a) Ist $u =_E v$, so gilt $w =_{E_1} \lambda$ für alle $w \in \Sigma_1^*$
b) Ist $u \neq_E v$, so gilt $w =_E w'$ gdw $w =_{E_1} w'$ für alle $w, w' \in \Sigma^*$.
Also: Gilt $u =_E v$, so ist $\langle \Sigma_1, E_1 \rangle$ trivial; gilt $u \neq_E v$, so ist das Wortproblem zu E auf das zu E_1 reduzierbar.

Beweis:

a) Ist $u =_E v$, so gilt $avb =_{E_1} aub =_{E_1} \lambda$ und damit $c =_{E_1} cavb =_{E_1} avb =_E \lambda$ für alle $c \in \Sigma_1$. Damit ist $\langle \Sigma_1, E_1 \rangle$ trivial.

b) Sei $u \neq_E v$, sei $>_1$ eine totale Reduktionsordnung auf Σ_1^* und $>$ die Einschränkung von $>_1$ auf Σ^*. Zu jedem $w \in \Sigma^*$ sei $[w]$ die E-Kongruenzklasse von w und $\hat{w}$ das $>$-kleinste Element in $[w]$. Sei weiter

$$R = \{w \to \hat{w} \mid w \in \Sigma^*, w \not\equiv \hat{w}\}$$

Dann ist $=_R\, =\, =_E$, und R ist terminierend wegen $R \subseteq >$. Weiter ist R lokal konfluent, denn aus $w \longrightarrow_R w_1$ und $w \longrightarrow_R w_2$ folgt $w_i \in [w]$, also $w_i \stackrel{*}{\longrightarrow}_R \hat{w}$ für $i = 1, 2$.
Sei weiter

$$R_1 = R \cup \{a\hat{u}b \to \lambda\} \cup \{ca\hat{v}b \to a\hat{v}b \mid c \in \Sigma_1\}$$

Wir zeigen zunächst, daß R_1 ein konvergentes Regelsystem zu E_1 ist: Es ist $=_{E_1}\, =\, =_{R_1}$ nach Definition von R_1, und es ist R_1 terminierend wegen $R_1 \subseteq >_1$. (Es gilt $l >_1 r$ für $l \to r$ in R wegen $> \subseteq >_1$, und es gilt $l >_1 r$ für $l \to r$ in $R_1 - R$, da r echtes Teilwort von l ist.) Zu zeigen bleibt also, daß R_1 lokal konfluent ist. Sei $\longrightarrow_1\, =\, \longrightarrow_{R_1}$.
Man beachte zunächst, daß wegen der Regeln $ca\hat{v}b \to a\hat{v}b$ für alle $c \in \Sigma_1$ auch $wa\hat{v}b \stackrel{*}{\longrightarrow}_1 a\hat{v}b$ für alle $w \in \Sigma_1^*$ gilt. Die kritischen Paare zu R-Regeln sind in R_1 zusammenführbar, da sie bereits in R zusammenführbar sind. Wir betrachten jetzt die Überlappungen zwischen den Regeln in R und den Regeln in $R_1 - R$. Da $\hat{u}, \hat{v}$ in R irreduzibel sind, gibt es nur Überlappungen zwischen Regeln der Form $ca\hat{v}b \to a\hat{v}b$ in $R_1 - R$ und $w \to \hat{w}$ in R mit $w \equiv w_1 c$. Es ergibt sich die Situation aus Abbildung 2.3.

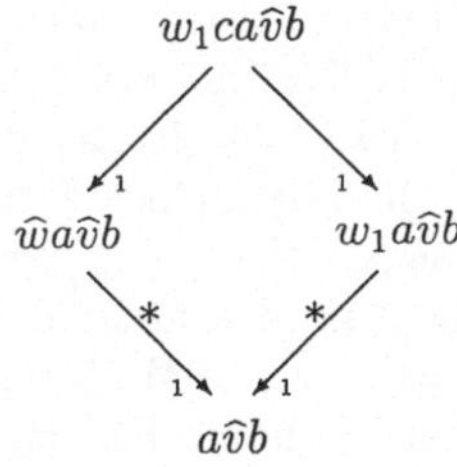

Abbildung 2.3: Beweis zu Lemma 2.4.8, 1. Fall

Es bleiben noch Überlappungen zwischen den Regeln in $R_1 - R$ zu untersuchen. Das ergibt die in Abbildung 2.4 dargestellte Situation. (Es sind wieder linke Seiten der angewandten Regeln unter- bzw. überstrichen.)

Also ist R_1 lokal konfluent und damit in der Tat ein konvergentes Regelsystem für E_1.

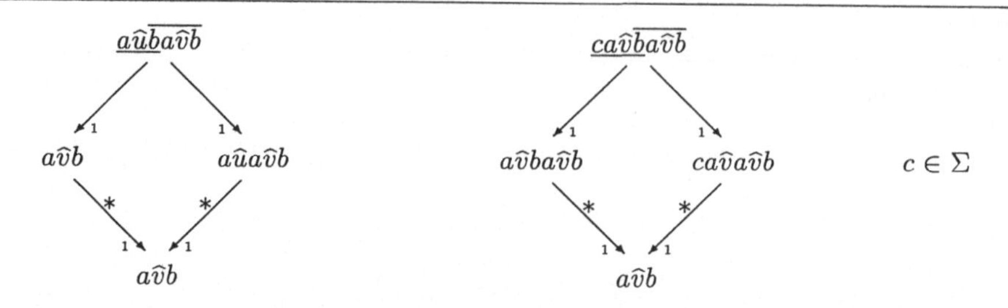

Abbildung 2.4: Beweis zu Lemma 2.4.8, 2. Fall

Wir kommen jetzt zur eigentlichen Aussage von Teil b) des Lemmas. Gilt $w =_E w'$, so gilt $w =_{E_1} w'$ wegen $E \subseteq E_1$. Gilt $w =_{E_1} w'$, so gilt $w \downarrow w'$ in R_1. Da in w, w' die Buchstaben a und b nicht vorkommen, können bei der Zusammenführung von w und w' in R_1 nur R-Regeln verwendet werden. Also gilt $w \downarrow w'$ in R und $w =_E w'$. $\square$

Wir kommen nun zum angekündigten allgemeinen Unentscheidbarkeitsresultat.

Satz 2.4.9 *Sei P eine Eigenschaft von endlichen Regelsystemen R, so daß gilt:*
(i) Ist $\langle \Sigma, R \rangle$ trivial, so hat R die Eigenschaft P.
(ii) Hat R die Eigenschaft P, so hat $\langle \Sigma, R \rangle$ ein entscheidbares Wortproblem.
Dann ist folgendes Problem unentscheidbar.
Eingabe: Ein endliches Regelsystem R.
Frage: Hat R die Eigenschaft P?

Beweis: Sei $\langle \Sigma, E \rangle$ ein endlich dargestelltes Monoid, so daß das Wortproblem WP_E zu E unentscheidbar ist. Solch ein Monoid existiert nach Satz 2.4.6. Wir reduzieren WP_E auf P: Sei (u, v) eine Eingabe für WP_E, d.h. $u, v \in \Sigma^*$. Setze $\langle \Sigma_1, E_1 \rangle$ wie in Lemma 2.4.8, $E_1 = E_1(u, v)$ und $R_1 = \{l \to r \mid l = r \text{ in } E_1 \text{ oder } r = l \text{ in } E_1\}$. Wir zeigen, daß $u =_E v$ genau dann gilt, wenn R_1 die Eigenschaft P hat. Da WP_E unentscheidbar ist, kann dann P nicht entscheidbar sein.
Gilt $u =_E v$, so ist nach Lemma 2.4.8 das Monoid $\langle \Sigma_1, R_1 \rangle$ trivial, also hat R_1 die Eigenschaft P wegen (i). Gilt $u \neq_E v$, so ist WP_E auf WP_{R_1} reduzierbar, und WP_{R_1} muß unentscheidbar sein. Also hat in diesem Fall R_1 wegen (ii) nicht die Eigenschaft P. $\square$

Wir benutzen den Satz 2.4.9 für den Nachweis, daß einige konkrete Eigenschaften von endlichen Regelsystemen unentscheidbar sind. Man beachte, daß einige dieser Eigenschaften entscheidbar werden, wenn man sich auf endliche konvergente Regelsysteme beschränkt (vgl. Satz 2.4.2).

Satz 2.4.10 *Sei $>$ eine feste totale Reduktionsordnung. Die folgenden Probleme sind unentscheidbar.*

Eingabe: *Ein endliches Wortersetzungssystem R über Σ.*

Frage: a) *Hat $\langle \Sigma, R \rangle$ entscheidbares Wortproblem?*

b) *Gibt es zu R ein äquivalentes R', das endlich und konvergent ist?*

c) *Gibt es zu R ein äquivalentes R' mit $R \subseteq >$, das endlich und konfluent ist?*

d) *Hält die Knuth-Bendix-Vervollständigung mit Eingabe $(R, >)$?*

e) *Ist $\langle \Sigma, R \rangle$ trivial?*

f) *Ist $\langle \Sigma, R \rangle$ endlich?*

g) *Ist $\langle \Sigma, R \rangle$ kommutativ?*

Beweis mit Satz 2.4.9: Wir schreiben $P(R)$ für "R *hat die Eigenschaft P*". Alle Regelsysteme seien endlich.

a) Setze $P(R)$ gdw $\langle \Sigma, R \rangle$ hat lösbares Wortproblem. Es ist leicht zu sehen, daß (i) und (ii) gilt.

b) Setze $P(R)$ gdw es gibt ein R', das äquivalent zu R und konvergent ist.
Ist $\langle \Sigma, R \rangle$ trivial, so ist R äquivalent zu $R' = \{a \rightarrow \lambda \mid a \in \Sigma\}$. Also gilt $P(R)$. Dies zeigt, daß (i) gilt. Gilt $P(R)$, so kann man mit R' das Wortproblem zu $\langle \Sigma, R \rangle$ lösen. Also gilt auch (ii).

c) Setze $P(R)$ gdw es gibt R' mit $R' \subseteq >$, das äquivalent zu R und konvergent ist.
Man zeigt wie unter b), daß (i) und (ii) gilt. Zu (i) beachtet man, daß $R' \subseteq >$ gilt für $R' = \{a \rightarrow \lambda \mid a \in \Sigma\}$.

d) Setze $P(R)$ gdw die Knuth-Bendix-Vervollständigung hält mit Eingabe $(R, >)$.
Ist $\langle \Sigma, R \rangle$ trivial, so hält die Knuth-Bendix-Vervollständigung mit Eingabe $(R, >)$ nach Satz 2.3.10, also gilt (i). Gilt $P(R)$, so hält die Knuth-Bendix-Vervollständigung mit Eingabe $(R, >)$, etwa mit Ausgabe R_0. Mit R_0 ist dann das Wortproblem zu $\langle \Sigma, R \rangle$ entscheidbar. Also gilt (ii).

e) Setze $P(R)$ gdw $\langle \Sigma, R \rangle$ ist trivial.
Man sieht leicht, daß (i) und (ii) gilt.

f) Setze $P(R)$ gdw $\langle \Sigma, R \rangle$ ist endlich.
Ist $\langle \Sigma, R \rangle$ trivial, so ist $\langle \Sigma, R' \rangle$ endlich, also gilt $P(R)$. Gilt $P(R)$, so hält die Knuth-Bendix-Vervollständigung mit Eingabe $(R, >)$, etwa mit Ausgabe R_0. Man kann mit R_0 das Wortproblem zu $\langle \Sigma, R \rangle$ entscheiden.

g) Setze $P(R)$ gdw $\langle \Sigma; R \rangle$ ist kommutativ.
Ist $\langle \Sigma, R \rangle$ trivial, so ist $\langle \Sigma, R \rangle$ kommutativ. Also gilt (i). Für (ii) ist zu zeigen, daß $\langle \Sigma, R \rangle$ ein entscheidbares Wortproblem hat, wenn $\langle \Sigma, R \rangle$ kommutativ ist. Dies läßt sich mit Reduktionstechniken recht einfach beweisen (siehe [BL81]). Wir skizzieren das Vorgehen. Da $\langle \Sigma, R \rangle$ kommutativ ist, läßt sich jedes $w \in \Sigma^* = \{a_1, \ldots a_r\}^*$ in der Form $a_1^{i_1} \ldots a_r^{i_r}$ schreiben, also als $(i_1, \ldots, i_r) \in \mathbb{N}^r$ darstellen. Man definiert nun Reduktionssysteme auf $\mathcal{E} = \mathbb{N}^r$ und überträgt dabei die bekannten Techniken.

Es zeigt sich, daß eine geeignete Variante der Knuth-Bendix-Vervollständigung bei Eingabe eines Gleichungssystems E stets erfolgreich hält. Mit dem so erzeugten Regelsystem R_E ist das Wortproblem zu E dann lösbar. $\square$

Übungsaufgaben

Aufgabe 2.4.1: Ein Monoid $\langle \Sigma, E \rangle$ heißt *nilpotent*, falls $[u] \cdot [u] = [\lambda]$ für alle $u \in \Sigma^*$ gilt. Man zeige, daß folgendes Problem entscheidbar ist:
Eingabe: Ein konvergentes Wortersetzungssystem R über Σ.
Frage: Ist $\langle \Sigma, R \rangle$ nilpotent?
Hinweis: Jedes nilpotente Monoid ist kommutativ. Siehe Aufgabe 3.6.5.

Aufgabe 2.4.2: Diese Aufgabe soll die Konstruktion aus dem Beweis zu Satz 2.4.4 verdeutlichen. Man betrachte die Turing-Maschine $M = (\Sigma, Q, q_0, q_s, \delta)$ mit $\Sigma = \{a\}, Q = \{q_0, \ldots, q_9, q_s\}$ und der Übergangsfunktion δ (dabei steht c für den Buchstaben a oder das Leerzeichen $\underline{b}$)

$$
\begin{array}{rclcrcl}
\delta(q_0, c) &=& (q_1, \underline{b}) & \qquad & \delta(q_5, c) &=& (q_6, l) \\
\delta(q_1, c) &=& (q_2, l) & & \delta(q_6, c) &=& (q_7, a) \\
\delta(q_2, c) &=& (q_3, r) & & \delta(q_7, c) &=& (q_8, r) \\
\delta(q_3, a) &=& (q_4, \underline{b}) & & \delta(q_8, c) &=& (q_9, l) \\
\delta(q_3, \underline{b}) &=& (q_s, \underline{b}) & & \delta(q_9, a) &=& (q_s, a) \\
\delta(q_4, c) &=& (q_0, a) & & \delta(q_9, \underline{b}) &=& (q_5, r)
\end{array}
$$

Startet man die Turing-Maschine M im Zustand q_0, so schreibt sie zunächst $\underline{b}$ ins Arbeitsfeld, geht nach links, dann nach rechts und stoppt. Startet man sie im Zustand q_5, so geht sie nach links, schreibt a, geht nach rechts, dann nach links und stoppt.
a) Man zeige, daß $Halt(M)$ gilt, M also mit jeder Startkonfiguration stoppt.
b) Man bestimme $R(M)$ und zeige, daß $R(M)$ terminierend und konfluent ist.
c) Es bestehe R' aus $R(M)$ dadurch, daß man jeden Buchstaben $\bar{c}$ mit $c \in \{a, \underline{b}\}$ durch c ersetzt. Man zeige, daß R' nicht terminiert.

Aufgabe 2.4.3: Man zeige, daß folgendes Problem unentscheidbar ist.
Eingabe: Ein Regelsystem R über Σ und Wörter $u, v \in \Sigma^*$.
Frage: Gilt $u \overset{*}{\longrightarrow}_R v$?

Literaturhinweise zu Kapitel 2

Die Anwendung von Reduktionstechniken zur Lösung des Wortproblems von Monoiden ist hier analog zur Arbeit von Huet [Hue80] dargestellt. Wortersetzungssysteme sind in der Literatur auch unter dem Namen Semi-Thue-Systeme bekannt und wurden bereits Anfang dieses Jahrhunderts von A. Thue untersucht. Frühere Konfluenz-Betrachtungen findet man in der Arbeit von Nivat [NB72]. Systematische Konfluenzbetrachtungen findet man in [Boo82]. Die Arbeit von Book [Boo87] bietet einen sehr schönen Überblick über den Forschungsstand Mitte der 80er Jahre. Das Buch [BO93] beschreibt den aktuellen Wissensstand.

Es gibt eine Fülle von Reduktionsordnungen zum Nachweis der Termination von Wortersetzungssystemen. Die Knuth-Bendix-Ordnung wurde (für Terme statt für Wörter) in der Arbeit von Knuth-Bendix [KB70] angegeben, die Silbenordnung läßt sich zurückverfolgen bis zur Dissertation von Bauer [Bau81], siehe auch [Sim91]. Hier findet man auch tiefliegende Betrachtungen über allgemeine Reduktionssysteme. Das angegebene Vervollständigungsverfahren findet man bei Knuth-Bendix [KB70] und Huet [Hue80]. In [KN85b] wird das Verhalten des Vervollständigungsverfahrens näher betrachtet, es werden einige der in Abschnitt 2.3 angegebenen Resultate hergeleitet. In [KN85a] findet man ein Beispiel für ein Gleichungssystem E, das ein entscheidbares Wortproblem, aber kein endliches äquivalentes konvergentes Regelsystem hat. Die Konstruktion zum Beweis von Satz 2.3.11 stammt aus [Bau81]. Die Unentscheidbarkeit der Termination von Wortersetzungssystemen ist erstmals von Huet-Lankford [HL78] gezeigt worden. Die Verwendung der Beweistechnik von Huet-Lankford für den Unentscheidbarkeitsbeweis der Konfluenz und lokalen Konfluenz in Satz 2.4.7 verdanke ich einer Diskussion mit V. Diekert. Man findet sie auch in [BO93]. Das generelle Unentscheidbarkeitsresultat in den Sätzen 2.4.6 und 2.4.7 ist von O'Dunlaing [O'D83] übernommen.

Es gibt eine Fülle von Arbeiten über allgemeine Wortersetzungssysteme. Wir verweisen hierzu auf die Bücher [Jan88] und [BO93]. Wir zitieren einige Arbeiten, in denen Wortersetzungssysteme zur Lösung algebraischer Probleme, speziell in Gruppen, benutzt werden. Dazu gehören [AMO86], [AW89], [MO85], [MO88] und [Sim91].

Kapitel 3

Termersetzungssysteme

3.1 Motivation

In Kapitel 1 wurden Reduktionssysteme $(\mathcal{E}, \longrightarrow)$ über einer beliebigen Menge $\mathcal{E}$ betrachtet. Ein wesentliches Ziel war es, zu einer gegebenen Äquivalenzrelation $\sim$ auf $\mathcal{E}$ ein konvergentes Reduktionssystem $(\mathcal{E}, \longrightarrow)$ zu finden mit $\sim = \overset{*}{\longleftrightarrow}$.

In diesem Kapitel sollen die früher erzielten Ergebnisse auf den Fall angewendet werden, daß $\mathcal{E}$ die Menge der Terme über einer festen Signatur ist. Wie in Kapitel 2 trägt auch hier die zugrundeliegende Menge eine gewisse Struktur, und die Äquivalenzrelation $\sim$ kann konkret durch ein Gleichungssystem E beschrieben werden. Dies erlaubt wieder viel speziellere Aussagen, als sie im Fall einer völlig unstrukturierten Menge $\mathcal{E}$ möglich sind.

Bevor die Details ausgearbeitet werden, soll klargemacht werden, über welche Gleichheit wir reden. Es gibt durchaus verschiedene Gleichheiten, die man einem Gleichungssystem E zuordnen kann. Wir werden uns dies in diesem Abschnitt an Beispielen verdeutlichen. Die folgenden Ausführungen haben also einen motivierenden Charakter, wir werden die exakten Definitionen später nachholen.

Viele algebraischen Strukturen sind durch Spezifikationen beschreibbar. Dabei besteht eine Spezifiktion *spec* aus einer Signatur *sig* und einem definierenden Gleichungssystem E. Die Signatur legt die Syntax der Spezifikation fest; es sei $Term(F, V)$ die Menge der korrekt gebildeten Terme. Dabei ist F eine Menge von Operatoren (oder Funktionssymbolen) und V ein System von Variablen. Es ist E eine Menge von (implizit all-quantifizierten) Gleichungen, sie legt die Semantik der Spezifikation fest. Dabei gibt es mehrere Möglichkeiten, die Semantik zu definieren. Die modelltheoretische Semantik besagt, daß zwei Terme s und t E-gleich sind, wenn die Gleichung $s = t$ in allen Modellen von *spec* gilt. Die operationale Semantik besagt, daß die Terme s und t E-gleich sind, wenn man sie durch Anwenden der Gleichungen in E ineinander transformieren kann. Die initiale Semantik besagt, daß s und t E-gleich sind, wenn $s = t$ im initialen Modell von *spec* gilt. Wir erläutern dies in den folgenden Beispielen.

Beispiel Gruppen: Zur Beschreibung der Gruppen kann man folgende Spezifikation wählen: F besteht aus dem 2-stelligen Operator , dem 1-stelligen Operator $^{-1}$ und dem 0-stelligen Operator (der Konstanten) 1. Das definierende Gleichungssystem ist

$$E: \quad x \cdot 1 = x \qquad x \cdot x^{-1} = 1 \qquad (x \cdot y) \cdot z = x \cdot (y \cdot z)$$

Die Modelle von (F, E) sind genau die Gruppen.

Wir betrachten zwei Gleichheiten, die semantische (oder modelltheoretische) und die operationale Gleichheit. Es sind s und t semantisch gleich, wenn $s = t$ in allen Modellen von E gilt. Wir schreiben dann $E \models s = t$. Und es sind s und t operational gleich, wenn man s durch Anwenden von Gleichungen aus E in t transformieren kann. Wir schreiben dann $s =_E t$. Der Satz von Birkhoff besagt nun, daß diese beiden Gleichheiten äquivalent sind, d.h., es gilt $s =_E t$ gdw $E \models s = t$. Die durch E definierte Gleichheit $\sim$ $= =_E$ ist zum Rechnen und Schließen besser geeignet als die semantische Gleichheit. Sie ist natürlich eine Äquivalenzrelation auf $Term(F, V)$. Wir können also den allgemeinen Ansatz $(\mathcal{E}, \sim)$ zu $(Term(F, V), =_E)$ instantiieren.

Im Fall der Gruppen kann man das definierende Gleichungssystem E in ein konvergentes Regelsystem R transformieren, d.h., es gilt (a) und (b)

(a) $s =_E t$ gdw $s \xleftrightarrow{*}_R t$

(b) $\longrightarrow_R$ ist konvergent.

Das Regelsystem R hat die Gestalt

$$
\begin{array}{llll@{\qquad}llll}
R: & x \cdot 1 & \to & x & 1 \cdot x & \to & x \\
   & x \cdot x^{-1} & \to & 1 & x^{-1} \cdot x & \to & 1 \\
   & 1^{-1} & \to & 1 & (x^{-1})^{-1} & \to & x \\
   & (x \cdot y)^{-1} & \to & y^{-1} \cdot x^{-1} & (x \cdot y) \cdot z & \to & x \cdot (y \cdot z) \\
   & x^{-1} \cdot (x \cdot y) & \to & y & x \cdot (x^{-1} \cdot y) & \to & y
\end{array}
$$

Damit ist entscheidbar, ob eine beliebig vorgegebene Gleichung $s = t$ in allen Modellen von E, also in allen Gruppen, gilt. Dies ist genau dann der Fall, wenn für die Normalformen $\hat{s} \equiv \hat{t}$ gilt. Dabei ist $\equiv$ die syntaktische Gleichheit von Termen.

Beispiel Listen über den natürlichen Zahlen: Im obigen Beispiel der Gruppen hatten alle Terme die gleiche Sorte. Es ist häufig sinnvoll, die Menge der Terme in verschiedene Sorten zu zerlegen. Wir betrachten jetzt wie in der Einleitung zwei Sorten NAT und LIST, da Zahlen und Listen konzeptionelle Unterschiede aufweisen. Die Menge der Operatoren bestehen aus $0, s, +, nil, .$ und app; wir wählen als definierende Gleichungen

$$
\begin{array}{llll@{\qquad}lll}
E: & x + 0 & = & x & x + s(y) & = & s(x + y) \\
   & app(nil, q_2) & = & q_2 & app(x.q_1, q_2) & = & x.app(q_1, q_2)
\end{array}
$$

Dabei sind x und y Variablen der Sorte NAT, während q_1 und q_2 Variablen der Sorte $LIST$ sind. Dies spezifiziert in natürlicher Weise die natürlichen Zahlen und Listen über den natürlichen Zahlen, wenn man $i \in \mathbb{N}$ mit $s^i(0)$ identifiziert.

Sei R das Regelsystem, das aus E entsteht, wenn man alle Gleichungen von links nach rechts richtet. Dann ist R konvergent, und es gilt $s =_E t$ gdw $s \xleftrightarrow{*}_R t$. Dies erlaubt es, alle Grundterme (Terme ohne Variablen) auf eine eindeutige Normalform zu reduzieren z.B.

$$s^i(0) + s^j(0) \xrightarrow{\ *\ }_R s^{i+j}(0)$$
$$app(3.1.nil, app(5.nil, 1.7.3.nil)) \xrightarrow{\ *\ }_R 3.1.5.1.7.3.nil.$$

Weiter lassen sich Gleichheiten beweisen, die in allen Modellen von E gelten, z.B.

$$s \equiv app(x.y.nil, z.nil) =_E app(x.nil, y.z.nil) \equiv t$$

denn $s \xrightarrow{\ *\ }_R x.y.z.nil \ {}_R\!\xleftarrow{\ *\ } t$. Es läßt sich aber auch zeigen, daß manche Gleichungen $s = t$ nicht in allen Modellen von E gelten, z.B.

$$x + y \ \neq_E \ y + x$$
$$app(x, app(y, z)) \ \neq_E \ app(app(x, y), z)$$

da diese Termpaare (s, t) in R nicht zusammenführbar sind. Dies verwundert zunächst, da die Addition auf $\mathbb{N}$ doch kommutativ und die Verknüpfung von Listen assoziativ ist. Dieser scheinbare Widerspruch löst sich dadurch auf, daß $x + y = y + x$ zwar nicht in allen Modellen von E gilt, wohl aber im Datenmodell der Grundterme (das mit der obigen Spezifikation im allgemeinen gemeint ist). Es gilt $s^i(0) + s^j(0) =_E s^j(0) + s^i(0)$ wegen $s^i(0) + s^j(0) \xrightarrow{\ *\ }_R s^{i+j}(0)$. Man muß also unterscheiden zwischen Gleichheiten, die in allen Modellen von E gelten – der Gleichheitstheorie $Th(E)$ – und den Gleichheiten, die nur im Datenmodell (oder initialen Modell von E) gelten – der induktiven Theorie $ITh(E)$.

Wir betrachten im folgenden nur die E-Gleichheit $=_E$, also die Gleichheitstheorie von E. Eine Hauptaufgabe besteht dann darin, E in ein konvergentes Regelsystem R zu transformieren.

Schreibweise: Wir haben im folgenden zwischen verschiedenen Arten von Gleichheit zu unterscheiden. Es sei

$s \equiv t$ die syntaktische Gleichheit der Terme s und t,

$s = t$ eine Gleichung, wie sie z.B. zur Angabe eines Gleichungssystems E benutzt wird,

$s =_E t$ die durch E erzeugte Gleichheit von Termen. Die genaue Definition von $=_E$ erfolgt später.

3.2   Spezifikation von Datentypen

In diesem Abschnitt sollen die Grundlagen der Spezifikation von abstrakten Datentypen zusammengestellt werden. Die Theorie der abstrakten Datentypen ist in den letzten zwanzig Jahren entwickelt worden und ist inzwischen sehr umfangreich. Für eine Vertiefung in diesem Gebiet sei auf die Lehrbücher [EM85], [EGL89] und [Kla83] verwiesen. Wir benötigen hier nur die einfachsten Grundlagen, dieser Abschnitt dient also im wesentlichen zur Festlegung der Notation.

Wir beschränken uns hier auf abstrakte Datentypen, die durch unbedingte Gleichungen beschrieben werden können. Die Modelle solcher Gleichungssysteme E sind mehrsortige Algebren. Wir geben hier die exakte Definition der semantischen und der operationalen E-Gleichheit an. Offenbar beschreibt die semantische E-Gleichheit eher, was man sich intuitiv unter der E-Gleichheit vorstellt. Für einen Beweis, daß s und t semantisch E-gleich sind, müßte man aber alle Modelle von E betrachten. Dieser Ansatz ist – im Gegensatz zur operationalen E-Gleichheit – einer algorithmischen Behandlung nur sehr schwer zugänglich. Der Satz von Birkhoff garantiert aber die Äquivalenz der beiden Begriffe der E-Gleichheit. Aus diesem Grund konzentriert man sich auf die operationale E-Gleichheit und führt hier Beweise mit Reduktionstechniken.

3.2.1　Syntax und Semantik von Spezifikationen

Die Spezifikation eines abstrakten Datentyps besteht aus einer Signatur sig – sie beschreibt die Menge der korrekt gebildeten Terme – und einem Gleichungssystem E über sig. Die Modelle sind dann wie in der Logik erklärt. Wir präzisieren dies in den folgenden Ausführungen.

Definition 3.2.1 (Signatur und Terme)

a) *Eine* Signatur *ist ein Tripel* $sig = (S, F, \tau)$. *Dabei ist S eine endliche Menge von* Sorten *, und F eine endliche Menge von Operatoren oder Funktionssymbolen. Weiter ist* $\tau : F \to S^+$ *eine Funktion, die zu jedem $f \in F$ seine Stelligkeit (Funktionalität) angibt. Ist* $\tau(f) = s_1, \ldots, s_n, s$, *so heißen die s_i die Argumentsorten und s die Zielsorte von f. Wir schreiben auch* $f : s_1, \ldots, s_n \to s$ *statt* $\tau(f) = s_1, \ldots, s_n, s$. *Gilt* $f :\to s_0$, *so heißt f eine* Konstante.

b) $Term(F)$ *ist die Menge der Terme, die man mit den $f \in F$ aufbauen kann.* $Term_s(F)$ *ist die Menge der Terme der Sorte s. Genauer,* $Term_s(F)$ *wird induktiv durch (i) und (ii) definiert:*
(i) *Ist* $f :\to s$, *so ist* $f \in Term_s(F)$.

(ii) *Ist* $f : s_1, \ldots, s_n \to s$ *und sind* $t_i \in Term_{s_i}(F)$, *so ist* $f(t_1, \ldots, t_n) \in Term_s(F)$.
Es ist $Term(F) = \bigcup_{s \in S} Term_s(F)$. *Die Elemente* $t \in Term(F)$ *heißen* Grundterme.

c) *Ein* Variablensystem *zu sig ist ein Mengensystem* $(V_s)_{s \in S}$ *mit* $F \cap V_s = \emptyset$ *für alle* $s \in S$ *und* $V_s \cap V_{s'} = \emptyset$ *für* $s \neq s'$. *Dann heißt* $V = \bigcup_{s \in S} V_s$ *eine Menge von* Variablen *zu sig. Jedes* $x \in V_s$ *heißt eine* Variable *der Sorte s und hat die Funktionalität* $\tau(x) = s$. *Es ist* $Term_s(F, V) = Term_s(F \cup V)$ *die Menge der Terme der Sorte s über F in den Variablen V. Die Menge aller* Terme *über F in den Variablen V ist* $Term(F, V) = Term(F \cup V)$. *Ist* $t \in Term(F, V)$, *so sei* $Var(t)$ *die Menge der Variablen, die in t vorkommen.*

Wir setzen in der Regel voraus, daß in einem Variablensystem jedes V_s abzählbar unendlich ist. Nach obiger Definition sind Terme in der Präfix-Schreibweise zu schreiben, wir benutzen zur besseren Lesbarkeit aber eine Mischung aus Präfix- und Infix-Schreibweise. So schreiben wir im allgemeinen $t_1 + t_2$ statt $+(t_1, t_2)$. Die Länge $|t|$

eines Terms $t \in Term(F, V)$ ist rekursiv definiert:

$$|x| = 1$$
$$|f(t_1, \ldots, t_n)| = 1 + |t_1| + \cdots + |t_n|$$

Beispiel 3.2.2 (Listen über natürlichen Zahlen) *Dem 2. Beispiel aus Abschnitt 3.1 liegt folgende Signatur $sig = (S, F, \tau)$ zugrunde:*

$S:$ $NAT, LIST$

$F:$

$0:$		$\to$	NAT	$nil:$		$\to$	$LIST$
$s: NAT$		$\to$	NAT	$.:$	$NAT, LIST$	$\to$	$LIST$
$+: NAT, NAT$		$\to$	NAT	$app:$	$LIST, LIST$	$\to$	$LIST$

Sei $V = V_{NAT} \cup V_{LIST}$ und $V_{NAT} = \{x_i \mid i \in \mathbb{N}\}$ und $V_{LIST} = \{q_i \mid i \in \mathbb{N}\}$. Wir schreiben zur Abkürzung $\underline{i}$ statt $s^i(0), i \in \mathbb{N}$. Offenbar gilt $\underline{i} \in Term_{NAT}(F)$ und $s(x_1) + (s(0) + x_2) \in Term_{NAT}(F, V)$. Weiter gilt $app(\underline{4}.nil, \underline{3}.(\underline{5}.nil)) \in Term_{LIST}(F)$ und $app(q_2, \underline{3}.q_1) \in Term_{LIST}(F, V)$. Aber $app(x_1, q_2)$ und $0 + \underline{2}.nil$ sind keine Terme.

Die obige Definition einer Signatur schließt nicht aus, daß es Sorten $s \in S$ gibt mit $Term_s(F) = \emptyset$. Gilt $Term_s(F) \neq \emptyset$, so heißt s *strikt*. Wir betrachten nur Signaturen, in der jede Sorte strikt ist. Dies schließt später aus, daß Modelle einer Spezifikation leere Trägermengen haben.

Terme lassen sich eindeutig als Bäume darstellen; so wird der Term $f(t_1, \ldots, t_n)$ als Baum T mit Wurzel f und Unterbäumen $T_1, \ldots, T_n$ dargestellt, wobei die T_i die Bäume zu den t_i sind. Als Beispiel ergibt sich für $t \equiv app(s(0).s(s(0)).nil, nil)$ der Baum in Abbildung 3.1.

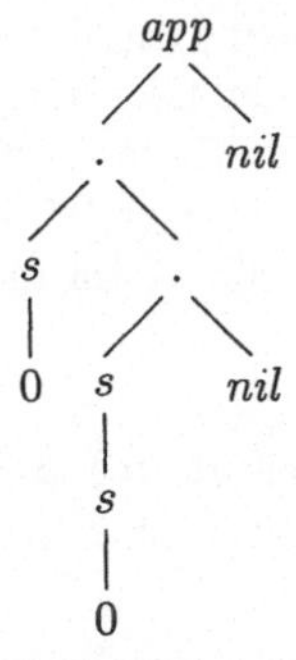

Abbildung 3.1: Baumdarstellung von Termen

Diese Darstellung erlaubt es, in natürlicher Weise jeden Teilterm von t durch seine Stelle zu beschreiben. Stellen werden durch Folgen p über $\mathbb{N}$ beschrieben, der Teilterm $s(0)$ z.B. tritt zweimal auf, an den Stellen 11 und 1211. Dabei ist die Stelle p der "Wegweiser" zu dem entsprechenden Teilterm. Man erreicht z.B. den Teilterm $s(0)$ bei $p = 1211$ dadurch, daß man – von der Wurzel kommend – zunächst im ersten, dann im zweiten und dann zweimal im ersten Teilbaum absteigt. Es ist t/p der Teilterm von t an der Stelle p, $O(t)$ ist die Menge der Stellen. Dies wird durch die nächste Definition präzisiert. Es ist λ die leere Folge.

Definition 3.2.3 (Stellen im Term) *Ist t eine Konstante oder eine Variable, so ist*
$$O(t) = \{\lambda\} \ und \ t/\lambda \equiv t.$$
Ist $t \equiv f(t_1, \ldots, t_n\}$, so ist
$$O(t) = \{ip \mid 1 \le i \le n, p \in O(t_i)\} \cup \{\lambda\},$$
$$t/ip \equiv t_i/p \qquad t/\lambda \equiv t.$$

Wir kommen nun zur Definition einer Spezifikation; sie besteht aus einer Signatur und einem definierenden Gleichungssystem.

Definition 3.2.4 (Spezifikation) *Sei $sig = (S, F, \tau)$ eine Signatur, V ein Variablensystem zu sig.*
a) Eine Gleichung ist ein Paar (u, v) mit $u, v \in Term_s(F, V), s \in S$. Wir schreiben auch $u = v$. Ein Gleichungssystem E ist eine Menge von Gleichungen.
b) Eine Spezifikation ist ein Paar $spec = (sig, E)$. Dabei ist E ein Gleichungssystem über $F \cup V$.

Eine Spezifikation beschreibt im allgemeinen unendlich viele Strukturen (Modelle), nämlich die, die zu sig passen und die die Gleichungen aus E erfüllen. Eine Struktur $\mathcal{A}$, die zu sig paßt, heißt eine sig-Algebra. Sie ist dadurch gekennzeichnet, daß es zu jeder Sorte s eine Menge A_s und zu jedem Funktionssymbol f eine Funktion $\widehat{f}$ der richtigen Stelligkeit gibt. Durch eine sig-Algebra werden also die zunächst bedeutungslosen Funktionssymbole interpretiert, jedem Grundterm der Sorte s entspricht damit ein Element aus A_s. Die Gültigkeit einer Gleichung wird über Evaluierungsfunktionen definiert. Anschaulich heißt $t_1 = t_2$ gültig in $\mathcal{A}$, wenn jede Einsetzung von Elementen $a \in A_s$ für Variablen x der Sorte s zu einer Gleichung führt, die in $\mathcal{A}$ gilt. Sind alle Gleichungen aus E in $\mathcal{A}$ gültig, so heißt $\mathcal{A}$ ein Modell von E. Wir präzisieren dies in der nächsten Definition.

Definition 3.2.5 (sig-Algebren, Modelle) *Sei $sig = (S, F, \tau)$ eine Signatur, sei $spec = (sig, E)$ eine Spezifikation, sei $(V_s)_{s \in S}$ ein Variablensystem und $V = \bigcup_{s \in S} V_s$ und sei $Var(E) \subseteq V$.*

a) *Eine sig-Algebra $\mathcal{A} = (A, \mathcal{F})$ besteht aus:*
– einem System $(A_s)_{s \in S}$ von Trägermengen, sei $A = \bigcup_{s \in S} A_s$, und

– einem System von Funktionen $\mathcal{F} = \{\widehat{f} \mid f \in F\}$ mit:
Gilt $\tau(f) = s_1, \ldots, s_n, s$, so ist $\widehat{f}$ eine Funktion $\widehat{f} : A_{s_1} \times \ldots \times A_{s_n} \to A_s$

b) *Eine Evaluierungsfunktion φ zur sig-Algebra $\mathcal{A}$ ist gegeben durch $\varphi : V_s \to A_s$ für alle $s \in S$. Sie wertet die Terme aus, d.h., sie wird fortgesetzt zu $\varphi : Term(F, V) \to A$ durch*
$$\varphi(f(t_1, \ldots, t_n)) = \widehat{f}(\varphi(t_1), \ldots, \varphi(t_n)) \qquad falls \ f : s_1, \ldots, s_n \to s, \ n \ge 0.$$

c) *Eine sig-Algebra* $\mathcal{A} = (A, \mathcal{F})$ *erfüllt eine Gleichung* $s = t$, *oder* $s = t$ *gilt in* $\mathcal{A}$, *falls für jede Evaluierungsfunktion* φ *gilt:*

$$\varphi(s) = \varphi(t) \;\; in \; \mathcal{A}$$

d) *Eine sig-Algebra* $\mathcal{A} = (A, \mathcal{F})$ *ist ein* Modell *von* spec $= (sig, E)$, *falls* $\mathcal{A}$ *alle Gleichungen aus* E *erfüllt.*

Beispiel 3.2.6 *Sei wie stets* spec $= (sig, E), sig = (S, F, \tau)$.

a) $S = \{NAT\}$ *und*
$$E: \quad x + 0 = x \qquad\qquad x + s(y) = s(x + y)$$
Die folgenden Algebren sind Modelle von spec.

(1) $\mathcal{A} = (\mathbb{N}, \{\hat{0}, \hat{+}, \hat{s}\})$ *mit*
$$\hat{0} = 0, \quad \hat{s}(n) = n + 1, \quad n \hat{+} m = n + m$$

(2) $\mathcal{A} = (\mathbb{Z}, \{\hat{0}, \hat{+}, \hat{s}\})$ *mit*
$$\hat{0} = 1, \quad \hat{s}(n) = n \cdot 5, \quad n \hat{+} m = n \cdot m$$

(3) $\mathcal{A} = (\Sigma^*, \{\hat{0}, \hat{+}, \hat{s}\})$ *mit* $\Sigma = \{a, b\}$ *und*
$$\hat{0} = \lambda, \quad \hat{s}(w) = w, \quad v \hat{+} w = vw$$

Wir zeigen dies für 2): Sei $\varphi(x) = a, \quad \varphi(y) = b$ *und* $a, b \in \mathbb{Z}$ *beliebig. Dann gilt*

$$\varphi(x + 0) \quad = \quad a \hat{+} \hat{0} = a \cdot 1 = a = \varphi(x)$$
$$\varphi(x + s(y)) \quad = \quad a \hat{+} \hat{s}(\hat{b}) = a \cdot (b \cdot 5) = (a \cdot b) \cdot 5 = \hat{s}(a \hat{+} b) = \varphi(s(x + y))$$

Man beachte, daß die Algebren (1) und (2) die Gleichung $x + y = y + x$ *erfüllen, daß aber die Algebra (3) diese Gleichung nicht erfüllt.*

b) $S = \{NAT, LIST\}$
$$E: \quad x + 0 = x \qquad\qquad x + s(y) = s(x + y)$$
$$app(nil, q_2) = q_2 \qquad\qquad app(x.q_1, q_2) = x_1.app(q_1, q_2)$$
Die folgende Algebra ist ein Modell von spec $= (sig, E)$
$$\mathcal{A}: ((\mathbb{N}, \mathbb{N}^*), \{\hat{0}, \hat{+}, \hat{s}, \widehat{nil}, \hat{\cdot}, \widehat{app}\}) \;\; mit$$
$$\hat{0} = 0, \quad \hat{s}(n) = n + 1, \quad n \hat{+} m = n + m$$
$$\widehat{nil} = \lambda, \quad n \hat{\cdot} w = nw, \quad \widehat{app}(v, w) = vw$$

Wir können jetzt die semantische E-Gleichheit von Termen definieren. Zwei Terme s und t sind semantisch E-gleich, wenn die Gleichung $s = t$ in allen Modellen von E gültig ist.

Definition 3.2.7 (Semantische E-Gleichheit) *Sei* spec $= (sig, E)$ *eine Spezifikation. Zwei Terme* s *und* t *sind* semantisch E-gleich, *falls jedes Modell von spec die Gleichung* $s = t$ *erfüllt. Schreibweise:* $E \models s = t$.

Wir definieren jetzt die operationale E-Gleichheit. Sie ist erklärt durch *Ersetzen von Gleichem durch Gleiches.* Dabei darf eine Gleichung auch instantiiert angewendet werden. Wir benötigen die Begriffe der Substitution und der Termersetzung, um dies formal zu erklären.

Definition 3.2.8 (Substitution, Termersetzung) *Es seien $sig = (S, F, \tau)$ und $V = \bigcup_{s \in S} V_s$, also auch $Term(F, V)$ gegeben.*

a) *Eine* Substitution σ *ist eine Funktion $\sigma : V \to Term(F, V)$ mit (i) $\sigma(x) \in Term_s$ (F, V) für $x \in V_s$ und (ii) $\sigma(x) \equiv x$ für fast alle $x \in V$. Also ist $dom(\sigma) = \{x \mid \sigma(x) \not\equiv x\}$ endlich. Ist $dom(\sigma) = \{x_1, \ldots, x_n\}$ und $\sigma(x_i) = t_i$, so schreiben wir auch $\sigma = \{x_1 \leftarrow t_1, \ldots, x_n \leftarrow t_n\}$.*

Die Funktion σ wird fortgesetzt zu $\sigma : Term(F, V) \to Term(F, V)$ durch

$$\sigma(f(t_1, \ldots, t_n)) = f(\sigma(t_1), \ldots, \sigma(t_n)) \text{ falls } f : s_1, \ldots, s_n \to s, n \geq 0.$$

Ist $\sigma(x) \in Term(F)$ für jedes $x \in dom(\sigma)$, so heißt σ eine Grundsubstitution.

b) *Seien $s, t \in Term(F, V)$ und $p \in O(t)$. Dann ist $t[p \leftarrow s]$ der Term, der aus t entsteht, wenn man den Teilterm t/p durch s ersetzt:*

$$t[\lambda \leftarrow s] \equiv s,$$
$$t[ip \leftarrow s] \equiv f(t_1, \ldots, t_i[p \leftarrow s], \ldots, t_n) \quad , \text{ falls } t \equiv f(t_1, \ldots, t_n)$$

Man beachte, daß $\sigma(t) \equiv t$ für jeden Grundterm t gilt. Die Bedingung (i) in der Definition der Substitution garantiert, daß σ korrekte *sig*-Terme in korrekte *sig*-Terme überführt: Aus $t \in Term_s(F, V)$ folgt $\sigma(t) \in Term_s(F, V)$.

Beispiel 3.2.9

a) *Sei $\sigma = \{x \leftarrow a, y \leftarrow f(x, y)\}$ und $t \equiv f(x, y)$. Dann ist $\sigma(t) \equiv f(a, f(x, y))$.*

b) *Sei $t \equiv f(x, f(a, g(z))), s \equiv g(y)$. Dann ergibt sich $t[\lambda \leftarrow s] \equiv g(y)$, $t[1 \leftarrow s] \equiv f(g(y), f(a, g(z)))$ und $t[22 \leftarrow s] \equiv f(x, f(a, g(y)))$.*

Mit diesen Begriffsbildungen läßt sich die Anwendung einer Gleichung und die operationale E-Gleichheit $=_E$ erklären. Es bezeichnet $\vdash_E$ die Ein-Schritt-Beweisrelation zu E, ihre transitive und reflexive Hülle ist die Relation $=_E$.

Definition 3.2.10 (Operationale E-Gleichheit) *Sei $spec = (sig, E)$ eine Spezifikation. Es ist*

$$\begin{aligned}
t_1 \vdash_E t_2 \quad &gdw \quad \text{es gibt eine Gleichung } s = t \text{ oder } t = s \text{ in } E, \\
&\qquad \text{eine Stelle } p \in O(t_1) \text{ und eine Substitution } \sigma \text{ mit} \\
&\qquad t_1/p \equiv \sigma(s), \; t_2 \equiv t_1[p \leftarrow \sigma(t)]. \\
t_1 =_E t_2 \quad &gdw \quad t_1 \overset{*}{\vdash}_E t_2.
\end{aligned}$$

Wir schreiben auch $E \vdash s = t$ für $s =_E t$. Wir sagen dann, daß s und t *operational E-gleich* sind und lassen den Zusatz *operational* in der Regel weg.

3.2.2   Konstruktion von Modellen und der Satz von Birkhoff

Wir zeigen nun, daß es zu jeder Spezifikation $spec = (sig, E)$ ein Modell gibt. Wir starten dazu mit $E = \emptyset$ und bilden die freie Termalgebra. In dieser Algebra sind die Terme die Elemente der Trägermengen, es ist also $Term_s(F, V)$ die Trägermenge der Sorte $s \in S$. Damit müssen auch die Operatoren $f \in F$ als Funktionen $\hat{f}$ auf Termen definiert werden. Das geschieht in kanonischer Weise.

Definition 3.2.11 (Freie Termalgebra) *Sei $sig = (S, F, \tau)$ eine Signatur und V eine Menge von Variablen. Dann ist die durch sig und V erzeugte freie Termalgebra $\mathcal{T}(F, V)$ gegeben durch:*

$$\mathcal{T}(F, V) = (T, \mathcal{F}).$$

Für $s \in S$ ist $T_s = Term_s(F, V)$, es ist $T = \bigcup_{s \in S} T_s$.

Für $f \in F$ mit $f : s_1, \ldots, s_n \to s$ ist die Funktion $\widehat{f} : T_{s_1} \times \ldots \times T_{s_n} \to T_s$ in $\mathcal{F}$ definiert durch $\widehat{f}(t_1, \ldots, t_n) = f(t_1, \ldots, t_n)$.

Für $V = \emptyset$ schreiben wir $\mathcal{T}(F)$ statt $\mathcal{T}(F, \emptyset)$ und nennen $\mathcal{T}(F)$ die freie Termalgebra zu sig.

Offenbar ist $\mathcal{T}(F, V)$ wirklich eine sig-Algebra. Sei jetzt $spec = (sig, E)$ eine Spezifikation. Dann ist durch $=_E$ eine Kongruenzrelation auf $\mathcal{T}(F, V)$ erklärt, also läßt sich der Quotient $\mathcal{T}(F, V)/ =_E$ bilden. Diese Algebra ist dann ein Modell zu $spec$. Wir machen dies präzis.

Sei $\mathcal{A} = (A, \mathcal{F})$ eine sig-Algebra und $\sim$ eine Äquivalenzrelation auf A. Dann heißt $\sim$ eine *Kongruenzrelation*, falls gilt: Ist $f \in F$ mit $f : s_1, \ldots, s_n \to s$, so gilt $\widehat{f}(a_1, \ldots, a_n) \sim \widehat{f}(b_1, \ldots, b_n)$, falls $a_i, b_i \in A_{s_i}$ mit $a_i \sim b_i$ für alle $i = 1, \ldots, n$. Man sieht unmittelbar, daß $=_E$ auf $\mathcal{T}(F, V)$ eine Kongruenzrelation ist.

Definition 3.2.12 (Quotientenalgebra) *Sei $sig = (S, F, \tau)$, $spec = (sig, E)$ und V eine Menge von Variablen. Zu jedem Term $t \in Term(F, V)$ sei $[t]$ die $=_E$-Kongruenzklasse zu t. Die Quotientenalgebra $\mathcal{T}(F, V)/ =_E$ ist erklärt durch*

$$\mathcal{T}(F, V)/=_E = (K, \mathcal{F}).$$

Für $s \in S$ ist $K_s = \{ [t] \mid t \in Term_s(F, V) \}$.

Für $f \in F$ mit $f : s_1, \ldots, s_n \to s$ ist die Funktion $\widehat{f} : K_{s_1} \times \ldots \times K_{s_n} \to K_s$ in $\mathcal{F}$ definiert durch $\widehat{f}([t_1], \ldots, [t_n]) = [f(t_1, \ldots, t_n)]$.

Man beachte, daß in dieser Definition die $\widehat{f} \in \mathcal{F}$ eindeutig definiert sind: Aus $[t_i] = [t_i']$ für $i = 1, \ldots, n$ folgt $[f(t_1, \ldots, t_n)] = [f(t_1', \ldots, t_n')]$. Dies folgt aus der Tatsache, daß $=_E$ eine Kongruenzrelation ist. Aus $[t_i] = [t_i']$ folgt nämlich $t_i =_E t_i'$, also $f(t_1, \ldots, t_n) =_E f(t_1', \ldots, t_n')$ und daher $[f(t_1, \ldots, t_n)] = [f(t_1', \ldots, t_n')]$.

Satz 3.2.13 *Es ist $\mathcal{T}(F, V)/=_E$ ein Modell zur Spezifikation $spec = (sig, E)$.*

Beweis: Offenbar ist $\mathcal{T}(F, V)/=_E$ eine sig-Algebra. Es ist also zu zeigen, daß sie alle Gleichungen aus E erfüllt. Sei E ein Gleichungssystem über $V' = \bigcup_{s \in S} V_s'$.

Sei $u = v$ eine Gleichung aus E und $\varphi : V_s' \to K_s$ für alle $s \in S$ eine Evaluierungsfunktion. Dann gibt es also zu jedem $x \in V_s'$ ein $t_x \in Term_s(F, V)$ mit $\varphi(x) = [t_x]$. Sei σ die Substitution mit $\sigma(x) \equiv t_x$. Dann zeigt eine Induktion über den Aufbau von $t \in Term(F, V)$, daß $\varphi(t) = [\sigma(t)]$ gilt. Der Nachweis von $\varphi(u) = \varphi(v)$ in $\mathcal{T}(F, V)/ =_E$ reduziert sich also auf den Nachweis von $[\sigma(u)] = [\sigma(v)]$, also auf $\sigma(u) =_E \sigma(v)$. Dies ist aber trivial, weil $u = v$ eine Gleichung aus E ist. $\qquad \square$

Man beachte, daß im Satz 3.2.13 das System $V = \bigcup_{s \in S} V_s$ beliebig gewählt werden kann. Es ist unabhängig von den Variablen, die in E vorkommen. Man kann die Elemente von V auch als neue Konstanten betrachten, die in der Signatur nicht vorkommen. Solche Konstanten können, müssen aber nicht in der obigen Konstruktion der Quotientenalgebra auftreten. Häufig wählt man V so, daß alle V_s abzählbar unendlich sind. Man kann aber auch $V = \emptyset$ wählen. Dies führt dann zum initialen Modell von *spec*, wie es in der nächsten Definition angegeben wird.

Man beachte, daß in einem Beweis zu $u =_E v$ Variable auftreten können, die weder in u noch in v vorkommen. Besteht etwa E aus den Gleichungen $a = f(x,y)$ und $b = f(x,x)$, so gilt $a \vdash_E f(x,x) \vdash_E b$. Diese zusätzlichen Variablen sind aber "frei", sie können im Beweis durch beliebige Terme, z.B. Konstanten, ersetzt werden. So gilt im Beispiel auch $a \vdash_E f(a,a) \vdash_E b$. Allgemein gilt für jede Substsitution σ : Aus $u =_E v$ folgt $\sigma(u) =_E \sigma(v)$. Diese Überlegung möge nochmals verdeutlichen, warum man in Satz 3.2.13 V beliebig wählen kann.

Definition 3.2.14 (Initiales Modell) *Sei $sig = (S, F, \tau)$ und $spec = (sig, E)$. Dann heißt $\mathcal{I}(E) = \mathcal{T}(F)/\!=_E$ das initiale Modell von spec.*

Das initiale Modell $\mathcal{I}(E)$ zur Spezifikation $spec = (sig, E), sig = (S, F, \tau)$, entsteht aus der freien Termalgebra $\mathcal{T}(F)$ dadurch, daß man alle E-gleichen Grundterme identifiziert. Dies entspricht der Anschauung, die man beim Entwickeln der Spezifikation hat. Häufig betrachtet man also $\mathcal{I}(E)$ als die ausgezeichnete Algebra, die durch $spec = (sig, E)$ spezifiziert ist.

Beispiel 3.2.15 *Es gebe nur eine Sorte NAT, es sei $F = \{0, s, +, *\}$ und*

$$
\begin{aligned}
E: \quad x + 0 &= x & x * 0 &= 0 \\
x + s(y) &= s(x + y) & x * s(y) &= (x * y) + x
\end{aligned}
$$

Dann hat $\mathcal{I}(E)$ die Trägermenge $K_{NAT} = \{[s^i(0)] \mid i \in \mathbb{N}\}$, und es gilt

$$
\begin{aligned}
[s^i(0)] \;\hat{+}\; [s^j(0)] &= [s^{i+j}(0)], \\
[s^i(0)] \;\hat{*}\; [s^j(0)] &= [s^{i \cdot j}(0)].
\end{aligned}
$$

Wir können nun den zentralen Satz beweisen, daß die semantische und die operationale E-Gleichheit übereinstimmen.

Satz 3.2.16 (Birkhoff [Bir35]) *Für jede Spezifikation $spec = (sig, E)$ gilt*

$$
E \models s = t \quad gdw \quad E \vdash s = t
$$

Beweis: Sei $V = \bigcup_{s \in S} V_s$ ein Variablensystem und E ein Gleichungssystem über $F \cup V$. Dann ist nach Satz 3.2.13 $\mathcal{T} = \mathcal{T}(F, V)/ =_E$ ein Modell von *spec*. Für je zwei Terme $u, v \in Term(F, V)$ gilt $E \vdash u = v$ gdw $u =_E v$ gdw $[u] = [v]$ gdw $u = v$ gilt in $\mathcal{T}$.
"$\curvearrowright$": Sei $E \models s = t$. Dann gilt $s = t$ in allen Modellen von *spec*, also auch in $\mathcal{T}$. Daher gilt auch $E \vdash s = t$.
"$\curvearrowleft$": Wir benötigen hier einige Vorbereitungen. Die Behauptung wird unter d) gezeigt.
a) Ist $u = v$ in E und σ eine Substitution, so gilt $\sigma(u) = \sigma(v)$ in allen Modellen von

spec: Sei $\mathcal{A}$ ein Modell von *spec* und φ eine Evaluierungsfunktion, zu zeigen ist dann, daß $\varphi(\sigma(u)) = \varphi(\sigma(v))$ in $\mathcal{A}$ gilt. Dazu betrachte man die Evaluierungsfunktion φ' mit $\varphi'(x) = \varphi(\sigma(x))$. Eine Induktion über den Aufbau von t zeigt dann, daß $\varphi'(t) = \varphi(\sigma(t))$ für jeden Term t gilt. Da φ' eine Evaluierungsfunktion und $u = v$ eine Gleichung in E ist, gilt $\varphi'(u) = \varphi'(v)$ in $\mathcal{A}$. Dies liefert $\varphi(\sigma(u)) = \varphi'(u) = \varphi'(v) = \varphi(\sigma(v))$ in $\mathcal{A}$.

b) Sei $E \models u = v$, t ein Term und $p \in O(t)$. Dann gilt $E \models t[p \leftarrow u] = t[p \leftarrow v]$, falls $t' \equiv t[p \leftarrow u]$ und $t'' \equiv t[p \leftarrow v]$ Terme sind: Wir führen Induktion nach der Länge von p. Ist $p = \lambda$, so ist $t' \equiv u$ und $t'' \equiv v$ und es ist nichts zu zeigen. Sei $p = iq$, also $t \equiv f(t_1, \ldots, t_i, \ldots, t_n)$. Sei $t'_0 \equiv t_i[q \leftarrow u]$ und $t''_0 \equiv t_i[q \leftarrow v]$. Dann gilt $E \models t'_0 = t''_0$ nach Induktionsvoraussetzung. Hieraus folgt $E \models t' = t''$. Ist nämlich $\mathcal{A}$ ein Modell von *spec* und φ eine Evaluierungsfunktion, so ist $\varphi(t'_0) = \varphi(t''_0)$ und daher $\varphi(t') = \hat{f}(\varphi(t_1), \ldots, \varphi(t'_0), \ldots, \varphi(t_n)) = \hat{f}(\varphi(t_1), \ldots, \varphi(t''_0), \ldots, \varphi(t_n)) = \varphi(t'')$ in $\mathcal{A}$.

c) Ist $s \vdash_E t$, so gilt $u = v$ in allen Modellen von *spec*: Ist $s \vdash_E t$, so gibt es eine Gleichung $u = v$ in E oder $v = u$ in E, $p \in O(s)$ und eine Substitution σ mit $s/p \equiv \sigma(u)$ und $t \equiv s[p \longleftarrow \sigma(v)]$. Nach a) gilt $E \models \sigma(u) = \sigma(v)$ und nach b) gilt $E \models s = t$.

d) Ist $E \vdash s = t$, so gilt $E \models s = t$: Ist $E \vdash s = t$, so gilt $s =_E t$ und es gibt $t_0, t_1, \ldots, t_n$ mit $t_0 \equiv s$, $t_n \equiv t$ und $t_i \vdash_E t_{i+1}$. Ist $\mathcal{A}$ ein Modell von *spec* und φ eine Evaluierungsfunktion, so gilt $\varphi(t_i) = \varphi(t_{i+1})$ in $\mathcal{A}$ nach c). Also gilt $\varphi(s) = \varphi(t)$ in $\mathcal{A}$. Dies zeigt $E \models s = t$. $\qquad\square$

Wir benutzen im folgenden die operationale Definition der E-Gleichheit. Nach Definition gilt $s =_E t$ genau dann, wenn sich s und t durch Anwenden der Gleichungen aus E ineinander transformieren lassen. Dies läßt sich in vielen Fällen leicht nachweisen. Generell ist aber das Problem der E-Gleichheit unentscheidbar. Siehe dazu Satz 3.3.8.

Es gilt $s =_E t$ genau dann, wenn $s = t$ in allen Modellen von E gilt. Dieser E-Gleichheit hatten wir früher informell schon die Gleichheit im Datenmodell gegenübergestellt. Da man häufig nicht an der Gültigkeit von $s = t$ in allen Modellen von E, sondern nur in $\mathcal{I}(E)$ interessiert ist, betrachten wir erneut das initiale Modell von E. Aus dem Beweis der letzten zwei Sätze folgt unmittelbar der folgende Satz, wenn man $V = \emptyset$ setzt.

Satz 3.2.17 *Sei* $spec = (sig, E)$.
a) $\mathcal{I}(E)$ *ist ein Modell von spec.*
b) Es gilt $s = t$ *genau dann in der initialen Algebra* $\mathcal{I}(E)$, *wenn* $\sigma(s) =_E \sigma(t)$ *für jede Grundsubstitution* σ *gilt.* $\qquad\square$

Dies führt zur Unterscheidung zwischen *induktiven Theoremen* (die nur in $\mathcal{I}(E)$ gelten) und *Gleichungs-Theoremen* (die in allen Modellen von E gelten).

Definition 3.2.18 (Gleichungstheoreme, induktive Theoreme) *Es sei* $spec = (sig, E)$ *gegeben.*
a) $Th(E) = \{s = t \mid E \models s = t\}$ *heißt die* Gleichheitstheorie *zu* E. *Die Gleichungen in* $Th(E)$ *heißen Gleichungstheoreme zu* E.
b) $\mathcal{I}Th(E) = \{s = t \mid es\ gilt\ s = t\ in\ \mathcal{I}(E)\}$ *heißt die* induktive Theorie *zu* E. *Die Gleichungen in* $\mathcal{I}Th(E)$ *heißen induktive Theoreme zu* E.

Beachte:

a) $\mathcal{I}(E)$ ist ein Modell von E. Es gilt $s = t \in Th(E)$, falls in jedem Modell von E $s = t$ gilt. Hieraus folgt $\mathcal{I}Th(E) \supseteq Th(E)$.

b) Für viele Anwendungen reicht der Nachweis, daß $s = t$ ein induktives Theorem ist. Aber für endliches E gilt:

– $Th(E)$ ist stets rekursiv aufzählbar, im allgemeinen nicht rekursiv.

– $\mathcal{I}Th(E)$ ist im allgemeinen nicht rekursiv aufzählbar.

Also ist der Nachweis zu $s = t \in \mathcal{I}Th(E)$ im allgemeinen schwerer als der zu $s = t \in Th(E)$.

Beispiel 3.2.19 $E : \quad x + 0 = x \qquad x + s(y) = s(x + y)$
Es gilt:

$$x + y = y + x \in \mathcal{I}Th(E) - Th(E)$$
$$(x + y) + z = x + (y + z) \in \mathcal{I}Th(E) - Th(E)$$

Offenbar beschreiben die Gleichungen $x + y = y + x$ und $(x + y) + z = x + (y + z)$ die Kommutativität und die Assoziativität von $+$. Um zu zeigen, daß sie nicht in $Th(E)$ liegen, reicht es, ein Modell $\mathcal{A} = (A, \mathcal{F})$ von E anzugeben, in dem diese Gleichungen nicht gelten. Solch ein Modell ist leicht zu finden. Man wähle etwa $A = \mathbb{Z}$, die Menge der ganzen Zahlen, $\hat{0} = 0$, $\hat{s}(x) = x$ und $x\hat{+}y = x - y$. Man überzeugt sich leicht, daß dies wirklich ein Modell zu E ist. Natürlich ist die Subtraktion auf $\mathbb{Z}$ weder kommutativ noch assoziativ.

Übungsaufgaben

Aufgabe 3.2.1: Man betrachte folgende Spezifikation $spec = (sig, E)$ mit $sig = (S, F, \tau)$ und $S = \{NAT, LIST\}, F = \{0, s, +, nil, ., app, len\}$

$$E : \quad x + 0 = x \qquad\qquad app(nil, q_2) = q_2 \qquad\qquad len(nil) = 0$$
$$x + s(y) = s(x) + y \quad app(x.q_1, q_2) = x.app(q_1, q_2) \quad len(x, q) = s(len(q))$$

Man zeige, daß folgende Algebren $\mathcal{A} = (A, F)$ Modelle von $spec$ sind:

a) Sei $A = A_{NAT} \cup A_{LIST}, A_{NAT} = \mathbb{Z}, A_{LIST} = \mathbb{Z}^*$. Die Funktionen in F seien

$$\hat{0} = 0 \qquad\qquad \hat{s}(x) = x + 1 \qquad\qquad x\hat{+}y \quad = x + y$$
$$\widetilde{nil} = \lambda \qquad\qquad x\hat{.}q = xq \qquad\qquad \widehat{app}(q_1, q_2) = q_1 q_2$$
$$len(q) \quad = \quad \text{Länge von } q$$

b) Sei $A = A_{NAT} \cup A_{LIST}, \; A_{NAT} = A_{LIST} = \Sigma^*, \Sigma = \{a, b, c\}$.

$$\hat{0} = \lambda \qquad\qquad \hat{s}(x) = x \qquad\qquad x\hat{+}y \quad = xy$$
$$\widetilde{nil} = \lambda \qquad\qquad x\hat{.}y = xy \qquad\qquad \widehat{app}(x, y) = xy \qquad\qquad len(x) = \lambda$$

Aufgabe 3.2.2: Sei $spec = (sig, E)$ wie in Aufgabe 3.2.1.
  a) Es gilt $x + s(s(0)) =_E s(s(x))$ und $s^i(0) + s^j(0) =_E s^j(0) + s^i(0)$ für alle $i, j \geq 0$
  b) Es gilt $app(x.nil, app(y.nil, z.nil)) =_E app(app(x.nil, y.nil), z.nil)$
  c) Es gilt $len(app(x.nil, y.nil)) =_E len(x.nil) + len(y.nil)$

d) Es gilt weder $x + y =_E y + x$, noch $app(q_1, app(q_2, q_3)) =_E app(app(q_1, q_2), q_3)$, noch $len(app(q_1, q_2)) =_E len(q_1) + len(q_2)$.

Hinweis zu d): Man gebe zu jeder der drei Gleichungen ein Modell von *spec* an, das die Gleichung nicht erfüllt.

Aufgabe 3.2.3: Man betrachte die Spezifikation $spec = (sig, E)$ mit $S = \{ANY\}$ und $f, g : ANY \to ANY$ und $E = \{f(f(x)) = f(x), \ g(f(x)) = f(x), \ f(g(x)) = g(x), \ g(g(x)) = g(x)\}$.

a) Man bestimme $=_E$.

b) Man bestimme zu jeder E-Äquivalenzklasse $[t]$ einen kürzesten Term $\hat{t}$ in $[t]$.

c) Man gebe ein Modell von *spec* an.

Aufgabe 3.2.4: Sci $spcc = (sig, E)$ wie in Aufgabe 3.2.1.

a) Man zeige, daß jeder Grundterm in $Term_{NAT}(F)$ E-gleich ist zu einem Term der Form $\underline{i} \equiv s^i(0), i \geq 0$.

b) Man zeige, daß jeder Grundterm in $Term_{LIST}(F)$ E-gleich ist zu einem Term der Form $\underline{i_1}.\underline{i_2}.\ldots.\underline{i_n}.nil$.

c) Man bestimme das initiale Modell von *spec*.

3.3 Termersetzungssysteme

3.3.1 Regelsysteme und ihre Reduktionsrelation

In diesem Abschnitt werden die Termersetzungssysteme eingeführt. Ein Termersetzungssystem R ist ein gerichtetes Gleichungssystem, es definiert also in natürlicher Weise eine Reduktionsrelation $\longrightarrow_R$ auf der Menge der Terme. Wir stellen hier einige grundlegende Eigenschaften der Termersetzung zusammen, die später ständig verwendet werden.

Das folgende Lemma beschreibt Eigenschaften der Termersetzung. Für zwei Wörter $p, q \in \mathbb{N}^*$ schreiben wir $p \mid q$, falls weder p Anfangswort von q noch q Anfangswort von p ist.

Lemma 3.3.1

a) Seien $t, t', t'' \in Term(F, V)$, $p \in O(t)$, $q \in O(t')$. Es gilt

$$t[p \leftarrow t']/pq \quad\quad \equiv \quad t'/q \quad\quad\quad\quad\quad\quad\quad Einbettung$$
$$t[p \leftarrow t'][pq \leftarrow t''] \quad \equiv \quad t[p \leftarrow t'[q \leftarrow t'']] \quad\quad Assoziativität$$

b) Seien $t, t', t'' \in Term(F, V)$, $p, q \in O(t)$, $p \mid q$. Es gilt

$$t[p \leftarrow t']/q \quad\quad\quad \equiv \quad t/q \quad\quad\quad\quad\quad\quad\quad Persistenz$$
$$t[p \leftarrow t'][q \leftarrow t''] \quad \equiv \quad t[q \leftarrow t''][p \leftarrow t'] \quad Kommutativität$$

c) Seien $t, t', t'' \in Term(F, V)$, $p, q \in O(t)$, $p = qq'$. Es gilt

$$t[p \leftarrow t']/q \quad\quad\quad \equiv \quad (t/q)[q' \leftarrow t'] \quad\quad Distributivität$$
$$t[p \leftarrow t'][q \leftarrow t''] \quad \equiv \quad t[q \leftarrow t''] \quad\quad\quad\quad Dominanz$$

Der Beweis zu diesem Lemma sei als Übung empfohlen. Das folgende Lemma beschreibt den Zusammenhang zwischen der Termersetzung und den Substitutionen.

Lemma 3.3.2 *Seien $t, t' \in Term(F, V)$, $p \in O(t)$ und σ eine Substitution.*
a) Es gilt $O(\sigma(t)) = O(t) \cup \{q'q \mid q' \in O(t), t/q' \equiv x \in V, q \in O(\sigma(x))\}$.
b) Ist $t/p \equiv t' \notin V$, so ist $\sigma(t)/p \equiv \sigma(t')$. Ist $t/p \equiv x \in V$, so ist $\sigma(t)/pq \equiv \sigma(x)/q$ für alle $q \in O(\sigma(x))$.
c) Es gilt $\sigma(t[q \leftarrow t']) \equiv \sigma(t)[p \leftarrow \sigma(t')]$ für alle $p \in O(t)$. $\square$

Auch der Beweis zu Lemma 3.3.2 wird übergangen und als Übung empfohlen. Der Inhalt des Lemmas soll an folgendem Beispiel verdeutlicht werden (siehe Abbildung 3.2). Dabei schreiben wir wegen der besseren Lesbarkeit die Terme als Bäume.

Beispiel 3.3.3 *Sei $t \equiv f(x, f(a, y))$, $t' \equiv g(g(x))$ und $\sigma = \{x \leftarrow g(f(x, y))\}$. Dann ergibt sich*
$$\sigma(t) \equiv f(g(f(x, y)), f(a, y)),$$
$$\sigma(t[1 \leftarrow t']) \equiv \sigma(t)[1 \leftarrow \sigma(t')] \equiv f(g(g(g(f(x, y)))), f(a, y)) \text{ und}$$
$$\sigma(t') \equiv g(g(g(f(x, y)))).$$

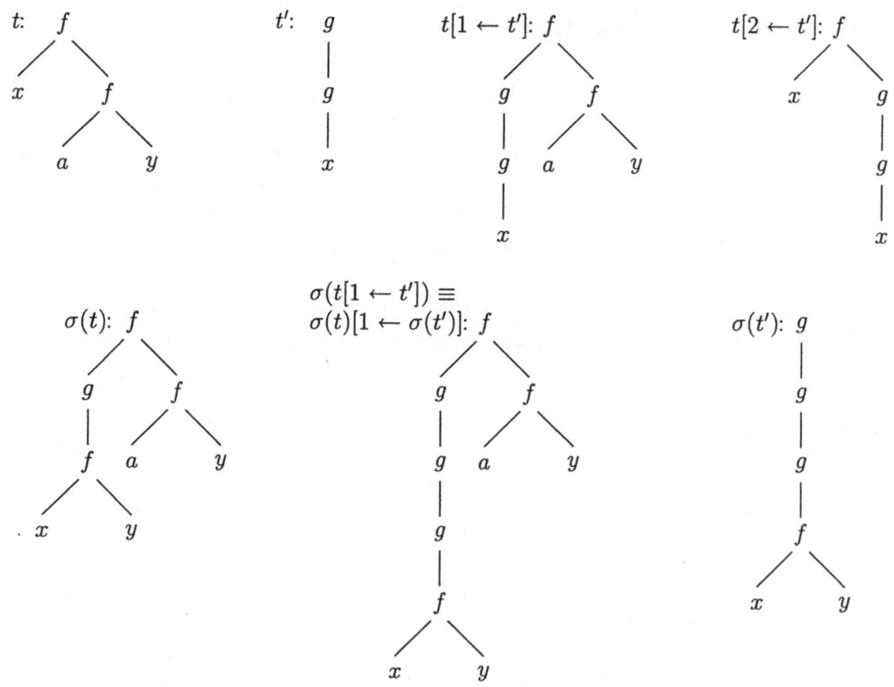

Abbildung 3.2: Termersetzung und Substitutionen

Mit diesen Begriffen können jetzt die Termersetzungssysteme definiert werden. Die Termersetzung geschieht mit Hilfe von Regeln. Eine Regel ist eine gerichtete Gleichung $l \to r$. Wir verlangen, daß jede Variable aus r auch in l vorkommt.

Definition 3.3.4 (Termersetzungssystem, Regelsystem) *Sei $sig = (S, F, \tau)$ eine Signatur, $(V_s)_{s \in S}$ ein Variablensystem und $V = \bigcup_{s \in S} V_s$.*
a) Eine Regel *ist ein Paar (l, r) mit $l, r \in Term_s(F, V)$ für ein $s \in S$, $l \notin V$ und $Var(r) \subseteq Var(l)$. Wir schreiben $l \to r$.*
b) Ein Termersetzungssystem *oder auch* Regelsystem *R ist eine Menge von Regeln.*
c) Ein Regelsystem definiert die Reduktionsrelation *$\longrightarrow_R$ auf $Term(F, V)$:*

$$t_1 \longrightarrow_R t_2 \quad gdw \quad es \; gibt \; l \to r \; in \; R, \; p \in O(t_1) \; und \; eine \; Sustitution \; \sigma \; mit$$
$$t_1/p = \sigma(l) \quad und \quad t_2 \equiv t_1[p \leftarrow \sigma(r)]$$

d) $(Term(F, V), \longrightarrow_R)$ ist das durch R definierte Reduktionssystem.

Wir nennen ein Regelsystem R terminierend (konfluent, konvergent), wenn dies für $\longrightarrow_R$ gilt. Wir sagen, daß sich t_1 mit R auf t_2 reduzieren läßt, wenn $t_1 \overset{*}{\longrightarrow}_R t_2$ gilt. Es ist $t{\downarrow}_R$ die eindeutige R-Normalform zu t (falls sie existiert).

Es beschreibt $\longrightarrow_R$ die Anwendung einer Gleichung $l = r$ auf einen Term von links nach rechts. Faßt man R als Gleichungssystem auf, so gilt also $=_R \; = \; \overset{*}{\longleftrightarrow}_R$. Ist R bekannt, so schreiben wir $\longrightarrow$ statt $\longrightarrow_R$. Die Relationen $\overset{+}{\longrightarrow}_R, \overset{*}{\longrightarrow}_R, \longleftrightarrow_R, \overset{*}{\longleftrightarrow}_R$ sind wie üblich zu $\longrightarrow_R$ erklärt.

Man beachte, daß die Bezeichnung der Variablen in einer Regel von untergeordneter Bedeutung ist. So sind etwa die Regeln

$$f(x, g(x, y)) \to f(x, y), \qquad f(u, g(u, v)) \to f(u, v)$$

gleich mächtig, d.h., man kann t_1 genau dann mit der ersten Regel auf t_2 reduzieren, wenn man dies mit der zweiten Regel kann. Eine Substitution σ heißt eine *Variablenumbenennung*, falls σ eine bijektive Funktion $\sigma : V \to V$ ist. Dann heißt $\sigma(l) \to \sigma(r)$ eine *Variante* der Regel $l \to r$. Die obigen zwei Regeln sind Varianten voneinander.

Man beachte auch, daß ein Reduktionsschritt keine neuen Variablen einführen kann: Aus $t_1 \longrightarrow_R t_2$ folgt $Var(t_2) \subseteq Var(t_1)$. Dies folgt aus der Voraussetzung $Var(r) \subseteq Var(l)$ für jede Regel $l \to r$.

Aus Definition 3.3.4 folgt unmittelbar das nützliche Lemma:

Lemma 3.3.5 *Sei R ein Regelsystem.*
a) Ist σ eine Substitution, und gilt $s \longrightarrow_R t$, so gilt auch $\sigma(s) \longrightarrow_R \sigma(t)$.
b) Ist $p \in O(t)$, und gilt $t_1 \longrightarrow_R t_2$, so gilt auch $t[p \leftarrow t_1] \longrightarrow_R t[p \leftarrow t_2]$.
c) $\overset{*}{\longleftrightarrow}_R$ ist die kleinste (gröbste) Kongruenzrelation $\sim$ auf $Term(F, V)$ mit $\sigma(l) \sim \sigma(r)$ für alle $l \to r$ in R und alle Substitutionen σ.

Beweis:
a) und b) folgen aus Lemma 3.3.1 und Lemma 3.3.2, c) sei als Übung empfohlen. $\quad\square$

Die in Lemma 3.3.5, Teil a) und b) angesprochenen Eigenschaften der Relation $\longrightarrow_R$ werden später noch mehrfach benötigt. Wir definieren also:

Definition 3.3.6 *Eine Relation ρ auf $Term(F, V)$ heißt* verträglich mit Substitutionen *(oder* stabil*), wenn für jede Substitution σ gilt: Aus $s\rho t$ folgt $\sigma(s)\rho\sigma(t)$. Sie heißt* verträglich mit der Termstruktur *(oder* monoton*), wenn für alle t und $p \in O(t)$ gilt: Aus $t_1\rho t_2$ folgt $t[p \leftarrow t_1]\rho t[p \leftarrow t_2]$.*

Das Lemma 3.3.5 besagt also, daß die Reduktionsrelation $\longrightarrow_R$ stets mit Substitutionen und der Termstruktur verträglich ist.

Zwei Gleichungssysteme E_1 und E_2 heißen *äquivalent*, wenn $=_{E_1} \; = \; =_{E_2}$ gilt. Analog heißen E und R äquivalent, wenn $=_E \; = \; \overset{*}{\longleftrightarrow}_R$ gilt.

Es ist das Ziel, ein gegebenes Gleichungssystem E in ein äquivalentes Regelsystem R zu transformieren, denn es gilt ja: Ist R endlich, konvergent und äquivalent zu E, so ist wegen $s =_E t$ gdw $s{\downarrow} \; \equiv t{\downarrow}$ die E-Gleichheit $=_E$ entscheidbar.

Es ergeben sich also die folgenden drei Fragen:
1) Wie testet man, ob R terminierend ist ?

2) Wie testet man, ob R konfluent ist ?

3) Wie transformiert man E in ein äquivalentes R, so daß R konfluent und terminierend ist ?

3.3.2 Entscheidbarkeitsfragen

Wir zeigen zunächst mit den Ergebnissen aus Kapitel 2, daß diese Probleme in voller Allgemeinheit unlösbar sind. Dies wurde für Wortersetzungssysteme im Abschnitt 2.4 gezeigt. Es reicht also zu zeigen, daß man Wortersetzungssysteme auch als Termersetzungssysteme betrachten kann. Dazu nennen wir eine Signatur $sig = (S, F, \tau)$ *monadisch*, wenn sie nur aus einer Sorte besteht und jedes $f \in F$ einstellig ist. Wir nennen auch ein Regelsystem über einer monadischen Signatur monadisch.

Lemma 3.3.7 *Es besteht eine Eins-zu-Eins-Beziehung zwischen den Wortersetzungssystemen und den monadischen Regelsystemen.*

Beweis: Ordnet man jedem Alphabet $\Sigma = \{a_1, \ldots, a_m\}$ eine Menge $F = \{f_1, \ldots, f_m\}$ von einstelligen Operatoren zu, so definiert dies eine Eins-zu-Eins-Beziehung zwischen Alphabeten und monadischen Signaturen. Wir ordnen jetzt jedem Wort $w = a_{i_1}a_{i_2}\ldots a_{i_r}$ den Term $\underline{w} = f_{i_1}(f_{i_2}(\ldots f_{i_r}(x)\ldots))$ und jedem Wortersetzungssystem $R = \{l_i \rightarrow r_i \mid i = 1, \ldots, n\}$ das Termersetzungssystem $\underline{R} = \{\underline{l_i} \rightarrow \underline{r_i} \mid i = 1, \ldots, n\}$ zu. Dies definiert eine Eins-zu-Eins-Beziehung zwischen Wort- und monadischen Termersetzungssystemen. Es gilt
$$u \longrightarrow v \text{ in } R \quad \text{gdw} \quad \underline{u} \longrightarrow \underline{v} \text{ in } \underline{R}. \qquad \qquad \square$$

Diese Überlegungen und die Ergebnisse aus Abschnitt 2.4 führen unmittelbar zu:

Satz 3.3.8 *Die folgenden Probleme sind unentscheidbar:*

a) *Termination*
    Eingabe: Ein Termersetzungssystem R.
    Frage: Ist R terminierend?

b) *Konfluenz*
    Eingabe: Ein Termersetzungssystem R.
    Frage: Ist R konfluent?

c) *Wortproblem*
    Eingabe: Ein Gleichungssystem E und Terme s, t.
    Frage: Gilt $s =_E t$?

Beweis: Wäre eines dieser Probleme für Termersetzungssysteme entscheidbar, so bliebe es auch entscheidbar, wenn man es auf monadische Termersetzungssysteme einschränkt. Da jedes monadische Termersetzungssystem aber auch als Wortersetzungssystem betrachtet werden kann, ergäbe sich ein Widerspruch zu den Ergebnissen aus Abschnitt 2.4. Also sind diese Probleme unentscheidbar. $\qquad\Box$

Wir werden in Abschnitt 3.5 sehen, daß die Konfluenz entscheidbar wird, wenn man sich auf terminierende Regelsysteme beschränkt. Wir zeigen hier, daß die Termination entscheidbar wird, wenn man sich auf *Grundregelsysteme* beschränkt, d.h., auf Regelsysteme, in denen jede Regel variablenfrei ist. Betrachtet man etwa die Regelsysteme

$$
\begin{array}{llll@{\qquad\qquad}llll}
R_1\colon & f(a,b) & \to & f(a,a) & R_2\colon & f(a,b) & \to & f(a,g(b)) \\
 & f(b,a) & \to & f(b,b) & & g(b) & \to & f(a,b)
\end{array}
$$

so sind R_1 und R_2 Grundregelsysteme. Es ist R_1 terminierend, aber R_2 terminiert nicht.

Lemma 3.3.9 *Ein Regelsystem R ist genau dann nicht terminierend, wenn es eine unendliche Kette $t_0 \longrightarrow_R t_1 \longrightarrow_R t_2 \longrightarrow_R \ldots$ gibt mit $t_0 \equiv \sigma(l)$, wobei $l \to r$ eine Regel in R und σ eine Grundsubstitution ist.*

Beweis: Ist R terminierend, so kann es solch eine Kette nicht geben. Sei also jetzt R nicht terminierend. Dann gibt es eine unendliche Kette.
$$
t_0 \longrightarrow_R t_1 \longrightarrow_R t_2 \longrightarrow_R \ldots \tag{+}
$$
Ist t_0 ein Grundterm, so sind alle t_i Grundterme. Sonst sei τ eine Substitution, so daß $\tau(t_0)$ ein Grundterm ist. Dann gilt $\tau(t_0) \longrightarrow_R \tau(t_1) \longrightarrow_R \tau(t_2) \longrightarrow_R \ldots$ Es gibt also unendliche Ketten, die mit einem Grundterm starten. Dann gibt es einen Grundterm t_0 minimaler Länge, so daß es eine unendliche Kette ab t_0 gibt. Sei (+) solch eine Kette, und sei $t_i \longrightarrow_R t_{i+1}$ mit Regel $l_i \to r_i$ und Substitution σ_i bei $p_i \in O(t_i)$. Sei weiter $t_0 \equiv f(s_1, \ldots, s_n)$. Wären alle $p_i \neq \lambda$, so gäbe es ein s_j und eine unendliche Kette ab s_j. Das ist wegen der Wahl von t_0 nicht möglich, da s_j kürzer als t_0 ist. Also gibt es ein k mit $p_k = \lambda$. Es folgt $t_k \equiv \sigma_k(l_k)$, und es gibt eine unendliche Kette ab t_k. Weiter ist $l_k \to r_k$ in R und σ_k eine Grundsubstitution. $\qquad\Box$

Auch wenn R endlich ist, besteht das Terminationskriterium nach Lemma 3.3.9 im allgemeinen aus unendlich vielen Tests: Zu jeder linken Seite l einer Regel in R und zu jeder der unendlich vielen Gundsubstitutionen σ ist zu testen, ob es eine unendliche Kette ab $\sigma(l)$ gibt. Ist aber jede linke Seite l variablenfrei, so reduziert sich dies auf einen endlichen Test. Dies ist dann der Fall, wenn R ein *Grundregelsystem* ist, d.h., für jede Regel $l \to r$ in R l und r Grundterme sind.

Lemma 3.3.10 *Ist R ein nicht-terminierendes Grundregelsystem, so gibt es eine Regel $l \to r$ in R und eine Ableitung $l \xrightarrow{+}_R t$, so daß l ein Teilterm von t ist.*

Beweis: Wir führen Induktion nach der Anzahl n der Regeln in R. Ist $n = 0$, so ist R leer und R terminierend. Also ist nichts zu zeigen. Sei $R = \{l_i \to r_i \mid i = 1, \dots, n\}$ nicht-terminierend. Nach Lemma 3.3.9 gibt es eine unendliche Kette der Form

$$l \longrightarrow_R r \equiv t_1 \longrightarrow_R t_2 \longrightarrow_R \dots \qquad \text{mit } l \to r \text{ in } R.$$

Wird in dieser Ableitung die Regel $l \to r$ benutzt, etwa in $t_i \longrightarrow_R t_{i+1}$, so gilt $l \xrightarrow{+}_R t_i$ und t_i enthält l. Wird die Regel $l \to r$ nicht benutzt, so ist $t_1 \longrightarrow_R t_2 \longrightarrow_R \dots$ eine unendliche Kette in $R' = R - \{l \to r\}$. Nach Induktionsvoraussetzung gibt es $l' \to r'$ in R' und eine Ableitung $l' \xrightarrow{+}_{R'} t$, so daß l' Teilterm von t ist. Es ist auch $l' \to r'$ in R, und es gilt $l' \xrightarrow{+}_R t$. $\qquad\qquad \square$

Das Lemma 3.3.10 führt unmittelbar zu einem Algorithmus, der zu jedem Grundregelsystem R entscheidet, ob R terminierend ist.

Satz 3.3.11 *Das folgende Problem ist entscheidbar:*

    Eingabe: *Ein Grundtermersetzungssystem R.*
    Frage: *Ist R terminierend?*

Beweis: Sei $R = \{l_i \to r_i \mid i = 1, \dots, n\}$ und $M_{ij} = \{t \mid l_i \xrightarrow{j} t\}$ für $1 \le i \le n$ und $j \ge 1$. Dann ist die Relation $\longrightarrow \, = \longrightarrow_R$ lokal endlich, d.h., zu jedem Term s gibt es nur endlich viele Terme t mit $s \longrightarrow t$. Für $i = 1, \dots, n$ sei T_i der Baum mit Wurzel l_i und Knoten t, falls $l_i \xrightarrow{*} t$ gilt. Genauer gilt: (a) l_i ist die Wurzel von T_i und (b) jeder Knoten s von T_i hat den Term t als Sohn, falls $s \longrightarrow t$ gilt. Ist R terminierend, so ist nach dem Lemma von König T_i endlich. Also gibt es zu jedem $1 \le i \le n$ ein $k_i \in \mathbb{N}$, so daß $M_{ij} = \emptyset$ für alle $j \ge k_i$. Ist R nicht terminierend, so gibt es nach Lemma 3.3.10 Zahlen i und j und ein $t \in M_{ij}$, so daß l_i ein Teilterm von t ist.

Zur Entscheidung, ob R terminierend ist, berechnet man also für $j = 1, 2, \dots$ die Mengen $M_{1j}, \dots, M_{nj}$. Dann muß es ein j geben, so daß gilt:

– $M_{ij} = \emptyset$ für alle $i = 1, \dots, n$ (dann ist R terminierend) oder

– es gibt ein i und ein $t \in M_{ij}$, so daß l_i ein Teilterm von t ist (dann ist R nicht terminierend).

Berechnet man also die M_{ij} für $j = 1, 2, \dots$ solange, bis einer dieser zwei Fälle eintritt, so ist bekannt, ob R terminierend ist oder nicht. $\qquad\qquad \square$

Für Grundtermersetzungssysteme ist auch die Konfluenz entscheidbar, siehe [Oya87] und [DTHL87]. Wir übergehen hier den Beweis dazu.

Leider haben endliche Grundregelsysteme nur eine sehr beschränkte Beschreibungskraft. Wir betrachten im folgenden also wieder Regelsysteme mit Variablen.

Die Termination von Regelsystemen bleibt unentscheidbar, selbst wenn man sich auf die Klasse der Systeme beschränkt, die nur aus einer Regel bestehen (siehe [Dau88]).

Hinreichende Kriterien für die Termination und die Konfluenz von Regelsystemen werden in Abschnitt 3.5 behandelt. Dazu wird als Vorbereitung das Unifikationsproblem in Abschnitt 3.4 besprochen, da die Unifikation für den Konfluenz-Test benötigt wird. Die Vervollständigungsprozedur in Abschnitt 3.6 leistet dann – wenn sie erfolgreich hält – die Transformation von E nach R.

Übungsaufgaben

Aufgabe 3.3.1: Man zeige, daß für alle $t, t', t'' \in Term(F, V)$ und alle $p \in O(t), q \in O(t')$ gilt
a) $t[p \leftarrow t']/pq \equiv t'/q$
b) $t[p \leftarrow t'][pq \leftarrow t''] \equiv t[p \leftarrow t'[q \leftarrow t'']]$
c) $\sigma(t[p \leftarrow t']) \equiv \sigma(t)[p \leftarrow \sigma(t')]$

Aufgabe 3.3.2: Sei R das Regelsystem
$R: \quad d(x,0) \to x \quad d(0,x) \to 0 \quad d(s(x), s(y)) \to d(x,y)$
a) Man bestimme Normalformen zu den drei Termen $d(s^i(0), s^j(0))$, $d(x,y)$ und $d(s(x), s(d(x,0)))$.
b) Man bestimme die Menge der irreduziblen Grundterme.

Aufgabe 3.3.3: Welche der folgenden Regelsysteme sind terminierend ?
a) $f(g(a)) \to g(h(f(a))) \quad h(f(a)) \to f(g(h(a))) \quad g(h(a)) \to h(f(g(a)))$
b) $f(g(a)) \to g(f(f(a))) \quad g(f^4(a)) \to f^4(g(a))$
c) $f(g(x)) \to g(f(f(x))) \quad g(f^4(x)) \to f^4(g(x))$

Aufgabe 3.3.4: Was ist falsch an folgender Argumentation ? "Jedes Wortersetzungssystem ist ein Grundtermersetzungssystem. Also ist nach Satz 3.3.11 die Termination für Wortersetzungssysteme entscheidbar." (Dies steht im Widerspruch zu Satz 2.4.4.)

3.4 Matching und Unifikation

In diesem Abschnitt werden das Matching- und das Unifikationsproblem besprochen. Das Matching-Problem ist grundlegend für die Anwendung von Regeln, also für die Reduktion eines Terms mit einem festen Regelsystem R. Demgegenüber ist das Unifikationsproblem grundlegend für die Transformation eines Regel- oder Gleichungssystems in ein äquivalentes Regelsystem, das konvergent ist. Beide Probleme sind zentral für fast alle Theorembeweiser in der Prädikatenlogik und daher eingehend untersucht worden.

3.4.1 Matching

Der Term s ist mit $l \to r$ reduzierbar, falls es eine Stelle $p \in O(s)$ und ein σ gibt mit $s/p \equiv \sigma(l)$. Die Ausführung eines Reduktionsschrittes auf s beinhaltet also die Suche nach einer Stelle $p \in O(s)$, einer Regel $l \to r$ in R und nach einem *Match* σ mit $\sigma(l) \equiv s/p$.

Definition 3.4.1 (Matching) *Die Substitution σ heißt ein* Match *(treffende Substitution) von l auf t, falls $\sigma(l) \equiv t$ gilt. Das Problem, einen Match zu finden, heißt das Matching-Problem.*

Lemma 3.4.2 *Seien $l, t \in Term(F, V)$.*
a) Es ist entscheidbar, ob es einen Match von l auf t gibt.
b) Gibt es solch einen Match, so ist er aus l und t berechenbar.
c) Gilt $\sigma_1(l) \equiv t \equiv \sigma_2(l)$, so gilt $\sigma_1(x) \equiv \sigma_2(x)$ für alle $x \in Var(l)$, d.h., der Match von l auf t ist eindeutig.

Beweis: Ist $\sigma(l) \equiv t$, so muß für jedes $x \in Var(l)$ und jedes $p \in O(l)$ mit $x \equiv l/p$ gelten: $p \in O(t)$ und $\sigma(x) \equiv t/p$. Gibt es also ein $p \in O(l)$ mit $l/p \in V$ und $p \notin O(t)$, so gibt es keinen Match von l auf t. Sonst wähle man zu jedem $x \in Var(l)$ ein $p_x \in O(l)$, so daß $x \equiv l/p_x$ gilt, und setze $\sigma = \{x \leftarrow t/p_x \mid x \in Var(l)\}$. Gilt $\sigma(l) \equiv t$, so ist der eindeutige Match gefunden. Gilt dies nicht, so gibt es keinen Match von l auf t. $\square$

Beispiel 3.4.3 $l \equiv f(x, g(x, y))$ $t_1 \equiv f(a, g(a, h(b)))$ $t_2 \equiv f(a, g(b, h(b)))$
Es ist $\sigma = \{x \leftarrow a, y \leftarrow h(b)\}$ der Match von l auf t_1, d.h., es gilt $\sigma(l) \equiv t_1$. Es gibt keinen Match von l auf t_2: Die Variable x kommt in l an den Stellen $p_1 = 1$ und $p_2 = 21$ vor, es ist aber $t_2/p_1 \equiv a \not\equiv b \equiv t_2/p_2$. Daher gilt $\sigma(l) \not\equiv t_2$ für jede Substitution σ.

Wegen Lemma 3.4.2 ist es entscheidbar, ob s mit der Regel $l \to r$ reduzierbar ist. Ist R endlich, so ist $\Delta(s) = \{t \mid s \longrightarrow_R t\}$ endlich und aus s und R berechenbar. Also sind alle t berechenbar, auf die sich s in einem Schritt mit R reduzieren läßt.

Wir führen hier zwei Quasiordnungen ein, die später noch benötigt werden. Wir führen außerdem die Teiltermordnung ein.

Definition 3.4.4
a) $t >_{TT} s$ gdw s ist ein echter Teilterm von t.
b) $t \succeq s$ gdw es gibt eine Substitution σ mit $t \equiv \sigma(s)$.
c) $t \trianglerighteq s$ gdw es gibt σ und $p \in O(t)$ mit $t/p \equiv \sigma(s)$.
Es heißt $>_{TT}$ die Teiltermordnung, $\succeq$ die Subsumptionsordnung *und* $\trianglerighteq$ *die* Umschließungsordnung.

Mit der Umschließungsordnung kann man offenbar die Reduzierbarkeit charakterisieren. Ein Term t läßt sich genau dann mit einer Regel $l \to r$ reduzieren, wenn $t \trianglerighteq l$ gilt.

Beachte:
a) $t \succeq s$ impliziert $t \trianglerighteq s$.
b) $t \succeq s \wedge s \succeq t$ gdw $t \trianglerighteq s \wedge s \trianglerighteq t$ gdw es gibt eine Variablenumbenennung ξ mit $s \equiv \xi(t)$.
c) $\succeq$ und $\trianglerighteq$ sind Noethersche Quasiordnungen auf $Term(F, V)$.

Wir geben eine Beweisidee zu c) an: Betrachte $\varphi : Term(F, V) \to \mathbb{N}$ mit $\varphi(t) = |t| - \|Var(t)\|$. Dabei ist $|t|$ die Länge von t und $\|Var(t)\|$ die Anzahl der Variablen in t. Dann gilt $s \rhd t \curvearrowright \varphi(s) > \varphi(t)$. Also ist $\trianglerighteq$ Noethersch. Wegen $\succ \subseteq \trianglerighteq$ ist dann auch $\succ$ Noethersch.

3.4.2 Unifikation

Wir suchen jetzt einen kürzesten Term s, der mit zwei Regeln $l_1 \to r_1$ und $l_2 \to r_2$ gleichzeitig reduzierbar ist. Dies führt später zu *kritischen Paaren*, die für den Konfluenztest benötigt werden. Das hier zu lösende Problem führt zum Unifikationsproblem.

Beispiel 3.4.5 *Betrachte die Regeln $(x' \cdot y') \cdot z' \to x' \cdot (y' \cdot z')$ und $x \cdot x^{-1} \to 1$. Es gilt:*

a) $(x \cdot x^{-1}) \cdot z$ b) $(x \cdot y) \cdot (x \cdot y)^{-1}$

       $1 \cdot z$ $x \cdot (x^{-1} \cdot z)$ 1 $x \cdot (y \cdot (x \cdot y)^{-1})$

Im Fall a) sind die Terme $l_1 \equiv (x' \cdot y')$ und $l_2 \equiv x \cdot x^{-1}$ unifizierbar mit $\sigma = \{x' \leftarrow x, \ y' \leftarrow x^{-1}\}$, d.h., es gilt $\sigma(l_1) \equiv \sigma(l_2)$. Im Fall b) sind $(x' \cdot y') \cdot z'$ und $x \cdot x^{-1}$ unifizierbar mit $\sigma = \{x \leftarrow x \cdot y, \ x' \leftarrow x, \ y' \leftarrow y, \ z' \leftarrow (x \cdot y)^{-1}\}$.

Offenbar führen solche Situationen zu lokalen Divergenzen von $\longrightarrow \ = \ \longrightarrow_R$. Wir werden später zeigen, daß sich so alle kritischen lokalen Divergenzen von R beschreiben lassen.

Zunächst betrachten wir das Unifikationsproblem und übertragen dazu die Subsumptionsordnung auf Substitutionen.

Definition 3.4.6 *Sei $V' \subseteq V$, und seien σ, τ Substitutionen. Die Relationen $=, \succeq, \approx$ und $\succ$ sind definiert durch*

$$\sigma = \tau(V') \ gdw \ \sigma(x) = \tau(x) \ \textit{für alle } x \in V'$$
$$\sigma \succeq \tau(V') \ gdw \ \textit{es gibt } \rho \ \textit{mit } \rho \circ \tau = \sigma(V')$$
$$\sigma \approx \tau(V') \ gdw \ \sigma \succeq \tau(V') \ \textit{und } \tau \succeq \sigma(V')$$
$$\sigma > \tau(V') \ gdw \ \sigma \succeq \tau(V'), \ \textit{aber nicht } \sigma \approx \tau(V')$$

τ heißt allgemeiner *als* σ *auf* V', *falls* $\sigma \succeq \tau(V')$. *Wir lassen die Angabe* (V') *weg, wenn* $V' = V$ *gilt.*

Beispiel 3.4.7 *Sei* $V' = \{x, z\}$

a) *Ist* $\sigma = \{x \leftarrow f(y)\}$ *und* $\tau = \{x \leftarrow f(g(z,z)), z \leftarrow f(y)\}$, *dann gilt* $\tau \succeq \sigma(V')$. *Es ist nämlich* $\rho \circ \sigma = \tau(V')$ *mit* $\rho = \{y \leftarrow g(z,z), z \leftarrow f(y)\}$.

b) *Die Substitutionen* $\sigma = \{x \leftarrow a\}, \tau = \{x \leftarrow b\}$ *sind* $\succeq$-*unvergleichbar.*

Beachte:

a) $\succeq$ ist eine Noethersche Quasiordnung.

b) Ist $\sigma \approx \tau(V')$, so gibt es eine Variablenumbenennung ξ mit $\xi \circ \sigma = \tau$.

Wir kommen jetzt zur Definition des Unifikationsproblems.

Definition 3.4.8 (Unifikation, allgemeinster Unifikator) *Gegeben seien* s, t *aus* $Term(F, V)$. *Gibt es eine Substitution* σ *mit* $\sigma(s) \equiv \sigma(t)$, *so heißen* s, t unifizierbar *und* σ *ein* Unifikator. *Gilt* $\tau \succeq \sigma(Var(s) \cup Var(t))$ *für alle Unifikatoren* τ *von* s *und* t, *so heißt* $\sigma = mgu(s, t)$ *ein* allgemeinster Unifikator *zu* s *und* t.

Wir werden zeigen, daß es einen allgemeinsten Unifikator σ zu s, t gibt, wenn s und t unifizierbar sind. Dann ist die Menge aller Unifikatoren von s und t gegeben durch $\{\rho \circ \sigma \mid \rho$ eine Substitution $\}$. Sind σ, τ allgemeinste Unifikatoren von s, t, so gilt $\sigma \approx \tau(V')$ mit $V' = Var(s) \cup Var(t)$. Der mgu ist also (im wesentlichen) eindeutig, falls er existiert.

Beispiel 3.4.9

a) $s \equiv f(x, a)$, $t \equiv f(x, y)$. *Es ist* $\tau = \{x \leftarrow a, y \leftarrow a\}$ *ein Unifikator. Allgemeinste Unifikatoren sind* $\sigma_1 = \{y \leftarrow a\}$ *und* $\sigma_2 = \{x \leftarrow z, y \leftarrow a\}$.

b) $s \equiv f(x, y)$, $t \equiv f(g(y), g(z))$. *Ein allgemeinster Unifikator ist* $\sigma = \{x \leftarrow g(g(z)), y \leftarrow g(z)\}$.

Man beachte, daß die Unifikation auch als Lösen von Gleichungen aufgefaßt werden kann: Wir schreiben eine zu lösende Gleichung in der Form $s =^? t$. Sei $\{x_1, \ldots, x_n\} = Var(s) \cup Var(t)$. Es ist die Gleichung $s =^? t$ genau dann lösbar, wenn es eine Substitution $\sigma = \{x_1 \leftarrow t_1, \ldots, x_n \leftarrow t_n\}$ gibt mit $\sigma(s) \equiv \sigma(t)$, d.h., die Ersetzung der x_i durch die t_i macht s und t identisch, σ heißt dann eine Lösung von $s =^? t$.

Die folgenden Überlegungen sollen die Lösung des Unifikationsproblems vorbereiten:

(1) $s \equiv f(s_1, \ldots, s_n), t \equiv g(t_1, \ldots, t_m)$: Offenbar ist die Gleichung $s =^? t$ unlösbar, da für jedes σ die führenden Funktionssymbole von $\sigma(s)$ und $\sigma(t)$ verschieden sind.

(2) $s \equiv x, t \equiv f(t_1, \ldots, t_m), x \in Var(t)$: Offenbar ist $s =^? t$ unlösbar, denn für jedes σ ist $\sigma(s)$ ein echter Teilterm von $\sigma(t)$.

(3) $s \equiv x, t \equiv f(t_1, \ldots, t_m), x \notin Var(t)$: Offenbar ist $s =^? t$ lösbar, und $\sigma = \{x \leftarrow t\}$ ein allgemeinster Unifikator.

(4) $s \equiv f(s_1, \ldots, s_m), t \equiv f(t_1, \ldots, t_m)$: Offenbar ist σ genau dann eine Lösung von $s =^? t$, wenn σ auch eine Lösung des Gleichungssystems $s_i =^? t_i, i = 1, \ldots, n$, ist.

Wegen (4) beschäftigen wir uns nicht mit der Lösung einer Gleichung, sondern mit der Lösung von Gleichungssystemen.

Definition 3.4.10 (Unifikationsproblem)
*a) Ein Unifikationsproblem besteht aus einer Menge $E = \{s_i =^? t_i \mid i = 1, \ldots, n\}$ von Gleichungen. Sei $Var(E)$ die Menge der Variablen in den s_i, t_i. Eine Substitution σ heißt eine Lösung von E oder ein Unifikator der Paare $(s_i, t_i), i = 1, \ldots, n$, falls $\sigma(s_i) \equiv \sigma(t_i)$ für alle $i = 1, \ldots, n$ gilt. Gilt außerdem $\tau \succeq \sigma(Var(E))$ für jede Lösung τ von E, so heißt $\sigma = mgu(E)$ eine allgemeinste Lösung von E oder ein allgemeinster Unifikator der Paare $(s_i, t_i), i = 1, \ldots, n$. Sei $Sol(E)$ die Menge aller Lösungen von E.
b) Das Problem E' heißt äquivalent zu E, falls $Sol(E) = Sol(E')$ gilt. Hat E' die Form $x_j =^? t'_j, j = 1, \ldots, m$ und gilt*

$$x_i \not\equiv x_j \qquad \text{für} \quad 1 \leq i < j \leq m$$
$$x_i \notin Var(t'_j) \qquad \text{für} \quad 1 \leq i \leq j \leq m$$

so heißt E' in gelöster Form. E' heißt eine gelöste Form zu E, falls E' in gelöster Form und äquivalent zu E ist und wenn alle Variablen in den t'_j in $Var(E)$ liegen.

Das folgende Lemma rechtfertigt die Bezeichnung *gelöste Form*.

Lemma 3.4.11 *Sei E' eine gelöste Form zu E wie in obiger Definition, sei $\sigma_j = \{x_j \leftarrow t'_j\}$ und sei $\sigma = \sigma_m \circ \ldots \circ \sigma_1$. Dann ist σ eine allgemeinste Lösung zu E, also $\sigma = mgu(E)$.*

Beweis: Man zeigt durch Induktion nach k, daß $\sigma_k \circ \ldots \circ \sigma_1$ eine allgemeinste Lösung zu $E_k = \{x_j =^? t'_j \mid j = 1, \ldots, k\}$ ist. Für $k = m$ liefert dies $\sigma = mgu(E')$. Da E und E' äquivalent sind, gilt auch $\sigma = mgu(E)$. $\qquad\qquad\square$

Beispiel 3.4.12 *Sei $E = \{f(x_1, x_2) =^? f(g(x_2), g(x_3))\}$ gegeben. Es ist $E' = \{x_1 =^? g(x_2), x_2 =^? g(x_3)\}$ eine gelöste Form zu E, und es ist $\sigma = \{x_1 \leftarrow g(g(x_3)), x_2 \leftarrow g(x_3)\}$ eine allgemeinste Lösung zu E, d.h. $\sigma = mgu(E)$.*

Das folgende Inferenzsystem *Unify* enthält Regeln zur Transformation von E in eine gelöste Form S. Es arbeitet auf Paaren (E, S), wobei S stets in gelöster Form ist. Ist $E = \{s_i =^? t_i \mid i = 1, \ldots, n\}$ und σ eine Substitution, so ist $\sigma(E) = \{\sigma(s_i) =^? \sigma(t_i) \mid i = 1, \ldots, n\}$.

Definition 3.4.13 (Inferenzsystem *Unify*) *Das Inferenzsystem Unify besteht aus den folgenden Inferenzregeln:*

(1) *Löschen*

$$\frac{(E \cup \{s =^? s\}, S)}{(E, S)}$$

(2) *Zerlegen*

$$\frac{(E \cup \{g(s_1, \ldots, s_m) =^? f(t_1, \ldots, t_n)\}, S)}{UNL\ddot{O}SBAR} \qquad \text{falls } f \neq g$$

$$\frac{(E \cup \{f(s_1, \ldots, s_n) =^? f(t_1, \ldots, t_n)\}, S)}{(E \cup \{s_i =^? t_i \mid i = 1, \ldots, n\}, S)}$$

(3) *Lösen*

$$\frac{(E \cup \{x =^? t\}, S)}{(\sigma(E), S \cup \{x =^? t\})} \qquad \text{falls } x \notin Var(t), \sigma = \{x \leftarrow t\}$$

$$\frac{(E \cup \{x =^? t\}, S)}{UNL\ddot{O}SBAR} \qquad \text{falls } x \in Var(t) \text{ und } x \not\equiv t, \text{ "Occur check"}$$

Die Inferenzregel Lösen ist symmetrisch zu verstehen, sie ist also auch auf eine Gleichung der Form $t =^? x$ anwendbar.

Wir schreiben $(E, S) \vdash (E', S')$, wenn (E, S) in einem Schritt mit *Unify* in (E', S') überführt werden kann. Zur Lösung des Problems E starten wir mit $(E_0, S_0) = (E, \emptyset)$ und berechnen eine Folge (E_i, S_i) mit $(E_i, S_i) \vdash (E_{i+1}, S_{i+1})$. Wir zeigen, daß jede solche Folge mit $(E_k, S_k) = (\emptyset, S)$ endet, wobei S eine gelöste Form zu E ist, falls E lösbar ist. Ist E unlösbar, so endet die Folge mit UNLÖSBAR.

Beispiel 3.4.14

a) $E: \ f(x, g(a, b)) =^? f(g(y, b), x)$

E_i	S_i	angewandte Regel
$f(x, g(a, b)) =^? f(g(y, b), x)$	–	–
$x =^? g(y, b), x =^? g(a, b)$	–	Zerlegen
$g(y, b) =^? g(a, b)$	$x =^? g(y, b)$	Lösen
$y =^? a, b =^? b$	$x =^? g(y, b)$	Zerlegen
$b =^? b$	$x =^? g(y, b), y = a$	Lösen
–	$x =^? g(y, b), y = a$	Löschen

Es ist $\sigma = mgu(E) = \{y \leftarrow a, x \leftarrow g(a, b)\}$

b) $E: f(x,y) = f(x,y)$

E_i	S_i	angewandte Regel
$f(x,y) =^? f(x,y)$	–	–
–	–	Löschen

Es ist $\sigma = mgu(E)$ die Identität.

c) $E: x =^? f(y), y =^? g(z), z =^? f(x)$

E_i	S_i	angewandte Regel
$x =^? f(y), y =^? g(z), z =^? f(x)$	–	–
$y =^? g(z), z =^? f(f(y))$	$x =^? f(y)$	Lösen
$z =^? f(f(g(z)))$	$x =^? f(y), y = g(z)$	Lösen
	UNLÖSBAR	Lösen

Lemma 3.4.15 *Jede Folge $(E, \emptyset) \vdash (E_1, S_1) \vdash (E_2, S_2) \vdash \ldots$ bricht ab; entweder mit UNLÖSBAR, dann ist E unlösbar, oder mit $(E_k, S_k) = (\emptyset, S)$, dann ist S eine gelöste Form zu E.*

Beweis: Eine Induktion nach i zeigt: (i) $E_i \cup S_i$ ist äquivalent zu $E_{i+1} \cup S_{i+1}$. (ii) Ist $x =^? t$ in S_i, so ist $x \notin Var(E_i)$. (iii) S_i ist in gelöster Form. Ist E unlösbar, so kann die Folge nicht mit $(E_k, S_k) = (\emptyset, S)$ enden, da S lösbar ist. Ist E lösbar, so kann sie nicht mit UNLÖSBAR abbrechen, da UNLÖSBAR nur erzeugt werden kann, wenn $E_i \cup S_i$ unlösbar ist. Die Folge kann dann auch nicht abbrechen, wenn $E_i \neq \emptyset$ gilt, da stets eine Regel anwendbar ist. Es bleibt also noch zu zeigen, daß keine unendliche Rechnung möglich ist.

Wir ordnen jedem Unifikationsproblem E die Multimenge $M(E) = \{s, t \mid s =^? t \text{ in } E\}$ zu. Mit der Teiltermordnung $>_{TT}$ definieren wir dann die Partialordnung $>_0$ auf den Unifikationsproblemen durch

$$E >_0 E' \quad \text{gdw} \quad \begin{aligned} &\|Var(E)\| > \|Var(E')\| \text{ oder} \\ &\|Var(E)\| = \|Var(E')\|, M(E) \gg_{TT} M(E'). \end{aligned}$$

Dann ist $>_0$ eine Noethersche Partialordnung und aus $(E, S) \vdash (E', S)$ folgt $E >_0 E'$. Also sind im Inferenzsystem *Unify* keine unendlichen Rechnungen möglich. $\qquad\square$

Das Inferenzsystem *Unify* legt keine Kontrolle über die Anwendung der Regeln fest. Die Effizienz eines konkreten Unifikationsalgorithmus hängt natürlich stark von einer geeigneten Kontrolle ab.

Im System *Unify* wird die Lösung S in kompakter Form erzeugt. Ersetzt man "Lösen" durch

$$\text{(L)} \qquad \frac{(E \cup \{x =^? t\}, S)}{(\sigma(E), \sigma(S) \cup \{x = t\})} \qquad \text{falls } x \notin Var(t), \sigma = \{x \leftarrow t\},$$

so entstehen in S sehr lange Terme. Im Beispiel
$$E: \quad f(x_1, \ldots, x_n) =^? f(g(x_0, x_0), \ldots, g(x_{n-1}, x_{n-1}))$$

erzeugt *Unify* die "kurze" Lösung

$$S: \quad x_i = g(x_{i-1}, x_{i-1}), \quad i = n, \ldots, 1$$

und zeigt, daß E lösbar ist. Die modifizierte Regel (L) erzeugt

$$S': \quad x_i = t_i, \quad i = 1, \ldots, n$$

mit $t_1 \equiv g(x_0, x_0), t_{i+1} \equiv g(t_i, t_i)$. Die Länge von t_i wächst exponentiell mit i.

Man beachte, daß man auch die gelöste Form S' mit *Unify* erzeugen kann, wenn man zunächst $x_1 =^? g(x_0, x_0)$ aus E nach S schiebt, dann $x_2 =^? g(g(x_0, x_0), g(x_0, x_0)) \equiv t_2$ löst, bis schließlich $x_n =^? t_n$ erzeugt wird. Dieses Beispiel macht deutlich, wie die Effizienz des Verfahrens von der Kontrolle über die Anwendung der Inferenzregeln abhängt.

Wir erwähnen noch, daß das Unifikationsproblem das Matchproblem als Spezialfall umfaßt. Ist
$$E: \quad s_i =^? t_i \quad i = 1, \ldots, n$$
und sind die t_i Grundterme, so gilt: (1) Existiert $\sigma = mgu(E)$, so ist $\sigma(s_i) \equiv \sigma(t_i) \equiv t_i$, und σ ist ein Match der s_i auf die t_i. (2) Gibt es ein σ mit $\sigma(s_i) \equiv t_i$ für $i = 1, \ldots, n$, so ist $\sigma = mgu(E)$.

Beispiel 3.4.16 $E: \quad f(x, g(x, y)) =^? f(a, g(a, h(b)))$

E_i	S_i	angewandte Regel
$f(x, g(x, y)) =^? f(a, g(a, h(b)))$	–	–
$x =^? a, g(x, y) =^? g(a, h(b))$	–	Zerlegen
$g(a, y) =^? g(a, h(b))$	$x =^? a$	Lösen
$a =^? a, y = h(b)$	$x =^? a$	Zerlegen
$y = h(b)$	$x =^? a$	Löschen
–	$x =^? a, y =^? h(b)$	Lösen

Der Match von $s \equiv f(x, g(x, y))$ auf $t \equiv f(a, g(a, h(b)))$ ist $\sigma = \{x \leftarrow a, y \leftarrow h(b)\}$.

Das Matchproblem ist aber konzeptionell einfacher als das Unifikationsproblem. Aus Effizienzgründen sollte man daher für das Matchproblem einen eigenen Algorithmus implementieren und nicht den Unifikationsalgorithmus benutzen.

Übungsaufgaben

Aufgabe 3.4.1: Man prüfe, ob es einen Match von s auf t bzw. von t auf s gibt:
a) $s \equiv f(x, g(b)), \quad t \equiv f(a, y)$.
b) $s \equiv f(x, y), \quad t \equiv f(h(x, b), z)$.
c) $s \equiv f(x, h(x, y)), \quad t \equiv f(g(x), h(g(y), z))$.

Aufgabe 3.4.2: Sei R das Regelsystem
$$R: \quad (x \cdot y) \cdot z \to x \cdot (y \cdot z), \quad x \cdot x \to 1, \quad 1 \cdot x \to x$$
Man bestimme alle Normalformen zu $t \equiv (x \cdot y) \cdot (x \cdot y)$ und $s \equiv ((x \cdot x) \cdot y) \cdot y$.

Aufgabe 3.4.3: Es sei $\succeq$ die Subsumptionsordnung und $\trianglerighteq$ die Umschließungsordnung auf $Term(F, V)$. Man zeige:
a) $\trianglerighteq$ und $\succeq$ sind Noethersche Quasiordnungen.
b) Folgende Aussagen (1) - (3) sind äquivalent:
  (1) $t \succeq s$ und $s \succeq t$,
  (2) $t \trianglerighteq s$ und $s \trianglerighteq t$,
  (3) Es gibt eine Variablenumbenennung σ mit $\sigma(s) \equiv t$.

Aufgabe 3.4.4: Man teste, ob s und t unifizierbar sind und bestimme gegebenenfalls einen allgemeinsten Unifikator:
a) $s \equiv f(f(x, b), y), \quad t \equiv f(f(a, y), x)$.
b) $s \equiv f(x, y), \quad t \equiv f(f(x, b), y)$.
c) $s \equiv g(x, f(x, y), f(y, f(x, y))), \quad t \equiv g(x, y', f(z, y'))$.
d) $s \equiv g(x, f(x, y), f(y, f(x, y))), \quad t \equiv g(x, y', f(y', z))$.

Aufgabe 3.4.5: Das Unifikationsproblem
$$E : x_1 =^? t_1, \ldots, x_n =^? t_n$$
ist unlösbar, falls $x_1 \in Var(t_n), x_{i+1} \in Var(t_i)$ und $x_1 \not\equiv t_n$ gilt.

3.5   Konfluenz und Termination

3.5.1   Konfluenz

Es sollen jetzt Kriterien vorgestellt werden, unter denen ein Regelsystem R konfluent bzw. terminierend ist. Es wurde schon in Satz 3.3.8 gezeigt, daß weder die Konfluenz noch die Termination entscheidbar sind. Für die Termination werden wir uns daher auf hinreichende Kriterien beschränken. Die Konfluenz wird entscheidbar, wenn man sich auf terminierende Regelsysteme beschränkt. Dies soll hier geschehen.

Sei also R ein endliches Regelsystem, sei $\longrightarrow = \longrightarrow_R$ und sei $\longrightarrow$ terminierend. Für die Konfluenz reicht dann die lokale Konfluenz, d.h., $t_1 \longleftarrow t \longrightarrow t_2$ impliziert $t_1 \downarrow t_2$. Es gibt im allgemeinen unendlich viele solcher Tripel (t_1, t, t_2). Wir zeigen, daß man nur endlich viele *kritische Tripel* betrachten muß, um die lokale Konfluenz zu testen. Dazu werden wie in Abschnitt 2.2 systematisch die lokalen Divergenzen untersucht.

Sei

$$t \longrightarrow t_1 \quad \text{mit} \quad l_1 \to r_1, \quad \sigma_1, \quad p_1 \in O(t)$$
$$t \longrightarrow t_2 \quad \text{mit} \quad l_2 \to r_2, \quad \sigma_2, \quad p_2 \in O(t)$$

und seien o.B.d.A. $l_1 \to r_1$ und $l_2 \to r_2$ variablendisjunkt, d.h. $Var(l_1) \cap Var(l_2) = \emptyset$. Sei $\sigma = \sigma_1 \cup \sigma_2$.

Folgende Fälle sind möglich:

a) $\sigma(l_1)$ und $\sigma(l_2)$ sind disjunkte Teilterme von t. Dies ist in Abbildung 3.3 dargestellt.

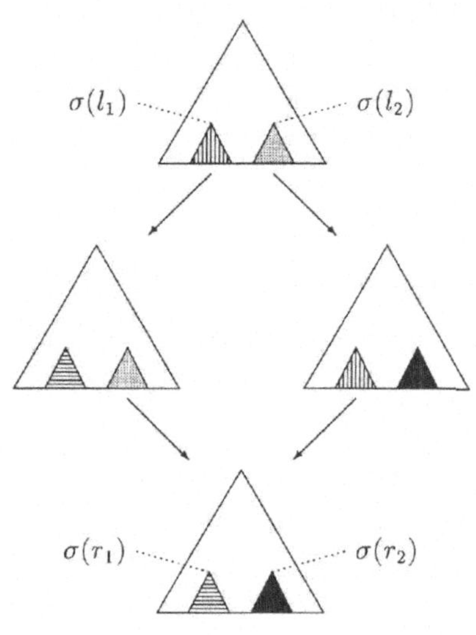

Abbildung 3.3: Divergenzanalyse, 1. Fall

Dieser Fall ist unkritisch: es gilt $t_1 \downarrow t_2$. Da sich die Teilterme $\sigma(l_1)$ und $\sigma(l_2)$ nicht überlappen, sprechen wir von einer *Nicht-Überlappung*.

b) Die Teilterme $\sigma(l_1)$ und $\sigma(l_2)$ von t überlappen sich, wir sprechen also von einer *Überlappung*. Dann ist einer Teilterm des anderen. Dies ist in Abbildung 3.4 dargestellt. Sei $\sigma(l_2)$ ein Teilterm von $\sigma(l_1)$ und sei $p_2 = p_1 p$.

Es gilt $\sigma(l_1) \equiv t/p_1$, $t_1/p_1 \equiv \sigma(r_1)$, $t_2/p_1 \equiv \sigma(l_1)[p \leftarrow \sigma(r_2)]$. Es reicht, wenn $\sigma(r_1) \downarrow \sigma(l_1)[p \leftarrow \sigma(r_2)]$ gilt; dann folgt auch $t_1 \downarrow t_2$. Beachte $\sigma(l_2) \equiv \sigma(l_1)/p$. Ist $p \in O(l_1)$, so gilt $\sigma(l_2) \equiv \sigma(l_1)/p \equiv \sigma(l_1/p)$, und es sind l_2 und l_1/p unifizierbar. Ist l_1/p keine Variable, so sprechen wir von einer *echten Überlappung*. Ist $p \notin O(l_1)$ oder $p \in O(l_1)$ und l_1/p eine Variable, so sprechen wir von einer *Variablenüberlappung*. Es zeigt sich, daß nur die echten Überlappungen für den Konfluenztest wichtig sind.

Definition 3.5.1 (Kritische Paare) *Seien $l_1 \to r_1$ und $l_2 \to r_2$ zwei Regeln mit $Var(l_1) \cap Var(l_2) = \emptyset$. Es gebe ein $p \in O(l_1)$, so daß $l_1/p \notin V$ und $\sigma = mgu(l_1/p, l_2)$*

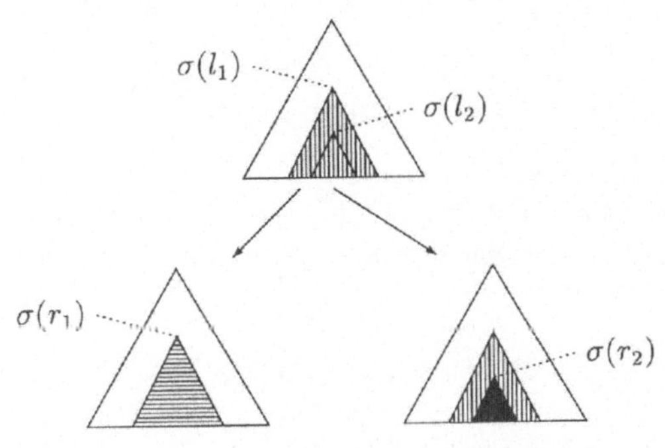

Abbildung 3.4: Divergenzanalyse, 2. Fall

existiert. Weiter sei entweder $p \neq \lambda$ oder die eine Regel nicht Variante der anderen Regel. Dann heißt

$$\langle \sigma(r_1), \sigma(l_1)[p \leftarrow \sigma(r_2)] \rangle$$

ein kritisches Paar von $l_2 \to r_2$ auf $l_1 \to r_1$. Sei $CP(R)$ die Menge der kritischen Paare, die man mit (variablendisjunkten Varianten von) Regeln aus R bilden kann.

Man beachte: Die Forderung, daß $Var(l_1) \cap Var(l_2) = \emptyset$ ist, läßt sich durch Anwendung einer Variablenumbenennung ξ stets erreichen. Es kann eine Überlappung einer Regel mit sich selbst geben. Eine Regel überlappt sich stets mit sich selbst bei $p = \lambda$. Da dies aber nur eine triviale Divergenz $r \longleftarrow l \longrightarrow r$ erzeugt, wird diese Situation in obiger Definition ausgeschlossen. Hier ist die Variablenbedingung $Var(r) \subseteq Var(l)$ wichtig. Würde man auch Regeln der Form $f(x) \to g(x, y)$ zulassen, so müßte man auch die lokale Divergenz $g(x, z) \longleftarrow f(x) \longrightarrow g(x, y)$ betrachten.

Beispiel 3.5.2

a) $f(f(x, y), z) \to f(x, f(y, z))$. *Diese Regel beschreibt die Assoziativität von f. Eine Variablenumbenennung liefert $f(f(x', y'), z') \to f(x', f(y', z'))$. Es ist $f(x, y)$ mit $f(f(x', y'), z')$ unifizierbar:*

$$f(f(f(x', y'), z'), z)$$

$$t_1 \equiv f(f(x', y'), f(z', z)) \qquad f(f(x', f(y', z')), z) \equiv t_2$$

Also ist $\langle t_1, t_2 \rangle$ ein kritisches Paar zur Regel mit sich selbst.

b) $(x' \cdot y') \cdot z' \to x' \cdot (y' \cdot z'), \quad x \cdot x^{-1} \to 1$
liefert die kritischen Paare $\langle 1 \cdot z, x \cdot (x^{-1} \cdot) \rangle$ und $\langle 1, x \cdot (y \cdot (x \cdot y)^{-1}) \rangle$

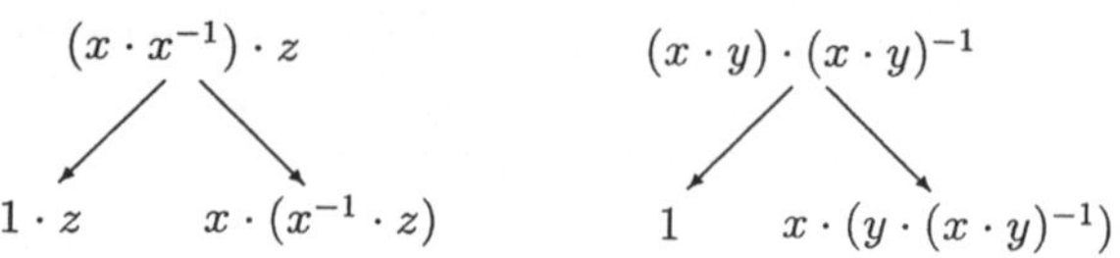

c) $f(x, g(x, a)) \to h(x) \quad h(x') \to g(x', x')$

Die einzigen Teilterme von $t \equiv f(x, g(x, a))$, die mit $h(x')$ unifizierbar sind, sind $t/1 \equiv x$ und $t/21 \equiv x$. Es gibt also kein kritisches Paar. Diese Regeln führen aber doch zu einer lokalen Divergenz. Es gibt z.B. die folgende Variablenüberlappung

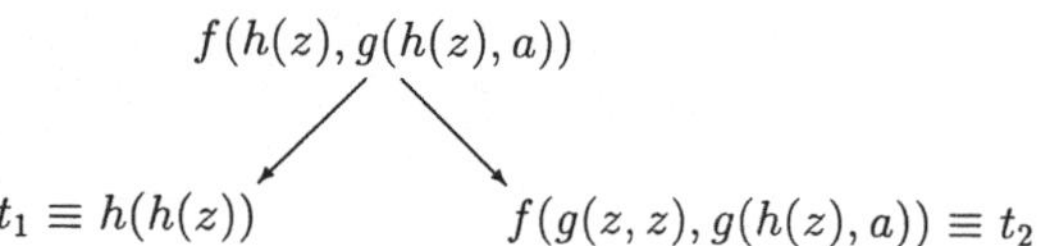

Es gilt:

$$t_2 \quad\longrightarrow\quad f(g(z,z), g(g(z,z), a)) \quad\longrightarrow\quad h(g(z,z)) \quad \text{mit der 2. und der 1. Regel}$$
$$t_1 \quad\longrightarrow\quad h(g(z,z)) \qquad\qquad\qquad\qquad\qquad\qquad \text{mit der 2. Regel}$$

also $t_1 \downarrow t_2$. Das Paar $\langle t_1, t_2 \rangle$ ist unkritisch, es ist mit den beiden Regeln zusammenführbar.

Das folgende Lemma besagt, daß Variablenüberlappungen stets unkritisch sind: Gilt $t_1 \longleftarrow t \longrightarrow t_2$ aufgrund einer Variablenüberlappung, so gilt $t_1 \downarrow t_2$.

Lemma 3.5.3

a) Seien σ, τ Substitutionen und $x \in V$. Sei weiter

$$\sigma(y) \equiv \tau(y) \quad \text{für } y \neq x$$
$$\sigma(x) \longrightarrow \tau(x)$$

Dann gilt $\sigma(t) \overset{*}{\longrightarrow} \tau(t)$ für jeden Term t.

b) Seien $l_1 \to r_1$, $l_2 \to r_2$ zwei Regeln, sei $q \in O(l_1)$, $l_1/q \equiv x \in V, p = qq' \in O(\sigma(l_1))$ und $\sigma(l_1)/p \equiv \sigma(l_2)$. Dann gilt:

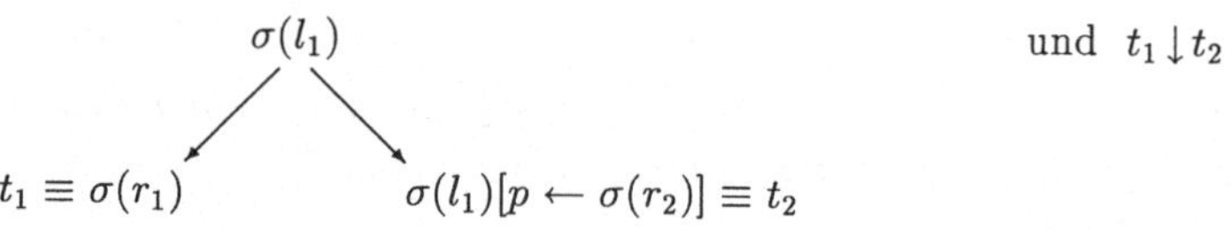

und $t_1 \downarrow t_2$

Beweis:

a) Seien $p_1, \ldots, p_n \in O(t)$ die Stellen in t mit $t/p_i \equiv x$. Setze $t_1 \equiv \sigma(t)$ und $t_{i+1} \equiv t_i[p_i \leftarrow \tau(x)]$ für $i = 1, \ldots, n$. Dann gilt: $t_i \longrightarrow t_{i+1}$ und $t_{n+1} \equiv \tau(t)$, also $\sigma(t) \equiv t_1 \overset{*}{\longrightarrow} t_{n+1} \equiv \tau(t)$.

b) Wir wenden a) an mit $\tau(x) \equiv \sigma(x)[q' \leftarrow \sigma(r_2)]$. Dies liefert $t_2 \equiv \sigma(l_1)[p \leftarrow \sigma(r_2)] \overset{*}{\longrightarrow}_{a)} \tau(l_1) \longrightarrow_{l_1 \to r_1} \tau(r_1)$ und $t_1 \equiv \sigma(r_1) \overset{*}{\longrightarrow}_{a)} \tau(r_1)$. Also gilt $t_1 \downarrow t_2$. (Man vergleiche dies mit dem letzten Beispiel, Teil c).) $\qquad\qquad\square$

Wir zeigen jetzt, daß sich alle lokalen Divergenzen zu R mit den kritischen Paaren in $CP(R)$ beschreiben lassen: Das Lemma 3.5.4 besagt, daß R genau dann lokal konfluent ist, wenn alle Paare in $CP(R)$ zusammenführbar sind. Beachte, daß $CP(R)$ ein Gleichungssystem ist, damit ist $\longleftrightarrow_{CP(R)} = \vdash_{CP(R)}$ erklärt.

Lemma 3.5.4 (Kritisches-Paar-Lemma, Knuth-Bendix [KB70]) *Sei R ein Regelsystem. Aus $t_1 \longleftarrow t \longrightarrow t_2$ folgt $t_1 \downarrow t_2$ oder $t_1 \longleftrightarrow_{CP(R)} t_2$.*

Beweis: Sei $Var(l_1) \cap Var(l_2) = \emptyset$ und

$$t \longrightarrow t_1 \quad \text{mit} \quad l_1 \rightarrow r_1, \quad p_1 \in O(t), \quad \sigma$$
$$t \longrightarrow t_2 \quad \text{mit} \quad l_2 \rightarrow r_2, \quad p_2 \in O(t), \quad \sigma$$

a) Sei $p_1 \mid p_2$. Dann ergibt sich die in Abbildung 3.5 dargestellte Situation und es gilt $t_1 \downarrow t_2$, wie früher gezeigt.

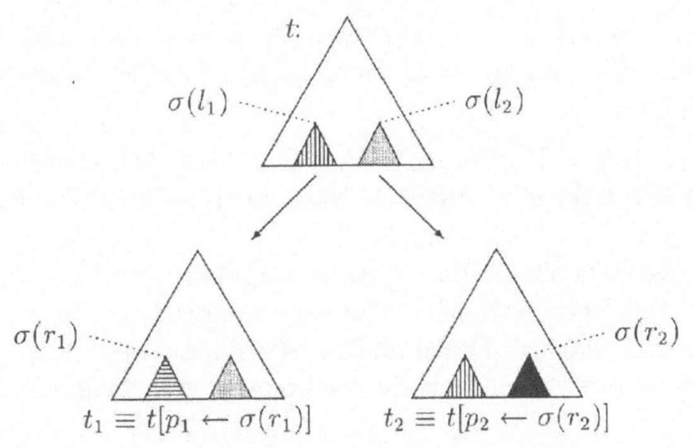

Abbildung 3.5: Beweis zu Lemma 3.5.4, 1. Fall

b) Sei p_1 Anfangswort von p_2, etwa $p_2 = p_1 p$. Dann ist t/p_2 ein Teilterm von t/p_1, also ergibt sich die in Abbildung 3.6 dargestellte Situation.

Sei $s_1 \equiv t_1/p_1, s_2 \equiv t_2/p_1, s \equiv t/p_1 \equiv \sigma(l_1)$. Wir zeigen $s_1 \downarrow s_2$ oder $s_1 \longleftrightarrow_{CP(R)} s_2$, dann gilt auch $t_1 \downarrow t_2$ oder $t_1 \longleftrightarrow_{CP(R)} t_2$.

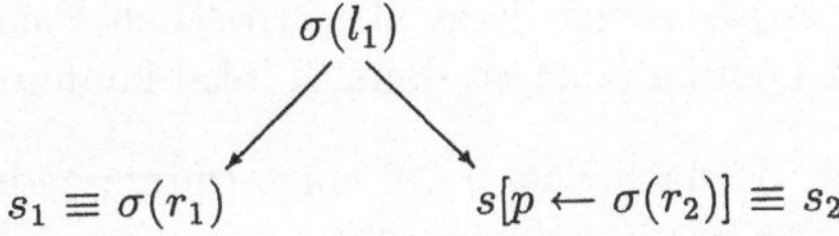

b1) Sei $p \in O(l_1)$ und l_1/p keine Variable. Dann ist $\sigma(l_1)/p \equiv \sigma(l_1/p) \equiv \sigma(l_2)$ und $\tau = mgu(l_1/p, l_2)$ existiert, also gibt es ein σ' mit $\sigma = \sigma' \circ \tau$. Es ist $\langle u, v \rangle \equiv \langle \tau(r_1), \tau(l_1)[p \leftarrow \tau(r_2)] \rangle \in CP(R)$. Hieraus folgt: $s_1 \equiv \sigma(r_1) \equiv \sigma'(\tau(r_1)) \longleftrightarrow_{CP(R)}$

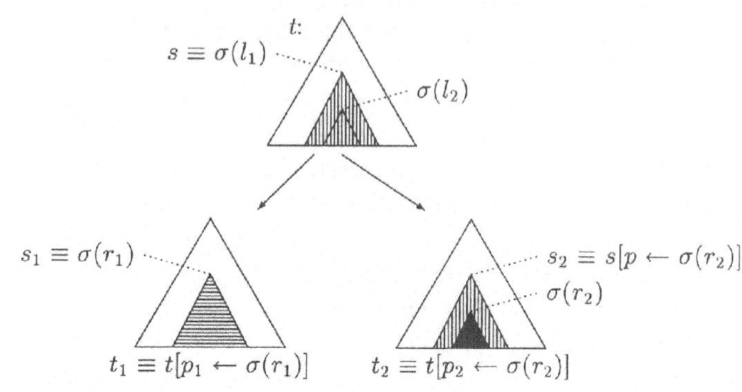

Abbildung 3.6: Beweis zu Lemma 3.5.4, 2. Fall

$\sigma'(\tau(l_1[p \leftarrow r_2])) \equiv \sigma(l_1[p \leftarrow r_2])) \equiv s_2$. Ist $p = \lambda$ und sind die beiden Regeln Varianten voneinander, so gilt zwar nicht $\langle u, v \rangle \in CP(R)$, aber $u \equiv v$. Dies liefert $s_1 \equiv s_2$, also $s_1 \downarrow s_2$.

b2) Sei $p \in O(l_1)$, $l_1/p \in V$ oder $p \notin O(l_1)$: Dann läßt sich p zerlegen in $p = qq'$ mit $q \in O(l_1)$, $l_1/q \equiv x \in V$, $q' \in O(\sigma(x))$. Nach Lemma 3.5.3 Teil b) gilt $s_1 \downarrow s_2$. $\qquad\square$

Der folgende Satz ist zentral für das weitere Vorgehen. Er bildet die Grundlage für den Konfluenztest von Regelsystemen. Wir sagen, daß R ein *lineares Regelsystem* ist, wenn jede Regel in R linear ist. Dabei heißt $l \rightarrow r$ linear, wenn $|l|_x \leq 1$ und $|r|_x \leq 1$ für alle $x \in Var(l)$ ist, also keine Variable in l oder r mehrfach auftritt.

Satz 3.5.5
a) Ein Regelsystem R ist genau dann lokal konfluent, wenn alle Paare $\langle t_1, t_2 \rangle$ aus $CP(R)$ in R zusammenführbar sind.
b) Ein terminierendes Regelsystem R ist genau dann konfluent, wenn alle Paare $\langle t_1, t_2 \rangle$ aus $CP(R)$ in R zusammenführbar sind.
c) Ein lineares Regelsystem R mit $CP(R) = \emptyset$ ist konfluent.

Beweis:

a) Sei R lokal konfluent. Ist $\langle t_1, t_2 \rangle$ ein kritisches Paar, so gibt es ein t mit $t_1 \longleftarrow t \longrightarrow t_2$, also gilt $t_1 \downarrow t_2$. Seien jetzt alle kritischen Paare $\langle t_1, t_2 \rangle \in CP(R)$ zusammenführbar. Nach Lemma 3.5.4 ist dann R lokal konfluent.

b) Dies folgt aus a), da nach Satz 1.2.9 ein terminierendes Regelsystem genau dann konfluent ist, wenn es lokal konfluent ist.

c) Wir zeigen, daß $\longrightarrow$ streng konfluent ist, dann folgt die Behauptung aus Satz 1.2.11. Sei $t_1 \longleftarrow t \longrightarrow t_2$; wir zeigen, daß es ein u gibt mit $t_1 \xrightarrow{\leq 1} u \xleftarrow{\leq 1} t_2$. Wegen

$CP(R) = \emptyset$ gibt es keine echte Überlappung, also ist $t_1 \longleftarrow t \longrightarrow t_2$ entweder eine Nicht-Überlappung oder eine Variablenüberlappung. Ist $t_1 \longleftarrow t \longrightarrow t_2$ eine Nicht-Überlappung, so gibt es offensichtlich ein u mit $t_1 \overset{\leq 1}{\longrightarrow} u \overset{\leq 1}{\longleftarrow} t_2$. Ist $t_1 \longleftarrow t \longrightarrow t_2$ eine Variablen-Überlappung, so zeigt der Beweis zu Lemma 3.5.3, daß es ebenfalls ein u gibt mit $t_1 \overset{\leq 1}{\longrightarrow} u \overset{\leq 1}{\longleftarrow} t_2$. (Hier wird benutzt, daß R linear ist.) Also ist $\longrightarrow$ streng konfluent. $\qquad\square$

Das folgende Beispiel zeigt, daß in Teil b) und Teil c) die Voraussetzungen über R wichtig sind, ohne sie werden die Aussagen falsch. (In Teil c) reicht aber die Voraussetzung, daß R links-linear ist, d.h., für jede Regel $l \to r$ in R gilt $|l|_x = 1$ für alle $x \in Var(l)$. Siehe [Ros73] und [Hue80]).

Beispiel 3.5.6
$$R: \quad \begin{aligned} f(x,x) \quad &\to \quad a \\ f(x,s(x)) \quad &\to \quad b \\ a \quad\quad &\to \quad s(a) \end{aligned}$$

Es ist $CP(R) = \emptyset$, also sind alle kritischen Paare zusammenführbar. Es ist R lokal konfluent, aber nicht konfluent, denn es gilt $a \longleftarrow f(a,a) \longrightarrow f(a,s(a)) \longrightarrow b$, aber nicht $a \downarrow b$. Man beachte, daß R weder terminierend noch links-linear ist.

Lemma 3.5.7 *Zu jedem endlichen terminierenden Regelsystem R ist es entscheidbar, ob R konfluent ist.*

Beweis: Die Menge $CP(R)$ der kritischen Paare zu R ist endlich, sei etwa $CP(R) = \{\langle s_i, t_i \rangle \mid i = 1, \dots, n\}$. Es ist zu testen, ob $s_i \downarrow t_i$ für alle i gilt. Dies leistet der folgende Algorithmus:
Bilde zu jedem Paar $\langle s_i, t_i \rangle$ beliebige R-Normalformen $s_i \overset{*}{\longrightarrow}_R \widehat{s}_i$ und $t_i \overset{*}{\longrightarrow}_R \widehat{t}_i$. Gilt $\widehat{s}_i \equiv \widehat{t}_i$ für alle $i = 1, \dots, n$, so antworte "R ist konfluent", sonst antworte "R ist nicht konfluent".
Dieser Algorithmus ist korrekt. Gilt $\widehat{s}_i \equiv \widehat{t}_i$ für alle i, so sind alle kritischen Paare zusammenführbar, und R ist nach Satz 3.5.5 konfluent. Gibt es ein i mit $\widehat{s}_i \not\equiv \widehat{t}_i$, so gibt es ein s mit $s \longrightarrow s_i \overset{*}{\longrightarrow} \widehat{s}_i$ und $s \longrightarrow t_i \overset{*}{\longrightarrow} \widehat{t}_i$ und nicht $\widehat{s}_i \downarrow \widehat{t}_i$ (siehe Abbildung 3.7). Also kann R nicht konfluent sein. $\qquad\square$

Das Lemma 3.5.7 und der Algorithmus im Beweis können nicht nur für den Test verwendet werden, ob R konfluent ist. Im negativen Fall kann man auch einen Grund für die Nicht-Konfluenz finden und versuchen, diesen "Fehler" zu beheben. Beachte, daß für jedes kritische Paar $\langle t_1, t_2 \rangle \in CP(R)$ auch $t_1 =_R t_2$ gilt. Man kann also die Gleichung $t_1 = t_2$ aufnehmen, ohne die R-Gleichheit zu zerstören.

Beispiel 3.5.8

a) $R: \quad f(f(x)) \to g(x)$
Es ergibt sich

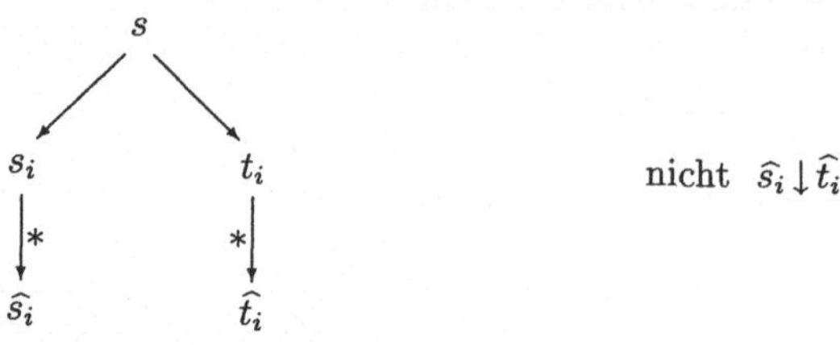

$$\text{nicht } \widehat{s_i} \downarrow \widehat{t_i}$$

Abbildung 3.7: Beweis zu Lemma 3.5.7

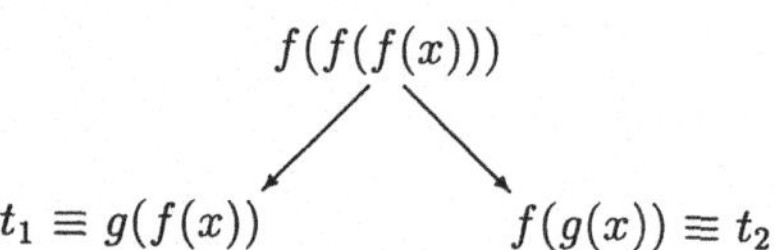

Es ist nicht $t_1 \downarrow t_2$, also ist R nicht konfluent.

b) *Füge zu R aus Beispiel a) die Regel $t_1 \to t_2$ hinzu.*
$R_1 : \quad f(f(x)) \to g(x) \quad g(f(x)) \to f(g(x))$
Es gilt i) R_1 ist terminierend (Beweis später), ii) R_1 ist äquivalent zu R, da $t_1 =_R t_2$, und iii) R_1 ist konfluent, denn die kritischen Paare sind zusammenführbar (siehe Abbildung 3.8).

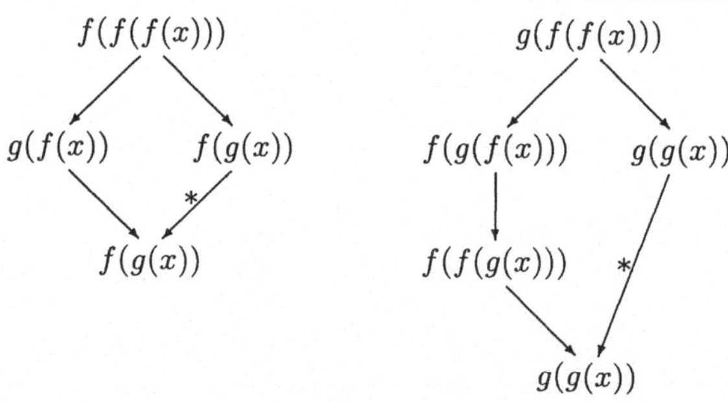

Abbildung 3.8: Konfluenztest am Beispiel

Also ist R_1 ein konvergentes Regelsystem zu $E = \{f(f(x)) = g(x)\}$. Dieses Vorgehen bildet die Grundidee für die Vervollständigung *von R zu einem konvergenten R_1.*

c) $R : \quad x + 0 \to x \quad x + s(y) \to s(x + y)$
Es ist R konfluent nach Satz 3.5.5, da $CP(R) = \emptyset$ gilt und R linear ist.
Es gilt
(i) $x + s(y + s(0)) =_R s(x + y) + s(0)$
  denn
$$x + s(y + s(0)) \longrightarrow x + s(s(y + 0)) \longrightarrow x + s(s(y)) \overset{*}{\longrightarrow} s(s(x + y))$$
$$s(x + y) + s(0) \longrightarrow s(s(x + y) + 0) \longrightarrow s(s(x + y)).$$

(ii) *Es gilt* nicht $x + y =_R y + x$, *denn sonst müßte* $x + y \downarrow y + x$ *gelten. Es sind aber beide Terme irreduzibel und verschieden.*

(iii) *Analog gilt* nicht

$$x + (y + z) =_R (x + y) + z$$
$$x + s(y) =_R s(x) + y$$
$$0 + x =_R x.$$

3.5.2 Einfache Terminationskriterien

Wir haben bisher häufig vorausgesetzt, daß R terminierend ist. Es sollen jetzt einfache Techniken besprochen werden, mit denen man die Termination von R nachweisen kann. Diese Techniken werden im Abschnitt 3.7 verfeinert.

Nach Definition 3.3.6 heißt eine Relation ρ auf $Term(F, V)$ verträglich mit Substitutionen, falls gilt: Aus $s \rho t$ folgt $\sigma(s) \rho \sigma(t)$ für alle Substitutionen σ. Sie heißt verträglich mit der Termstruktur, falls gilt: Aus $s \rho t$ und $p \in O(t_0)$ folgt $t_0[p \leftarrow s] \rho t_0[p \leftarrow t]$.

Wir verwenden diese Begriffsbildung häufig, wenn ρ eine Partialordnung $>$ ist. Dann ist ρ also transitiv. In diesem Fall reicht für die Verträglichkeit mit der Termstruktur die schwächere Bedingung

$$s \rho t \quad \curvearrowright \quad f(t_1, \dots, t_{i-1}, s, t_{i+1}, \dots, t_n) \rho f(t_1, \dots, t_{i-1}, t, t_{i+1}, \dots, t_n)$$
$$\text{für alle } f(t_1, \dots, s, \dots, t_n), f(t_1, \dots, t, \dots, t_n) \in Term(F, V).$$

Wir nennen eine Partialordnung auf $Term(F, V)$ eine *Termordnung*. Grundlage für viele Terminationskriterien ist folgender Satz.

Satz 3.5.9 *Ein Regelsystem R ist genau dann terminierend, wenn es eine Noethersche Partialordnung $>$ auf den Grundtermen $Term(F)$ gibt, die verträglich mit der Termstruktur ist, so daß gilt:*

$$\sigma(l) > \sigma(r) \quad \textit{für jede Regel } l \to r \textit{ in } R \textit{ und}$$
$$\textit{jede Grundsubstitution } \sigma \textit{ mit } Var(l) \subseteq dom(\sigma)$$

Beweis: Sei $\longrightarrow \; = \; \longrightarrow_R$.

a) Ist $\longrightarrow$ terminierend, so setze $s > t$ gdw $s \xrightarrow{+} t$ für $s, t \in Term(F)$. Dann ist $>$ eine Noethersche Partialordnung und verträglich mit der Termstruktur.

b) Sei $\sigma(l) > \sigma(r)$ für jede Regel $l \to r$ in R und jede Grundsubstitution σ. Seien s und t Grundterme. Gilt $s \longrightarrow t$ mit $l \to r, \sigma$ und $p \in O(s)$, so gilt $s/p \equiv \sigma(l)$ und $t \equiv s[p \leftarrow \sigma(r)]$. Es gilt $\sigma(l) > \sigma(r)$ und die Verträglichkeit von $>$ mit der Termstruktur liefert $s > t$. Dies zeigt

$$s \longrightarrow t \quad \curvearrowright \quad s > t \quad \text{für alle } s, t \in Term(F)$$

Wäre $\longrightarrow$ nicht terminierend, dann gäbe es eine unendliche Kette

$$t_0 \longrightarrow t_1 \longrightarrow t_2 \longrightarrow \dots$$

Es gilt $Var(t_i) \subseteq Var(t_0)$ für alle $i \geq 0$, da $Var(r) \subseteq Var(l)$ für alle $l \to r$ in R. Wähle σ so, daß $\sigma(x) \in Term(F)$ für alle $x \in Var(t_0)$ gilt. Dann gilt $\sigma(t_0) \longrightarrow$

$\sigma(t_1) \longrightarrow \sigma(t_2) \longrightarrow \ldots$ nach Lemma 3.3.5, also
$$\sigma(t_0) > \sigma(t_1) > \sigma(t_2) > \ldots$$
Dies ist ein Widerspruch, da $>$ Noethersch ist. Also ist $\longrightarrow$ terminierend. $\qquad\square$

Der Satz 3.5.9 verlangt für endliches R einen unendlichen Test, da es unendlich viele Grundsubstitutionen σ gibt. Diesen unendlichen Test kann man auf einen endlichen Test reduzieren, wenn man eine Reduktionsordnung auf allen Termen statt einer Ordnung nur auf den Grundtermen verwendet.

Definition 3.5.10 (Reduktionsordnung) *Eine* Reduktionsordnung *ist eine Partialordnung* $>$ *auf* $Term(F, V)$ *mit (1) – (3):*
(1) $>$ ist Noethersch,
(2) $>$ ist verträglich mit Substitutionen,
(3) $>$ ist verträglich mit der Termstruktur.

In der Literatur heißt die Verträglichkeit mit Substitutionen auch Stabilität und die Verträglichkeit mit der Termstruktur auch Monotonie.

Satz 3.5.11 *Ein Regelsystem R ist genau dann Noethersch, wenn es eine Reduktionsordnung $>$ gibt mit*
$$l > r \quad \text{für alle} \quad l \to r \text{ in } R.$$

Beweis: Der Beweis verläuft fast wörtlich wie der zu Satz 3.5.9. $\qquad\square$

Wir sagen, daß R mit $>$ *verträglich* ist, wenn $l > r$ für alle $l \to r$ in R gilt. Um die Termination eines Regelsystems R nachzuweisen, reicht es also, eine Reduktionsordnung $>$ anzugeben, mit der R verträglich ist.

Man beachte, daß es keine totalen Reduktionsordnungen gibt. So sind z.B. die Terme x, y unter keiner Reduktionsordnung $>$ vergleichbar: Wäre etwa $x > y$, so wäre $\sigma(x) > \sigma(y)$ für jede Substitution σ. Wählt man $\sigma = \{x \leftarrow y, y \leftarrow x\}$, so ergibt sich $\sigma(x) \equiv y > x \equiv \sigma(y)$. Dies ist ein Widerspruch zu $x > y$.

Es gibt verschiedene Schemata, Reduktionsordnungen zu konstruieren. Wir betrachten hier als sehr einfache Ordnungen, die Knuth-Bendix-Ordnungen (in vereinfachter Form, siehe [KB70]), weitere Ordnungen werden später besprochen. In folgender Definition bezeichnet $|t|_x$ die Anzahl, mit der die Variable x im Term t auftritt.

Definition 3.5.12 (Knuth-Bendix-Ordnung (KBO)) *Seien* $\mu \in \mathbb{N}$ *und* $\varphi : F \cup V \to \mathbb{N}$ *eine Funktion (eine* Gewichtsfunktion*) mit*
$$\varphi(x) = \mu > 0 \quad \textit{für alle } x \in V$$
$$\varphi(f) \geq \mu \qquad \textit{falls } f \textit{ 0-stellig ist}$$
$$\varphi(f) > 0 \qquad \textit{falls } f \textit{ 1-stellig ist}$$
$$\varphi(f) \geq 0 \qquad \textit{sonst}$$

Erweitere φ *zu* $\varphi : Term(F, V) \to \mathbb{N}$ *durch*

$$\varphi(f(t_1,\ldots,t_n)) = \varphi(f) + \varphi(t_1) + \ldots + \varphi(t_n)$$

Setze

$$s >_{KB} t \quad gdw \quad \varphi(s) > \varphi(t) \quad und$$
$$|s|_x \geq |t|_x \quad \text{für alle } x \in V$$

Dann heißt $>_{KB}$ *die* Knuth-Bendix-Ordnung *zu* φ.

Lemma 3.5.13 *Jede Knuth-Bendix-Ordnung ist eine Reduktionsordnung.*

Beweis:

a) $>_{KB}$ ist eine Noethersche Partialordnung auf $Term(F,V)$: Man sieht leicht, daß $>_{KB}$ irreflexiv und transitiv, also eine Partialordnung ist. Da $>$ auf $\mathbb{N}$ Noethersch ist, ist auch $>_{KB}$ Noethersch.

b) $>_{KB}$ ist verträglich mit der Termstruktur: Da $>_{KB}$ transitiv ist, reicht es, folgendes zu zeigen: Sei $t_i >_{KB} t_i'$ und $t = f(t_1,\ldots,t_i,\ldots,t_n), t' \equiv f(t_1,\ldots,t_i',\ldots,t_n)$, dann ist $t >_{KB} t'$. Wegen $t_i >_{KB} t_i'$ gilt $\varphi(t_i) > \varphi(t_i')$ und $|t_i|_x \geq |t_i'|_x$ für alle $x \in V$. Dies liefert unmittelbar $\varphi(t) > \varphi(t')$ und $|t|_x \geq |t'|_x$, also $t >_{KB} t'$.

c) $>_{KB}$ ist verträglich mit Substitutionen: Sei zunächst s ein Term und σ eine Substitution. Eine Induktion über den Aufbau von s liefert

$$\varphi(s) \geq \mu \qquad\qquad\qquad (\alpha)$$
$$\varphi(\sigma(s)) = \varphi(s) + \sum_{x \in V} (\varphi(\sigma(x)) - \mu) \cdot |s|_x \qquad (\beta)$$

Sei jetzt $s >_{KB} t$ und σ eine Substitution. Dann gilt $\varphi(s) > \varphi(t)$ und $|s|_x \geq |t|_x$ für alle $x \in V$. Die Ungleichung $|s|_x \geq |t|_x$ für alle $x \in V$ liefert unmittelbar $|\sigma(s)|_x \geq |\sigma(t)|_x$ für alle $x \in V$. Für den Nachweis von $\sigma(s) >_{KB} \sigma(t)$ muß noch $\varphi(\sigma(s)) > \varphi(\sigma(t))$ gezeigt werden. Die Gleichung (β) liefert

$$\varphi(\sigma(s)) - \varphi(\sigma(t)) = \varphi(s) - \varphi(t) + \sum_{x \in V} (\varphi(\sigma(x)) - \mu) \cdot (|s|_x - |t|_x)$$

Aus (α) folgt $\varphi(\sigma(x)) - \mu \geq 0$, und wegen $|s|_x - |t|_x \geq 0$ gilt $\varphi(\sigma(s)) - \varphi(\sigma(t)) \geq \varphi(s) - \varphi(t) > 0$. Dies liefert $\varphi(\sigma(s)) > \varphi(\sigma(t))$. $\qquad\square$

Beispiel 3.5.14 *Sei* $\varphi(f) = 1, \varphi(g) = 3, \varphi(h) = 10, \mu = 1$ *und* $>$ *die zugehörige Knuth-Bendix-Ordnung. Dann ist* $g(x) > f(f(x))$ *und* $h(f(x)) > g(g(x))$. *Also ist das folgende Regelsystem* R *Noethersch.*

$$R: \quad g(x) \quad \rightarrow \quad f(f(x))$$
$$h(f(x)) \quad \rightarrow \quad g(g(x)).$$

Übungsaufgaben

Aufgabe 3.5.1: Man teste, ob die folgenden Regelsysteme lokal konfluent sind:
a) $R_1 = \{f(f(x,y),z) \rightarrow f(x,f(y,z)), \ f(x,1) \rightarrow x, \ f(1,x) \rightarrow x\}$
b) $R_2 = R_1 \cup \{f(a,a) \rightarrow a\}$
c) $R_3 = \{eq(0,s(y)) \rightarrow false, \ eq(s(x),0) \rightarrow false, \ eq(s(x),s(y)) \rightarrow eq(x,y),$
$eq(x,x) \rightarrow true\}$

Aufgabe 3.5.2: Es seien R_1 und R_2 konfluente Regelsysteme, und es sei $R = R_1 \cup R_2$ terminierend. Gibt es kein kritisches Paar zu Regeln $l_1 \to r_1$ in R_1 und $l_2 \to r_2$ in R_2, so ist R konfluent.

Aufgabe 3.5.3: Es sei R ein lineares Regelsystem. Existiert zu jedem kritischen Paar $(t_1, t_2) \in CP(R)$ ein t_0 mit $t_1 \xrightarrow{\leq 1}_R t_0 {}_R\xleftarrow{\leq 1} t_2$, so ist R konfluent.

Aufgabe 3.5.4: Man betrachte das Regelsystem $R = \{h(x, f(x)) \to c,\ h(x, x) \to b,\ k(x) \to x,\ g(a) \to f(g(k(a)))\}$.
a) Es gilt $CP(R) = \emptyset$ und R ist nicht konfluent.
b) Ist dies ein Widerspruch zu Satz 3.5.5?

Aufgabe 3.5.5: Man zeige:
a) Die Teiltermordnung $>_{TT}$ ist keine Reduktionsordnung.
b) Gilt $R \subseteq >_{TT}$, so ist R terminierend.

Aufgabe 3.5.6: Die folgenden Regelsysteme sind mit keiner Knuth-Bendix-Ordnung verträglich:
a) $R = \{x + 0 \to x,\ x + s(y) \to s(x) + y\}$
b) $R = \{app(nil, l_2) \to l_2,\ app(x.l_1, l_2) \to x.app(l_1, l_2)\}$
c) $R = \{x \cdot 0 \to 0,\ x \cdot s(y) \to (x \cdot y) + x\}$

Aufgabe 3.5.7: Man kann die Knuth-Bendix-Ordnung, wie sie in Definition 3.5.12 angegeben ist, noch verfeinern (siehe [KB70]). Dazu sei $>$ eine Partialordnung (oder Präzedenz) auf F. Weiter sei $\varphi : F \to \mathbb{N}$ eine Gewichtsfunktion wie bisher. Definiere $>_{kbo}$ auf $Term(F, V)$ durch
$s \equiv f(s_1, \ldots, s_n) >_{kbo} t \equiv g(t_1, \ldots, t_m)$ gdw
(1) $\varphi(s) > \varphi(t)$ und $|s|_x \geq |t|_x$ für alle $x \in V$ oder
(2) $\varphi(s) = \varphi(t)$ und $|s|_x = |t|_x$ für alle $x \in V$ und
(2a) $f > g$ oder
(2b) $f = g, s_1 \equiv t_1, \ldots, s_{k-1} \equiv t_{k-1}, s_k >_{kbo} t_k$ für ein $k \leq n$.
Dann ist $>_{kbo}$ eine Reduktionsordnung.

Aufgabe 3.5.8: Man gebe eine Knuth-Bendix-Ordnung $>_{kbo}$ an mit $R \subseteq >_{kbo}$.
a) $R = \{x + 0 \to x,\ x + s(y) \to s(x + y),\ (x + y) + z \to x + (y + z)\}$
b) $R = \{app(nil, l_2) \to l_2,\ app(x.l_1, l_2) \to x.app(l_1, l_2)\}$
c) $R = \{x + 0 \to x,\ x + s(y) \to s(x) + y\}$.
Hinweis zu c): Man kann den lexikographischen Vergleich in (2b) aus Aufgabe 3.5.7 statt von links nach rechts auch von rechts nach links machen.

3.6 Die Vervollständigung nach Knuth-Bendix

Dieser Abschnitt beschreibt die wohl wichtigste Idee im Zusammenhang mit Reduktionstechniken, nämlich die Vervollständigung nach Knuth-Bendix [KB70]. Sie versucht, ein Gleichungssystem E in ein äquivalentes Regelsystem R zu transformieren, das konvergent ist. Ist dies gelungen, und ist die Reduktionsrelation $\longrightarrow\ =\ \longrightarrow_R$ berechenbar (dies gilt sicher, falls R endlich ist), so ist die E-Gleichheit entscheidbar: Es gilt ja $s =_E t$ genau dann, wenn $s\downarrow\ \equiv\ t\downarrow$ gilt und die Normalformen $s\downarrow$ und $t\downarrow$ aus s und t berechenbar sind. Startet man also mit einem endlichen Gleichungssystem E, für das die E-Gleichheit nicht entscheidbar ist, so kann es solch ein R wie eben beschrieben nicht geben. Die Vervollständigungsprozedur wird dann entweder erfolglos abbrechen oder aber unendlich lange laufen.

Trotz dieser prinzipiellen Beschränkung hat sich die Vervollständigungsprozedur von Knuth-Bendix als außerordentlich wichtig erwiesen. Der erste Grund besteht darin, daß dieses Verfahren doch in erstaunlich vielen Fällen erfolgreich hält und ein konvergentes Regelsystem R liefert. Man kann die Vervollständigung dann als ein *preprocessing* des gegebenen Gleichungssystems E betrachten: Ist R bekannt, so kann für beliebig viele Anfragen s, t sehr effizient getestet werden, ob $s =_E t$ gilt. Man beachte, daß in diesem Fall der Suchraum linearisiert ist: Man berechnet auf beliebige Weise $s\downarrow$ und $t\downarrow$ und testet, ob $s\downarrow\ \equiv\ t\downarrow$ gilt. Will man $s =_E t$ mit E direkt testen, so wird der Suchraum sehr viel komplexer sein, man benötigt Backtracking für erfolglose Äste im Suchbaum, und es besteht die Gefahr von zyklischen und redundanten Rechnungen.

Ein zweiter Grund für die Wichtigkeit der Knuth-Bendix-Vervollständigung besteht darin, daß man das Verfahren in abgewandelter, spezialisierter Form auch für andere Probleme als hier beschrieben verwenden kann. Wir kommen hierauf noch in Kapitel 4 zurück.

3.6.1 Ein einfacher Algorithmus

Die Vervollständigung beschäftigt sich, wie schon erwähnt, mit folgenden Problemen:

Eingabe: Ein Gleichungssystem E

Gesucht: Ein konvergentes Regelsystem R, äquivalent zu E.

Wir wählen folgenden Ansatz, der schon aus den Abschnitten 1.4 und 2.3 bekannt ist: Approximiere R durch eine Folge R_i von Regelsystemen mit

- $R_i\ \subseteq\ =_E$, also $\overset{*}{\longleftrightarrow}_{R_i}\ \subseteq\ =_E$

- R_i ist terminierend,

- Der *Grenzwert* R der Folge R_i ist konvergent und äquivalent zu E.

Die Termination aller R_i wird mit einer festen Reduktionsordnung $>$ gewährleistet. Der Übergang von R_i nach R_{i+1} geschieht so, daß R_{i+1} "etwas mehr" konfluent ist als R_i: Ist R_i nicht konfluent, so gibt es ein kritisches Paar $\langle t_1, t_2 \rangle$, das in R_i nicht zusammenführbar ist. Es wird in R_{i+1} eine Regel $l \to r$ hinzugefügt, so daß t_1, t_2 zusammenführbar werden.

Algorithmus 3.6.1 *Ein Primitiv-Algorithmus wäre*

1. Orientiere alle Gleichungen $s = t$ in E zu Regeln $l \to r$ in R mit $l > r$. Sind s, t unvergleichbar, so brich erfolglos ab. Das Ergebnis sei R_0.

2. $R_i \rightsquigarrow R_{i+1}$

Berechne zu jedem R_i-kritischen Paar $\langle t_1, t_2 \rangle$ R_i-Normalformen $\langle s_1, s_2 \rangle$.

Sind s_1, s_2 unvergleichbar, so brich ab. Sonst richte mit $>$ die Gleichung $s_1 = s_2$ zur Regel $l \to r$ und sammle diese Regeln in R'. Setze $R_{i+1} = R_i \cup R'$.

3. Gilt $R' = \emptyset$, so stoppe mit $R = R_i$. Sonst weiter bei 2.

Man vergleiche diesen Algorithmus mit Algorithmus 2.3.1. Es gibt wieder drei Möglichkeiten: a) Der Algorithmus stoppt mit Ausgabe R. Dann ist R konvergent und äquivalent zu E.

b) Der Algorithmus bricht erfolglos ab.

c) Der Algorithmus läuft unendlich lange. Dann ist $R = \bigcup R_i$ konvergent und äquivalent zu E.

Der Beweis ist nicht schwer: Es gilt für jedes i, daß R_i terminierend und äquivalent zu E ist. Also gilt dies auch für R. In R ist jedes kritische Paar zusammenführbar, also ist R konfluent.

Dieser Algorithmus ist sehr ineffizient. Der Grund liegt im wesentlichen darin, daß die R_i zu groß werden, es gilt ja $R_i \subseteq R_{i+1}$. Es gibt erheblich sparsamere Vervollständigungsstrategien. Aber der Beweis für die Korrektheit von speziellen Strategien ist in der Regel sehr schwer. Wir geben ein Inferenzsystem für die Vervollständigung an und zeigen, daß jede Kontrollstrategie zur Anwendung der Inferenzregeln, die *fair* ist, zu einem konvergenten R führt (oder abbricht oder unendlich lange läuft). Diese Methode wurde schon in Kapitel 1 vorgestellt. Sie wurde auch in Kapitel 2 für Wortersetzungssysteme angewendet. Der wesentliche neue Gesichtspunkt gegenüber dem Vorgehen in Abschnitt 2.3 ist, daß hier nicht nur Gleichungen, sondern auch Regeln simplifiziert werden. Das ist einerseits aus Effizienzgründen von zentraler Bedeutung, es verursacht aber andererseits erhebliche Probleme beim Beweis der Vollständigkeit des Verfahrens, siehe [Hue81]. Hier ist das Konzept der Beweistransformation, wie es in Abschnitt 1.4 eingeführt wurde, das wesentliche Hilfsmittel.

Das folgende Beispiel soll die Vorgehensweise verdeutlichen. Wir arbeiten auf Paaren (E_i, R_i) und starten mit $(E_0, R_0) = (E, \emptyset)$. Außerdem sei die Reduktionsordnung $>$ fest vorgegeben. Wir verwenden für den Übergang von (E_i, R_i) zu (E_{i+1}, R_{i+1}) folgende Regeln:

(1) Lösche eine triviale Gleichung.

(2) Simplifiziere einen Term in einer Gleichung oder einer Regel.

(3) Richte eine Gleichung zu einer Regel.

(4) Nimm ein kritisches Paar als Gleichung auf.

Dabei werden diese Regeln mit absteigender Priorität angewandt, d.h., Regel (1) hat höhere Priorität als Regel (2), diese hat höhere Priorität als Regel (3), und Regel (3) hat höhere Priorität als Regel (4). Eine simplifizierte Regel wird aus der R-Komponente gelöscht und in die E-Komponente aufgenommen.

Beispiel 3.6.2 *Sei*

$$E: \quad f(f(x)) = f(x), \quad f(f(x)) = g(x), \quad g(g(x)) = x$$
$$> \text{ die Knuth-Bendix-Ordnung zu } \varphi(f) = 2, \ \varphi(g) = 1$$

Es ergibt sich die in Abbildung 3.9 dargestellte Rechnung. Dabei ist die zu bearbeitende Gleichung bzw. Regel unterstrichen. Man beachte, daß die Regel (4) hier gar nicht verwendet wird, es reicht das Richten von Gleichungen zu Regeln und das Simplifizieren. Das Ergebnis der Rechnung ist $R = R_9 = \{f(x) \to x, \ g(x) \to x\}$, und R ist ein konvergentes Regelsystem zu E.

i	R_i	E_i
0	–	$\underline{f(f(x)) = f(x)}, \ f(f(x)) = g(x), \ g(g(x)) = x$
1	$f(f(x)) \to f(x)$	$\underline{f(f(x)) = g(x)}, \ g(g(x)) = x$
2	$f(f(x)) \to f(x)$	$\underline{f(x) = g(x)}, \ g(g(x)) = x$
3	$\underline{f(f(x)) \to f(x)}$ $f(x) \to g(x)$	$g(g(x)) = x$
4	$f(x) \to g(x)$	$\underline{g(g(x)) = x}, g(g(x)) = g(x)$
5	$f(x) \to g(x)$ $g(g(x)) \to x$	$\underline{g(g(x)) = g(x)}$
6	$f(x) \to g(x)$ $g(g(x)) \to x$	$x = g(x)$
7	$f(x) \to g(x)$ $\underline{g(g(x)) \to x}$ $g(x) \to x$	
8	$g(x) \to x$	$\underline{f(x) = x}, \underline{x = x}$
9	$f(x) \to x$ $g(x) \to x$	

Abbildung 3.9: Beispiel einer Vervollständigung

3.6.2 Das Inferenzsystem $\mathcal{P}$

Wir verallgemeinern dieses Vorgehen zu einem Inferenzsystem $\mathcal{P}$ wie in Abschnitt 1.6.
Das Inferenzsystem $\mathcal{P}$ arbeitet auf Paaren (E, R). Die Reduktionsordnung $>$ definiert
eine Noethersche Partialordnung $>_{\mathcal{P}}$ auf Beweisen, und $\mathcal{P}$ verkleinert Beweise (siehe
unten). Wir präzisieren zunächst wie in Abschnitt 1.4 den Begriff *Beweis*.

Definition 3.6.3 (Beweis) *Ein* Beweis *zu* $s =_{E\cup R} t$ *(oder ein* Beweis *zu* $s = t$ *in*
$(E, R))$ *ist eine Folge* $B = (t_0, b_1, t_1, b_2, \ldots, t_{n-1}, t_n)$ *mit* $t_i \longrightarrow t_{i+1}$ *oder* $t_{i+1} \longrightarrow t_i$
oder $t_i \vdash\!\dashv t_{i+1}$ *für alle* i, $s \equiv t_0$ *und* $t \equiv t_n$. *Weiter ist* b_i *die Begründung für den i-ten*
Beweisschritt:

$$
\begin{array}{llll}
Gilt & t_i \longrightarrow t_{i+1} & mit \quad l \to r \; in \; R, \quad p \in O(t_i), & so \; ist \; b_{i+1} = (l \to r, p). \\
Gilt & t_{i+1} \longrightarrow t_i & mit \quad l \to r \; in \; R, \quad p \in O(t_{i+1}), & so \; ist \; b_{i+1} = (r \leftarrow l, p). \\
Gilt & t_i \vdash\!\dashv t_{i+1} & mit \quad u = v \; in \; E, & so \; ist \; b_{i+1} = (u = v, -).
\end{array}
$$

Gilt $t_0 \longrightarrow t_1 \longrightarrow \ldots \longrightarrow t_i \longleftarrow \ldots \longleftarrow t_{n-1} \longleftarrow t_n$, *so heißt* B *ein* V-Beweis. *Ist*
$n = 0$, *so heißt* B *ein* leerer Beweis.

Wir benutzen die Bezeichnungen von Kapitel 1: Sind $B = (t_0, b_1, t_1, \ldots, b_n, t_n)$ und
$B' = (t'_0, b'_1, \ldots, b'_m, t'_m)$ zwei Beweise mit $t_0 \equiv t'_0$ und $t_n \equiv t'_m$, so heißen B und B'
äquivalent. Sie sind dann Beweise für $t_0 = t_n$. Die Beweise sind *gleich*, also $B = B'$,
falls gilt $n = m$, $t_i \equiv t'_i$ für alle $0 \le i \le n$ und $b_i = b'_i$ für $1 \le i \le n$.

Dem Inferenzsystem $\mathcal{P}$ liegt folgende Idee zugrunde: Es ist ja das Ziel, zu jedem Beweis
einen äquivalenten V-Beweis zu finden. Sei also (in abgekürzter Schreibweise)

$$
B: \quad t_0 \vdash\!\dashv_1 t_1 \vdash\!\dashv_2 t_2 \vdash\!\dashv_3 \ldots \vdash\!\dashv_n t_n, \quad \vdash\!\dashv_i \in \{\vdash\!\dashv, \longrightarrow, \longleftarrow\}
$$

ein Beweis in (E, R). Ist B schon ein V-Beweis, so ist nichts mehr zu tun. Ist B kein
V-Beweis, so enthält er einen Teilbeweis B' der Form

$$
t_i \vdash\!\dashv t_{i+1} \quad oder \quad t_{i-1} \longleftarrow t_i \longrightarrow t_{i+1}
$$

Wir nennen Teilbeweise der ersten Form *E-Schritte* und der zweiten Form *Spitzen*. Wir
veranschaulichen die Begriffe E-Schritt, Spitze und V-Beweis noch im Bild:

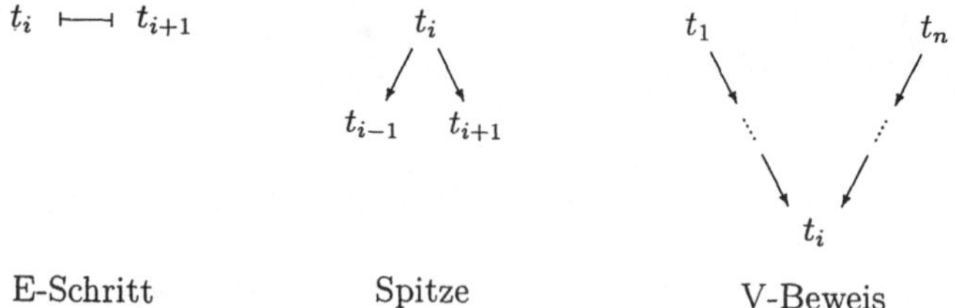

Es wird jetzt $\mathcal{P}$ so konstruiert, daß solche unerwünschten Teilbeweise durch bezüglich
$>_{\mathcal{P}}$ kleinere Beweise ersetzt werden können. Damit wird auch B kleiner. Da die
Beweisordnung Noethersch ist, kann kein Beweis unendlich oft verkleinert werden. Die

Beweisordnung garantiert, daß kleinste Beweise V-Beweise sind. So wird schließlich jeder Beweis in einen V-Beweis transformiert. Wenn das erreicht ist, ist das gesuchte konvergente Regelsystem gefunden. Wir präzisieren diese Überlegungen.

Definition 3.6.4 (Inferenzsystem $\mathcal{P}$) *Sei $>$ eine Reduktionsordnung. Das Inferenzsystem $\mathcal{P} = \mathcal{P}_>$ besteht aus folgenden Regeln:*

(P1) *Orientieren:*

$$\frac{(E \cup \{s \doteq t\}, R)}{(E, R \cup \{s \to t\})} \quad falls\ s > t$$

(P2) *Generieren:*

$$\frac{(E, R)}{(E \cup \{s = t\}, R)} \quad falls\ s\ {}_R\!\longleftarrow u \longrightarrow_R t$$

(P3) *Simplifizieren einer Gleichung:*

$$\frac{(E \cup \{s \doteq t\}, R)}{(E \cup \{u = t\}, R)} \quad falls\ s \longrightarrow_R u$$

(P4) *Löschen:*

$$\frac{(E \cup \{s = s\}, R)}{(E, R)}$$

(P5) *Simplifizieren einer rechten Seite:*

$$\frac{(E, R \cup \{s \to t\})}{(E, R \cup \{s \to u\})} \quad falls\ t \longrightarrow_R u$$

(P6) *Simplifizieren einer linken Seite*

$$\frac{(E, R \cup \{s \to t\})}{(E \cup \{u = t\}, R)} \quad falls\ s \longrightarrow_R u\ mit\ l \to r\ in\ R\ und\ s \rhd l$$

Wir schreiben $(E, R) \vdash_\mathcal{P} (E', R')$, wenn man (E', R') aus (E, R) in einem $\mathcal{P}$-Schritt herleiten kann.

Wir machen hier einige Bemerkungen zu dem Inferenzsystem $\mathcal{P}$:

a) $s \doteq t$ steht für $s = t$ oder $t = s$.

b) Regel (P2) wird in der Praxis angewendet mit $\langle s, t \rangle \in CP(R)$.

c) Ausgeschlossen vom Simplifizieren einer linken Seite in Regel (P6) ist der Fall $s \to t$ und $l \to r$ mit $s \equiv \rho(l)$, ρ ist eine Variablenumbenennung. Dies würde Beweise im allgemeinen nicht verkleinern. Insbesondere wird ausgeschlossen, daß $l \to r$ die Regel $s \to t$ ist. Ist etwa $l \to r$ die Regel $f(x) \to g(x)$, so kann man mit ihr die Regel $f(x) \to h(x)$ nicht simplifizieren. Man kann mit ihr aber die Regeln $g(f(x)) \to h(x)$ und $f(g(x)) \to h(x)$ simplifizieren, und zwar in beiden Fällen zur Gleichung $g(g(x)) = h(x)$.

Offenbar ist dieses Inferenzsystem eine Verfeinerung des Inferenzsystems, das in Abschnitt 1.4 auf dem abstrakten Niveau der unstrukturierten Grundmenge $\mathcal{E}$ beschrieben wurde. Es sind die Simplifikationsregeln (P5) und (P6) neu hinzugekommen; sie erlauben es, redundante Information zu löschen (es wird eine neue Regel bzw. Gleichung erzeugt und gleichzeitig eine alte gelöscht). Diese Regeln sind für die Vollständigkeit und Korrektheit der Transformation nicht nötig, sie führen bei praktischen Rechnungen aber zu enormen Effizienzsteigerungen und sind daher für Implementierungen besonders wichtig. Andererseits zerstören sie die Eigenschaft, daß bei der Vervollständigung $R_i \subseteq R_{i+1}$ gilt. Dies führt zu Schwierigkeiten beim Beweis der Vollständigkeit und Korrektheit der Transformation. Diese Schwierigkeiten werden – wie schon erwähnt – durch den Ansatz der Beweistransformation überwunden. Der Beweis für die Vollständigkeit und Korrektheit der durch $\mathcal{P}$ beschriebenen Transformation von E in R verläuft analog wie in Abschnitt 1.4. Wir zeigen in Lemma 3.6.5 einige Invarianzeigenschaften, in Lemma 3.6.10, daß $\mathcal{P}$ Beweise verkleinert, und schließlich in Satz 3.6.12, daß $\mathcal{P}$ unter Einhaltung von Fairness-Bedingungen ein konvergentes R liefert, das äquivalent zu E ist. Das Inferenzsystem $\mathcal{P}$ hat als Parameter eine Reduktionsordnung $>$. Diese sei im folgenden fest gewählt.

Lemma 3.6.5 *Sei $>$ die feste Reduktionsordnung, sei $(E, R) \vdash_{\mathcal{P}} (E', R')$.*
a) Ist R mit $>$ verträglich, so ist es auch R'.
b) Es ist $=_{E \cup R} \; = \; =_{E' \cup R'}$.

Beweis:
a) Man betrachte alle sechs Regeln, mit denen der Übergang von (E, R) nach (E', R') vollzogen sein kann. Es zeigt sich, daß $s > t$ für jede neu aufgenommene Regel $s \to t$ gilt.

b) Für alle sechs Regeln gilt: i) Ist $s = t$ aus E (bzw. $s \to t$ aus R) entfernt worden, so gilt $s =_{E' \cup R'} t$. Dies zeigt $=_{E \cup R} \; \subseteq \; =_{E' \cup R'}$. ii) Ist $s = t$ in E' (bzw. $s \to t$ in R') neu aufgenommen, so gilt $s =_{E \cup R} t$. Dies zeigt $=_{E' \cup R'} \; \subseteq \; =_{E \cup R}$. Aus i) und ii) folgt $=_{E \cup R} \; = \; =_{E' \cup R'}$. $\square$

Wir definieren gleich zu $\mathcal{P}$ eine Ordnung $>_{\mathcal{P}}$ auf Beweisen – eine Beweisordnung – zur Reduktionsordnung $>$ auf den Termen. Eine Beweisordnung ist eine Partialordnung auf Beweisen, die gewisse Eigenschaften erfüllt: Sie ist verträglich mit Substitutionen, mit der Termstruktur und mit der Beweisstruktur. Um dies zu erklären sei $B = (t_0, b_1, t_1, \ldots, t_{n-1}, b_n, t_n)$ ein Beweis für $s =_{E \cup R} t$. Dann ist $\sigma(B) = (\sigma(t_0), b_1, \sigma(t_1), \ldots, \sigma(t_{n-1}), b_n, \sigma(t_n))$ ein Beweis zu $\sigma(s) =_{E \cup R} \sigma(t)$. Analog kann man einen Beweis $B_{t_0, p}$ für $t_0[p \leftarrow s] =_{E \cup R} t_0[p \leftarrow t]$ erklären. Sind weiter B_1 und B_2 Beweise für $u =_{E \cup R} s$ und $t =_{E \cup R} v$, so ist $B_1 \, B \, B_2$ ein Beweis für $u =_{E \cup R} v$. Wir sagen, daß eine Partialordnung $>_0$ auf Beweisen verträglich ist mit Substitutionen, falls $B >_0 B'$ impliziert, daß $\sigma(B) >_0 \sigma(B')$ gilt für jede Substitution σ. Analog sind die anderen Verträglichkeiten definiert. Diese Verträglichkeitsbedingungen werden benötigt, weil das Inferenzsystem $\mathcal{P}$ nur Regeln und Gleichungen ändert, diese Regeln und Gleichungen aber durch Substitutionen instantiiert und innerhalb von Termen und in Beweisketten angewendet werden.

Definition 3.6.6 (Beweisordnung) *Eine Partialordnung $>_0$ auf Beweisen ist eine* Beweisordnung, *falls (1) bis (3) gilt.*
(1) $>_0$ ist Noethersch,
(2) $>_0$ ist verträglich mit Substitutionen und der Termstruktur
$$B >_0 B' \quad \leadsto \quad \sigma(B) >_0 \sigma(B') \text{ und } B_{t_0,p} >_0 B'_{t_0,p}$$
(3) $>_0$ ist verträglich mit der Beweisstruktur
$$B >_0 B' \quad \leadsto \quad B_1 \, B \, B_2 >_0 B_1 \, B' \, B_2$$
$$(\text{falls } B_1 B B_2 \text{ und } B_1 B' B_2 \text{ Beweise sind})$$

Wir führen noch folgende Sprechweisen ein. Gilt $B = B_1 B_2 B_3$, so heißt B_2 ein *Teilbeweis* von B. Hat B_2 die Form $B_2 = \sigma(B_0)_{t,p}$, so *benutzt* B den Beweis B_0. Ist dann $>_0$ eine Beweisordnung, B'_0 ein äquivalenter Beweis zu B_0 mit $B_0 >_0 B'_0$, und entsteht B' aus B dadurch, daß B_2 durch $B'_2 = \sigma(B'_0)_{t,p}$ ersetzt wird, so ist B' ein äquivalenter Beweis zu B mit $B >_0 B'$.

Wir definieren nun zum Inferenzsystem $\mathcal{P}$ und zur fest gewählten Reduktionsordnung $>$ eine Beweisordnung $>_\mathcal{P}$, bezüglich der $\mathcal{P}$ Beweise verkleinert. Dies soll zunächst motiviert werden. Gilt $(E, R) \vdash_\mathcal{P} (E', R')$ nach Regel (P1), ist etwa $E' = E - \{s = t\}, R' = R \cup \{s \to t\}$ und $s > t$, so soll für die Beweise $B_0 = s \vdash t$ in (E, R) und $B'_0 = s \longrightarrow t$ gelten $B >_\mathcal{P} B'$. Ist also B ein beliebiger Beweis in (E, R) der B_0 benutzt, und entsteht B' aus B dadurch, daß man die Begründung $b = (s = t, -)$ bzw. $b = (t = s, -)$ durch $b' = (s \to t, p)$ bzw. $(t \leftarrow s, p)$ ersetzt, so ist B' ein Beweis in (E', R') mit $B > B'$. Analog garantiert $>_\mathcal{P}$, daß alle anderen Regeln aus $\mathcal{P}$ Beweise verkleinern.

Definition 3.6.7 (Die Beweisordnung $>_\mathcal{P}$)
a) *Sei $B = (t_0, b_1, t_1, \ldots, b_n, t_n)$ ein Beweis zu $t_0 =_{E \cup R} t_n$. Die Komplexität c_i des* i-*ten Beweisschrittes ist*

$$c_i = \begin{cases} (\{t_{i-1}\}, t_{i-1}/p, l, t_i), & \text{falls} \quad t_{i-1} \longrightarrow t_i \quad \text{und} \quad b_i = (l \to r, p) \\ (\{t_i\}, t_i/p, l, t_{i-1}), & \text{falls} \quad t_i \longrightarrow t_{i-1} \quad \text{und} \quad b_i = (r \leftarrow l, p) \\ (\{t_{i-1}, t_i\}, -, -, -), & \text{falls} \quad t_i \vdash_E t_{i-1} \quad \text{und} \quad b_i = (u = v, -) \end{cases}$$

Die Komplexität $c(B)$ des Beweises B ist die Multimenge $c(B) = \{c_1, \ldots, c_n\}$.

b) *Mit der Reduktionsordnung $>$ ist eine Ordnung $>_q$ auf den Quadrupeln c definiert durch*
$$c = (A, s, l, t) >_q (A', s', l', t') = c'$$

$$\begin{aligned} gdw \quad & A \gg A' \quad oder \\ & A = A' \quad s >_{TT} s' \quad oder \\ & A = A' \quad s \equiv s' \quad l > l' \quad oder \\ & A = A' \quad s \equiv s' \quad l \equiv l' \quad t > t' \end{aligned}$$

Dabei ist $>_{TT}$ die Teilterm-Partialordnung und $>$ die Subsumptionsordnung.

c) *Die Ordnung $>_\mathcal{P}$ auf Beweisen ist gegeben durch*
$$B >_\mathcal{P} B' \quad gdw \quad c(B) \gg_q c(B')$$
Es gilt $B \geq_\mathcal{P} B'$, falls $B >_\mathcal{P} B'$ oder $B = B'$.

Es ist also $>_q$ die lexikographische Kombination der Ordnungen $\gg, >_{TT}, >$ und $>$. Weiter ist $\gg_q$ die Multimengenerweiterung zu $>_q$.

Lemma 3.6.8 *Es ist $>_\mathcal{P}$ eine Beweisordnung. Gilt $(E, R) \vdash_\mathcal{P} (E', R')$ und ist B ein Beweis zu $s = t$ in (E, R), so gibt es einen Beweis B' zu $s = t$ in (E', R') mit $B \geq_\mathcal{P} B'$. Geschah der Übergang von (E, R) zu (E', R') mit der Inferenzregel (2) und der Spitze $s \longleftarrow u \longrightarrow t$ und benutzt B diese Spitze, so gilt $B >_\mathcal{P} B'$.*

Beweis:

a) $>_\mathcal{P}$ ist eine Noethersche Partialordnung auf Beweisen: Da $>$ eine Noethersche Partialordnung ist, gilt dies nach Lemma 1.3.5 auch für $>_q$ und nach Satz 1.3.11 auch für $\gg_q$.

b) $>_\mathcal{P}$ ist verträglich mit Substitutionen, der Termstruktur und der Beweisstruktur: Da $>$ verträglich mit Substitutionen und der Termstruktur ist, gilt dies auch für $>_q$ und $>_\mathcal{P}$. Für die Verträglichkeit von $>_\mathcal{P}$ mit der Beweisstruktur ist zu zeigen, daß $c(B_1 B B_2) \gg_q c(B_1 B' B_2)$ gilt, falls $c(B) \gg_q c(B')$ gilt. Dies folgt aus $c(B_1 B B_2) = c(B_1) \cup c(B) \cup c(B)$ und Lemma 1.3.10, Teil d).

c) Sei $(E, R) \vdash_\mathcal{P} (E', R')$ und B ein Beweis in (E, R). Es reicht zu zeigen, daß jeder Beweisschritt $B_i = (t_{i-1}, b_i, t_i)$, der in (E', R') nicht mehr gültig ist, durch einen kleineren Beweis B_i' in (E', R') ersetzbar ist. Da $>_\mathcal{P}$ mit der Beweisstruktur verträglich ist, läßt sich so ein kleinerer Beweis B' in (E', R') konstruieren. Da $>_\mathcal{P}$ mit Substitutionen und der Termstruktur verträglich ist, reicht es zu zeigen, daß jede Regel in $\mathcal{P}$ Ein-Schritt-Beweise verkleinert, die die Stelle $p = \lambda$ und die Substitution $\sigma =$ Identität benutzen: Wir tun dies für alle Regeln (P1) bis (P6) der Reihe nach. Es gilt:

(P1) Orientieren

$B = s \dashv\vdash t$ ist größer als $B' = s \longrightarrow t$

(P2) Generieren

$B = s \longleftarrow u \longrightarrow t$ ist größer als $B' = s \dashv\vdash t$

(P3) Simplifizieren einer Gleichung

$B = s \dashv\vdash t$ ist größer als $B' = s \longrightarrow u \dashv\vdash t$

(P4) Löschen

$B = s \dashv\vdash s$ ist größer als $B' = $ leerer Beweis

(P5) Simplifizieren einer rechten Seite

$B = s \longrightarrow t$ ist größer als $B' = s \longrightarrow u \longleftarrow t$

(P6) Simplifizieren einer linken Seite

$B = s \longrightarrow t$ ist größer als $B' = s \longrightarrow u \dashv\vdash t$

Wir zeigen dies für (P1), (P3) und (P6). Die Fälle (P2), (P4) und (P5) laufen analog.
Zu (P1): Sei $c_1 = (\{s, t\}, -, -, -)$ und $c_1' = (\{s\}, s, s, t)$. Dann ist $c(B) = \{c_1\}$ und $c(B') = \{c_1'\}$. Es gilt $c_1 >_q c_1'$, also $B >_\mathcal{P} B'$.

Zu (P3): Es ist $c(B) = \{c_1\}$ und $c(B') = \{c_1', c_2'\}$ mit $c_1 = (\{s, t\}, -, -, -), c_1' = (\{s\}, s, s, u)$ und $c_2' = (\{u, t\}, -, -, -)$. Es gilt $c_1 >_q c_1'$ und $c_1 >_q c_2'$ aufgrund der ersten Komponente. Beachte dazu $s > u$. Dies zeigt $c(B) \gg_q (B')$, also $B >_\mathcal{P} B'$.

Zu (P6): Es ist $c(B) = \{c_1\}$ und $c(B') = \{c_1', c_2'\}$ mit $c_1 = (\{s\}, s, s, t), c_1' = (\{s\}, s/p, l, u)$ und $c_2' = (\{u, t\}, -, -, -)$. Dabei wurde angenommen, daß $s \longrightarrow u$ mit Begründung $B = (l \to r, p)$ gilt. Es gilt $s > u$ und $s > t$, also $c_1 >_q c_2'$. Wegen $s \rhd l$ gilt entweder $p \neq \lambda$ und so $s >_{TT} s/p$ oder aber $s \equiv s/p$ und so $s \rhd l$. In beiden Fällen gilt $c_1 >_q c_1'$. Jetzt folgt $c(B) \gg_q c(B')$, also $B >_P B'$.

Diese Überlegung zeigt auch, daß ein Beweis, der die Spitze $s \longleftarrow u \longrightarrow t$ enthält, durch Anwendung von Regel (P2) echt verkleinert werden kann. $\qquad\qquad$ □

Für den in Lemma 3.6.8 konstruierten Beweis B' gilt $B \geq_P B'$, also $B >_P B'$, falls B und B' nicht gleich sind. Die beiden Beweise können nicht gleich sein, wenn eine Begründung in B in (E', R') nicht mehr gilt. Dann ist also $B >_P B'$.

Unser Inferenzsystem gibt nur Regeln an; ein Vervollständigungsverfahren muß die Kontrolle über die Anwendung der Regeln festlegen (Strategie). Nicht jede Strategie kann zum Erfolg führen. Man muß verlangen, daß

(1) jedes kritische Paar, das bildbar ist, auch gebildet wird und

(2) jedes kritische Paar aufgelöst wird, also irgendwann einmal aus E gelöscht wird.

Eine solche Strategie heißt fair.

Definition 3.6.9 ($\mathcal{P}$-Fairness) *Eine Folge $(E_i, R_i)_{i \in \mathbb{N}}$ ist eine $\mathcal{P}$-Ableitung, falls $(E_i, R_i) \vdash_\mathcal{P} (E_{i+1}, R_{i+1})$ gilt. Sie definiert das Grenzsystem*

$$E^\infty = \bigcup_{i \geq 0} \bigcap_{j \geq i} E_j, \qquad R^\infty = \bigcup_{i \geq 0} \bigcap_{j \geq i} R_j$$

der persistenten Gleichungen und Regeln. *Sie heißt* fair, *falls gilt:*

$$(1) \quad CP(R^\infty) \subseteq \bigcup_{i \geq 0} E_i \quad und \quad (2) \quad E^\infty = \emptyset.$$

Wir betrachten nur unendliche Folgen (E_i, R_i). Bricht das Verfahren mit (E_n, R_n) ab, so setzen wir formal $E_i = E_n$ und $R_i = R_n$ für $i \geq n$. R^∞ ist das Ergebnis der Vervollständigung mit einer fairen $\mathcal{P}$-Ableitung. Es kann sein, daß eine endliche Folge nicht zu einer fairen Folge verlängerbar ist, weil keine Gleichung richtbar ist. Dann bricht die Vervollständigung ab.

Lemma 3.6.10 *Sei $(E_i, R_i)_{i \in \mathbb{N}}$ eine faire $\mathcal{P}$-Ableitung. Ist B ein Beweis zu $s = t$ in (E_j, R_j) und kein V-Beweis, dann gibt es ein $k \geq j$ und einen Beweis B' zu $s = t$ in (E_k, R_k) mit $B >_P B'$.*

Beweis: Wir benutzen hier wesentlich das Lemma 3.6.8. Ist B kein V-Beweis, so enthält B einen Teilbeweis B' der Form

(a) $\quad s \longleftarrow u \longrightarrow t \quad$ oder $\quad$ (b) $\quad s \dashv\vdash t$

Im Fall (b) wird wegen der Fairness die Gleichung $u = v$ zum Beweis von $s \dashv\vdash t$ in einem Zeitpunkt $k > j$ aus E_k entfernt. Dadurch wird B' durch einen kleineren Beweis B'' ersetzt. Im Fall (a) gilt nach dem Knuth-Bendix-Lemma entweder (i) oder (ii).

(i) Es gilt $s \downarrow t$ in R_j. Dann gibt es schon in (E_j, R_j) einen kleineren Beweis $s \xrightarrow{*} v \xleftarrow{*} t$ als $s \longleftarrow u \longrightarrow t$

(ii) Es gibt einen Term v, eine Stelle $p \in O(v)$ und ein R_j-kritisches Paar $\langle t_1, t_2 \rangle$ mit $s \equiv v[p \leftarrow \sigma(t_1)], t \equiv v[p \leftarrow \sigma(t_2)]$. Wird eine der beiden Regeln für $s \longleftarrow u \longrightarrow t$ simplifiziert, so entsteht ein Beweis B'' mit $B' >_{\mathcal{P}} B''$. Sind beide Regeln persistent, so wird wegen der Fairness das kritische Paar gebildet. Dies führt ebenfalls zu einem kleineren Beweis B''.

Es wird also in jedem Fall zum Zeitpunkt $k \geq j$ ein Beweis B'' mit $B' >_{\mathcal{P}} B''$ erzeugt. Dies führt auch zu einer Verkleinerung von B. $\square$

Definition 3.6.11 (Vervollständigungsverfahren) *Ein $\mathcal{P}$-Vervollständigungsverfahren ist ein Verfahren, das bei Eingabe $(E, >)$, ausgehend von $(E_0, R_0) = (E, \emptyset)$, entweder eine faire $\mathcal{P}$-Ableitung produziert oder abbricht.*

Sei $\mathcal{A}$ ein Vervollständigungsverfahren. Bricht $\mathcal{A}$ mit Eingabe $(E, >)$ ab, so läßt sich nichts sagen. Wir zeigen: Hält $\mathcal{A}$ erfolgreich mit $(E_n, R_n) = (\emptyset, R)$, so ist R konvergent und äquivalent zu E. Dies gilt auch für $R = R^\infty$, wenn die Rechnung nicht hält.

Satz 3.6.12 *Sei $\mathcal{A}$ ein Vervollständigungsverfahren, und $\mathcal{A}$ breche mit Eingabe $(E, >)$ nicht ab.*

a) *Gilt $s =_E t$, so gibt es ein i mit $s \downarrow t$ in R_i, und es gilt auch $s \downarrow t$ in R^∞.*

b) *R^∞ ist konvergent und äquivalent zu E.*

Beweis: $\mathcal{A}$ produziere die faire $\mathcal{P}$-Ableitung $(E_0, R_0), (E_1, R_1), (E_2, R_2), \ldots$

a) Es sei $s =_E t$. Wegen $(E_0, R_0) = (E, \emptyset)$ gibt es einen Beweis B_0 zu $s = t$ in (E_0, R_0). Nach Lemma 3.6.8 gibt es also für alle $j \in \mathbb{N}$ einen Beweis B_j zu $s = t$ in (E_j, R_j), so daß $B_j \geq_{\mathcal{P}} B_{j+1}$ gilt. Da $>_{\mathcal{P}}$ Noethersch ist, gibt es in der Menge der B_j einen $>_{\mathcal{P}}$-kleinsten Beweis B_i. Nach Lemma 3.6.10 muß dann B_i ein V-Beweis sein, also gilt $s \downarrow t$ in R_i.

Da B_i der kleinste Beweis unter den B_j ist, gilt $B_i = B_j$ für alle $j \geq i$. Also liegen alle Regeln, die für den Beweis zu $s \downarrow t$ in R_i benutzt werden, in allen B_j mit $j \geq i$, also auch in R^∞. Dies zeigt $s \downarrow t$ in R^∞ und $s =_{R^\infty} t$.

b) Wir zeigen $=_E \,=\, =_{R^\infty}$: Gilt $s =_E t$, so zeigt obige Überlegung $s =_{R^\infty} t$. Sei jetzt $s =_{R^\infty} t$. Die Anwendung von Lemma 3.6.5 liefert, daß $l =_E r$ gilt für alle $l \to r$ in $R_j, j \in \mathbb{N}$. Also gilt auch $l =_E r$ für alle $l \to r$ in R^∞. Aus $s =_{R^\infty} t$ folgt also $s =_E t$. Wir zeigen, daß R^∞ konvergent ist: Für jede Regel $l \to r$ in R^∞ folgt $l > r$ aus Lemma 3.6.5. Also ist R terminierend. R^∞ hat die Church-Rosser-Eigenschaft, denn aus $s =_{R^\infty} t$ folgt wie oben gezeigt $s =_E t$ und $s \downarrow t$ in R^∞. Also ist R^∞ auch konfluent. $\square$

3.6.3 Ein effizienter Algorithmus

Wir geben jetzt ein konkretes Vervollständigungsverfahren an, das auf Grund des Inferenzsystems $\mathcal{P}$ und der Fairness-Bedingung korrekt ist. Es gibt sehr verschiedene Heuristiken, um die Effizienz zu steigern. Als wesentlich haben sich dabei folgende Punkte herausgestellt.

- Das aktuelle Regel- und Gleichungssystem sollte stets so weit wie möglich simplifiziert werden, weil sonst zu viel Information erzeugt wird, die verarbeitet werden muß.

- Das Verfahren sollte so gesteuert werden, daß die "richtigen" Regeln frühzeitig erkannt werden.

Wir präzisieren zunächst den ersten Punkt. Unter der Simplifizierung eines Terms t (im aktuellen Regelsystem R) verstehen wir die Berechnung einer R-Normalform $\hat{t}$ von t. Simplifikation einer Gleichung $s = t$ bedeutet dann die Ersetzung von $s = t$ durch $\hat{s} = \hat{t}$. Die Simplifikation einer Regel ist komplizierter und wird im Algorithmus 3.6.13 genauer beschrieben. Man könnte das aktuelle Regel- und Gleichungssystem immer dann simplifizieren, wenn eine neue Regel entstanden ist. Das ist aber sehr aufwendig. Wir simplifizieren nur das Regelsystem beim Entstehen einer neuen Regel. Eine Gleichung wird nur dann simplifiziert, wenn sie (durch die Bildung eines kritischen Paares) entsteht und wenn sie aktuell wird, also in eine Regel transformiert wird.

Der zweite Punkt läßt sich schlecht präzisieren, da in der Regel erst am Schluß der Rechnung feststeht, welches die "richtigen" Regeln sind. Wir versuchen hier, möglichst früh viele kurze Regeln zu erzeugen, weil kurze Regeln häufiger anwendbar sind als lange und so stärker zur Simplifikation beitragen.

Es wird nun die in den folgenden Punkten (1) bis (3) beschriebene Strategie zur Auswahl und Verarbeitung der nächsten Gleichung aus E verfolgt. Dabei beschreibt (1) die Schleifeninvarante, (2) beschreibt die Auswahl der Gleichung und ihre Transformation in eine Regel in R, und (3) beschreibt die Verwendung der neuen Regel zur Simplifikation von R und zur Bildung von neuen Gleichungen, d.h., kritischen Paaren.

(1) Alle kritischen Paare des aktuellen Regelsystems R sind gebildet und nach Simplifikation in E aufgenommen. Jede Regel trägt als Marke eine natürliche Zahl, und jede Gleichung, die durch Bildung eines kritischen Paares mit den Regeln i und j entstanden ist, trägt als Information die Marken i und j der Eltern.

(2) Aus E wird eine "minimale" Gleichung ausgewählt. Ist eine ihrer Elternregeln nicht mehr im aktuellen R, so wird sie gestrichen, da nach der Fairness-Bedingung nur die kritischen Paare zu R^∞ gebildet werden müssen. Sonst wird die Gleichung mit R simplifiziert. Ist sie jetzt mit der festen Reduktionsordnung $>$ nicht richtbar, so wird sie übergangen, und es wird eine nächst kleinere Gleichung in E gesucht. Das Verfahren bricht erfolglos ab, wenn so keine richtbare Gleichung gefunden werden kann.

(3) Die ausgewählte Gleichung wird aus E entfernt und gerichtet als $l \to r$ in R aufgenommen. Es werden alle Regeln in R simplifiziert; dabei können Regeln aus R

gelöscht und in E eingefügt werden. Dann werden alle kritischen Paare, die mit der neuen Regel bildbar sind, gebildet, simplifiziert und in E aufgenommen.

Offenbar erfüllt diese Strategie die erste Fairness-Bedingung, daß alle kritischen Paare zu R^∞ gebildet werden müssen. Das Kriterium "minimal" zur Auswahl der nächsten Gleichung muß nun so gewählt werden, daß auch die zweite Fairness-Bedingung erfüllt ist und jede Gleichung in E einmal minimal wird und damit aus E gelöscht wird. Sei $|\,t\,|$ die Länge von t. Dann kann man die Größe einer Gleichung $s = t$ z.B. durch $|\,s\,| + |\,t\,|$ oder $max(|\,s\,|, |\,t\,|)$ messen. Man kann leicht sehen, daß gemäß obiger Strategie keine Gleichung unendlich lange in E bleibt. Es gibt nämlich – bis auf Umbenennung der Variablen – nur endlich viele verschiedene Gleichungen unterhalb einer festen Größe. Ist eine Gleichung zu einem festen Zeitpunkt simplifizierbar, so ist sie auch zu jedem späteren Zeitpunkt simplifizierbar. Ist also eine Gleichung einmal aus E entfernt worden, so kann sie nie wieder in E aufgenommen werden. Daraus folgt: Zu jeder Gleichung $s = t$ gibt es einen Zeitpunkt, zu dem keine kleineren Gleichungen in E sein können. Dann wird $s = t$ bearbeitet. Die Suche nach einer minimalen Gleichung in E wird erleichtert, wenn man E in Form einer sortierten Liste speichert.

Algorithmus 3.6.13 (Vervollständigungsverfahren)
Eingabe: Ein Gleichungssystem E und eine Reduktionsordnung $>$.
Ausgabe: Ein konvergentes Regelsystem R zu E.

1. *Setze $R := \emptyset$.*

2. *Wähle eine kleinste Gleichung $s = t$ in E.*
Ist eine Elternregel zu $s = t$ nicht mehr in R, so lösche $s = t$.
Simplifiziere $s = t$; gilt jetzt $s \equiv t$, so lösche $s = t$.
Ist $s = t$ mit $>$ nicht richtbar, so stelle $s = t$ zurück und gehe nach 2).
Abbruch, falls keine Gleichung richtbar ist.

3. *Lösche die Gleichung $s = t$ aus E und richte sie zur Regel $l \rightarrow r$.*
  a) *Simplifiziere R mit $l \rightarrow r$: Sei $l' \rightarrow r'$ in R.*
    Ist l' mit $l \rightarrow r$ reduzierbar, so lösche $l' \rightarrow r'$ in R, simplifiziere $l' = r'$ mit $R_0 = R \cup \{l \rightarrow r\}$ und füge die simplifizierte Gleichung in E ein.
    Sonst, ist r' mit R_0 reduzierbar zu r'', so ersetze $l' \rightarrow r'$ durch $l' \rightarrow r''$. Dabei wird $l' \rightarrow r''$ eine Elternregel zu jeder Gleichung $s = t$ in E, zu der bisher $l' \rightarrow r'$ eine Elternregel war.

  b) *Bilde alle kritischen Paare $s = t$ zu $l \rightarrow r$ mit sich selbst und mit R:*
    Simplifiziere $s = t$; gilt jetzt $s \not\equiv t$, so füge $s = t$ in E ein.

  c) *Füge $l \rightarrow r$ in R ein.*

4. *Ist $E \neq \emptyset$, so gehe nach 2., sonst STOP.*

Man beachte, daß dieser Algorithmus nur Inferenzschritte verwendet, die im Inferenzsystem $\mathcal{P}$ erlaubt sind. Für die Fairness des Verfahrens muß aber noch ein Punkt bedacht werden. Wird eine Regel $l' \rightarrow r'$ aus R mit der neuen Regel $l \rightarrow r$ zu $l' \rightarrow r''$ simplifiziert, so wird $l' \rightarrow r'$ durch $l' \rightarrow r''$ in R ersetzt. Nach der Fairness-Bedingung müßten eigentlich mit $l' \to r''$ neue kritische Paare gebildet werden; dies geschieht aber im obigen Algorithmus nicht. (Es wird aber das Elternverhältnis von $l' \to r'$ an $l' \to r''$ übertragen.) Wird $l' \to r''$ später aus R eliminiert, so ist dies unerheblich. Liegt $l' \to r''$ im Grenzsystem R^∞, so kann man zeigen, daß jedes kritische Tripel $t_1 \longleftarrow s \longrightarrow t_2$, an deren Bildung $l' \to r''$ beteiligt ist, durch einen kleineren Beweis zu $t_1 = t_2$ ersetzt werden kann. Dies folgt aus der Tatsache, daß alle kritischen Tripel, an deren Bildung $l' \to r'$ beteiligt ist, verkleinerbar sind.

Wir verdeutlichen die Arbeitsweise von Algorithmus 3.6.13 an einigen Beispielen.

Beispiel 3.6.14

a) *Subtraktion auf $\mathbb{Z}$ (hier steht s für die Nachfolgerfunktion, p für die Vorgängerfunktion, d für die Differenz und $-$ für das einstellige Minus)*

$$E: \quad (1) \quad s(p(x)) = x \qquad\qquad (3) \quad d(0,y) = -y$$
$$ \quad (2) \quad p(s(x)) = x \qquad\qquad (4) \quad d(s(x), s(y)) = d(x,y)$$
$$ (5) \quad d(p(x), p(y)) = d(x,y)$$

Sei $>$ eine geeignete lexikographische Pfadordnung (siehe Abschnitt 3.7). Das Vervollständigungsverfahren ergibt dann

$$R_0: \ leer \qquad E_0: \ Gleichungen \ (1) - (5)$$

Richtet man die Gleichungen (1) und (2) zu Regeln (1) $s(p(x)) \to x$ und (2) $p(s(x)) \to x$, so liefert die Bildung der kritischen Paare

$$s(x) \quad _{(1)}\longleftarrow \quad s(p(s(x))) \quad \longrightarrow_{(2)} \quad s(x)$$
$$p(x) \quad _{(2)}\longleftarrow \quad p(s(p(x))) \quad \longrightarrow_{(1)} \quad p(x)$$

Die kritischen Paare $s(x) = s(x)$ und $p(x) = p(x)$ werden gelöscht, und es ergibt sich

$$R_1: \quad (1) \quad s(p(x)) \to x \qquad E_1: \quad (3) \quad d(0,y) = -y$$
$$ \quad (2) \quad p(s(x)) \to x \qquad\qquad\quad (4) \quad d(s(x), s(y)) = d(x,y)$$
$$ (5) \quad d(p(x), p(y)) = d(x,y)$$

Nun wird Gleichung (3) gerichtet zur Regel (3) $d(0,y) \to -y$, und es gibt keine Überlappungen. Richtet man auch Gleichung (4) zur Regel (4) $d(s(x), s(y)) \to d(x,y)$, so ergibt sich

$$d(p(x), y) \quad _{(4)}\longleftarrow \quad d(s(p(x)), s(y)) \quad \longrightarrow_{(1)} \quad d(x, s(y))$$
$$d(x, p(y)) \quad _{(4)}\longleftarrow \quad d(s(x), s(p(y))) \quad \longrightarrow_{(1)} \quad d(s(x), y)$$

Die kritischen Paare $d(p(x), y) = d(x, s(y))$ und $d(s(x), y) = d(x, p(y))$ sind nicht simplifizierbar, sie werden also gerichtet in R aufgenommen. Das liefert:

$$R_2: \quad (1) \quad s(p(x)) \to x \qquad\qquad E_2: \quad (5) \quad d(p(x), p(y)) = d(x,y)$$
$$ \quad (2) \quad p(s(x)) \to x$$
$$ \quad (3) \quad d(0,y) \to -y$$
$$ \quad (4) \quad d(s(x), s(y)) \to d(x,y)$$
$$ \quad (6) \quad d(s(x), y) \to d(x, p(y))$$
$$ \quad (7) \quad d(p(x), y) \to d(x, s(y))$$

*Jetzt läßt sich die Regel (4) mit Regel (6) simplifizieren zur Gleichung (4') $d(x, p(s(y)))$
$= d(x, y)$. Es wird also Regel (4) aus R entfernt und dafür Gleichung (4') in E aufgenommen. Es läßt sich (4') weiter zu $d(x, y) = d(x, y)$ simplifizieren und damit
streichen. Damit ist (5) die einzige Gleichung in E. Sie läßt sich mit den Regeln (7)
und (1) ebenfalls zu $d(x, y) = d(x, y)$ simplifizieren und anschließend streichen. Jetzt
ist E leer, und das Ergebnis der Vervollständigung ist*

$$R: \quad (1)\ \ s(p(x)) \to x \qquad (3)\ \ d(0, y) \to -y$$
$$(2)\ \ p(s(x)) \to x \qquad (6)\ \ d(s(x), y) \to d(x, p(y))$$
$$(7)\ \ d(p(x), y) \to d(x, s(y))$$

b)　*Addition und Subtraktion auf $\mathbb{Z}$:*
Wir erweitern jetzt E aus Teil a) um die folgenden Gleichungen zu E'.

$$(8)\quad -s(x) = p(-x) \qquad (11)\quad a(x, 0) = x$$
$$(9)\quad -p(x) = s(-x) \qquad (12)\quad a(x, s(y)) = s(a(x, y))$$
$$(10)\quad -0 = 0 \qquad\qquad (13)\quad a(x, p(y)) = p(a(x, y))$$

*Startet man die Vervollständigung mit Eingabe E' und läßt man die Gleichungen
(8) – (13) zunächst unbehandelt, so verläuft die Rechnung genau wie unter a): Es
entstehen die Regeln (1), (2), (3), (6), (7). Behandelt man jetzt die Gleichungen
(8) – (13) und richtet sie von links nach rechts, so ergibt sich bei der Bildung der
kritischen Paare*

$$p(-p(x)) \quad {}_{(8)}\longleftarrow \quad -s(p(x)) \quad \longrightarrow_{(1)} \quad -x$$
$$s(-s(x)) \quad {}_{(9)}\longleftarrow \quad -p(s(x)) \quad \longrightarrow_{(2)} \quad -x$$
$$s(a(x, p(y))) \quad {}_{(12)}\longleftarrow \quad a(x, s(p(y))) \quad \longrightarrow_{(1)} \quad a(x, y)$$
$$p(a(x, s(y))) \quad {}_{(13)}\longleftarrow \quad a(x, p(s(y))) \quad \longrightarrow_{(2)} \quad a(x, y)$$

*Die kritischen Paare $p(-p(x)) = -x$ und $s(-s(x)) = -x$ werden nach Simplifi-
kation sofort gelöscht. Nach Aufnahme der Regel (12) bleibt das kritische Paar
$s(a(x, p(y))) = a(x, y)$ zunächst als Gleichung erhalten, diese Gleichung wird nach
Aufnahme der Regel (13) aber gelöscht. Ebenso wird das kritische Paar $p(a(x, s(y))) =
a(x, y)$ sofort wieder gelöscht. Das Ergebnis ist das folgende Regelsystem R':*

$$R': \quad (1)\ \ s(p(x)) \to x \qquad\qquad (8)\quad -s(x) \to p(-x)$$
$$(2)\ \ p(s(x)) \to x \qquad\qquad (9)\quad -p(x) \to s(-x)$$
$$(3)\ \ d(0, y) \to -y \qquad\qquad (10)\quad -0 \to 0$$
$$(6)\ \ d(s(x), y) \to d(x, p(y)) \qquad (11)\quad a(x, 0) \to x$$
$$(7)\ \ d(p(x), y) \to d(x, s(y)) \qquad (12)\quad a(x, s(y)) \to s(a(x, y))$$
$$(13)\quad a(x, p(y)) \to p(a(x, y))$$

c)　*Gruppen*
$$E: \quad x \cdot 1 = x \quad x \cdot x^{-1} = 1 \quad (x \cdot y) \cdot z = x \cdot (y \cdot z)$$
*Die Vervollständigung mit einer geeigneten Ordnung (der lexikographischen Pfadord-
nung zur Präzedenz $^{-1} > \cdot > 1$, siehe Abschnitt 3.7) liefert das Regelsystem*

$$
\begin{array}{llllll}
R: & x \cdot 1 & \rightarrow & x & 1 \cdot x & \rightarrow & x \\
& x \cdot x^{-1} & \rightarrow & 1 & x^{-1} \cdot x & \rightarrow & 1 \\
& 1^{-1} & \rightarrow & 1 & (x^{-1})^{-1} & \rightarrow & x \\
& x^{-1} \cdot (x \cdot y) & \rightarrow & y & x \cdot (x^{-1} \cdot y) & \rightarrow & y \\
& (x \cdot y) \cdot z & \rightarrow & x \cdot (y \cdot z) & (x \cdot y)^{-1} & \rightarrow & y^{-1} \cdot x^{-1}
\end{array}
$$

Es seien hier noch einige Bemerkungen zur Strategie von konkreten Vervollständigungsverfahren angeführt. Wie schon erwähnt, führt die Zweiteilung in a) Angabe eines Inferenzsystems und b) Angabe einer Kontrolle zur Anwendung der Inferenzregeln zu großer Flexibilität bei der Konstruktion von konkreten Vervollständigungsalgorithmen. Es muß nur die Fairness-Bedingung eingehalten werden, dann ist die Korrektheit des Algorithmus gesichert.

Der oben angegebene Algorithmus bildet zu jeder neuen Regel sofort alle kritischen Paare mit der neuen Regel selbst und allen schon vorhandenen Regeln. Das führt im allgemeinen zu einer großen Menge von aktuellen Gleichungen, die alle später behandelt (zumindest simplifiziert) werden müssen. Andererseits bietet die große Anzahl von Gleichungen die Möglichkeit, Heuristiken für die Auswahl der "besten" Gleichung einzusetzen und damit das Finden des konvergenten Regelsystems zu beschleunigen. Eine andere Strategie bildet zur neuen Regel $l \rightarrow r$ die kritischen Paare einzeln, erzeugt zu jedem nicht zusammenführbaren kritischen Paar eine neue Regel und startet erneut die Simplifikation der aktuellen Regeln und Gleichungen. Erst dann wird mit $l \rightarrow r$ ein neues kritisches Paar gebildet.

Experimente zeigen, daß diese sparsame Strategie manchmal schneller ist, wenn man ein konvergentes Regelsystem R zu E berechnen will. Häufig will man aber nur zu gegebenem E und gegebener Gleichung $s = t$ wissen, ob $s =_E t$ gilt. Dann ist es im allgemeinen viel zu aufwendig, erst E in R zu transformieren. Nach Satz 3.6.12 gilt (falls die Rechnung nicht abbricht)

$$s =_E t \quad \text{gdw} \quad \text{es gibt ein } i \text{ mit } s \downarrow t \text{ in } R_i.$$

Um $s =_E t$ zu beweisen, reicht es also, den Vervollständigungsalgorithmus mit Eingabe E zu starten und in jedem Schritt $s = t$ mit R_i zu simplifizieren. Sobald $s \downarrow t$ in R_i gilt, ist $s =_E t$ bewiesen. Für diese Anwendung ist die zuerst beschriebene Vervollständigungsstrategie im allgemeinen effizienter.

3.6.4 Normierung und Existenz von Regelsystemen zu $(E, >)$

Unser Vervollständigungsalgorithmus liefert ein Regelsystem $R = R^{\infty}$ zur Eingabe $(E, >)$, falls er nicht abbricht. Es bleiben aber noch Fragen, z.B.:

a) Ist R ein "gutes" Regelsystem zu $(E, >)$? Ist etwa R immer dann endlich, wenn es ein endliches Regelsystem verträglich mit $>$ und äquivalent zu E gibt? Findet der Algorithmus immer ein endliches R, das verträglich mit $>$ ist, wenn es solch ein R gibt?

b) Kann man Regelsysteme "normieren"?

Man beachte zunächst, daß das Ergebnis der Vervollständigung wesentlich von der Ordnung $>$ abhängt.

Beispiel 3.6.15 E : $(x + y) + z = x + (y + z)$ $x + s(y) = s(x + y)$

a) *Die Orientierung*

$(x + y) + z \to x + (y + z)$ $x + s(y) \to s(x + y)$

liefert das unendliche System

$$
\begin{aligned}
R: \quad (x + y) + z &\to x + (y + z) \\
x + s(y) &\to s(x + y) \\
s^n(x + y) + z &\to x + (s^n(y) + z) \quad n \geq 1
\end{aligned}
$$

b) *Die Orientierung*

$$
\begin{aligned}
R': \quad x + (y + z) &\to (x + y) + z \\
x + s(y) &\to s(x + y)
\end{aligned}
$$

führt zu einem bereits konvergenten R'.

Wir kommen zu der Frage, ob verschiedene Vervollständigungsalgorithmen zur festen Eingabe $(E, >)$ unterschiedliche Ergebnisse $R = R^\infty$ liefern können. In einem engen Zusammenhang mit dieser Frage steht die Frage nach der Normierung von Regelsystemen.

Definition 3.6.16 *Seien R, E und $>$ gegeben.*
a) R heißt ein Regelsystem zu $(E, >)$, falls $\xleftrightarrow{*}_R \; = \; =_E$ und $R \subseteq >$ gilt.
b) R heißt interreduziert, wenn für jede Regel $l \to r$ in R gilt, daß r mit keiner Regel aus R und l nur mit $l \to r$ reduzierbar ist.
c) R heißt kanonisch, wenn R konvergent und interreduziert ist. R heißt kanonisch zu $(E, >)$, falls R ein kanonisches Regelsystem zu $(E, >)$ ist.

Wir betrachten jetzt nur noch Vervollständigungsalgorithmen, für die das Ergebnis $R = R^\infty$ interreduziert ist. Dies gilt z.B. für Algorithmus 3.6.13. Aus Effizienzgründen ist es ohnehin sinnvoll, während der Vervollständigung das aktuelle Regelsystem möglichst interreduziert zu halten. Ein solcher Vervollständigungsalgorithmus liefert also stets zur Eingabe $(E, >)$ ein kanonisches Regelsystem $R = R^\infty$, falls die Rechnung nicht abbricht.

Definition 3.6.17 (Strenge Äquivalenz) *Seien R_1 und R_2 zwei Regelsysteme. Sie heißen äquivalent, wenn $\xleftrightarrow{*}_{R_1} \; = \; \xleftrightarrow{*}_{R_2}$ gilt. Gilt außerdem für die irreduziblen Terme $Irr(R_1) = Irr(R_2)$, so heißen sie streng äquivalent.*

Lemma 3.6.18 *Sind R_1 und R_2 konfluente Regelsysteme zu $(E, >)$, so sind sie streng äquivalent.*

Beweis: R_1 und R_2 sind nach Definition äquivalent. Zu zeigen ist also nur $Irr(R_1) = Irr(R_2)$. Aus Symmetriegründen reicht es, $Irr(R_1) \subseteq Irr(R_2)$ zu zeigen.
Sei $t \in Irr(R_1)$. Wäre $t \notin Irr(R_2)$, so gäbe es einen Term s mit $t \longrightarrow_{R_2} s$. Es gilt

dann $t > s$ und $t \xleftrightarrow{*}_{R_1} s$, also $s \xrightarrow{*}_{R_1} t$, da R_1 konfluent und t in R_1 irreduzibel ist. Dies liefert $s \geq t$, also einen Widerspruch zu $t > s$. $\qquad\square$

Sind also $\mathcal{A}_1$ und $\mathcal{A}_2$ Vervollständigungsalgorithmen, die mit Eingabe $(E, >)$ die interreduzierten Regelsysteme R_1 und R_2 liefern, so sind R_1 und R_2 kanonisch und streng äquivalent. Das nächste Lemma besagt, daß dann R_1 und R_2 bis auf eine Variablenumbenennung in den Regeln gleich sind.

Wir erklären zunächst die Variablen-Normierung. Ein Term t ist *variablennormiert*, wenn in t die i-te neue Variable von links x_i heißt. So ist z.B. $t \equiv f(x_1, g(x_1, x_2), h(x_3))$ variablennormiert, nicht aber $t' \equiv f(x_1, g(x_1, x_3), h(x_2))$. Offenbar gibt es zu jedem t eine Variablenumbenennung σ, so daß $\sigma(t)$ variablennormiert ist. Eine Regel $l \to r$ heißt variablennormiert, wenn l variablennormiert ist.

Lemma 3.6.19 *Sind R_1 und R_2 kanonisch, variablennormiert und streng äquivalent, so sind R_1 und R_2 gleich.*

Beweis: Es reicht zu zeigen: Ist $l_1 \to r_1$ in R_1, so ist $l_1 \to r_1$ in R_2. Sei $l_1 \to r_1$ in R_1, dann gilt $l_1 \xrightarrow{*}_{R_2} r_1$, also gibt es $l_2 \to r_2$ in R_2 mit $l_1 \trianglerighteq l_2$. Weiter gilt $l_2 \xrightarrow{+}_{R_1} r_2$, also gibt es $l_1' \to r_1'$ in R_1 mit $l_2 \trianglerighteq l_1'$. Aus $l_1 \trianglerighteq l_2 \trianglerighteq l_1'$ und der Tatsache, daß R_1 interreduziert ist, folgt $l_1 \equiv l_1'$, also $l_1 \equiv l_2 \equiv l_1'$. Es gilt $r_2 \xleftrightarrow{*}_{R_1} l_2 \equiv l_1 \xleftrightarrow{*}_{R_1} r_1$, also $r_2 \xrightarrow{*}_{R_1} r_1$, da r_1 in R_1 irreduzibel ist. Wegen $Irr(R_1) = Irr(R_2)$ ist auch $r_2 \in Irr(R_1)$, da $r_2 \in Irr(R_2)$. Hieraus folgt $r_2 \equiv r_1$. Also gilt $l_1 \equiv l_2$ und $r_1 \equiv r_2$ und daher $l_1 \to r_1$ in R_2. $\qquad\square$

Wir zeigen jetzt, wie man das kanonische System zu einem konvergenten R berechnet. Wir meinen damit das kanonische Regelsystem zu $(R, >)$, wobei $> = \xrightarrow{+}_R$ ist. Es ist nach Lemma 3.6.18 streng äquivalent zu R.

Satz 3.6.20 *Sei R konvergent und $t{\downarrow}$ die R-Normalform zu t. Setze*
$$
\begin{aligned}
R_0 &= \{l \to r{\downarrow} \mid l \to r \text{ in } R\} \\
R_1 &= \{l \to r \mid l \to r \text{ in } R_0,\ l \trianglerighteq l' \text{ für keine Regel } l' \to r' \text{ in } R_0\}
\end{aligned}
$$
Dann ist R_1 das kanonische Regelsystem zu R.

Beweis: Sei $\longrightarrow = \longrightarrow_R$, $\longrightarrow_0 = \longrightarrow_{R_0}$, $\longrightarrow_1 = \longrightarrow_{R_1}$

a) Es ist $Irr(R) = Irr(R_0) = Irr(R_1)$: Da die Menge der linken Seiten von Regeln in R und R_0 übereinstimmen, gilt $Irr(R) = Irr(R_0)$. Jede linke Seite in R_1 ist auch linke Seite in R_0, also gilt $Irr(R_0) \subseteq Irr(R_1)$. Sei $t \in Irr(R_1)$. Ist t in R_0 reduzierbar, etwa mit $l_0 \to r_0$ in R_0, so gibt es ein $l \to r$ in R_1 mit $l_0 \trianglerighteq l$, also ist t auch in R_1 reduzierbar. Dies zeigt $Irr(R_1) \subseteq Irr(R_0)$, also $Irr(R_0) = Irr(R_1)$.

b) R_1 ist terminierend: Sei $> = \xrightarrow{+}_R$. Dann ist $>$ eine Reduktionsordnung, und es gilt $l > r$ für alle $l \to r$ in R_1. Also ist R_1 terminierend.

c) Es ist $\xleftrightarrow{+} = \xleftrightarrow{+}_1$: Es gilt $l \xrightarrow{+} r$ für alle $l \to r$ in R_1. Dies liefert $\xleftrightarrow{+}_1 \subseteq \xleftrightarrow{+}$.
Sei $s \xleftrightarrow{*} t$, zu zeigen bleibt $s \xleftrightarrow{*}_1 t$. Seien $\hat{s}, \hat{t}$ R_1-Normalformen zu s, t; sie
existieren nach b). Wegen $\xleftrightarrow{*}_1 \subseteq \xleftrightarrow{*}$ gilt $\hat{s} \xleftrightarrow{*} s \xleftrightarrow{*} t \xleftrightarrow{*} \hat{t}$.
Also sind $\hat{s}$ und $\hat{t}$ zusammenführbar in R, da R konfluent ist. Es gilt $\hat{s}, \hat{t} \in Irr(R_1) = Irr(R)$, also folgt $\hat{s} \equiv \hat{t}$. Dies liefert $s \xrightarrow{+}_1 \hat{s} \equiv \hat{t} \xleftarrow{*}_1 t$, also $s \xleftrightarrow{*}_1 t$.

d) R_1 ist konfluent: In c) wurde schon gezeigt: $s \xleftrightarrow{*}_1 t$ impliziert $s \downarrow_{R_1} t$. Also ist R
konfluent.

e) R_1 ist interreduziert nach Konstruktion: Sei $l \to r$ in R_1. Dann ist $r \in Irr(R_1)$.
Es ist l höchstens mit einer Regel $l' \to r'$ in R_1 reduzierbar, so daß $l \equiv \sigma(l')$, wobei
σ eine Variablenumbenennung ist. Dann ist $r \equiv l\downarrow \equiv \sigma(l') \equiv \sigma(r')$, also $l' \to r'$
eine Variante von $l \to r$. Bei der Bildung von R_0 ist vorausgesetzt, daß Varianten
identifiziert werden, R_0 also keine Varianten enthält.

Aus a) bis e) folgt, daß R_1 kanonisch und streng äquivalent zu R ist. $\qquad\qquad\square$

Jedem konvergenten Regelsystem R kann man also das kanonische Regelsystem R_1
zuordnen. Dies beantwortet die obige Frage b). Offenbar gilt $\|R_1\| \leq \|R\|$, d.h., das
kanonische Regelsystem ist minimal unter allen streng äquivalenten Regelsystemen.
Man sieht leicht, daß unser Vervollständigungsalgorithmus 3.6.13 nur kanonische Systeme als Ausgabe liefert. Also läuft er nicht unendlich lange, wenn es ein endliches
$>$-verträgliches R zu E gibt. Es kann aber sein, daß der Vervollständigungsalgorithmus
abbricht, obwohl es ein endliches $>$-verträgliches Regelsystem R zu E gibt. Nach Satz
2.3.7 ist solch ein Wortersetzungssystem angegeben. Dies beantwortet Frage a).

Es bleibt die Frage, wann es zu $(E, >)$ ein konvergentes Regelsystem R gibt. Gibt es
solch ein R nicht, so muß offenbar jeder Vervollständigungsalgorithmus mit Eingabe
$(E, >)$ abbrechen. Wir zeigen jetzt, daß es genau dann zu $(E, >)$ ein konvergentes Regelsystem gibt, wenn es in jeder E-Kongruenzklasse ein (bezüglich $>$) kleinstes Element
gibt.

Definition 3.6.21 (Repräsentantensystem, Repräsentantenfunktion)
Eine Menge $N \subseteq Term(F, V)$ heißt ein Repräsentantensystem *$zu =_E$, wenn N aus
jeder E-Kongruenz-Klasse $[t]$ genau ein Element $\hat{t}$ enthält. Dann heißt*
$$\varphi : Term(F, V) \to N \qquad \varphi(t) \equiv \hat{t}$$
die Repräsentantenfunktion *zu E und N.*

Ist R ein konvergentes Regelsystem zu $(E, >)$, so ist $Irr(R)$ ein Repräsentantensystem
zu $=_R$, und die Terme $\hat{t} = t\downarrow$ sind kleinste Elemente in $[t]$; d.h., es gilt $t' \geq \hat{t}$ für
alle $t' \in [t]$. Gibt es also ein $[t]$ mit mehreren minimalen Elementen, so kann kein
konvergentes R zu $(E, >)$ existieren. Wir zeigen: Gibt es in jedem $[t]$ genau ein $\geq$-
minimales Element, so gibt es ein konvergentes R zu $(E, >)$. Dabei kann R natürlich
unendlich sein.

Sei N ein Repräsentantensystem zu $=_E$ und φ eine Repräsentantenfunktion zu E und
N. Dann ist $\overline{N} = Term(F, V) - N$ das Komplement zu N und wir setzen

$$N^1 = \{t \in \overline{N} \mid t \text{ variablennormiert, } t \blacktriangleright t' \text{ für kein } t \in \overline{N}\}$$

Dabei ist $\blacktriangleright$ die Umschließungsordnung. Es gilt $N^1 \subseteq \overline{N}$, genauer: N^1 besteht aus den bezüglich $\blacktriangleright$ minimalen Elementen in $\overline{N}$. Es gibt also zu jedem $t \in \overline{N}$ ein $l \in N^1$ mit $t \trianglerighteq l$, also ist jedes $t \in \overline{N}$ in $R = \{l \to \varphi(l) \mid l \in N^1\}$ reduzierbar. Sind $s, t \in N^1$ und gilt $t \trianglerighteq s$, so gilt $t \equiv s$, weil alle Elemente in N^1 variablennormiert sind.

Sei $>$ eine Reduktionsordnung und
$$N_{>,E} = \{t \mid t > t' \text{ für kein } t' \text{ mit } t =_E t'\}$$
Dann ist N die Menge der Terme t, die in ihrer E-Kongruenzklasse $[t]$ minimal bezüglich $>$ sind. Es kann in einer Kongruenzklasse mehrere minimale Elemente geben, deshalb ist $N_{>,E}$ im allgemeinen kein Repräsentantensystem.

Es gilt nun

Satz 3.6.22 *Sei $(E, >)$ gegeben. Es gibt genau dann ein konvergentes Regelsystem zu $(E, >)$, d.h. $=_R \, = \, =_E$ und R ist $>$-verträglich, wenn $N = N_{>,E}$ ein Repräsentantensystem zu $=_E$ ist. Ist dies der Fall und φ die Repäsentantenfunktion, so ist*
$$R_{>,E} = \{t \to \varphi(t) \mid t \in N^1\}$$
das kleinste konvergente Regelsystem zu $(E, >)$.

Beweis: Ist R ein konvergentes Regelsystem zu $(E, >)$ und $t\!\downarrow$ die R-Normalform zu t, so gilt $t \overset{*}{\longrightarrow} t\!\downarrow$, also $t \geq t\!\downarrow$. Also ist $N_{>,E} = \{t\!\downarrow \mid t \in Term(F, V)\}$ ein Repräsentantensystem zu $=_E$. Sei jetzt $N = N_{>,E}$ ein Repräsentantensystem zu $=_E$ und $R = R_{>,E}$ wie im Satz angegeben.

a) Es ist $R \subseteq \, >$, also ist R terminierend.

b) Es gilt $R \subseteq \, =_E$, also gilt $\overset{*}{\longleftrightarrow} \, \subseteq \, =_E$.

c) Ist $t \in N$ und $t \trianglerighteq s$, so ist $s \in N$: Sei $t/p \equiv \sigma(s)$. Ist $s \notin N$, so gibt es ein s' mit $s =_E s'$ und $s > s'$. Sei $t' \equiv t[p \leftarrow \sigma(s')]$. Dann ist $t =_E t'$ und $t > t'$. Dies ist ein Widerspruch zu $t \in N = N_{>,E}$. Also gilt $s \in N$.

d) Es ist $Irr(R) = N$: Ist $t \notin N$, so ist nach der Vorüberlegung t reduzierbar. Ist $t \in N$, so gibt es nach c) kein $l \in N^1$ mit $t \trianglerighteq l$, also ist t irreduzibel. Dies zeigt, daß t genau dann irreduzibel ist, wenn t in N liegt.

e) Es gilt $t \overset{*}{\longrightarrow} \varphi(t)$ für alle $t \in Term(F, V)$: Sei $\hat{t}$ eine R-Normalform. Sie existiert nach a). Es gilt $\hat{t} \in N$ nach d) und $t =_E \hat{t}$ nach b). Da $\varphi(t)$ das einzige Element in $N \cap [t]$ ist, gilt $\hat{t} \equiv \varphi(t)$. Dies zeigt $t \overset{*}{\longrightarrow} \varphi(t)$.

f) R ist konfluent und es gilt $\overset{*}{\longleftrightarrow}_R \, = \, =_E$: Es gilt $\overset{*}{\longleftrightarrow}_R \, \subseteq \, =_E$ nach b). Sei $t_1 =_E t_2$. Dann ist $\varphi(t_1) \equiv \varphi(t_2)$ und nach e) gilt $t_i \overset{*}{\longrightarrow}_R \varphi(t_i)$. Dies zeigt $t_1 \downarrow t_2$ und somit $t_1 \overset{*}{\longleftrightarrow}_R t_2$. Dies zeigt auch, daß R die Church-Rosser-Eigenschaft hat und somit konfluent ist.

g) R ist interreduziert: Sei $t \longrightarrow \varphi(t)$ in R. Dann ist $\varphi(t)$ R-irreduzibel nach d). Ist t mit Regel $s \longrightarrow \varphi(s)$ reduzierbar, so gilt $t \trianglerighteq s$ und $t, s \in N^1$. Hieraus folgt $s \equiv t$. Also ist t nur mit $t \longrightarrow \varphi(t)$ reduzierbar.   □

Wir verdeutlichen dies an den folgenden Beispielen.

Beispiel 3.6.23

a) $E: \quad a = b, \quad a = c, \quad d = e.$
$>: \quad a > b, \quad a > c, \quad d > e.$
Es ist $N_{>,E} = \{b, c, e\}$, und es gilt $b, c \in [a]$. Also ist $N_{>,E}$ kein Repräsentantensystem zu $=_E$, und es gibt kein konvergentes Regelsystem R zu $(E, >)$.
Verfeinert man $>$ zu $>'$
$>': \ a >' b, \quad a >' c, \quad b >' c, \quad d >' e,$
so ist $N_{>',E} = \{c, e\}$ und
$R: \quad a \to c, \quad b \to c, \quad d \to e$
das kanonische Regelsystem zu $(E, >')$.

b) $E: \quad g(f(x)) = f(g(x)) \quad h(f(x)) = f(h(x)) \quad h(g(x)) = g(h(x))$
Jeder Term läßt sich darstellen als $u(x)$ mit $u \in \{f, g, h\}^*$. Sei $>$ die Ordnung $h > g > f$ auf den Funktionssymbolen und $>$ die Ordnung auf $\{f, g, h\}^*$:

$u > v \quad gdw \quad |u| > |v| \quad oder$
$\qquad\qquad\qquad |u| = |v|, u >_{lex} v$

Dann ist $>$ auch eine Noethersche Partialordnung auf den Termen. Wir suchen $R_{>,E}$. Offenbar ist
$N = \{f^i g^j h^k(x) \mid i, j, k \geq 0\}$
ein Repräsentantensystem für E und $N = N_{>,E}$. Die Menge N^1 zu N ist $N^1 = \{g(f(x)), h(f(x)), h(g(x))\}$, also ergibt sich

$$R_{>,E}: \quad \begin{array}{rcl} g(f(x)) & \to & f(g(x)) \\ h(f(x)) & \to & f(h(x)) \\ h(g(x)) & \to & g(h(x)) \end{array}$$

Übungsaufgaben

Aufgabe 3.6.1: Man starte den Algorithmus 3.6.1 mit E und einer geeigneten Knuth-Bendix-Ordnung $>$.

$$\begin{array}{llclclcl}
\text{a)} & E: & x \cdot 1 & = & x & (x \cdot y) \cdot z & = & x \cdot (y \cdot z) \\
\text{b)} & E: & p(0) & = & 0 & x + 0 & = & x \\
& & p(s(x)) & = & x & s(x + p(y)) & = & x + y
\end{array}$$

Aufgabe 3.6.2: Es seien (E_1, R_1) und (E_2, R_2) gegeben mit $=_{E_1 \cup R_1} \, = \, =_{E_2 \cup R_2}$. Sei $>_P$ eine Beweisordnung. Zu jedem Ein-Schritt-Beweis B_1 in (E_1, R_1), der die Stelle $p = \lambda$ und die Substitution $\sigma = $ Identität benutzt, gebe es einen äquivalenten Beweis B_2 in (E_2, R_2) mit $B_1 \geq_P B_2$. Dann gibt es zu jedem Beweis B' in (E_1, R_1) einen äquivalenten Beweis B'' mit $B' \geq_P B''$.

Aufgabe 3.6.3: Man vervollständige den Beweis zu Lemma 3.6.8.

Aufgabe 3.6.4: Man vervollständige E mit einer geeigneten Ordnung $>$:

$$\begin{array}{llclclcl}
\text{a)} & E: & a(a(a(x))) & = & a(x) & b(b(b(x))) & = & c(x) \\
& & a(a(a(x))) & = & b(x) & c(c(c(x))) & = & x \\
& >: & \text{Eine KBO}
\end{array}$$

b) E :

$$app(nil, l_2) = l_2 \qquad app(x.l_1, l_2) = x.app(l_1, l_2)$$
$$rev(nil) = nil \qquad rev(x.l) = app(x.nil, rev(l))$$
$$rev(rev(l)) = l$$

$>$: Die RPO zur Präzedenz $rev > app > .$, siehe Abschnitt 3.7.

Aufgabe 3.6.5: a) Man zeige, daß jedes nilpotente Monoid kommutativ ist: Ist $E = \{(x \cdot y) \cdot z = x \cdot (y \cdot z), 1 \cdot x = x, x \cdot 1 = x, x \cdot x = 1\}$, so gilt $x \cdot y =_E y \cdot x$.
b) Man zeige, daß in jeder Gruppe $(x^{-1})^{-1} = x$ gilt: Ist $E = \{(x \cdot y) \cdot z = x \cdot (y \cdot z), x \cdot 1 = x, x \cdot x^{-1} = 1\}$, so gilt $(x^{-1})^{-1} =_E x$.

Aufgabe 3.6.6: Diese Aufgabe demonstriert, wie wichtig die Fairness-Bedingung bei der Vervollständigung ist. Sei
E : $f(g(f(x))) = g(f(x))$ $h(h(x)) = x$ $h^6(x) = y^5(x)$
Solange man die zweite oder dritte Gleichung unbehandelt läßt, läuft der Vervollständigungsalgorithmus beliebig lange. Er kann dann nicht zeigen, daß $f(f(x)) =_E f(x)$ gilt. Eine faire Vervollständigungsstrategie liefert aber ein konvergentes Regelsystem R zu E, und R enthält die Regel $f(f(x)) \to f(x)$.

Aufgabe 3.6.7: Diese Aufgabe demonstriert, wie kritisch die Regel "Simplifizieren einer linken Seite" in $\mathcal{P}$ ist. Sei $\mathcal{P}'$ das Inferenzsystem, das aus $\mathcal{P}$ entsteht, wenn man in der Inferenzregel $(P6)$ die Bedingung "$s \blacktriangleright l$" durch "$l \to r$ und $s \to u$ sind verschieden" ersetzt. Dann ist das Inferenzsystem $\mathcal{P}'$ nicht mehr korrekt. Man kann nicht mehr garantieren, daß bei unendlicher Rechnung $=_E = \xleftrightarrow{*}_{R^\infty}$ gilt. Man zeige dies an folgendem Beispiel:
$E = \{g^2(x) = f(x), g(x) = f(x)\}$,
$> = RPO$ zur Präzedenz $g > f$.
Dann gibt es eine faire $\mathcal{P}'$-Ableitung $(E_i, R_i)_{i \geq N}$, die eine Teilfolge $(E_{i_j}, R_{i_j})_{j \geq 0}$ enthält mit $E_{i_j} = \emptyset$ und $R_{i_j} = \{g(x) \to f^j(x), g^2(x) \to g(x), f^2(x) \to f(x)\}$. Für das Grenzsystem (E^∞, R^∞) gilt dann $E^\infty = \emptyset$ und $R^\infty = \{g^2(x) \to g(x), f^2(x) \to f(x)\}$. Es gilt $f(x) =_E g(x)$, aber nicht $f(x) \xleftrightarrow{*}_{R^\infty} g(x)$.

Aufgabe 3.6.8: Mit Wortersetzungssystemen kann man in Monoiden rechnen, wie es in Kapitel 2 beschrieben ist. Man kann auch mit Termersetzungssystemen dadurch in Monoiden rechnen, daß man die Monoid-Multiplikation axiomatisiert. Man vergleiche die Vervollständigung in beiden Ansätzen an folgendem Beispiel:
(1) Wortersetzungssystem
E : $a^2 = \lambda$ $b^2 = \lambda$ $ab = c$
$>$: kanonische Ordnung zur Vorordnung $a > b > c$
(2) Termersetzungssystem

$$E : \quad (x \cdot y) \cdot z = x \cdot (y \cdot z) \qquad a \cdot a = 1$$
$$1 \cdot x = x \qquad b \cdot b = 1$$
$$x \cdot 1 = x \qquad a \cdot b = c$$

$>$: RPO zu Präzedenz $a > b > c$. (Siehe Abschnitt 3.7.)

Aufgabe 3.6.9: Sei $E = \{f(f(x)) = g(x)\}$ und $>$ die Knuth-Bendix-Ordnung mit $\varphi(f) = \varphi(g)$. Gibt es ein Regelsystem R zu E mit $R \subseteq >$?

3.7 Reduktionsordnungen

In diesem Abschnitt werden Kriterien entwickelt, mit denen man die Termination von Regelsystemen nachweisen kann. Generell ist es unentscheidbar, ob ein Regelsystem terminierend ist, selbst wenn alle Funktionssymbole einstellig sind oder R nur aus einer einzigen Regel besteht (siehe Satz 3.3.8). Es lassen sich aber hinreichende Kriterien angeben, mit denen man die Termination in vielen Fällen nachweisen kann.

Wir hatten schon gesehen: Ist $>$ eine monotone Noethersche Partialordnung auf der Menge der Grundterme $Term(F)$ und gilt $\sigma(l) > \sigma(r)$ für jede Grundsubstitution σ und jede Regel $l \to r$ in R, so ist R terminierend. Wir untersuchen zunächst, welche Ordnungen für Terminationsbeweise wichtig sind, und geben dann Verfahren zur Konstruktion solcher Ordnungen an. Wir unterscheiden zwei Ansätze:

– Semantische Termordnungen werden mit einer partiell geordneten Menge $(M, >)$ definiert, wobei die Operatoren $f \in F$ als Funktion $\varphi(f)$ auf M interpretiert werden.

– Syntaktische Termordnungen werden auf den Termen selbst konstruiert.

Wir beschränken uns jetzt auf den Fall, daß die zugrundeliegende Signatur nur eine einzige Sorte kennt. Die Erweiterung auf mehrere Sorten ist einfach. Außerdem wird vorausgesetzt, daß mindestens eine Konstante existiert, so daß also $Term(F)$ nicht leer ist.

Wir erweitern den bisherigen Ansatz dadurch, daß wir Operatoren $f \in F$ mit variabler Stelligkeit zulassen. Dies erlaubt es z.B. $(\ldots((t_1 + t_2) + t_3) + \ldots) + t_n$ als $+(t_1, \ldots, t_n)$ zu schreiben. F ist wie bisher endlich. $Term(F, V)$ ist in natürlicher Weise definiert.

3.7.1 Simplifikationsordnungen

In manchen Fällen läßt sich die Nicht-Termination leicht nachweisen: *R erlaubt Schleifen*, wenn es eine Ableitung $t_0 \longrightarrow t_1 \longrightarrow \ldots \longrightarrow t_j \longrightarrow \ldots \longrightarrow t_k \longrightarrow \ldots$ gibt, so daß t_j ein Teilterm von t_k ist. In diesem Fall läßt sich die Ableitung $t_j \overset{+}{\longrightarrow} t_k$ innerhalb t_k wiederholen, und es entsteht eine unendlich lange Kette. So erzeugt z.B. die Regel $f(x) \to g(f(x))$ die unendliche Kette $f(x) \longrightarrow g(f(x)) \longrightarrow g(g(f(x))) \longrightarrow \ldots$. Offenbar gilt:

Lemma 3.7.1 *R terminiert nicht, falls R Schleifen erlaubt.*

Die Umkehrung der Aussage von Lemma 3.7.1 lautet: "Gibt es keine Terme s, t mit $s \overset{+}{\longrightarrow} t$ und s ist ein Teilterm von t, so ist $\longrightarrow$ terminierend." Wäre sie gültig, so ließe sich so auf Termination schließen. Sie gilt aber nicht: Besteht R nur aus der Regel $f(x + y) \to f(f(x) + y)$, so terminiert R nicht, erlaubt aber auch keine Schleifen.

Wir verallgemeinern "s ist Teilterm von t" zu "s ist homöomorph eingebettet in t". Dies erlaubt es dann, auf Termination zu schließen. Siehe dazu den Satz 3.7.6.

Definition 3.7.2 (Homöomorphe Einbettung $\triangleleft$) *Wir definieren die Relation $\trianglelefteq$ auf $Term(F, V)$ durch*

$$s \equiv x \trianglelefteq g(t_1, \ldots, t_m) \equiv t \quad gdw\ x \in Var(t) \qquad und$$

$$s \equiv f(s_1, \ldots, s_n) \trianglelefteq g(t_1, \ldots, t_m) \equiv t$$

$$gdw\ f = g\ und\ es\ gibt\ 1 \leq j_1 < j_2 < \ldots < j_n \leq m\ mit\ s_i \trianglelefteq t_{j_i}\ für\ i = 1, \ldots, n \quad (\alpha)$$

$$oder\ s \trianglelefteq t_j\ für\ ein\ j. \qquad (\beta)$$

Gilt $s \trianglelefteq t$, so heißt s in t homöomorph eingebettet. Es ist $s \triangleleft t$ gdw $s \trianglelefteq t$ und nicht $s \equiv t$, und es ist wie üblich $s \triangleright t$ gdw $t \triangleleft s$.

Hat f eine feste Stelligkeit, so ist die Bedingung (α) in dieser Definition äquivalent zu "$f = g$ und $s_i \trianglelefteq t_i$ für $i = 1, \ldots, n$". Im ganzen Abschnitt 3.7 bezeichnet $\trianglelefteq$ die homöomorphe Einbettungsrelation.

Beispiel 3.7.3 *Es gilt $f(a + b) \trianglelefteq f(a + f(b + a))$. Dies ergibt sich anschaulich, weil man den Baum zu $f(a+b)$ aus dem Baum zu $f(a + f(b+a))$ dadurch erhält, daß man Knoten und Teilbäume streicht (siehe Abbildung 3.10).*

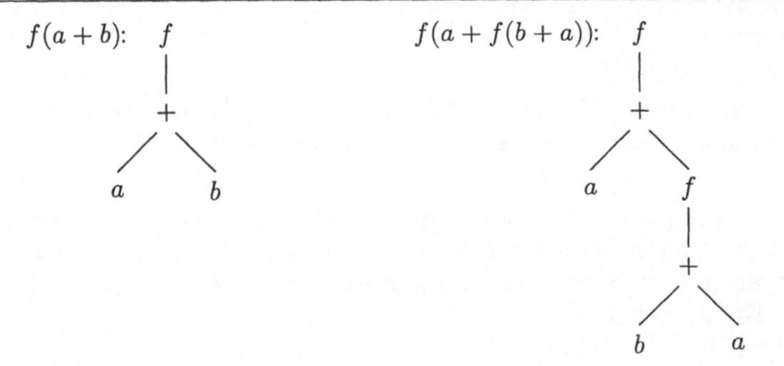

Abbildung 3.10: Homöomorphe Einbettung

Wir zeigen dies formal nach obiger Definition. Wegen Regel (α) reicht es, $a + b \trianglelefteq a + f(b + a)$ zu zeigen. Hierzu reicht wegen (α), $a \trianglelefteq a$ und $b \trianglelefteq f(b + a)$ zu zeigen. Es gilt $a \trianglelefteq a$ wegen (α). Für $b \trianglelefteq f(b + a)$ reicht wegen (β) der Nachweis von $b \trianglelefteq b + a$, bzw. von $b \trianglelefteq b$. Dies gilt nach (α).

Zur Übung sei der Nachweis des folgenden Lemmas empfohlen.

Lemma 3.7.4
a) $\trianglerighteq$ ist eine Noethersche Partialordnung.
b) Ist s ein Teilterm von t, so gilt $t \trianglerighteq s$. $\qquad\qquad\square$

Von zentraler Bedeutung für die Konstruktion von Noetherschen Termordnungen auf $Term(F)$ ist der folgende Satz. Er gilt nur, wenn F endlich ist.

Satz 3.7.5 (Baum-Theorem [Kru60], [Hig52]) *Zu jeder unendlichen Folge* $t_0, t_1,$
$t_2, \ldots$ *von Termen aus* $Term(F)$ *gibt es natürliche Zahlen* $j < k$ *mit* $t_j \trianglelefteq t_k$. $\square$

Dieser Satz sei hier ohne Beweis angegeben. Aus ihm ergibt sich unmittelbar:

Satz 3.7.6 *Sei* R *ein Regelsystem. Gibt es keine Grundterme* s, t *mit* $s \xrightarrow{+}_R t$ *und*
$s \trianglelefteq t$, *so ist* R *terminierend.* $\square$

Leider ist dieses Kriterium für die Termination auch unentscheidbar (siehe [Pla85]).
Zudem ist es auch nur hinreichend für die Termination, nicht notwendig:
$$R: \quad f(f(x)) \to f(g(f(x)))$$
ist terminierend, es gilt aber $t_1 \equiv f(f(x)) \longrightarrow t_2 \equiv f(g(f(x)))$ und $t_1 \trianglelefteq t_2$. Wir
zeigen die Termination von R mit Satz 1.1.9: Für jeden Term t sei $\varphi(t)$ die Anzahl der
Teilterme der Gestalt $f(f(t_1))$, und es sei $s > t$ genau dann, wenn $\varphi(s)$ größer als $\varphi(t)$
ist. Dann ist $>$ eine Noethersche Partialordnung mit $\longrightarrow \subseteq >$. Also terminiert R.

Der Satz 3.7.5 ist der Ausgangspunkt zur Konstruktion von Reduktionsordnungen auf
$Term(F, V)$. Siehe Satz 3.7.11. Wir beschränken uns hier zunächst auf Ordnungen auf
den Grundtermen.

Satz 3.7.7 *Eine Partialordnung* $>$ *auf* $Term(F)$ *ist Noethersch, wenn es eine gemein-*
same Erweiterung $>_1$ *von* $>$ *und* $\triangleright$ *gibt, d.h., wenn* $> \subseteq >_1$ *und* $\triangleright \subseteq >_1$ *gilt.*

Beweis: Sei $> \subseteq >_1$ und $\triangleright \subseteq >_1$. Wäre $>$ nicht Noethersch, so gäbe es eine unendliche Folge $t_1, t_2, \ldots$ von Termen mit $t_i > t_{i+1}$, also auch $t_i >_1 t_{i+1}$ für alle $i \geq 1$, also
$t_j >_1 t_k$ für alle $j < k$. Nach Satz 3.7.5 gibt es aber $j < k$ mit $t_j \trianglelefteq t_k$, also $t_j \leq_1 t_k$.
Also muß $>$ Noethersch sein. $\square$

Wir untersuchen jetzt eine spezielle Klasse von Partialordnungen auf $Term(F, V)$, die
für Terminationsbeweise besonders wichtig sind. Dies sind die Simplifikationsordnungen.

Definition 3.7.8 (Simplifikationsordnung) *Eine Partialordnung* $>$ *auf* $Term(F, V)$
heißt eine Simplifikationsordnung, *falls gilt:*
(a) $f(\ldots, s, \ldots) > f(\ldots, t, \ldots)$,   *falls* $s > t$ *Verträglichkeit mit der Termstruktur,*
(b) $f(\ldots, t, \ldots) > t$ *Teiltermeigenschaft,*
(c) $f(\ldots, t_{i-1}, t_i, t_{i+1}, \ldots) > f(\ldots, t_{i-1}, t_{i+1}, \ldots)$ *Löscheigenschaft.*

Es wird hier nicht gefordert, daß $>$ mit Substitutionen verträglich ist. Die Bedingung
(c) ist natürlich nur für die $f \in F$ mit variabler Stelligkeit sinnvoll.

Lemma 3.7.9 *Für jede Simplifikationsordnung* $>$ *auf* $Term(F, V)$ *gilt* $\triangleright \subseteq >$, *d.h.,*
$>$ *enthält die homöomorphe Einbettung.*

Beweis: Es ist zu zeigen, daß $P(t)$ für alle t gilt:

$$P(t) \quad \text{gdw} \quad \text{Für alle } s \text{ gilt: Aus } t \unrhd s \text{ folgt } t \geq s$$

Wir zeigen dies durch Induktion über den Aufbau von t, führen also Noethersche Induktion nach der Teiltermordnung: Gilt $t \unrhd s$ und $s \equiv x, x \in Var(t)$, so gilt $t \geq s$. Gilt $t \unrhd s$ und $t \equiv f(t_1, \ldots, t_n), s \equiv g(s_1, \ldots, s_m)$, so ist nach Definition von $\rhd$ entweder $t_j \unrhd s$ für ein j oder aber $f = g$ und $t_{j_i} \unrhd s_i$ für alle $i = 1, \ldots, n$. Im ersten Fall gilt $t_j \geq s$ nach Induktionsvoraussetzung und $t > t_j$ wegen der Teiltermeigenschaft von $>$. Dies liefert $t > s$. Im zweiten Fall liefert die Induktionsvoraussetzung $t_{j_i} \geq s_i$ für alle i. Wegen der Verträglichkeit von $>$ mit der Termstruktur und wegen der Löscheigenschaft folgt hieraus ebenfalls $t \geq s$. $\qquad\square$

Satz 3.7.10 *Jede Simplifikationsordnung auf $Term(F)$ ist Noethersch.*

Beweis: Man wähle $>_1$ als $>$ in Satz 3.7.7. Dies ist nach Lemma 3.7.9 möglich und liefert die Aussage des Satzes. $\qquad\square$

Satz 3.7.11 *Jede Simplifikationsordnung $>$ auf $Term(F, V)$, die mit Substitutionen verträglich ist, ist eine Reduktionsordnung.*

Beweis: Es ist zu zeigen, daß $>$ auf $Term(F, V)$ Noethersch ist. Sei als Annahme $t_1 > t_2 > t_3 > \ldots$ eine unendliche Kette auf $Term(F, V)$. Sei $a \in F$ eine Konstante, sei $\sigma_i = \{x \leftarrow a \mid x \in Var\{t_i, t_{i+1}\}\}$, und sei $s_i \equiv \sigma(t_i)$. Dann ist $s_1 > s_2 > s_3 > \ldots$ eine unendliche Kette auf $Term(F)$. Da es solch eine Kette nach Satz 3.7.10 nicht gibt, ist die Annahme nicht haltbar. Also ist $>$ Noethersch auf $Term(F, V)$. $\qquad\square$

Man beachte, daß für eine Simplifikationsordnung die Eigenschaft "Noethersch" nicht explizit verlangt wird. Sie wird durch Satz 3.7.10 gesichert. Ist $>$ eine totale Ordnung, so gilt auch die Umkehrung von Satz 3.7.10.

Satz 3.7.12 *Sei $>$ eine totale Ordnung auf $Term(F)$, und sei $>$ verträglich mit der Termstruktur. Jedes $f \in F$ habe eine feste Stelligkeit. Dann gilt: Es ist $>$ genau dann Noethersch, wenn $>$ eine Simplifikationsordnung ist.*

Beweis: Die eine Richtung der Aussage folgt aus Satz 3.7.10. Sei jetzt $>$ Noethersch; zu zeigen ist dann, daß $>$ die Teiltermeigenschaft hat. Hätte $>$ nicht die Teiltermeigenschaft, so gäbe es $t \in Term(F, V)$ und $p \in O(t)$ mit $t/p > t$. (Hier wird die Totalität von $>$ benötigt!). Betrachte das Regelsystem $R = \{t/p \rightarrow t\}$. Dann wäre $\xrightarrow{+}_R \subseteq >$ und $\xrightarrow{+}_R$ nicht Noethersch, also auch $>$ nicht Noethersch. Die Löscheigenschaft ist hier ohne Bedeutung, da jedes $f \in F$ eine feste Stelligkeit hat. $\qquad\square$

Es zeigt sich, daß Simplifikationsordnungen relativ leicht zu konstruieren sind, sie eignen sich also gut für Terminationsbeweise zu Regelsystemen. Viele heute gebräuchliche Ordnungen für Terminationsbeweise sind Simplifikationsordnungen, die sich zu totalen Ordnungen auf den Grundtermen erweitern lassen. Sie reichen aber nicht aus, um alle Terminationsbeweise zu führen. Dies soll in dem folgenden Beispiel verdeutlicht werden.

Beispiel 3.7.13

a) $R:$ $f(a) \to f(b)$ $g(b) \to g(a)$

R ist terminierend, aber es gibt keine totale Simplifikationsordnung $>$ mit $l > r$ für beide Regeln $l \to r$. Ist nämlich $a > b$, so folgt $g(a) > g(b)$. Ist $b > a$, so folgt $f(b) > f(a)$.

b) $R:$ $f(f(a)) \to f(g(f(a)))$

Hier ist R terminierend, es gibt aber keine Simplifikationsordnung $>$ mit $f(f(a)) > f(g(f(a)))$. Wegen $f(f(a)) \lhd f(g(f(a)))$ und Lemma 3.7.9 gilt nämlich $f(f(a)) < f(g(f(a)))$ für jede Simplifikationsordnung $>$.

3.7.2 Semantische Reduktionsordnungen

Wir kommen jetzt zur Konstruktion von Simplifikationsordnungen auf $Term(F, V)$, die auch verträglich mit Substitutionen sind. Eine solche Ordnung ist dann eine Reduktionsordnung, kann also mit Satz 3.5.11 zu Terminationsbeweisen für Regelsysteme verwendet werden. Wir definieren zunächst Simplifikationsordnungen auf $Term(F)$ und erweitern sie dann geeignet auf $Term(F, V)$. Wir starten mit semantischen Ordnungen.

Sei im folgenden $(M, >_0)$ eine partiell geordnete Menge. Eine Funktion $\alpha : M^n \to M$ heißt *stark monoton*, falls gilt: $x >_0 y$ impliziert $\alpha(x_1, \ldots, x, \ldots, x_n) >_0 \alpha(x_1, \ldots, y, \ldots, x_n)$ und $\alpha(x_1, \ldots, x, \ldots, x_n) >_0 x$ für alle $x, y, x_i \in M$. Hat α eine variable Stelligkeit, so wird zusätzlich $\alpha(x_1, \ldots, x_{i-1}, x_i, x_{i+1}, \ldots, x_n) > \alpha(x_1, \ldots, x_{i-1}, x_{i+1}, \ldots, x_n)$ verlangt.

Definition 3.7.14 (Semantische Termordnung erster Art) *Es sei $(M, >_0)$ wie oben, und es ordne φ jedem $f \in F$ der Stelligkeit n eine stark monotone Funktion $\varphi(f) : M^n \to M$ zu. Dann definiert φ eine Abbildung $\varphi : Term(F) \to M$ durch*
$$\varphi(f(t_1, \ldots, t_n)) = \varphi(f)(\varphi(t_1), \ldots, \varphi(t_n)).$$
Dies definiert eine Ordnung $>$ auf $Term(F)$ durch
$$s > t \quad gdw \quad \varphi(s) >_0 \varphi(t).$$
Dann heißt $>$ eine semantische Termordnung erster Art *auf $Term(F)$.*

Wir nennen φ auch eine *Terminierungsfunktion* und $>$ die semantische Termordnung zu φ.

Lemma 3.7.15 *Jede semantische Termordnung erster Art auf $Term(F)$ ist eine Simplifikationsordnung.*

Beweis: Man sieht leicht, daß $>$ auf $Term(F)$ eine Partialordnung ist. Da alle $\varphi(f)$ stark monoton sind, ist $>$ auch eine Simplifikationsordnung. $\Box$

Die Definition einer semantischen Termordnung benutzt also eine partiell geordnete Menge $(M, >_0)$ und eine Interpretation φ der Funktionssymbole $f \in F$ zu Funktionen $\varphi(f)$ auf M. Man beachte, daß die Ordnung $>_0$ auf M nicht als Noethersch vorausgesetzt wurde. Das Lemma 3.7.15 garantiert, daß die so konstruierte Termordnung eine Simplifikationsordnung und damit Noethersch ist. Die Funktionen $\varphi(f)$ müssen aber stark monoton sein. Wählt man z.B. $M = \mathbb{N}_k$ oder $M = \mathbb{R}_k$, $k > 1$, und $>_0$ als die natürliche Ordnung auf $\mathbb{N}$ bzw. $\mathbb{R}$, so sind alle Polynome mit Koeffizienten ≥ 1 oder mit Koeffizienten ≥ 0 und positivem absoluten Glied stark monoton. Dabei ist $\mathbb{N}_k = \{i \mid i \geq k, i \in \mathbb{N}\}$ und $\mathbb{R}_k = \{z \mid z \geq k, z \in \mathbb{R}\}$. Die so gewonnenen Ordnungen heißen auch *Polynomordnungen*. Aber auch die Exponentialfunktionen a^x mit $a > 1$ sind auf $\mathbb{R}_1$ stark monoton. Setzt man stark monotone Funktionen in eine stark monotone Funktion ein, so entsteht wieder eine stark monotone Funktion. Dies erlaubt es, sehr flexibel Simplifikationsordnungen zu konstruieren.

Wir definieren jetzt *semantische Termordnungen zweiter Art* auf $Term(F)$. Dazu brauchen die $\varphi(f)$ nur noch *monoton* zu sein (d.h., es gilt $\varphi(f)(x_1, \ldots, x, \ldots, x_n) >_0 \varphi(f)(x_1, \ldots, y, \ldots, x_n)$ für $x >_0 y$), aber $>_0$ muß jetzt eine Noethersche Partialordnung auf M sein. Die Definition von $>$ auf $Term(F)$ ist dann genauso wie oben.

Definition 3.7.16 (Semantische Termordnung zweiter Art) *Es sei $>_0$ eine Noethersche Partialordnung auf M, und für jedes $f \in F$ der Stelligkeit n sei $\varphi(f) : M^n \to M$ eine monotone Funktion. Sei $\varphi : Term(F) \to M$ definiert wie in Definition 3.7.14. Dies definiert eine Ordnung $>$ auf $Term(F)$ durch*

$$s > t \quad gdw \quad \varphi(s) >_0 \varphi(t)$$

Dann heißt $>$ eine semantische Termordnung zweiter Art auf $Term(F)$.

Lemma 3.7.17 *Jede semantische Termordnung zweiter Art auf $Term(F)$ ist eine Noethersche Partialordnung, die verträglich mit der Termstruktur ist.*

Beweis: Es ist $>$ auf $Term(F)$ eine Partialordnung. Sie ist Noethersch, weil $(M, >_0)$ Noethersch ist, und sie ist verträglich mit der Termstruktur, weil die $\varphi(f)$ monoton sind. $\square$

Beispiel 3.7.18

a) $R: \quad x + 0 \to x, \quad x + s(y) \to s(x + y)$

Es soll gezeigt werden, daß R terminiert. Dazu wird $>$ konstruiert, mit $\sigma(l) > \sigma(r)$ für alle Grundsubstitutionen σ und alle $l \to r$ in R. Wähle $(M, >_0) = (\mathbb{N}_1, >)$,

$$\varphi(0) = 1, \quad \varphi(s)(x) = x + 1, \quad \varphi(+)(x, y) = x + 2y$$

Es gilt mit $x' = \varphi(\sigma(x)), y' = \varphi(\sigma(y))$

$\varphi(\sigma(x + 0)) = \varphi(\sigma(x) + 0) = x' + 2 \cdot \varphi(0) = x' + 2 > x' = \varphi(\sigma(x))$

$\varphi(\sigma(x + s(y))) = \varphi(\sigma(x) + s(\sigma(y))) = x' + 2(y' + 1) > x' + 2y' + 1$

$= \varphi(s(\sigma(x) + \sigma(y))) = \varphi(\sigma(s(x + y)))$

Dies zeigt $\sigma(l) > \sigma(r)$ für beide Regeln, also ist R terminierend.

b) $R:$

$$
\begin{aligned}
f(f(x)) &\;\to\; x \\
f(x+y) &\;\to\; f(x) \circ f(y) \\
f(x \circ y) &\;\to\; f(x) + f(y) \\
x \circ (y+z) &\;\to\; (x \circ y) + (x \circ z) \\
(x+y) \circ z &\;\to\; (x \circ z) + (y \circ z)
\end{aligned}
$$

Die Signatur enthält außerdem Konstanten. Wähle $(M, >_0) = (\mathbb{R}_3, >)$ *und* φ *mit*

$$
\begin{aligned}
\varphi(+)(x,y) &= x+y+1 \\
\varphi(\circ)(x,y) &= x \cdot y \\
\varphi(f)(x) &= 3^x \\
\varphi(a) &= 3 \qquad \text{für jede Konstante } a
\end{aligned}
$$

Dann gilt $\sigma(l) > \sigma(r)$ *für jede Regel* $l \to r$ *und jede Grundsubstitution* σ. *Also ist* R *terminierend.*

Wir machen noch eine Bemerkung zur Wahl von $(M, >_0)$ bei semantischen Termordnungen erster und zweiter Art. Häufig wählt man $M = \mathbb{N}_k$ oder $M = \mathbb{R}_k$. Dann ist k so zu wählen, daß φ eine Abbildung von $Term(F)$ nach M ist. Ist etwa $\varphi(f)$ für jedes $f \in F$ ein Polynom mit positiven Koeffizienten, so gilt dies, wenn $k \leq min\{\varphi(a) \mid a$ eine Konstante $\}$ gilt.

Es ist jetzt leicht, zu einer semantischen Partialordnung erster oder zweiter Art eine Reduktionsordnung $>$ auf $Term(F, V)$ zu konstruieren. Dazu ordne φ jeder Variablen $x \in V$ eine Variable x' über M zu. Dann ist $\varphi(t)$ eine Funktion $M^k \to M$, wenn t k Variablen enthält. Setze

$$
s > t \quad \text{gdw} \quad Var(t) \subseteq Var(s) \text{ und } \varphi(s) >_0 \varphi(t) \text{ identisch auf } M.
$$

Dabei bedeutet $\varphi(s) >_0 \varphi(t)$ identisch auf M, daß für jede Einsetzung von $m_i \in M$ für $x_i \in Var(s) = \{x_1, \ldots, x_k\}$ der Funktionswert von $\varphi(s)$ größer ist als der von $\varphi(t)$.

Die so entstehenden Ordnungen heißen *semantische Termordnungen* auf $Term(F, V)$. Ist $\varphi(f)$ ein Polynom über $\mathbb{N}$ oder $\mathbb{R}$ für alle $f \in F$, so heißen die Ordnungen *Polynomordnungen*.

Satz 3.7.19 *Jede semantische Termordnung auf* $Term(F, V)$ *ist eine Reduktionsordnung.*

Beweis: Sei $>$ eine semantische Termordnung erster oder zweiter Art, wie eben definiert. Es ist leicht zu sehen, daß $>$ irreflexiv und transitiv, also wirklich eine Partialordnung ist. Es bleibt zu zeigen, daß $>$ Noethersch und verträglich mit Substitutionen und der Termstruktur ist.

a) Verträglichkeit mit Substitutionen: Sei $s > t$ und σ eine Substitution. Dann ist $Var(t) \subseteq Var(s)$ und $\varphi(s) >_0 \varphi(t)$ identisch auf M. Dann gilt auch $Var(\sigma(t)) \subseteq Var(\sigma(s))$ und $\varphi(\sigma(s)) > \varphi(\sigma(t))$ identisch auf M, also $\sigma(s) > \sigma(t)$.

b) Verträglichkeit mit der Termstruktur: Sei $s > t$ und $f \in F$. Zu zeigen ist $s' \equiv f(s_1, \ldots, s_{i-1}, s, s_{i+1}, \ldots, s_n) > f(s_1, \ldots, s_{i-1}, t, s_{i+1}, \ldots, s_n) \equiv t'$ für alle Terme $s_1, \ldots, s_{i-1}, s_{i+1}, \ldots, s_n$. Es gilt $Var(t) \subseteq Var(s)$ und $\varphi(s) >_0 \varphi(t)$ identisch auf M. Hieraus folgt direkt $Var(t') \subseteq Var(s')$, und es folgt $\varphi(s') >_0 \varphi(t')$ identisch auf M, weil $\varphi(f)$ monoton ist.

c) $>$ ist Noethersch: Nach Lemma 3.7.15 bzw. Lemma 3.7.17 ist $>$ Noethersch auf den Grundtermen. Gäbe es eine unendliche absteigende Kette von Termen $t_1 > t_2 > t_3 > \ldots$, so wäre $Var(t_{i+1}) \subseteq Var(t_i)$ und es gäbe eine Grundsubstitution σ mit $\sigma(t_1) > \sigma(t_2) > \sigma(t_3) > \ldots$ nach a). Da es solch eine unendliche absteigende Kette von Grundtermen nicht gibt, gibt es auch keine unendliche absteigende Kette von Termen, und $>$ ist Noethersch. $\qquad\Box$

Beispiel 3.7.20 *Es sollen rationale Ausdrücke nach ξ differenziert werden.*

$$
\begin{aligned}
R: \quad D(\xi) &\to 1 & D(x+y) &\to D(x) + D(y) \\
D(a) &\to 0 & D(x-y) &\to D(x) - D(y) \\
& & D(x \cdot y) &\to (y \cdot D(x)) + (x \cdot D(y)) \\
& & D(x/y) &\to (D(x)/y) - (x \cdot (D(y)/(y \cdot y)))
\end{aligned}
$$

Wähle $(M, >_0) = (\mathbb{N}_4, >), \mathbb{N}_4 = \{i \in \mathbb{N} \mid i \geq 4\}$

$$
\begin{aligned}
\varphi(+)(x,y) &= x+y & \varphi(\cdot)(x,y) &= x+y \\
\varphi(-)(x,y) &= x+y & \varphi(/)(x,y) &= x+y \\
\varphi(D)(x) &= x^2 & \varphi(a) &= 4 \ \textit{für jede Konstante } a
\end{aligned}
$$

Es ist

$$
\begin{aligned}
\varphi(D(x+y)) &= (x'+y')^2 > \varphi(D(x)+D(y)) = x'^2 + y'^2 \\
\varphi(D(x \cdot y)) &= (x'+y')^2 > \varphi((y \cdot D(x)) + (x \cdot D(y))) = (y' + x'^2) + (x' + y'^2)
\end{aligned}
$$

und auch $\varphi(l) > \varphi(r)$ *für alle anderen Regeln* $l \to r$ *in* R. *Also ist* R *terminierend.*

Man beachte, daß jede Terminierungsfunktion φ eine Quasiordnung $\geq$ auf den Termen definiert durch $s \geq t$ gdw $\varphi(s) \geq \varphi(t)$. Es gibt im allgemeinen Terme, die bezüglich φ gleich groß sind, d.h., es gilt $\varphi(s) = \varphi(t)$. Wir haben bisher nur den strikten Anteil $>$ von $\geq$ betrachtet. Wir benutzen die Quasiordnung $\geq$ in Abschnitt 4.4, um Reduktionsordnungen zu konstruieren, die mit einer Kongruenz $\sim$ verträglich ist. Dabei ist $\sim$ durch ein Gleichungssystem A beschrieben.

3.7.3 Syntaktische Reduktionsordnungen

Wir geben jetzt syntaktische Simplifikationsordnungen an. Sie beruhen auf einer Präzedenz, d.h., auf einer Vorordnung $>$ auf den Operatoren in F. Diese Ordnungen heißen auch Präzedenzordnungen und sind rekursiv definiert. Der Vergleich von $s \equiv f(s_1, \ldots, s_m)$ mit $t \equiv g(t_1, \ldots, t_n)$ wird auf endlich viele Vergleiche von s' und t' zurückgeführt mit $s' \in \{s, s_1, \ldots, s_m\}$ und $t' \in \{t, t_1, \ldots, t_n\}$. Dabei ist stets $|s| + |t| > |s'| + |t'|$, und die rekursive Definition ist wohlfundiert. Führt man den Vergleich von s mit t auf den Vergleich der Argumente von s und t zurück, so gibt es zwei naheliegende Möglichkeiten: Man betrachtet entweder die Multimenge oder die Folge der Argumente. Die erste Alternative führt zu den rekursiven Pfadordnungen und die zweite zu den lexikographischen Pfadordnungen. Wir betrachten zunächst die rekursiven Pfadordnungen.

Definition 3.7.21 (Präzedenz) *Eine* Präzedenz $\geq$ *ist eine Quasiordnung auf* F. *Wir schreiben* $f \approx g$ *genau dann, wenn* $f \geq g$ *und* $g \geq f$ *gilt.*

Häufig gibt man für die Präzedenz $\geq$ nur den strikten Anteil $>$ an. Gemeint ist dann die Partialordnung $\geq$ zu $>$.

Jede Präzedenz $\geq$ auf F definiert eine Partialordnung $>_{rpo}$ und eine Quasiordnung $\geq_{rpo}$ auf $Term(F)$. Da der Vergleich der Argumente in Form von Multimengen geschieht, sind für jede Permutation π die Terme $f(t_1, \ldots, t_n)$ und $f(t_{\pi(1)}, \ldots, t_{\pi(n)})$ in $\geq_{rpo}$ gleich groß. Wir definieren also zunächst die Permutationskongruenz $\sim_{perm}$.

Definition 3.7.22 (Permutationskongruenz) *Sei $\geq$ eine Präzedenz auf F. Es ist $\sim_{perm}$ die kleinste Kongruenzrelation $\sim$ auf $Term(F)$ mit*
$$f(t_1, \ldots, t_n) \sim g(t_{\pi(1)}, \ldots, t_{\pi(m)})$$
falls $f \approx g$ und $n = m$ gilt und $\pi : \{1, \ldots, n\} \to \{1, \ldots, n\}$ eine Permutation ist.

Es gilt also $f(s_1, \ldots, s_n) \sim_{perm} g(t_1, \ldots, t_m)$ genau dann, wenn $f \approx g$ und $n = m$ gilt und es eine Permutation π gibt mit $s_i \sim_{perm} t_{\pi(i)}$ für $i = 1, \ldots, n$.

Wir benötigen noch folgende Bezeichnungen. Ist $\geq$ eine Partialordnung und $\sim$ eine Äquivalenzrelation auf $Term(F)$, so sind $\gtrsim$ auf $Term(F)$ und $\gtrsim$ auf $Mult(Term(F))$ definiert durch

$$s \gtrsim t \quad \text{gdw} \quad s > t \text{ oder } s \sim t$$
$$A \gtrsim B \quad \text{gdw} \quad A = X \cup \{a_1, \ldots, a_n\}, \quad B = Y \cup \{b_1, \ldots, b_n\},$$
$$a_i \sim b_i \text{ für } i = 1, \ldots, n \quad \text{und}$$
$$X \gg Y.$$

Definition 3.7.23 (Rekursive Pfadordnung) *Sei $\geq$ eine Präzedenz auf F und $\sim = \sim_{perm}$. Die rekursive Pfadordnung (RPO) $>_{rpo}$ zu $\geq$ ist auf $Term(F)$ rekursiv definiert durch*

$$s \equiv f(s_1, \ldots, s_m) >_{rpo} g(t_1, \ldots, t_n) \equiv t$$

gdw	$s_i \gtrsim_{rpo} t$ *für ein i oder*	(α)
	$f > g$ *und $s >_{rpo} t_j$ für alle j oder*	(β)
	$f \approx g$ *und $\{s_1, \ldots, s_m\} \gtrsim_{rpo} \{t_1, \ldots, t_n\}$*	(γ)

Wir machen zunächst einige Bemerkungen: In der Definition ist natürlich $n = 0$ oder $m = 0$ erlaubt. Sind etwa a und b Konstanten mit $a > b$ in der Präzedenz, so gilt $a >_{rpo} b$ nach Regel (β). Die Regel (α) liefert $f(s_1, \ldots, s_n) >_{rpo} s_i$ für alle $i = 1, \ldots, n$, also hat $>_{rpo}$ die Teiltermeigenschaft. Es ist nicht unmittelbar einsichtig, daß $>_{rpo}$ eine Partialordnung ist; dies beinhaltet aber der nächste Satz.

Satz 3.7.24 *Jede rekursive Pfadordnung ist eine Simplifikationsordnung.*

Beweis: Sei $>_{rpo}$ die RPO zur Präzedenz $\geq$ auf F. Wir zeigen unter a) und b), daß $>_{rpo}$ eine Partialordnung ist, und unter c) bis e), daß $>_{rpo}$ auch die Eigenschaften einer Simplifikationsordnung hat. Zur Vereinfachung der Schreibweise bezeichnen wir auch $>_{rpo}$ mit $>$. Es ist stets aus dem Kontext ersichtlich, ob mit $>$ die Partialordnung auf F (die Präzedenz) oder die auf $Term(F)$ gemeint ist.

a) Transitivität: Aus $s > t$ und $t > u$ folgt $s > u$:
Wir führen Induktion nach $|s| + |t| + |u|$ und zeigen die etwas stärkere Aussage:
Gilt $s > t \gtrsim u$ oder $s \gtrsim t > u$, so gilt $s > u$. Sei $s \equiv f(s_1, \ldots, s_n), t \equiv g(t_1, \ldots, t_m)$
und $u \equiv h(u_1, \ldots, u_k)$.

a1) Sei $s > t$ nach (α). Dann gilt für ein i $s_i \gtrsim t$, also $s_i \gtrsim u$ wegen $t \gtrsim u$ und der Induktionsvoraussetzung. Dies liefert $s > u$ nach (α).

a2) Sei $s > t$ nach (β), dann gilt $f > g$ und $s > t_j$ für alle j. Ist $t > u$ nach (α), so gibt es ein i mit $t_i \gtrsim u$, und die Induktionsvoraussetzung liefert $s > u$. Ist $t > u$ nach (β), so ist $f > h$ und $t > u_i$ für alle i. Die Induktionsvoraussetzung liefert $s > u_i$ für alle i, also gilt $s > u$ nach (β). Ist $t > u$ nach (γ), so ist $f > h$ und $\{t_1, \ldots, t_m\} \gtrsim \{u_1, \ldots, u_k\}$. Dies, $s > t_j$ für alle j und die Induktionsvoraussetzung liefern $s > u_i$ für alle u_i, also gilt $s > u$ nach (β). Ist $t \sim u$, so gilt $g \approx h, m = k$ und $t_i \sim u_{\pi(i)}$ für eine Permutation π. Wegen $s > t_i$ für alle i und der Induktionsvoraussetzung gilt $s > u_j$ für alle j, also $s > u$ nach (β).

a3) Sei $s > t$ nach (γ), dann ist $f \approx g$ und $\{s_1, \ldots, s_n\} \gtrsim \{t_1, \ldots, t_m\}$. Ist $t > u$ nach (α), so ist $t_i > u$ für ein i. Wegen $\{s_1, \ldots, s_n\} \gtrsim \{t_i\}$ gibt es ein j mit $s_j \gtrsim t_i$, und die Induktionsvoraussetzung liefert $s_j > u$. Also gilt $s > u$ nach (α). Ist $t > u$ nach (β), so ist $f > h$ und $t > u_i$ für alle i. Die Induktionsvoraussetzung liefert $s > u_i$ für alle i, also gilt $s > u$ nach (β). Ist $t > u$ nach (γ), so ist $f \approx h$ und $\{t_1, \ldots, t_m\} \gtrsim \{u_1, \ldots, u_k\}$. Dies, $\{s_1, \ldots, s_n\} \gtrsim \{t_1, \ldots, t_m\}$ und die Induktionsvoraussetzung liefern $\{s_1, \ldots, s_n\} \gtrsim \{u_1, \ldots, u_k\}$, also gilt $s > u$ nach (γ). Gilt $t \sim u$, so gilt $f \approx g \approx h, m = k$ und $t_i \sim u_{\pi(i)}$ für eine Permutation π. Wegen $\{s_1, \ldots, s_n\} \gtrsim \{t_1, \ldots, t_m\}$ und der Induktionsvoraussetzung gilt auch $\{s_1, \ldots, s_n\} \gtrsim \{u_1, \ldots, u_k\}$. Nun folgt $s > u$ nach Regel (γ).

a4) Sei $s \sim t$, also $f \approx g, n = m$ und $s_i \sim t_{\pi(i)}$ für eine Permutation π. Ist $t > u$ nach (α), so gibt es ein i mit $t_i > u$. Für $j = \pi^{-1}(i)$ gilt $s_j > u$ nach Induktionsvoraussetzung und es gilt $s > u$ nach Regel (α). Ist $t > u$ nach (β), so gilt $f > h$ und $t > u_j$ für alle j. Die Induktionsvoraussetzung liefert $s > u_j$ für alle j, und es gilt $s > u$ nach Regel (β). Ist $t > u$ nach (γ), so gilt $f \approx h$ und $\{t_1, \ldots, t_m\} \gtrsim \{u_1, \ldots, u_k\}$. Wegen $s_i \sim t_{\pi(i)}$ für alle i liefert die Induktionsvoraussetzung $\{s_1, \ldots, s_n\} \gtrsim \{u_1, \ldots, u_k\}$, und es gilt $s > u$ nach Regel (γ).

b) Irreflexivität: $t \not> t$. Wir führen Induktion nach $|t|$. Sei $t \equiv f(t_1, \ldots, t_n)$. Ist $t > t$ nach Regel (α), so gibt es ein i mit $t_i > t$. Aus (α) folgt auch $t > t_i$, die Transitivität liefert dann $t_i > t_i$, also einen Widerspruch zur Induktionsvoraussetzung. Es gilt nicht $t > t$ nach Regel (β), da $f \not> f$ auf F. Ist schließlich $t > t$ nach Regel (γ), so gilt $\{t_1, \ldots, t_n\} \gtrsim \{t_1, \ldots, t_n\}$. Es gilt $t_i \not> t_i$ nach der Induktionsvoraussetzung, also ist $>$ auf den Termen $t_1, \ldots, t_n$ eine Partialordnung. Dies widerspricht $\{t_1, \ldots, t_n\} \gtrsim \{t_1, \ldots, t_n\}$. Damit ist gezeigt, daß $t > t$ nach keiner Regel gilt, also ist $t \not> t$.

c) Die Teiltermeigenschaft gilt nach $(\alpha) : f(\ldots, t, \ldots) > t$.

d) Die Verträglichkeit mit der Termstruktur gilt nach $(\gamma) : s > t \curvearrowright f(\ldots, s, \ldots) > f(\ldots, t, \ldots)$.

e) Die Löscheigenschaft gilt nach $(\gamma): f(\dots, t, \dots) > f(\dots, \dots)$. $\square$

Beispiel 3.7.25

a) *Sei* $F = \{-, +, \cdot, 0, 1\}$ *und sei die Präzedenz* $\geq$ *gegeben durch* $\cdot > +$.

Es gilt $s \equiv -(1 \cdot (1 + 0)) >_{rpo} 1 \cdot 0 \equiv t$, *da* t *homöomorph in* s *eingebettet ist und da* $>_{rpo}$ *die homöomorphe Einbettung* $\triangleright$ *enthält. Wir zeigen* $s >_{rpo} t$ *auch direkt durch Anwendung der Regeln: Nach* (α) *reicht es,* $1 \cdot (1 + 0) >_{rpo} 1 \cdot 0$ *zu zeigen. Nach* (γ) *reicht es* $\{1, 1 + 0\} \gtrsim_{rpo} \{1, 0\}$, *d.h.,* $\{1 + 0\} \gtrsim_{rpo} \{0\}$ *oder* $1 + 0 >_{rpo} 0$ *zu zeigen. Dies gilt nach* (α).

Es gilt $s \equiv -1 + (1 + 0) >_{rpo} 1 + (0 + 1) \equiv t$: *Nach* (γ) *reicht es,* $\{-1, 1 + 0\} \gtrsim_{rpo} \{1, 0 + 1\}$ *zu zeigen. Dies gilt wegen* $-1 >_{rpo} 1$ *und* $1 + 0 \sim_{perm} 0 + 1$.

Es gilt $s \equiv (1 + 0) \cdot 1 >_{rpo} (1 \cdot 0) + 1 \equiv t$: *Nach* (β) *reicht es,* $s >_{rpo} 1 \cdot 0$ *und* $s >_{rpo} 1$ *zu zeigen. Es gilt* $s >_{rpo} 1$ *und* $1 + 0 >_{rpo} 0$ *nach* (α), *also* $s >_{rpo} 1 \cdot 0$ *nach* (γ).

b) *Gegeben sei das Regelsystem* R *über* $F = \{-, +, \cdot, 0, 1\}$

$$
\begin{array}{rcl}
R: \quad -(-x) & \to & x \\
-(x + y) & \to & (-x) \cdot (-y) \\
-(x \cdot y) & \to & (-x) \cdot y \\
x \cdot (y + z) & \to & (x \cdot y) + (x \cdot z) \\
(x + y) \cdot z & \to & (x \cdot z) + (y \cdot z)
\end{array}
$$

Es soll gezeigt werden, daß R *terminiert. Dazu soll eine rekursive Pfadordnung* $>_{rpo}$ *bestimmt werden, so daß* $\sigma(l) >_{rpo} \sigma(r)$ *für jede Regel* $l \to r$ *und jede Grundsubstitution* σ *gilt. Sei* σ *fest vorgegeben, und sei* $\sigma(x) = \overline{x}, \sigma(y) = \overline{y}, \sigma(z) = \overline{z}$, *also* $\overline{x}, \overline{y}, \overline{z} \in Term(F)$. *Wählt man die Präzedenz* $\geq$ *als* $- > \cdot > +$, *so gilt in der Tat* $\sigma(l) > \sigma(r)$ *für alle* $l \to r$ *in* R. *Wir zeigen dies für die letzte Regel:* $s \equiv (\overline{x} + \overline{y}) \cdot \overline{z} >_{rpo} (\overline{x} \cdot \overline{z}) + (\overline{y} \cdot \overline{z}) \equiv t$. *Wegen* (β) *reicht es zu zeigen, daß* $s >_{rpo} \overline{x} \cdot \overline{z}$ *und* $s >_{rpo} \overline{y} \cdot \overline{z}$ *gilt. Dies gilt wegen* $s \triangleright \overline{x} \cdot \overline{z}$ *und* $s \triangleright \overline{y} \cdot \overline{z}$.

Wir betrachten noch die Relation $\geq_{rpo} = >_{rpo} \cup \sim_{perm}$. Offenbar ist $\geq_{rpo}$ reflexiv. Teil a) des letzten Beweises zeigt, daß $\geq$ transitiv ist. Also ist $\geq_{rpo}$ eine Quasiordnung. Ihr strikter Anteil ist $>_{rpo}$, und ihre Äquivalenzrelation ist $\sim_{perm}$.

Der Satz 3.7.24 stellt ein Hilfsmittel zur Konstruktion von Simplifikationsordnungen auf der Menge der Grundterme dar. Für Terminationsbeweise von Regelsystemen sind aber Reduktionsordnungen auf allen Termen, also auch auf den Termen mit Variablen wünschenswert. Es stellt sich nun heraus, daß die Methode, nach der semantische Termordnungen von $Term(F)$ geliftet wurden, auch hier bei syntaktischen Termordnungen erfolgreich eingesetzt werden kann. Dies macht das letzte Beispiel, Teil b) deutlich.

Wir erweitern die Definition der RPO $>_{rpo}$ zur Präzedenz $\geq$ zur Ordnung $>_{rpo}$ auf $Term(F, V)$ durch die 4. Bedingung

$$
t >_{rpo} x \quad \text{falls } x \in Var(t), t \not\equiv x \tag{δ}
$$

Dies liefert unmittelbar

Satz 3.7.26 *Sei* $\geq$ *eine Präzedenz auf* F. *Dann ist die rekursive Pfadordnung* $>_{rpo}$ *auf* $Term(F, V)$ *eine Reduktionsordnung.*

Beweis: Es ist $>_{rpo}$ auf $Term(F, V) = Term(F \cup V)$ eine Simplifikationsordnung nach Satz 3.7.24. Wir zeigen zunächst, daß sie verträglich mit Substitutionen ist. Dazu beachte man, daß wegen der Teiltermeigenschaft von $>_{rpo}$ gilt: Aus $x \in Var(t), t \not\equiv x$ folgt $\sigma(t) >_{rpo} \sigma(x)$ für jede Substitution σ. Eine Induktion nach $|s| + |t|$ zeigt: Aus $s >_{rpo} t$ folgt $\sigma(s) >_{rpo} \sigma(t)$. Also ist die Ordnung $>_{rpo}$ verträglich mit Substitutionen. Sie ist nach Satz 3.7.11 auf $Term(F, V)$ Noethersch. Also ist sie eine Reduktionsordnung. $\qquad\Box$

Beispiel 3.7.27

a) $R:$

$$
\begin{array}{llllll}
x + 0 & \to x & x \cdot 0 & \to 0 & x - 0 & \to x \\
x + s(y) & \to s(x + y) & x \cdot s(y) & \to (x \cdot y) + x & 0 - y & \to 0 \\
& & & & s(x) - s(y) & \to x - y
\end{array}
$$

Die RPO zur Präzedenz $\geq$ mit $\cdot > + > s$ liefert $l > r$ für alle Regeln $l \to r$ in R, also ist R terminierend.

b) $R:$

$$
\begin{array}{ll}
f(0) & \to \quad 0 \\
f(s(x)) & \to \quad f(f(x))
\end{array}
$$

Sei $>_{rpo}$ die RPO zur Präzedenz $\geq$ mit $s > f$. Dann gilt $R \subseteq >_{rpo}$, also ist R terminierend. Beachte, daß $R' : f(0) \to s(0), f(s(x)) \to f(f(x))$ nicht terminiert, es gilt $f(s(0)) \longrightarrow_{R'} f(f(0)) \longrightarrow_{R'} f(s(0))$.

c) *Sei R das Regelsystem zum Differenzieren rationaler Ausdrücke wie im Beispiel nach Satz 3.7.19. Sei $>_{rpo}$ die RPO zur Präzedenz $\geq$ mit $D > 1, 0, +, -, \cdot, /$. Dann gilt $R \subseteq >_{rpo}$, also ist R terminierend.*

Bei der RPO wird der Vergleich von $s \equiv f(s_1, \ldots, s_n)$ und $t \equiv f(t_1, \ldots, t_m)$ auf die Multimengen $\{s_1, \ldots, s_n\}$ und $\{t_1, \ldots, t_m\}$ zurückgeführt. Damit läßt sich z.B. das Assoziativgesetz $x + (y + z) = (x + y) + z$ nicht richten. Man kann aber die Teilterme statt über Multimengen auch lexikographisch vergleichen, entweder "von links nach rechts" oder "von rechts nach links". Wir beschreiben die Version "von links nach rechts".

Sei $(M, \geq)$ partiell geordnet. Dann ist die lexikographische Erweiterung $\geq^*$ auf der Menge M^* der Folgen über M gegeben durch

$$
\begin{array}{lll}
u >^* \lambda & \text{falls } u \neq \lambda & \\
m.u >^* m'.v & \text{gdw} & m > m' \text{ oder} \\
& & m = m', u >^* v
\end{array}
$$

für $m, m' \in M, u, v \in M^*$.

Man beachte, daß $\geq^*$ auf M^* nicht Noethersch sein muß, wenn $\geq$ auf M Noethersch ist. So ist z.B. $(\mathbb{N}, \geq)$ Noethersch, nicht aber $(\mathbb{N}^*, \geq^*)$, da z.B. gilt $2 >^* 1.2 >^* 1.1.2 >^* \ldots$. Ist aber $A \subseteq M^*$ so, daß die Länge $|a|$ aller $a \in A$ durch eine feste Zahl k beschränkt ist, so ist $(A, \geq^*)$ Noethersch. Dies wird bei der nächsten Definition ausgenutzt. Wir beschränken uns nun auf den Fall, daß alle $f \in F$ eine feste Stelligkeit $\tau(f)$ haben.

Definition 3.7.28 (Lexikographische Pfadordnung) *Sei $\geq$ eine Präzedenz auf F.*
Dann ist die lexikographische Pfadordnung *(LPO)* $>_{lpo}$ *definiert durch*

$$s \equiv f(s_1, \ldots, s_m) >_{lpo} g(t_1, \ldots, t_n) \equiv t$$

gdw $\quad s_i \geq_{lpo} t$ *für ein i oder*	(α)
$\quad f > g \wedge s >_{lpo} t_j$ *für alle j oder*	(β)
$\quad f \approx g \wedge s_1, \ldots, s_m >^{*}_{lpo} t_1, \ldots, t_n \wedge s >_{lpo} t_j$ *für alle j*	(γ)

Satz 3.7.29 *Sei F eine Menge von Operatoren mit fester Stelligkeit. Für jede Präze-*
denz $\geq$ auf F ist die LPO $>_{lpo}$ auf $Term(F)$ eine Simplifikationsordnung. Sie läßt sich
zu einer Reduktionsordnung $>_{lpo}$ auf $Term(F, V)$ erweitern, indem man die Bedingung

$$t >_{lpo} x \quad \text{falls } x \in Var(t), \ t \not\equiv x \qquad (\delta)$$

hinzufügt.

Beweis-Idee: Der Beweis verläuft im wesentlichen genau so wie der Beweis zu Satz
3.7.24. Die Löscheigenschaft ist hier ohne Bedeutung, da alle Funktionssymbole feste
Stelligkeit haben. $\square$

Wir machen noch eine Bemerkung zur LPO und zu Funktionen mit variabler Stelligkeit. Dazu habe $f \in F$ variable Stelligkeit, a und b seien Konstanten, und $\geq$ sei eine
Präzedenz mit $b > a$. Die LPO $>_{lpo}$ zu $\geq$ liefert die unendliche absteigende Kette

$$f(b) >_{lpo} f(a, b) >_{lpo} f(a, a, b) >_{lpo} f(a, a, a, b) >_{lpo} \ldots.$$

Läßt man also Funktionen mit variabler Stelligkeit zu, so ist die LPO nicht mehr
Noethersch, damit ist die LPO im allgemeinen also auch keine Simplifikationsordnung.
Der Grund hierfür ist, daß die Löscheigenschaft nicht gilt, denn die Definition der LPO
liefert $f(b) >_{lpo} f(a, b)$, während die Löscheigenschaft $f(a, b) >_{lpo} f(b)$ verlangt. Dieses
Beispiel zeigt, wie wichtig die Löscheigenschaft für Simplifikationsordnungen ist: Ohne
sie geht die Eigenschaft "Noethersch" verloren.

Beispiel 3.7.30
a) $R: \quad x + 0 \to x \quad\quad x + s(y) \to s(x + y) \quad\quad (x + y) + z \to x + (y + z)$
Sei $>_{lpo}$ die LPO zur Präzedenz $\geq$ mit $+ > s$. Dann gilt $R \subseteq >_{lpo}$, also ist R
terminierend. Wir zeigen $l >_{lpo} r$ für die dritte Regel $l \to r$: Es gilt $l \equiv (x+y)+z >_{lpo}$
$x + (y + z)$. Wegen (γ) ist (1a) $x + y, z >^{*}_{lpo} x, y + z$ und (1b) $l >_{lpo} x, l >_{lpo} y + z$
zu zeigen. Es gilt (1a) und der erste Teil von (1b) nach (α), und es gilt $l >_{lpo} y + z$
nach (γ).

b) *Wir betrachten das Beispiel nach Algorithmus 3.6.13.*

$R:$	$s(p(x))$	$\to$	x	$d(0, y)$	$\to$	$-y$
	$p(s(x))$	$\to$	x	$d(s(x), y)$	$\to$	$d(x, p(y))$
				$d(p(x), y)$	$\to$	$d(x, s(y))$
	-0	$\to$	0	$a(x, 0)$	$\to$	x
	$-s(x)$	$\to$	$p(-x)$	$a(x, s(y))$	$\to$	$s(a(x, y))$
	$-p(x)$	$\to$	$s(-x)$	$a(x, p(y))$	$\to$	$p(a(x, y))$

Sei $>_{lpo}$ die LPO zur Präzedenz $\geq$ mit $d > - > a > s, p$. Dann gilt $R \subseteq >_{lpo}$, also
ist R terminierend.

c) *Wir betrachten das folgende Regelsystem zur Berechnung der Ackermannschen Funktion*

$$R: \quad \begin{aligned} ack(0, y) &\rightarrow s(y) \\ ack(s(x), 0) &\rightarrow ack(x, s(0)) \\ ack(s(x), s(y)) &\rightarrow ack(x, ack(s(x), y)) \end{aligned}$$

Es ist bekannt, daß die Ackermannsche Funktion schneller wächst als jede primitiv-rekursive Funktion. Damit gibt es auch sehr lange Ableitungsketten in R: Es gibt keine primitiv-rekursive Funktion $f : \mathbb{N}^2 \rightarrow \mathbb{N}$, so daß $f(n, m)$ die Länge der R-Ableitungen ab $t \equiv ack(s^n(0), s^m(0))$ beschränkt. Trotzdem ist die Termination von R relativ leicht zu zeigen.

Sei $>_{lpo}$ die LPO zur Präzedenz $\geq$ mit $ack > s$. Dann gilt $R \subseteq >_{lpo}$, also ist R terminierend, und es gilt $\xrightarrow{+}_R \subseteq >_{lpo}$. Dies zeigt die Stärke der lexikographischen Pfadordnungen.

Präzedenzordnungen wie die RPO und LPO haben die angenehme Eigenschaft, daß sie verfeinert werden, wenn man die Präzedenz $\geq$ auf den Funktionssymbolen verfeinert.

Satz 3.7.31 *Es seien $\geq$ und $\geq'$ Quasiordnungen auf der Menge F der Funktionssymbole, und es seien $>_{rpo}, >'_{rpo}, >_{lpo}, >'_{lpo}$ die entsprechenden rekursiven bzw. lexikographischen Pfadordnungen. Gilt $> \subseteq >'$ und $\geq \subseteq \geq'$, so gilt auch $>_{rpo} \subseteq >'_{rpo}$ und $>_{lpo} \subseteq >'_{lpo}$.*

Beweis: Es gilt $\approx \subseteq \approx'$, also auch $\sim_{rpo} \subseteq \sim'_{rpo}$. Eine Induktion nach $n = |s| + |t|$ zeigt: (a) Aus $s >_{rpo} t$ folgt $s >'_{rpo} t$ und (b) Aus $s >_{lpo} t$ folgt $s >'_{lpo} t$. $\qquad\square$

Bei der Knuth-Bendix-Vervollständigung kann man diese Monotonie sehr gut ausnutzen. Man startet mit einer sehr schwachen Präzedenz und erweitert sie bei Bedarf gezielt so, daß eine bisher unrichtbare Gleichung jetzt richtbar wird. Dies ist zulässig, da die bisherige Rechnung während der Vervollständigung genauso abgelaufen wäre, wie wenn man gleich mit der verfeinerten Ordnung gestartet wäre.

Man kann die RPO und die LPO auch mischen. Dazu ordnet man jedem Funktionssymbol $f \in F$ einen Status $stat(f) \in \{$multiset, left-to-right, right-to-left$\}$ mit der Einschränkung zu, daß Funktionssymbole mit variabler Stelligkeit den Status multiset haben. Dann vergleicht man zwei Terme nach den Fällen (α), (β) und (δ) – die für die RPO und die LPO identisch sind – und nach (γ'). Dabei bedeutet (γ'), daß man im Fall $stat(f) = multiset$ den Vergleich aus der RPO und sonst den (angepaßten) Vergleich aus der LPO wählt. Für 0- und 1-stellige Operatoren kann eine Angabe des Status entfallen, da hier die Bedingungen (γ) aus der RPO und der LPO identisch sind. Startet man mit einer Quasiordnung $\geq$ als Präzedenz, so muß man voraussetzen, daß $stat(f) = stat(g)$ gilt für alle $f, g \in F$ mit $f \approx g$ und f oder g hat Multiset-Status. Die so entstehende Ordnung RPOS (RPO mit Status) ist wieder eine Reduktionsordnung.

Beispiel 3.7.32 *Es soll eine RPOS $>_{rpos}$ konstruiert werden, die mit folgendem Regelsystem R verträglich ist.*

$$R: \quad 1/x \quad \rightarrow \quad i(x) \qquad\qquad (1)$$
$$i(x/y) \quad \rightarrow \quad y/x \qquad\qquad (2)$$
$$x/(y/z) \quad \rightarrow \quad (x/i(z))/y \qquad\qquad (3)$$

Es muß also eine Präzedenz $\geq$ auf $F = \{1, i, /\}$ und ein Status für jeden Operator bestimmt werden, so daß für die zugehörige RPOS gilt: $l >_{rpos} r$ für jede Regel $l \rightarrow r$ in R. Die Regel (3) verlangt $stat(/) = right\text{-}to\text{-}left$ und $/ \geq i$. Jetzt verlangt Regel (2) zusätzlich $i \geq /$. Wir setzen also

Präzedenz: $i \approx /$

Status: $stat(/) = right\text{-}to\text{-}left$

Man rechnet leicht nach, daß für die zugehörige RPOS wirklich $l >_{rpos} r$ für alle drei Regeln $l \rightarrow r$ gilt. Dieses Beispiel zeigt, daß es wichtig ist, Quasiordnungen auf F zuzulassen. Läßt man nur Partialordnungen als Präzedenzen zu, so ist R mit keiner solchen RPOS (also auch mit keiner solchen RPO oder LPO) verträglich.

Wir haben bisher wie stets vorausgesetzt, daß die Menge F der Funktionssymbole endlich ist. Dann ist natürlich jede Präzedenz $\geq$ auf F Noethersch. In manchen Fällen benötigt man aber unendlich viele Funktionssymbole. Wir betrachten dann nur Präzedenzen $>$ auf F (also Partialordnungen), die Noethersch sind. Zu solch einer Präzedenz auf unendlichem F ist die RPO $>_{rpo}$ auf $Term(F)$ formal genauso definiert wie früher. Es gilt die sehr starke Aussage, daß dann $>_{rpo}$ auch wieder Noethersch ist. Wir skizzieren die Vorgehensweise.

Sei $\geq$ eine Quasiordnung auf F. Dann ist die *homöomorphe Einbettungsrelation* $\trianglelefteq_\leq$ zu $\geq$ auf $Term(F)$ definiert durch

$\qquad s \equiv f(s_1, \ldots, s_n) \trianglelefteq_\leq g(t_1, \ldots, t_m) \equiv t$
$\qquad$ gdw $\quad$ (a) $\quad f \leq g$ und $s_i \trianglelefteq_\leq t_{j_i}$ für alle $i = 1, \ldots, n$,
$\qquad\qquad\qquad\qquad$ wobei $\; 1 \leq j_1 < j_2 < \ldots < j_n \leq m$ oder
$\qquad\qquad$ (b) $\quad s \trianglelefteq_\leq t_j$ für ein j, $\; 1 \leq j \leq m$.

Man beachte, daß $\trianglelefteq_\leq = \trianglelefteq$ gilt, falls die Quasiordnung $\leq$ auf F die Gleichheit ist. Dabei ist $\trianglelefteq$ die früher definierte homöomorphe Einbettung.

Mit dieser Verallgemeinerung von $\trianglelefteq$ läßt sich das Baum-Theorem von Kruskal in seiner vollen Stärke angeben.

Definition 3.7.33 (Wohlquasiordnungen) *Eine Quasiordnung $\geq$ auf einer Menge S heißt eine* Wohlquasiordnung, *falls jede unendliche Folge $s_1, s_2, \ldots$ von Elementen ein Paar (s_j, s_k) enthält mit $j < k$ und $s_j \geq s_k$.*

Eine Wohlquasiordnung $\geq$ ist eine Noethersche Quasiordnung, die hinreichend mächtig ist, d.h., es gibt nicht zu viele Elemente, die bezüglich $\geq$ unvergleichbar sind. Genauer: Es ist $\geq$ auf S genau dann eine Wohlquasiordnung, wenn (1) und (2) gelten:

(1) Es gibt keine unendliche echt absteigende Kette $s_0 > s_1 > s_2 > \ldots$.

(2) Es gibt keine unendliche total ungeordnete Kette $s_0, s_1, s_2, \ldots,$.

Dabei heißt eine Kette $s_1, s_2, s_3 \ldots$ total ungeordnet, wenn es kein Paar $(i, j) \in \mathbb{N} \times \mathbb{N}$ gibt, so daß s_i und s_j $\geq$-vergleichbar sind.

Der Satz 3.7.5 besagt, daß die homöomorphe Einbettung $\trianglerighteq$ eine Wohlquasiordnung ist. Natürlich ist jede Quasiordnung (die die Gleichheit enthält) auf einer endlichen Menge F eine Wohlquasiordnung. Ist F unendlich und $>$ eine totale Noethersche Ordnung auf F, so ist $\geq$ eine Wohlquasiordnung. Ist $\geq$ eine Wohlquasiordnung, so ist der strikte Anteil $>$ eine Noethersche Partialordnung.

Satz 3.7.34 (Baum-Theorem, Kruskal) *Sei $\leq$ eine Quasiordnung auf F. Es ist $\leq$ eine Wohlquasiordnung auf F genau dann, wenn $\trianglelefteq_{\leq}$ eine Wohlquasiordnung auf $Term(F)$ ist.* $\square$

Satz 3.7.35 *Sei $\geq$ eine Quasiordnung auf F und $\geq_{rpo}$ die zugehörige rekursive Pfadordnung auf $Term(F)$. Es ist $\geq_{rpo}$ genau dann Noethersch, wenn $\geq$ Noethersch ist.*

Beweise zu den Sätzen 3.7.34 und 3.7.35 findet man in den Arbeiten von Dershowitz [Der87] und [Der82]. Für syntaktische Ordnungen auf $Term(F, V)$ für unendliche Operatormengen F sei auch auf [MZ94] verwiesen.

Übungsaufgaben

Aufgabe 3.7.1: Sei $sig = (S, F, \tau)$, sei $\| S \| = 1$, und jedes $f \in F$ habe feste Stelligkeit. Sei $\trianglerighteq$ die homöomorphe Einbettung.
a) Es ist $\trianglerighteq$ eine Reduktionsordnung.
b) Es ist $\trianglerighteq$ die kleinste Reduktionsordnung, die die Teiltermordnung $>_{TT}$ enthält.

Aufgabe 3.7.2: Sei $sig = (S, F, \tau)$, sei $\| S \| > 1$. Dann sind in der Teiltermordnung $>_{TT}$ auch Terme unterschiedlicher Sorte vergleichbar. Wie kann man die homöomorphe Einbettung so definieren, daß in ihr nur Terme gleicher Sorte vergleichbar sind? Hinweis: Bilde zu sig eine Signatur $sig^* = (S^*, F^*, \tau^*)$ mit $\| S^* \| = 1$ und $Term(F, V) \subseteq Term(F^*, V)$. Definiere $\trianglerighteq$ zunächst auf $Term(F^*, V)$ und schränke es dann auf $Term(F, V)$ ein.

Aufgabe 3.7.3: Man gebe eine Reduktionsordnung an, die keine Simplifikationsordnung ist.

Aufgabe 3.7.4: Man beweise die Termination der folgenden Regelsysteme mit geeigneten Polynomordnungen.
a) Natürliche Zahlen

$$
\begin{aligned}
x + 0 &\rightarrow x & x \cdot 0 &\rightarrow 0 \\
x + s(y) &\rightarrow s(x + y) & x \cdot s(y) &\rightarrow (x \cdot y) + x
\end{aligned}
$$

b) Assoziativität und Endomorphismus

$$
\begin{aligned}
(x + y) + z &\rightarrow x + (y + z) \\
h(x) + h(y) &\rightarrow h(x + y) \\
h(x) + (h(y) + z) &\rightarrow h(x + y) + z
\end{aligned}
$$

c) Boolesche Implikation

$$
\begin{aligned}
(\neg x) \supset y & \quad\to\quad x \vee y \\
(\neg x) \supset (y \supset z) & \quad\to\quad y \supset (x \vee z) \\
x \supset (y \vee z) & \quad\to\quad y \vee (x \supset z)
\end{aligned}
$$

Aufgabe 3.7.5: Man beweise die Termination der folgenden Regelsysteme mit geeigneten rekursiven Pfadordnungen.

a) Binomialkoeffizienten

$$
\begin{aligned}
bin(x,0) & \to s(0) \\
bin(0,s(x)) & \to 0 \\
bin(s(x),s(y)) & \to bin(x,s(y)) + bin(x,y)
\end{aligned}
\qquad
\begin{aligned}
x+0 & \to x \\
x+s(y) & \to s(x+y)
\end{aligned}
$$

b) Primzahl-Prädikat

$$
\begin{aligned}
prim(0) & \to false \\
prim(s(0)) & \to false \\
prim(s(s(x))) & \to prim1(s(s(x)),s(x)) \\
prim1(x,0) & \to false \\
prim1(x,s(0)) & \to true \\
prim1(x,s(s(y))) & \to (\neg divp(s(s(y)),x)) \wedge prim1(x,s(y)) \\
divp(x,y) & \to eq(rem(x,y),0)
\end{aligned}
$$

Aufgabe 3.7.6: Man zeige die Termination der folgenden Regelsysteme mit geeigneten lexikographischen Pfadordnungen.

a) Gruppen

$$
\begin{aligned}
x \cdot 1 & \to x \\
x \cdot x^{-1} & \to 1 \\
1^{-1} & \to 1 \\
x^{-1} \cdot (x \cdot y) & \to y \\
(x \cdot y) \cdot z & \to x \cdot (y \cdot z)
\end{aligned}
\qquad
\begin{aligned}
1 \cdot x & \to x \\
x^{-1} \cdot x & \to 1 \\
(x^{-1})^{-1} & \to x \\
x \cdot (x^{-1} \cdot y) & \to y \\
(x \cdot y)^{-1} & \to y^{-1} \cdot x^{-1}
\end{aligned}
$$

b) Linearisieren von Bäumen

Sei die Signatur gegeben durch $tree : TREE, TREE \to TREE$, $leaf : NAT \to TREE$, $lin : TREE \to LIST$, $nil :\to LIST$, $. : NAT, LIST \to LIST$.

$$
\begin{aligned}
lin(leaf(x)) & \to x.nil \\
lin(tree(leaf(x),t)) & \to x.lin(t) \\
lin(tree(tree(t_1,t_2),t_3)) & \to lin(tree(t_1,tree(t_2,t_3)))
\end{aligned}
$$

Aufgabe 3.7.7: Man zeige die Termination der folgenden Regelsysteme mit geeigneten rekursiven Pfadordnungen mit Status.

a) Wechselseitige Rekursion

$$
\begin{aligned}
f(0,y) & \to h_1(y) \\
g(0,y) & \to h_2(y)
\end{aligned}
\qquad
\begin{aligned}
f(s(x),y) & \to h_3(g(x,s(y))) \\
g(s(x),y) & \to h_4(f(x,s(y)))
\end{aligned}
$$

b) Minimum und Maximum

$$
\begin{aligned}
min(-x,-y) & \to -max(x,y) \\
max(-x,-y) & \to -min(x,y)
\end{aligned}
$$

Aufgabe 3.7.8: Sei $>$ eine Reduktionsordnung, sei $>_0 \; = \; > \cup >_{TT}$ und sei $>_1 = (> \cup >_{TT})^+$.

a) $>_0$ ist im allgemeinen keine Partialordnung.

b) $>_1$ ist eine Noethersche Partialordnung, sie hat die Teiltermeigenschaft, und sie ist verträglich mit Substitutionen. Sie ist im allgemeinen aber nicht verträglich mit der Termstruktur.

3.8 Modularität

Wir haben gesehen, wie man mit Regelsystemen abstrakte Datentypen spezifizieren und in ihnen effektiv rechnen kann. Häufig möchte man für weitgehend isolierte Teile eines Datentyps Regelsysteme unabhängig voneinander entwickeln und sie dann zu einem Gesamtsystem vereinigen. Dann stellt sich die Frage, unter welchen Voraussetzungen wünschenswerte Eigenschaften – etwa die Konfluenz oder die Termination – im Gesamtsystem erhalten bleiben, wenn sie in den Teilsystemen gelten.

Wir betrachten in diesem Abschnitt folgende Problemstellung: Sei P eine Eigenschaft von Regelsystemen, und seien R_1 und R_2 Regelsysteme mit der Eigenschaft P. Unter welchen Bedingungen hat auch $R_1 \cup R_2$ die Eigenschaft P ? Die Eigenschaft P heißt "modular", wenn dies für alle "disjunkten" Regelsysteme R_1, R_2 gilt. Wir machen dies präzis.

Definition 3.8.1 (Modularität)
a) Seien R_i Regelsysteme über der Signatur $sig_i = (\Sigma_i, F_i, \tau_i), i = 1, 2$. Gilt $F_1 \cap F_2 = \emptyset$, so heißen R_1 und R_2 disjunkt. Es ist dann $R_1 \oplus R_2 = R_1 \cup R_2$.
b) Eine Eigenschaft P von Regelsystemen heißt modular, falls gilt: Für je zwei disjunkte Regelsysteme R_1 und R_2, die beide die Eigenschaft P haben, hat auch $R_1 \oplus R_2$ die Eigenschaft P.

Man beachte, daß disjunkte Regelsysteme weitgehend entkoppelt sind, da sie über disjunkten Operatorenmengen definiert sind. So gilt z.B. für die kritischen Paare $CP(R_1 \oplus R_2) = CP(R_1) \cup CP(R_2)$. Eine naheliegende Vermutung ist, daß alle zentralen Eigenschaften "terminierend", "konfluent" und "konvergent" modular sind. Wir werden zeigen, daß diese Vermutung falsch ist.

Wir beginnen die Untersuchungen mit einem fast trivialen Resultat über die Konfluenz.

Lemma 3.8.2 *Seien R_1 und R_2 disjunkt und sei $R = R_1 \oplus R_2$ terminierend. Es ist R genau dann konfluent, wenn R_1 und R_2 konfluent sind.*

Beweis: Es gilt $\longrightarrow_{R_i} \subseteq \longrightarrow_R$, also sind auch die R_i terminierend. Für den Nachweis der Konfluenz reicht also der Nachweis, daß alle kritischen Paare zusammenführbar sind (siehe Satz 3.5.5).

a) Ist R konfluent, so ist jedes Paar in $CP(R)$ in R zusammenführbar; dies gilt speziell auch für jedes Paar in $CP(R_i), i = 1, 2$. Da R_1 und R_2 disjunkt sind, muß jedes Paar in $CP(R_i)$ schon in R_i zusammenführbar sein. Also ist R_i konfluent.

b) Sind R_1 und R_2 konfluent, so ist jedes Paar in $CP(R_i)$ in R_i, also auch in R zusammenführbar. Wegen $CP(R) = CP(R_1) \cup CP(R_2)$ ist also jedes Paar in $CP(R)$ in R zusammenführbar, und daher ist R konfluent. $\qquad\qquad\square$

Das Lemma 3.8.2 besagt nicht, daß die Eigenschaft "konvergent" modular ist. Es besagt nur, daß die Aussage "$R_1 \oplus R_2$ ist konvergent gdw R_1 und R_2 sind konvergent" unter der Voraussetzung gilt, daß $R_1 \oplus R_2$ terminierend ist. Ohne diese Voraussetzung wird diese Aussage falsch. Der Grund hierfür liegt in der (vielleicht überraschenden) Tatsache, daß die Eigenschaft "terminierend" nicht modular ist. Wenn R_1 und R_2 terminierend sind, muß $R_1 \oplus R_2$ nicht terminierend sein.

Satz 3.8.3 *Die Eigenschaft "terminierend" ist nicht modular.*

Beweis: Wir geben zwei disjunkte terminierende Regelsysteme R_1 und R_2 an, für die $R_1 \oplus R_2$ nicht terminierend ist (siehe [Toy87a]). Dies zeigt, daß "terminierend" nicht modular ist.

$$R_1: \quad f(a,b,x) \to f(x,x,x) \qquad\qquad R_2: \quad g(x,y) \to x$$
$$g(x,y) \to y$$

Offenbar sind R_1 und R_2 disjunkt, und R_2 ist terminierend. Es ist $R = R_1 \oplus R_2$ nicht terminierend, denn es gilt $t \equiv f(g(a,b), g(a,b), g(a,b)) \xrightarrow{*}_{R_2} f(a,b,g(a,b)) \longrightarrow_{R_1}$ $f(g(a,b), g(a,b), g(a,b)) \equiv t$ also $t \xrightarrow{+}_R t$.

Es bleibt also zu zeigen, daß R_1 terminierend ist. Wir konstruieren eine Funktion $\varphi : Term(F,V) \to Mult(\mathbb{N})$ mit $F = \{a,b,f\}$, so daß gilt

$$s \longrightarrow_{R_1} t \text{ impliziert } \varphi(s) \gg \varphi(t) \qquad\qquad (+)$$

Da $\gg$ wohlfundiert ist, ist dann R_1 terminierend. Setze

$$
\begin{aligned}
Tiefe(t) &= 0 && \text{falls } t \in V \cup \{a,b\} \\
Tiefe(t) &= 1 + max\{Tiefe(t_i) \mid 1 \le i \le 3\} && \text{falls } t \equiv f(t_1, t_2, t_3) \\
\varphi(t) &= \{Tiefe(t/p) \mid p \in O(t),\ t/p \text{ hat die Gestalt } f(a,b,t')\}
\end{aligned}
$$

Man überzeugt sich leicht, daß (+) gilt. Ist etwa $s \equiv f(a,b,f(a,b,x))$ und $t_1 \equiv f(a,b,f(x,x,x))$ und $t_2 \equiv f(f(a,b,x), f(a,b,x), f(a,b,x))$, so gilt $s \longrightarrow_{R_1} t_i$ für $i = 1,2$. Es ist $\varphi(s) = \{2,1\}, \varphi(t_1) = \{2\}$ und $\varphi(t_2) = \{1,1,1\}$. Also gilt $\varphi(s) \gg \varphi(t_i)$. $\quad\square$

Satz 3.8.4 *Die Eigenschaft "konvergent" ist nicht modular.*

Beweis: Man betrachte die disjunkten Regelsysteme (siehe [Dro84])

$$
\begin{array}{llll}
R_1: & f(a,b,x) & \to & f(x,x,x) \\
& f(x,y,z) & \to & c \\
& a & \to & c \\
& b & \to & c
\end{array}
\qquad
\begin{array}{llll}
R_2: & g(x,y,y) & \to & x \\
& g(y,y,x) & \to & x
\end{array}
$$

Man zeigt wie im Beweis zu Satz 3.8.3, daß R_1 terminierend ist. Es ist R_1 auch konfluent, denn es gilt $t \xrightarrow{*}_{R_1} c$ für jeden Term t. Also ist R_1 konvergent. Offenbar ist auch R_2 konvergent. Wir zeigen, daß $R = R_1 \oplus R_2$ nicht terminierend ist. Dann ist R auch nicht konvergent und die Eigenschaft "konvergent" nicht modular.

Es gilt $t \xrightarrow{+}_R t$ für $t \equiv f(a, b, g(a, b, b))$, denn

$$f(a, b, g(a, b, b)) \longrightarrow_{R_1} f(g(a, b, b), g(a, b, b), g(a, b, b))$$
$$\longrightarrow_{R_2} f(a, g(a, b, b)), g(a, b, b)) \xrightarrow{+}_{R_1} f(a, g(c, c, b), g(a, b, b)) \qquad \square$$
$$\longrightarrow_{R_2} f(a, b, g(a, b, b))$$

Der folgende Satz verallgemeinert Lemma 3.8.2. Er besagt, daß von den Eigenschaften "terminierend", "konfluent" und "konvergent" nur die zweite modular ist. Der Beweis ist sehr aufwendig, man findet ihn in [Toy87b].

Satz 3.8.5 *Die Eigenschaft "konfluent" ist modular.* $\qquad \square$

Der Beweis zu Satz 3.8.4 liefert die negative Aussage, daß $R_1 \oplus R_2$ im allgemeinen nicht terminierend ist, wenn R_1 und R_2 terminierend sind, selbst wenn man nur konfluente Regelsysteme betrachtet. Wir geben hier noch einige positive Aussagen an, die sich auf eingeschränkte Klassen von Regelsystemen beziehen.

Definition 3.8.6 (Kollabierende und duplizierende Regelsysteme) *Eine Regel $l \to r$ heißt* kollabierend, *wenn r eine Variable ist. Sie heißt* duplizierend, *wenn eine Variable x in r echt häufiger auftritt als in l. Ein Regelsystem R heißt* kollabierend (duplizierend), *wenn es eine kollabierende (duplizierende) Regel enthält.*

Man beachte, daß in den Beispielen zu den Sätzen 3.8.3 und 3.8.4 jeweils $R_1 \oplus R_2$ eine kollabierende und eine duplizierende Regel enthält. Der nächste Satz besagt, daß die Eigenschaft "terminierend" modular ist, wenn man sich auf die Klasse der nicht-kollabierenden oder die der nicht-duplizierenden Regelsysteme beschränkt.

Satz 3.8.7 *Seien R_1 und R_2 zwei disjunkte terminierende Regelsysteme, und sei $R = R_1 \oplus R_2$. Enthält R entweder keine duplizierende oder keine kollabierende Regel, so ist R terminierend.* $\qquad \square$

Der Satz 3.8.7 wird gleich bewiesen. Wir geben zuvor noch eine wichtige Konsequenz an. Eine Regel $l \to r$ heißt rechts-linear, wenn in r keine Variable mehrfach vorkommt. Offenbar ist eine rechts-lineare Regel nicht duplizierend. Also ist nach Satz 3.8.7 die Eigenschaft "terminierend" modular auf der Klasse der rechts-linearen Regelsysteme. Dies impliziert insbesondere, daß die Eigenschaft "terminierend" für Wortersetzungssysteme modular ist. (Für den Zusammenhang von Wort- und Termersetzungssystemen sei auf Lemma 3.3.7 verwiesen.) Mit Lemma 3.8.2 und Satz 3.8.5 ergibt sich

Satz 3.8.8 *Die Eigenschaften "terminierend", "konfluent" und "konvergent" sind modular für die Klassen*

a) *der nicht-kollabierenden Regelsysteme,*

b) *der nicht-duplizierenden Regelsysteme,*

c) *der Wortersetzungssysteme.*

Man kann das Ergebnis von Satz 3.8.7 noch erheblich verschärfen: Ist $R = R_1 \oplus R_2$ unter den genannten Voraussetzungen nicht terminierend, so enthält ein R_i, etwa R_1, eine kollabierende Regel und für das andere R_j, hier also R_2, ist $R_j \oplus \{g(x,y) \to x, g(x,y) \to y\}$ nicht terminierend. Hier ist g ein neues Funktionssymbol. Dieses Ergebnis findet man in [Gra92]; es zeigt, daß das Gegenbeispiel in dem Beweis zu Satz 3.8.3 typisch ist.

Wir kommen nun zum Beweis zu Satz 3.8.7. Dazu sei

$\quad R_i$ ein Regelsystem über $F_i, i = 1, 2$

$\quad F_1 \cap F_2 = \emptyset \quad F = F_1 \cup F_2$

$\quad w$ eine Variable

$\quad Term(w) = Term(F_1, \{w\}) \cup Term(F_2, \{w\})$ die Menge der *homogenen Terme* über w

Für eine nicht-leere Folge $p \equiv qi \in \mathbb{N}^+, i \in \mathbb{N}$, sei $\overline{p} \equiv q$. Für einen Grundterm $t \equiv f(t_1, \ldots, t_n) \in Term(F)$ sei

$\quad Top(t) = F_i$ falls $f \in F_i, i \in \{1, 2\}$,

$\quad O(t) \subseteq \mathbb{N}^*$ die Menge der Positionen in t,

$\quad WO(t) = \{p \in O(t) \mid p \neq \lambda, Top(t/p) \neq Top(t/\overline{p})\}$ die Menge der Signatur-wechselpositionen,

$\quad MWO(t) = \{p \in WO(t) \mid q \notin WO(t)$ für jedes Anfangswort q von $p\}$ die Menge der minimalen Wechselpositionen in t,

$\quad hom(t) \equiv t[p \leftarrow w]_{p \in MWO(t)}$ der homogene Anfangsterm von t.

Wir machen diese Bezeichnungen an einem Beispiel klar. Sei $F_1 = \{f, g, a\}$ und $F_2 = \{h, b\}$ und $t \equiv f(g(a, b), h(a, b))$. Dann ist

$$\begin{aligned}
WO(t) &= \{12, 2, 21\} \\
MWO(t) &= \{12, 2\} \\
hom(t) &\equiv f(g(a, w), w)
\end{aligned}$$

Das folgende Lemma besagt, daß man R-Reduktionen im homogenen Anfangsterm eines Terms $t \in Term(F)$ auf eine R-Reduktion in $hom(t)$ zurückführen kann.

Lemma 3.8.9 *Sei $t \longrightarrow_R t'$ mit $l \to r$ in R und Substitution σ bei $p \in O(t)$. Sei weiter $p \in O(hom(t)), hom(t)/p \not\equiv w$ und $Top(t) = F_i$. Dann gilt mit Regel $l \to r$*

$\quad hom(t) \longrightarrow_R w \qquad$ *falls $p = \lambda, r \in V, Top(\sigma(r)) \neq F_i$*

$\quad hom(t) \longrightarrow_R hom(t') \quad$ *sonst*

Beweis: Die Tatsache, daß l ein F_1- oder ein F_2-Term ist, impliziert, daß die Regel $l \to r$ auf $hom(t)$ anwendbar ist. Es gibt eine Substitution τ mit $hom(t)/p \equiv \tau(l)$, also $hom(t) \longrightarrow_R hom(t)[p \leftarrow \tau(r)]$. Genauer ist τ die Substitution $\tau(x) \equiv w$, falls $Top(\sigma(x)) \neq F_i$, und $\tau(x) \equiv hom(\sigma(x))$, falls $Top(\sigma(x)) = F_i$. Ist $p = \lambda, r \in V$ und $Top(\sigma(r)) \neq F_i$, so ist $\tau(r) \equiv w$ und $hom(t)[p \leftarrow \tau(r)] \equiv w$. Ist $p = \lambda, r \in V$ und $Top(\sigma(r)) = F_i$, so ist $\tau(r) \equiv hom(\sigma(r))$ und $hom(t)[p \leftarrow \tau(r)] \equiv \tau(r) \equiv hom(\sigma(r)) \equiv hom(t')$. Ist $p \neq \lambda$ oder r keine Variable, so ist $hom(t)[p \leftarrow \tau(r)] \equiv hom(t')$. Also gilt $hom(t) \longrightarrow_R w$ oder $hom(t) \longrightarrow_R hom(t')$ wie im Lemma angegeben. $\square$

Wir benötigen noch die Multimenge $P(t)$ der maximalen homogenisierten Teilterme von t. Sie ist rekursiv definiert durch

$$P(t) = \{hom(t)\} \cup \bigcup_{p \in MWO(t)} P(t/p)$$

Im laufenden Beispiel ist $t \equiv f(g(a,b),\ h(a,b))$, also $P(t) = \{hom(t)\} \cup P(t/2) \cup P(t/12) = \{hom(t), hom(b), hom(h(a,b))\} \cup P(h(a,b)/1) = \{f(g(a,w),w), b, h(w,b), a\}$.

Wir benötigen eine Partialordnung auf den $P(t), t \in Term(F)$. Offenbar ist $P(t) \subseteq Mult(Term(w))$. Wir definieren eine Ordnung $>$ auf $Term(w)$ durch

$$s > t \quad \text{gdw} \quad s \xrightarrow{+}_R t.$$

Es ist jede $\longrightarrow_R$-Kette entweder eine Kette in $Term(F_1, \{w\})$ oder in $Term(F_2, \{w\})$. Also ist jede $\longrightarrow_R$-Kette endlich, da die R_i terminierend sind, und $>$ ist wohlfundiert. Damit ist $\gg$ eine wohlfundierte Partialordnung auf $Mult(Term(w))$, also auch auf den $P(t)$.

Lemma 3.8.10 *Sei $R = R_1 \oplus R_2$, und seien die R_i terminierend. Enthält R keine duplizierende Regel, so ist R terminierend.*

Beweis: Es reicht zu zeigen, daß $\longrightarrow_R$ auf der Menge der Grundterme $Term(F)$ terminierend ist (siehe den Beweis zu Satz 3.5.9). Es reicht also, eine wohlfundierte Partialordnung $\succ$ anzugeben mit $\longrightarrow_R \subseteq \succ$. Die Idee zur Konstruktion von $\succ$ (und damit zum Beweis des Lemmas) liegt in der Beobachtung, daß $\longrightarrow_R$ (i) die Menge $WO(t)$ der Signaturwechselpositionen nicht vergrößert und (ii) die Multimenge $P(t)$ der homogenisierten Teilterme verkleinert, wenn $WO(t)$ nicht echt verkleinert wird.

Wir definieren also $\succ$ auf $Term(F)$ durch

$$s \succ t \quad \text{gdw} \quad \| WO(s) \| > \| WO(t) \| \quad \text{oder}$$
$$\| WO(s) \| = \| WO(t) \|, P(s) \gg P(t)$$

Hier ist $\| WO(s) \|$ die Anzahl der Elemente in $WO(s)$. Man beachte, daß $\succ$ die lexikographische Kombination zweier wohlfundierter Ordnungen ist und damit nach Lemma 1.3.3 selbst wohlfundiert ist. Zu zeigen bleibt also: $s \longrightarrow_R t$ impliziert $s \succ t$.

Sei $s \longrightarrow_R t$ mit Regel $l \to r$ und Substitution σ bei $p \in O(s)$. Sei q das maximale Anfangswort von p mit $q \in WO(s)$ und sei $q = \lambda$, wenn kein Anfangswort von p in $WO(s)$ liegt. Sei $Top(s/q) = F_1$, der Fall $Top(s/q) = F_2$ ist analog.

Fall 1: Es sei $p = q$, r eine Variable und $Top(\sigma(r)) = F_2$. Es ist $t \equiv s[p \leftarrow \sigma(r)]$ und $p \in WO(t)$. Es gibt ein $q_0 \in O(l)$ mit $l/q_0 \equiv r$, und es gilt $\| WO(s/pq_0) \| \leq \| WO(s/p) \|$. Wegen $p \in WO(t)$ gilt

$$WO(t) = ((WO(s) - \{pq' \mid q' \in WO(s/p)\}) - \{p\}) \cup \{pq' \mid q' \in WO(s/pq_0)\},$$
$$\| WO(t) \| < \| WO(s) \|$$

Fall 2: Es sei $p \neq q$ oder r keine Variable oder $Top(\sigma(r)) = F_1$. Es gilt $\| WO(\sigma(l)) \| \geq \| WO(\sigma(r)) \|$, da $l \to r$ nicht duplizierend ist, und daher $\| WO(t) \| \leq \| WO(s) \|$. Es bleibt also zu zeigen, daß $P(s) \gg P(t)$ gilt. Es ist

$$\begin{aligned} P(t) &= (P(s) - P(s/q)) \cup P(t/q) \\ P(s/q) &= \{hom(s/q)\} \cup SP(s/q) \\ P(t/q) &= \{hom(t/q)\} \cup SP(t/q) \end{aligned}$$

Dabei ist $SP(t_0) = \bigcup_{q' \in MWO(t_0)} P(t_0/q')$. Es gilt $hom(s/q) \longrightarrow_R hom(t/q)$ nach Lemma 3.8.9. Es reicht also zu zeigen, daß $SP(t/q) \subseteq SP(s/q)$ gilt. Dies folgt aus $s/q \longrightarrow_R t/q$ mit $l \to r$ und der Tatsache, daß $l \to r$ nicht duplizierend ist. $\square$

Wir verdeutlichen den Beweis zu Lemma 3.8.10 an einem Beispiel.

Beispiel 3.8.11
Sei $F_1 = \{f, a\}$, $F_2 = \{G, H\}$.

a) *Sei $l \to r$ die Regel $G(x) \to x$, also ist r eine Variable. Es gilt $s \equiv f(G(a)) \to f(a) \equiv t$. Es ist $p = q = 1$ und $\sigma(x) = G(a)$, also $Top(\sigma(r)) = F_2$ und es liegt Fall 1 vor. Es ist $WO(s) = \{1, 11\}$ und $WO(t) = \emptyset$, also $\parallel WO(t) \parallel < \parallel WO(s) \parallel$. Dies zeigt $s \succ t$.*

Es gilt $s' \equiv f(H(G(a), a)) \to f(H(a, a)) \equiv t'$. Es ist $p = 11 \neq q = 1$, also liegt Fall 2 vor. Es ist $WO(s') = \{1, 112, 12\}$ und $WO(t') = \{1, 11, 12\}$, also $\parallel W(s') \parallel = \parallel WO(t') \parallel$. Es ist $P(s') = \{f(w), H(G(w), w)\}$ und $P(t') = \{f(w), H(w, w)\}$, wegen $G(w) \to w$ also $P(s') \gg P(t')$. Dies zeigt $s' \succ t'$.

b) *Es sei $l \to r$ die duplizierende Regel $G(x) \to H(x, x)$. Wir zeigen, daß die Argumente im Beweis nicht mehr gültig sind.*

Es ist $s \equiv f(G(a)) \to f(H(a, a)) \equiv t$. Es liegt Fall 1 vor und es gilt $WO(s) = \{1, 11\}$ und $WO(t) = \{1, 11, 12\}$, also $\parallel WO(s) \parallel < \parallel WO(t) \parallel$ und damit nicht $s \succ t$.

Es ist $s' \equiv f(G(G(a))) \to f(G(H(a, a))) \equiv t'$. Es liegt Fall 2 vor. Es gilt $\parallel WO(s') \parallel = 2$ und $\parallel WO(t') \parallel = 3$, also nicht $\parallel WO(s') \parallel \geq \parallel WO(t') \parallel$. Es gilt auch nicht $P(s') \gg P(t')$ wegen $P(s') = \{f(w), G(w), G(w), a\}$ und $P(t') = \{f(w), G(H(w, w)), a, a\}$.

Es soll jetzt gezeigt werden, daß Lemma 3.8.10 gültig bleibt, wenn man "duplizierend" durch "kollabierend" ersetzt. Dazu benötigen wir den Begriff der Signaturtiefe $STiefe(t)$ für $t \in Term(F)$. Sei
$$STiefe(t) = 1 + max\{STiefe(t/p) \mid p \in MWO(t)\}$$
Hier ist $max\{\emptyset\} = 0$, also $STiefe(t) = 1$ für $t \in Term(F_1) \cup Term(F_2)$. Im laufenden Beispiel mit $F_1 = \{f, g, a\}, F_2 = \{h, b\}$ gilt $STiefe(t) = 3$ für $t \equiv f(g(a, b), h(a, b))$, denn $STiefe(a) = 1$ und $STiefe(h(a, b)) = 2$.

Lemma 3.8.12 *Sei $R = R_1 \oplus R_2$, und seien die R_i terminierend. Enthält R keine kollabierende Regel, so ist R terminierend.*

Beweis: Man beachte, daß $STiefe(s) \geq STiefe(t)$ gilt, falls $s \longrightarrow_R t$ gilt. Sei die Partialordnung $>$ auf $Term(F)$ rekursiv definiert durch

$s > t$ gdw $STiefe(s) \geq STiefe(t)$ und
                 (i) $hom(s) \longrightarrow_R hom(t)$ oder
                 (ii) $hom(s) \equiv hom(t), M(s) \gg M(t)$

Dabei ist $M(t)$ die Multimenge $M(t) = \{t/p \mid p \in MWO(t)\}$ und $\gg$ die Multimengenordnung zu $>$. Eine Induktion nach n zeigt, daß es auf den Termen der Signaturtiefe n keine unendliche $>$-Kette gibt. Also ist $>$ wohlfundiert.

Wir zeigen $\longrightarrow_R \subseteq >$. Dann ist Lemma 3.8.12 bewiesen. Sei $s \longrightarrow_R t$ mit $l \to r$ in R bei $p \in O(s)$. Wir führen Induktion nach $n = STiefe(s)$. Gilt $p \in O(hom(s))$ und ist $hom(s)/p \not\equiv w$, so gilt $hom(s) \longrightarrow_R hom(t)$ nach Lemma 3.8.9, also $s > t$. (Hier wird benutzt, daß R keine kollabierende Regel $l \to r$ enthält.) Gilt dies nicht, so ist $hom(s) \equiv hom(t)$, und es gibt ein Anfangswort q von p mit $q \in MWO(s)$, und es gilt $s/q \longrightarrow_R t/q$. Nach Induktionsvoraussetzung gilt $s/q > t/q$. Wegen $s/q' \equiv t/q'$ für alle $q' \in MWO(s) - \{q\}$ gilt $M(s) \gg M(t)$, also auch hier $s > t$. $\qquad\square$

Mit Lemmata 3.8.10 und 3.8.12 ist Satz 3.8.7 bewiesen.

Übungsaufgaben

Diese Aufgaben beschäftigen sich mit der Frage, wann die Vereinigung von konvergenten Regelsystemen konvergent ist. Die Regelsysteme müssen nicht disjunkt sein.

Aufgabe 3.8.1: Wir sagen, daß die Regelsysteme R_1 und R_2 (lokal) kommutieren, wenn $\longrightarrow_{R_1}$ und $\longrightarrow_{R_2}$ (lokal) kommutieren.
a) Sind R_1 und R_2 links-linear und gibt es kein kritisches Paar zwischen Regeln $l_1 \to r_1$ in R_1 und $l_2 \to r_2$ in R_2, so kommutieren R_1 und R_2 lokal.
b) Sind R_1 und R_2 konfluent, kommutieren sie lokal und ist $R = R_1 \cup R_2$ terminierend, so ist R auch konfluent.

Aufgabe 3.8.2: Man gebe konvergente und lokal kommutierende Regelsysteme R_1 und R_2 an, für die $R = R_1 \cup R_2$ nicht konfluent ist. (In Teil b) von Aufgabe 3.8.1 ist also die Voraussetzung, daß R terminierend ist, wesentlich.)

Aufgabe 3.8.3: Es seien R_1 und R_2 terminierend, es sei R_1 links-linear und R_2 rechts-linear. Es gebe kein kritisches Paar zu Regeln $l_1 \to r_1$ in R_1 und $r_2 \to l_2$ mit $l_2 \to r_2$ in R_2. Dann ist $R = R_1 \cup R_2$ terminierend.
Hinweis: Man verwende das Ergebnis aus Aufgabe 1.2.6: Es kommutiert R_1 über R_2.

Aufgabe 3.8.4: Es seien R_1, R_2 und R wie in Aufgabe 3.8.3. Die Voraussetzungen schließen aus, daß es in R_2 eine Regel der Form $l_2 \to x$ gibt. Sonst gäbe es nämlich zu $x \to l_2$ und jeder Regel $l_1 \to r_1$ ein kritisches Paar. Man betrachte zu dieser Bemerkung $R_1 = \{f(f(x)) \to f(g(f(x)))\}$ und $R_2 = \{g(x) \to x\}$. Es sind R_1 und R_2 terminierend, aber R ist nicht terminierend. Es kommutiert R_1 auch nicht über R_2.

Aufgabe 3.8.5: Man zeige, daß die Aussage aus Aufgabe 3.8.3 falsch wird, wenn man die Linearitätsvoraussetzungen wegläßt.

Literaturhinweise zu Kapitel 3

Dieses Kapitel enthält den Kern der Termersetzungstechniken. Sie wurden im wesentlichen von Knuth und Bendix in [KB70] entwickelt. Eine sehr einflußreiche Arbeit ist auch [Hue80]. Diese Techniken, die hier für unbedingte Termersetzungssysteme dargestellt wurden, sind sehr allgemein einsetzbar, z.B. für die Termersetzung modulo einer unterliegenden Theorie (siehe Kapitel 4), für bedingte Regelsysteme (siehe [Kap84]), für Regelsysteme in Signaturen mit Sortenhierarchien (siehe [SNGM89]) und für das allgemeine Theorembeweisen mit Termersetzungstechniken (siehe [BG92]). Für Übersichtsarbeiten sei auf [HO80], [AM90], [DJ90] und [Klo92] verwiesen.

Über die Spezifikation von Datentypen, wie sie in Abschnitt 3.2 angedeutet wurde, gibt es Lehrbücher (z.B. [EGL89], [EM85] und [Kla83]), eine Übersicht gibt [Wir90]. Die nächsten Abschnitte lehnen sich stark an [Hue80] an. Die Knuth-Bendix-Vervollständigung auf der Basis der Beweistransformation wurde erstmals in [BDH86] betrachtet; siehe auch [Bac91] für eine systematische Darstellung. In [Hue81] ist nachzulesen, wie kompliziert Korrektheitsbeweise für spezielle Algorithmen für die Vervollständigung sind, wenn man die Algorithmen selbst analysiert und nicht den allgemeinen Ansatz der Beweistransformation benutzt. Zur Normierung von Regelsystemen und zur Existenz eines konvergenten Regelsystems sei auf [Met83], [Ave84] und [Ave86] verwiesen. Zum Thema Reduktionsordnungen gibt es eine Fülle von Arbeiten, die klassische Übersichtsarbeit ist [Der87] von Dershowitz. Die Polynomordnungen gehen zurück auf Lankford [Lan79]; für Erweiterungen und Implementierungen siehe [CL87]. Es gibt eine Fülle von Arbeiten zur Konstruktion syntaktischer Ordnungen. Eine sehr frühe Arbeit ist [Pla78]; in [Der82] wird die *RPO* eingeführt. Die Einführung eines Status für Funktionssymbole stammt aus [KL80]. Ordnungen, die stärker sind als die *RPO* mit Status, findet man z.B. in [KNS85] und [Rus87b]. Für einen Überblick über den aktuellen Wissensstand und den Vergleich von Ordnungen siehe [Ste94]. Das Thema Modularität wurde aktuell mit dem überraschenden Beispiel von Toyama [Toy87a], das zeigt, daß die Termination nicht modular ist. Einen sehr komplizierten Beweis dafür, daß die Konfluenz modular ist, findet man in [Toy87b]; siehe auch [KMTdV94]. Die positiven Ergebnisse in Satz 3.8.7 findet man in [Rus87a]. Für Verschärfungen dieser Resultate siehe [Gra92]. In [TKB89] wird gezeigt, daß die Termination modular ist für die Klasse der links-linearen Regelsysteme.

Nicht besprochen wurde hier das Thema Programmieren mit Gleichungen. Hier ist die Forderung nach Termination zu stark. Man möchte aber Konfluenz haben, damit die durch Reduktion erzeugten Ergebnisse eindeutig sind. Man verlangt deshalb, daß die Regeln orthogonal sind, d.h. links-linear und überlappungsfrei. Aus Effizienzgründen ist es hier wichtig, nur die "benötigten" Reduktionsstellen in einem Term zu finden. Als Buch zu diesem Thema sei [O'D77] erwähnt. Eine Darstellung von wesentlichen Ergebnissen findet man in [HL91]. Wichtige Resultate finden sich auch in [Klo92] und [KM91].

Kapitel 4

Termersetzung modulo einer Kongruenz

4.1   Die Church-Rosser-Eigenschaft modulo A

4.1.1   Motivation und einige Reduktionsrelationen

Die im Kapitel 3 bereitgestellten Hilfsmittel erlauben es in vielen Fällen, ein Gleichungssystem E_0 in ein äquivalentes Regelsystem R zu transformieren, das konvergent ist. Ist dies gelungen, so läßt sich die E_0-Gleichheit mit R auf die syntaktische Gleichheit reduzieren: Es gilt $s =_{E_0} t$ gdw $s{\downarrow}_R \equiv t{\downarrow}_R$.

Wie schon erwähnt, kann dieses Vorgehen aus prinzipiellen Gründen nicht immer erfolgreich sein. Ist etwa die E_0-Gleichheit unentscheidbar, so kann es zu E_0 kein äquivalentes konvergentes Regelsystem R geben, das endlich ist.

Das Verfahren kann aber auch scheitern, wenn die E_0-Gleichheit relativ einfach entscheidbar ist. Dies ist z.B. immer dann der Fall, wenn E_0 eine Menge A von Gleichungen enthält, die prinzipiell nicht richtbar sind, ohne die Termination des entstehenden Regelsystems zu verlieren. Enthält etwa A die Gleichung $f(x,y) = f(y,x)$ – die die Kommutativität von f beschreibt –, so ist diese Gleichung mit keiner Reduktionsordnung richtbar. Allgemeiner ist eine Gleichung $s = t$ immer dann prinzipiell unrichtbar, wenn s und t unifizierbar sind.

Für praktische Anwendungen sind die Assoziativität und Kommutativität eines zweistelligen Operators besonders wichtig:

$$f(x,y) = f(y,x)$$
$$f(f(x,y),z) = f(x,f(y,z))$$

Wir geben diese Gleichungen häufig durch den Zusatz "f ist AC" zum definierenden Gleichungssystem an. Die folgenden Beispiele mögen belegen, wie häufig AC-Operatoren auftreten.

Natürliche Zahlen E:
$$
\begin{aligned}
x + 0 &= x \\
x + s(y) &= s(x + y) \\
min(0, y) &= 0 \\
min(x, 0) &= 0 \\
min(s(x), s(y)) &= s(min(x, y)) \\
max(0, y) &= y \\
max(x, 0) &= x \\
max(s(x), s(y)) &= s(max(x, y))
\end{aligned}
$$

$+, min, max$ sind AC

Aussagenlogik E:
$$
\begin{aligned}
x \wedge 0 &= 0 \\
x \wedge 1 &= x \\
x \wedge x &= x \\
x \vee 0 &= x \\
x \vee 1 &= 1 \\
x \vee x &= x
\end{aligned}
$$

$\wedge, \vee$ sind AC

Kommutative Gruppen E:
$$
\begin{aligned}
x + 0 &= x \\
x + (-x) &= 0
\end{aligned}
$$

$+$ ist AC

Diese Beispiele zeigen, wie wichtig es ist, auch Gleichungssysteme E_0 behandeln zu können, die eine Menge A von prinzipiell unrichtbaren Gleichungen enthalten: $E_0 = E \cup A$. Um dies mit Reduktionstechniken zu erreichen, wird der bisherige Ansatz in zwei Punkten erweitert:

a) Man integriert A in die durch ein Regelsystem R definierte Reduktionsrelation $\longrightarrow$.

b) Man versucht, $E_0 = E \cup A$ so in ein Regelsystem R zu transformieren, daß die E_0-Gleichheit mit $\longrightarrow$ auf die A-Gleichheit reduziert wird.

Es wird später präzisiert, wie die durch (R, A) gegebene Reduktionsrelation $\longrightarrow$ definiert werden kann. Dem Punkt b) liegt die Überlegung zugrunde, daß die E_0-Gleichheit im allgemeinen viel schwerer zu entscheiden ist als die A-Gleichheit. Ist etwa A eine Menge von AC-Axiomen, so ist die A-Gleichheit in der Tat leicht entscheidbar. Dies führt zu folgender

Problemstellung:
Gegeben: $E_0 = E \cup A$

Gesucht: Eine Reduktionsrelation $\longrightarrow$ (beschrieben durch A und ein Regelsystem R) mit: $s =_{E \cup A} t$ gdw es gibt s_0, t_0 mit $s \overset{*}{\longrightarrow} s_0 =_A t_0 \overset{*}{\longleftarrow} t$

Wir verdeutlichen dies in Abbildung 4.1. Hat $\longrightarrow$ die im Bild dargestellte Eigenschaft, so sagen wir, $\longrightarrow$ hat die *Church-Rosser-Eigenschaft modulo A* (der kurz: $\longrightarrow$ ist *Church-Rosser modulo A*). Siehe Definition 4.1.4.

In diesem Kapitel werden Hilfsmittel bereitgestellt, mit denen man diese Problemstellung behandeln kann. Es soll (E, A) so in (R, A) transformiert werden, daß $\longrightarrow$ Church-Rosser modulo A ist.

$$s =_{E \cup A} t$$

$$\Big\downarrow * \qquad * \Big\downarrow$$

$$\exists s_0, t_0: \quad s_0 =_A t_0$$

Abbildung 4.1: Die Church-Rosser-Eigenschaft modulo A

Wir betrachten zunächst einige Möglichkeiten zur Definition der Reduktionsrelation $\longrightarrow$ zu (R, A). Dazu werden die Reduktionsrelationen $\longrightarrow_{R.A}$ und $\longrightarrow_{R/A}$ eingeführt.

Definition 4.1.1 *Sei R ein Regel- und A ein Gleichungssystem.*
a) $\longrightarrow_R$ ist definiert wie bisher: $s \longrightarrow_R t$ gdw es gibt $l \to r$ in R, $p \in O(s)$, σ mit $s/p \equiv \sigma(l), t \equiv s[p \leftarrow \sigma(r)]$.
b) $\longrightarrow_{R.A}$ ist definiert durch $s \longrightarrow_{R.A} t$ gdw es gibt $l \to r$ in R, $p \in O(s)$, σ mit $s/p =_A \sigma(l), t \equiv s[p \leftarrow \sigma(r)]$.
c) $\longrightarrow_{R/A}$ ist definiert durch $s \longrightarrow_{R/A} t$ gdw es gibt s_1, t_1 mit $s =_A s_1 \longrightarrow_R t_1 =_A t$.

Das folgende Beispiel verdeutlicht die unterschiedliche Stärke der angegebenen Reduktionsrelationen. Für $s \longrightarrow_{R/A} t$ darf der ganze Term s mit A umgeschrieben werden, bis eine R-Regel anwendbar ist. Für $s \longrightarrow_{R.A} t$ darf nur der Teilterm s/p, der verändert werden soll, mit A umgeschrieben werden, bis er die Form $\sigma(l)$ mit $l \to r$ hat. Die Relation $\longrightarrow_R$ berücksichtigt A gar nicht.

Beispiel 4.1.2
$A: \quad x + y = y + x \quad (x + y) + z = x + (y + z)$
$R: \quad a + b \to c$
$s \equiv (b+a)+a$ ist $\longrightarrow_R$-irreduzibel, aber es gilt $(b+a)+a \longrightarrow_{R.A} c+a$, da $(b+a)+a =_A$
$(a + b) + a \longrightarrow c + a$, also $s/1 =_A l \equiv a + b$ gilt.
$s \equiv (b + b) + a$ ist bezüglich $\longrightarrow_R$ und $\longrightarrow_{R.A}$ irreduzibel, aber es gilt $s \longrightarrow_{R/A} b + c$,
da $s =_A b + (a + b) \longrightarrow_R b + c$ gilt.

Wir sagen, daß R (bzw. $R.A$ oder R/A) terminierend ist, wenn dies für $\longrightarrow_R$ (bzw. $\longrightarrow_{R.A}$ oder $\longrightarrow_{R/A}$) gilt.

Man beachte, daß $\longrightarrow_R \subseteq \longrightarrow_{R.A} \subseteq \longrightarrow_{R/A}$ gilt. Es ist zwar $\longrightarrow_R$ die schwächste Reduktionsrelation, sie ist aber auch am einfachsten zu berechnen. In Spezialfällen reicht diese Relation für die Erreichung der Church-Rosser-Eigenschft modulo A aus (siehe Abschnitt 4.2). Im allgemeinen Fall ist diese Reduktionsrelation aber zu schwach. Die stärkste der drei Reduktionsrelationen ist $\longrightarrow_{R/A}$. Sie ist aber nur sehr aufwendig zu berechnen, da man im wesentlichen die ganze A-Äquivalenzklasse von s durchsuchen muß, um festzustellen, ob s mit $\longrightarrow_{R/A}$ reduzierbar ist. Diese Relation spielt im folgenden insofern eine bedeutende Rolle, als sie stets als terminierend vorausgesetzt wird. Für praktische Rechnungen arbeitet man im allgemeinen mit der Reduktionsrelation

$\longrightarrow_{R.A}$. Für spezielle Gleichungssysteme A – z.B. für den AC-Fall – ist sie leicht berechenbar. Man beachte, daß s mit $l \to r$ genau dann reduzierbar ist, wenn es eine Stelle $p \in O(s)$ gibt mit $s/p =_A \sigma(l)$. Dies führt zum Match-Problem modulo A.

Definition 4.1.3 (A-Match) *Eine Substitution σ heißt ein* A-Match *(oder ein Match modulo A) von l auf s, falls $\sigma(l) =_A s$ gilt.*

Besteht etwa A aus den AC-Axiomen für $+$, so gibt es einen A-Match σ von $l \equiv x + x$ auf $t \equiv ((a + b) + b) + a$, nämlich $\sigma = \{x \leftarrow a + b\}$. Es gibt aber keinen A-Match von l auf $t' \equiv (a + b) + b$.

Für den AC-Fall ist das Match-Problem modulo A entscheidbar, und im positiven Fall ist ein A-Match von l auf s berechenbar. Dies gilt auch für einige weitere Theorien.

4.1.2 Termination und Konfluenzeigenschaften modulo A

Es sei jetzt R ein Regelsystem mit $=_{R \cup A} = =_{E \cup A}$ und $\longrightarrow$ eine Relation mit $\longrightarrow_R$ $\subseteq \longrightarrow \subseteq \longrightarrow_{R/A}$. Es gilt also $=_{E \cup A} = =_{R \cup A} = (\longleftrightarrow \cup \longleftrightarrow_A)^*$. Wir wollen untersuchen, unter welchen Voraussetzungen $\longrightarrow_R$ Church-Rosser modulo A ist, also die $(E \cup A)$-Gleichheit mit $\longrightarrow$ auf die A-Gleichheit reduzierbar ist. Um dies zu erreichen, wird zunächst die Konfluenz zur "Konfluenz modulo A" modifiziert. Dies reicht aber nicht aus, man benötigt die zusätzliche Eigenschaft "Kohärenz modulo A", die den A-Anteil von $=_{E \cup A}$ stärker berücksichtigt. Diese Begriffe werden gleich eingeführt.

Es zeigt sich, daß die wesentlichen Überlegungen zum Erreichen der Church-Rosser-Eigenschaft modulo einer Äquivalenzrelation auch für abstrakte Reduktionssysteme gelten, nicht nur für Termersetzungssysteme. Wir betrachten daher jetzt für kurze Zeit wieder den allgemeinen Fall.

Gegeben sei $(\mathcal{E}, \longrightarrow, \vdash\!\dashv)$, wobei $\longrightarrow$ eine Relation und $\vdash\!\dashv$ eine symmetrische Relation auf $\mathcal{E}$ ist. Weiter sei

$$\vdash\!\dashv = \longleftrightarrow \cup \vdash\!\dashv$$
$$\sim = \overset{*}{\vdash\!\dashv},$$
$$\approx = \overset{*}{\vdash\!\dashv},$$
$$\longrightarrow_\sim = \sim \circ \longrightarrow \circ \sim$$

Im aktuellen Anwendungsfall ist $\vdash\!\dashv = \vdash\!\dashv_A, \sim = =_A$ und $\approx = =_{E \cup A}$.

Definition 4.1.4
Sei $(\mathcal{E}, \longrightarrow, \vdash\!\dashv)$ gegeben. Es heißen $s, t \in \mathcal{E}$ zusammenführbar modulo $\sim$, falls es s_0, t_0 gibt mit $s \overset{*}{\longrightarrow} s_0 \sim t_0 \overset{*}{\longleftarrow} t$. Bezeichnung: $s \downarrow_\sim t$.
$\longrightarrow$ heißt Church-Rosser modulo $\sim$, falls gilt: Aus $s \approx t$ folgt $s \downarrow_\sim t$.
$\longrightarrow$ heißt lokal konfluent modulo $\sim$, falls gilt: Aus $s \longleftarrow u \longrightarrow t$ folgt $s \downarrow_\sim t$.
$\longrightarrow$ heißt lokal kohärent modulo $\sim$, falls gilt: Aus $s \longleftarrow u \vdash\!\dashv t$ folgt $s \downarrow_\sim t$.

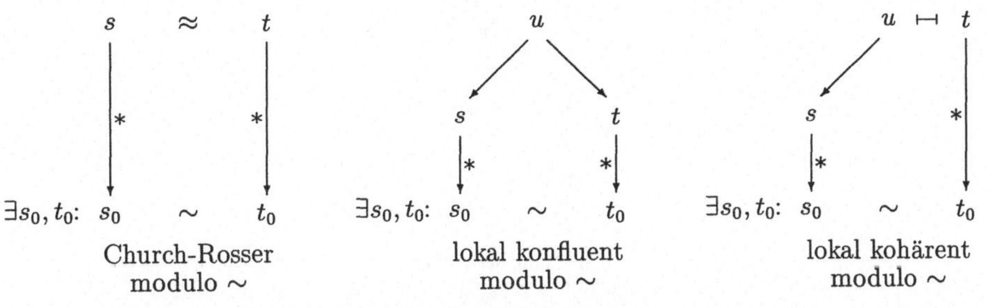

Abbildung 4.2: Einige Konfluenzeigenschaften modulo $\sim$

Wir verdeutlichen die Definitionen in Abbildung 4.2.

In analoger Weise sind die Begriffe Konfluenz und Kohärenz modulo $\sim$ definiert: $\longrightarrow$ heißt *konfluent modulo* $\sim$, falls gilt: Aus $s \xleftarrow{*} u \xrightarrow{*} t$ folgt $s \downarrow_\sim t$. Und $\longrightarrow$ heißt *kohärent modulo* $\sim$, falls gilt: Aus $s \xleftarrow{*} u \sim t$ folgt $s \downarrow_\sim t$. Wir hatten in Satz 1.2.4 gesehen, daß $\longrightarrow$ genau dann die Church-Rosser-Eigenschaft hat, wenn $\longrightarrow$ konfluent ist. Eine naheliegende Vermutung würde also lauten, daß $\longrightarrow$ genau dann Church-Rosser modulo $\sim$ ist, wenn $\longrightarrow$ sowohl konfluent modulo $\sim$ als auch kohärent modulo $\sim$ ist. Von dieser Vermutung gilt aber nur die eine Richtung. Ist $\longrightarrow$ Church-Rosser modulo $\sim$, so ist $\longrightarrow$ auch konfluent modulo $\sim$ und kohärent modulo $\sim$. Wir geben ein Beispiel an, in dem $\longrightarrow$ sowohl konfluent als auch kohärent modulo $\sim$ ist, nicht aber Church-Rosser modulo $\sim$.

Beispiel 4.1.5 *Sei* $(\mathcal{E}, \longrightarrow, \vdash\!\dashv)$ *gegeben durch (siehe Abbildung 4.3)*
$\mathcal{E} = \{a_i, b_i, c_i \mid i \in \mathbb{N}\}$
$a_i \longrightarrow a_{i+1}, \quad b_i \longrightarrow b_{i+1}, \quad c_i \longrightarrow c_{i+1}, \quad i \in \mathbb{N}.$
$a_{2i} \vdash\!\dashv b_{2i}, \quad b_{2i+1} \vdash\!\dashv c_{2i+1}, \quad i \in \mathbb{N}.$

Es ist $\longrightarrow$ *konfluent und kohärent modulo* $\sim$. *Es gilt* $a_0 \stackrel{*}{\vdash\!\dashv} c_0$, *aber nicht* $a_0 \downarrow_\sim c_0$. *Also ist* $\longrightarrow$ *nicht Church-Rosser modulo* $\sim$.

Die Situation ändert sich, wenn $\longrightarrow$ terminierend ist. Dann gilt die obige Vermutung.

Satz 4.1.6 *Ist* $\longrightarrow$ *terminierend, so ist* $\longrightarrow$ *genau dann Church-Rosser modulo* $\sim$, *wenn* $\longrightarrow$ *konfluent modulo* $\sim$ *und kohärent modulo* $\sim$ *ist.*

Beweis: Die eine Richtung der Aussage ist trivial. Wir zeigen, daß $\longrightarrow$ Church-Rosser modulo $\sim$ ist, falls $\longrightarrow$ konfluent modulo $\sim$ und kohärent modulo $\sim$ ist. Es seien jetzt diese beiden Voraussetzungen erfüllt.

a) Wir zeigen zunächst: Gilt $s \xleftarrow{*} u \xrightarrow{*} t$ (bzw. $s \xleftarrow{*} u \vdash\!\dashv t$), so gibt es $\longrightarrow$-Normalformen s_1 und t_1 zu s und t mit $s_1 \stackrel{*}{\vdash\!\dashv} t_1$. (Beachte $\sim = \stackrel{*}{\vdash\!\dashv}$.) Da $\longrightarrow$

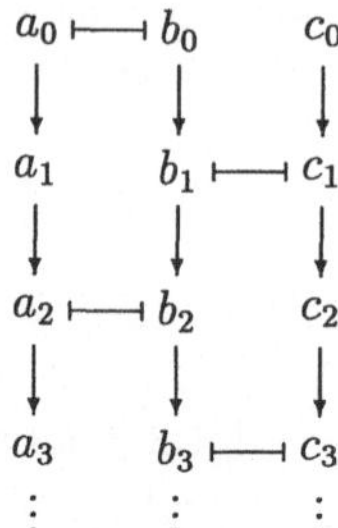

Abbildung 4.3: Eine Relation, die konfluent modulo $\sim$ und kohärent modulo $\sim$, aber nicht Church-Rosser modulo $\sim$ ist

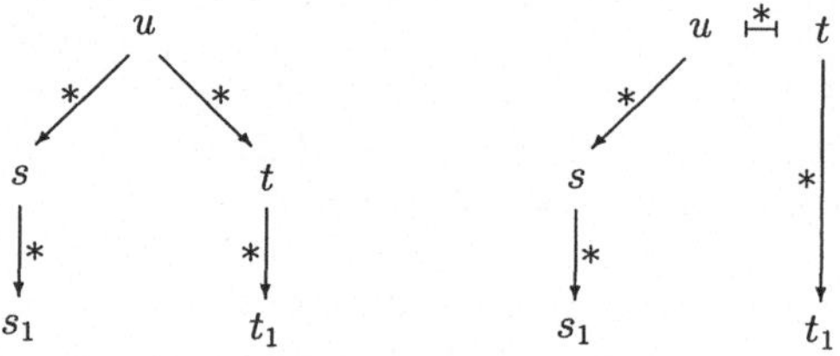

Abbildung 4.4: Beweis zu Satz 4.1.6, Teil a)

terminierend ist, gibt es $\longrightarrow$-Normalformen s_1, t_1 zu s, t. Damit ergibt sich die in Abbildung 4.4 dargestellte Situation.

Da $\longrightarrow$ konfluent (bzw. kohärent) modulo $\sim$ ist und da s_1 und t_1 irreduzibel sind, folgt $s_1 \sim t_1$.

b) Wir zeigen jetzt durch Induktion nach n: Gilt $s \overset{n}{\vdash\dashv} t$, so gibt es irreduzible s_1, t_1 mit $s \overset{*}{\longrightarrow} s_1 \sim t_1 \overset{*}{\longleftarrow} t$. Daraus folgt dann, daß $\longrightarrow$ Church-Rosser modulo $\sim$ ist. Für $n = 0$ ist die Aussage trivial. Im Induktionsschritt ergibt sich $s \vdash\dashv s' \overset{n}{\vdash\dashv} t$ und (α) $s \longrightarrow s'$ oder (β) $s \longleftarrow s'$ oder (γ) $s \vdash\dashv s'$. Der Fall (α) ist leicht. Wir behandeln den Fall (β), der Fall (γ) ist analog zu (β). Es ergibt sich die in Abbildung 4.5 dargestellte Situation.

Die irreduziblen Elemente s_0, t_1 mit $s_0 \sim t_1$ existieren nach Induktionsvoraussetzung. Die irreduziblen Elemente s_1, s_2 mit $s_1 \sim s_2$ existieren nach a). Da s_0 irreduzibel ist, gilt $s_0 \equiv s_2$, also gilt $s_1 \sim t_1$. $\square$

Man beachte, daß man die Voraussetzung in Satz 4.1.6 noch etwas abschwächen kann. Man benötigt nicht die Annahme, daß $\longrightarrow$ terminierend ist. Es reicht, daß jedes Element $u \in \mathcal{E}$ eine $\longrightarrow$-Normalform u_0 hat (d.h., es gilt $u \overset{*}{\longrightarrow} u_0$, und u_0 ist $\longrightarrow$-

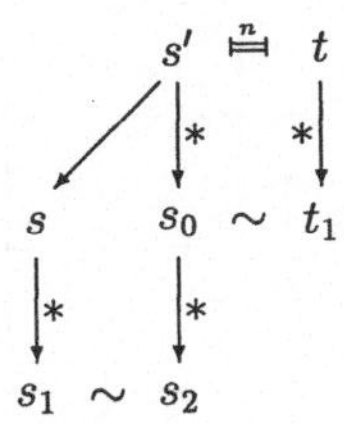

Abbildung 4.5: Beweis zu Satz 4.1.6, Teil b)

irreduzibel). Man nennt solch eine Relation schwach terminierend. Der obige Beweis bleibt gültig, wenn man $\longrightarrow$ als schwach terminierend voraussetzt.

Wir beschränken uns jetzt auf die lokale Konfluenz und lokale Kohärenz modulo $\sim$ und wollen folgern, daß aus diesen beiden Eigenschaften die Church-Rosser-Eigenschaft modulo $\sim$ folgt. Dazu benötigt man die starke Voraussetzung, daß $\longrightarrow_\sim$ terminierend ist. Dann ist $> \; = \; \stackrel{+}{\longrightarrow}_\sim$ eine Noethersche Partialordnung, für die gilt: Aus $s > t, s' \sim s$ und $t' \sim t$ folgt $s' > t'$. Wir sagen auch, $>$ ist mit $\sim$ verträglich.

Satz 4.1.7 *Sei $\longrightarrow_\sim$ terminierend. Es ist $\longrightarrow$ genau dann Church-Rosser modulo $\sim$, wenn $\longrightarrow$ lokal konfluent modulo $\sim$ und lokal kohärent modulo $\sim$ ist.*

Beweis: Die eine Richtung der Aussage ist trivial. Es sei also $\longrightarrow$ lokal konfluent modulo $\sim$ und lokal kohärent modulo $\sim$ und $> \; = \; \stackrel{+}{\longrightarrow}_\sim$. Wir führen Induktion auf $(Mult(\mathcal{E}), \gg)$ und zeigen, daß $P(B)$ für alle $B \in Mult(\mathcal{E})$ gilt:

$P(B)$ gdw $\{s_1, \ldots, s_n\} \subseteq B$ und $s_1 \mathrel{\vdash\!\dashv} s_2 \mathrel{\vdash\!\dashv} \ldots \mathrel{\vdash\!\dashv} s_n$ impliziert $s_1 \downarrow_\sim s_n$.
Hieraus folgt dann, daß $\longrightarrow$ Church-Rosser modulo $\sim$ ist. Gilt nämlich $s \approx t$, so gibt es $s_1, \ldots, s_n$ mit $s \equiv s_0 \mathrel{\vdash\!\dashv} s_1 \mathrel{\vdash\!\dashv} \ldots \mathrel{\vdash\!\dashv} s_n \equiv t$ und $P(\{s_0, \ldots, s_n\})$ liefert $s \downarrow_\sim t$.
Sei also $\{s_1, \ldots, s_n\} \subseteq B$ und $s_1 \mathrel{\vdash\!\dashv} s_2 \mathrel{\vdash\!\dashv} \ldots \mathrel{\vdash\!\dashv} s_n$. Zu zeigen ist dann $s_1 \downarrow_\sim s_n$. Gibt es $1 \leq i \leq j \leq n$ mit $s_1 \stackrel{*}{\longrightarrow} s_i \mathrel{\vdash\!\dashv} s_j \stackrel{*}{\longleftarrow} s_n$, so folgt $s_1 \downarrow_\sim s_n$ direkt. Sonst gibt es ein $1 < i < n$ mit (α) $s_{i-1} \longleftarrow s_i \mathrel{\vdash\!\dashv} s_{i+1}$ oder (β) $s_{i-1} \mathrel{\vdash\!\dashv} s_i \longrightarrow s_{i+1}$ oder (γ) $s_{i-1} \longleftarrow s_i \longrightarrow s_{i+1}$. In allen drei Fällen gibt es wegen der lokalen Konfluenz bzw. Kohärenz modulo $\sim$ Elemente u, v mit

$$s_{i-1} \stackrel{*}{\longrightarrow} u \sim v \stackrel{*}{\longleftarrow} s_{i+1}$$

Wir zeigen $s_i > w$ für alle $w \notin \{s_{i-1}, s_{i+1}\}$, die im Beweis $s_{i-1} \stackrel{*}{\longrightarrow} u \sim v \stackrel{*}{\longleftarrow} s_{i+1}$ benutzt werden. Wir betrachten dies für den Fall (α); für (β) und (γ) gelten analoge Überlegungen. Im Fall (α) ergibt sich die in Abbildung 4.6 dargestellte Situation.

Da $\longrightarrow \; \subseteq \; >$ gilt und da $>$ $\sim$-verträglich ist, gilt $s_i > w$ für alle w im Beweis $s_{i-1} \stackrel{*}{\longrightarrow} u \sim v$. Gilt $s_{i+1} \equiv v$, so gilt also $s_i > w$ für alle $w \notin \{s_{i-1}, s_{i+1}\}$ im Beweis $s_i \stackrel{*}{\longrightarrow} u \sim v \stackrel{*}{\longleftarrow} s_{i+1}$. Gilt $s_{i+1} \longrightarrow v_0 \stackrel{*}{\longrightarrow} v$, so gilt $s_i > w$ für alle w im Beweis $v_0 \stackrel{*}{\longrightarrow} v$. Also gilt auch in diesem Fall $s_i > w$ für alle $w \notin \{s_{i-1}, s_{i+1}\}$ im Beweis $s_{i-1} \stackrel{*}{\longrightarrow} u \sim v \stackrel{*}{\longleftarrow} s_{i+1}$. Der Beweis $s_{i-1} \stackrel{*}{\longrightarrow} u \sim v \stackrel{*}{\longleftarrow} s_{i+1}$ ist also kleiner als $s_{i-1} \longleftarrow s_i \mathrel{\vdash\!\dashv} s_{i+1}$ bzw. $s_{i-1} \mathrel{\vdash\!\dashv} s_i \longrightarrow s_{i+1}$ bzw. $s_{i-1} \longleftarrow s_i \longrightarrow s_{i+1}$: Setzt man $C := (B - \{s_{i-1}, s_i, s_{i+1}\}) \cup \{w \mid w$ im Beweis $s_{i-1} \stackrel{*}{\longrightarrow} u \sim v \stackrel{*}{\longleftarrow} s_{i+1}\}$, so gilt $B \gg C$

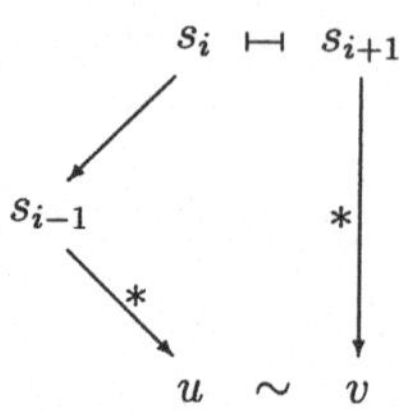

Abbildung 4.6: Beweis zu Satz 4.1.7

und $s_1 \equiv t_1 \vdash\!\dashv t_2 \vdash\!\dashv \dots \vdash\!\dashv t_m \equiv s_n$ mit $t_i \in C$. Die Induktionsvoraussetzung für C liefert jetzt $s_1 \downarrow_\sim s_n$.   □

Beachte, daß der Satz 4.1.7 die Termination von $\longrightarrow_\sim$ als Voraussetzung hat. Verlangt man nur die Termination von $\longrightarrow$, so wird der Satz 4.1.7 falsch, wie das nächste Beispiel zeigt.

Beispiel 4.1.8 *Betrachte $a \longleftarrow b \overset{\vdash\!\dashv}{\longleftarrow} c \overset{\vdash\!\dashv}{\longrightarrow} d \longrightarrow e$.*
Es ist $\longrightarrow$ terminierend, lokal konfluent modulo $\sim$ und lokal kohärent modulo $\sim$: Die Termination ist trivial. Für die lokale Konfluenz ist nur $b \longleftarrow c \longrightarrow d$ zu betrachten, und hier gilt $b \downarrow_\sim d$ wegen $b \sim d$. Für die lokale Kohärenz sind $a \longleftarrow b \vdash\!\dashv c$ und $b \vdash\!\dashv c \longrightarrow d$ und $b \longleftarrow c \vdash\!\dashv d$ und $c \vdash\!\dashv d \longrightarrow e$ zu betrachten. Wegen $c \overset{*}{\longrightarrow} a, b \sim d$ und $c \overset{*}{\longrightarrow} e$ gilt $a \downarrow_\sim c$ und $b \downarrow_\sim d$ und $c \downarrow_\sim e$.
Es ist aber $\longrightarrow$ nicht Church-Rosser modulo $\sim$, da $a \approx e$ gilt, aber nicht $a \downarrow_\sim e$.

Wir kehren jetzt wieder zur Termersetzung zurück und ordnen dem Gleichungssystem A die Relationen $\vdash\!\dashv = \longleftrightarrow_A$ und $\sim = =_A$ auf $\mathcal{E} = Term(F, V)$ zu. Wir sagen "modulo A" statt "modulo $=_A$". Ist R ein Regelsystem und $\longrightarrow = \longrightarrow_R$, so ist $\longrightarrow_\sim = \longrightarrow_{R/A}$. Eine Relation $\longrightarrow$ mit $\longrightarrow_R \subseteq \longrightarrow \subseteq \longrightarrow_{R/A}$ heißt *Church-Rosser modulo A*, falls gilt: Aus $s =_{R \cup A} t$ folgt $s \downarrow_\sim t$. Sie heißt *konvergent modulo A*, wenn sie Church-Rosser modulo A ist und $\longrightarrow_{R/A}$ terminiert. (Man beachte, daß die Voraussetzung $\longrightarrow_R \subseteq \longrightarrow \subseteq \longrightarrow_{R/A}$ garantiert, daß $=_{R \cup A} = (\longleftrightarrow \cup \longleftrightarrow_A)^*$ gilt.) Es ist R bzw. $R.A$ bzw. R/A konvergent modulo A, falls dies für $\longrightarrow_R$ bzw. $\longrightarrow_{R.A}$ bzw. $\longrightarrow_{R/A}$ gilt. Damit ergibt sich aus dem Satz 4.1.7

Satz 4.1.9 *Sei $\longrightarrow_{R/A}$ terminierend und $\longrightarrow_R \subseteq \longrightarrow \subseteq \longrightarrow_{R/A}$. Es ist $\longrightarrow$ genau dann Church-Rosser modulo A, wenn gilt: Aus $s \longleftarrow u \longrightarrow t$ folgt $s \downarrow_\sim t$, und aus $s \longleftarrow u \longleftrightarrow_A t$ folgt $s \downarrow_\sim t$.*   □

Man beachte, daß dieser Satz noch keinen endlichen Test für die Church-Rosser-Eigenschaft modulo A liefert, da es im allgemeinen unendlich viele Tripel (s, u, t) mit $s \longleftarrow u \longrightarrow t$ oder $s \longleftarrow u \longleftrightarrow_A t$ gibt. Die Beschränkung auf kritische Tripel wie im Fall $A = \emptyset$ steht noch aus. Man beachte auch, daß für $A = \emptyset$ der Satz 4.1.7 mit dem Newman-Lemma (Satz 1.2.9) über den Zusammenhang von Konfluenz und lokaler Konfluenz identisch ist.

Der Satz 4.1.9 enthält die Voraussetzung, daß $\longrightarrow_{R/A}$ terminierend ist. Wir untersuchen, wie dies nachweisbar ist. Man beachte zunächst, daß wegen $\longrightarrow_{R/A} = =_A \circ \longrightarrow_R \circ =_A$ die Relation $\longrightarrow_{R/A}$ auch auf A-Äquivalenzklassen von Termen definiert ist:
$$[s] \longrightarrow_{R/A} [t] \quad \text{gdw} \quad s \longrightarrow_{R/A} t$$
Diese Definition ist unabhängig vom Repräsentanten s von $[s]$ und daher sinnvoll. Um die Termination von $\longrightarrow_{R/A}$ nachzuweisen, benötigt man also eine Reduktionsordnung, die im folgenden Sinn mit A verträglich ist.

Definition 4.1.10 (A-verträgliche Partialordnung) *Die Partialordnung $>$ auf den Termen heißt A-verträglich, falls gilt: Aus $s > t$, $s' =_A s$ und $t' =_A t$ folgt $s' > t'$.*

Lemma 4.1.11
a) Ist $\longrightarrow_{R/A}$ terminierend, so ist $\xrightarrow{+}_{R/A}$ eine A-verträgliche Reduktionsordnung.
b) Ist $>$ eine A-verträgliche Reduktionsordnung, und gilt $R \subseteq >$, so ist $\longrightarrow_{R/A}$ terminierend.
c) Ist $\longrightarrow_{R/A}$ terminierend, so gilt dies auch für $\longrightarrow_R$ und $\longrightarrow_{R.A}$.

Beweis:

a) Die Relation $> = \xrightarrow{+}_{R/A}$ ist transitiv nach Definition und irreflexiv, da $\longrightarrow_{R/A}$ terminierend ist; also ist sie eine Partialordnung. Sie ist wohlfundiert, da $\longrightarrow_{R/A}$ terminierend ist, und nach Definition ist sie verträglich mit Substitutionen und der Termersetzung. Wir zeigen, daß $>$ A-verträglich ist: Sei $s \xrightarrow{+}_{R/A} t$, $s =_A s_0$ und $t =_A t_0$. Zu zeigen ist dann $s_0 \xrightarrow{+}_{R/A} t_0$. Es gibt s_1 mit $s \longrightarrow_{R/A} s_1 \xrightarrow{*}_{R/A} t$. Wegen $s =_A s_0$ gilt dann auch $s_0 \longrightarrow_{R/A} s_1 \xrightarrow{*} t$, also $s_0 \xrightarrow{+}_{R/A} t$. Es gibt t_1 mit $s_0 \xrightarrow{*}_{R/A} t_1 \longrightarrow_{R/A} t$. Wegen $t =_A t_0$ gilt auch $t_1 \longrightarrow_{R/A} t_0$. Dies zeigt $s_0 \xrightarrow{+}_{R/A} t_0$.

b) Wir zeigen: Aus $s \longrightarrow_{R/A} t$ folgt $s > t$. Da $>$ wohlfundiert ist, ist $\longrightarrow_{R/A}$ dann terminierend. Gilt $s \longrightarrow_{R/A} t$, so gibt es s_0 und t_0 mit $s =_A s_0 \longrightarrow_R t_0 =_A t$. Wegen $R \subseteq >$ gilt $s_0 > t_0$. Da $>$ A-verträglich ist, folgt hieraus $s > t$.

c) Dies folgt aus $\longrightarrow_R \subseteq \longrightarrow_{R.A} \subseteq \longrightarrow_{R/A}$. $\qquad\qquad\square$

Wir entwickeln in Abschnitt 4.4 Hilfsmittel zur Konstruktion A-verträglicher Reduktionsordnungen.

Wir werden die im Satz 4.1.9 benutzte Relation $\longrightarrow$ später genauer spezifizieren. Sie wird so gewählt, daß zu R und A eine (möglichst endliche) Konfluenztestmenge M von Termpaaren definiert werden kann mit der Eigenschaft, daß $\longrightarrow$ genau dann Church-Rosser modulo A ist, wenn $s \downarrow_\sim t$ für jedes Paar $(s, t) \in M$ gilt. Dazu ist $\longrightarrow = \longrightarrow_{R/A}$ ungeeignet. Für den Fall, daß R links-linear ist, reicht $\longrightarrow = \longrightarrow_R$. Im allgemeinen Fall wählen wir $\longrightarrow = \longrightarrow_{R.A}$.

Wir zeigen zunächst noch, daß $\longrightarrow$ und $\longrightarrow_{R/A}$ bis auf A-Gleichheit die gleichen Normalformen definieren, falls $\longrightarrow$ Church-Rosser modulo A ist.

Lemma 4.1.12 *Sei* $\longrightarrow_{R/A}$ *terminierend, sei* $\longrightarrow_R \subseteq \longrightarrow \subseteq \longrightarrow_{R/A}$ *und sei* $\longrightarrow$ *Church-Rosser modulo A.*

a) Dann ist auch $\longrightarrow_{R/A}$ *Church-Rosser modulo A.*

b) Gilt $s =_{R \cup A} t$ *und sind* $s, t \longrightarrow$*-irreduzibel, so gilt* $s =_A t$.

c) Ein Term t *ist genau dann* $\longrightarrow$*-reduzierbar, wenn er* $\longrightarrow_{R/A}$*-reduzierbar ist.*

d) Ist t *ein Term mit* $\longrightarrow$*-Normalform* t_1 *und* $\longrightarrow_{R/A}$*-Normalform* t_2*, so gilt* $t_1 =_A t_2$.

Beweis: Da $\longrightarrow_{R/A}$ terminierend ist, ist $> = \xrightarrow{+}_{R/A}$ eine A-verträgliche Reduktionsordnung.

a) Es ist $\longrightarrow_{R/A}$ Church-Rosser modulo A, da $\longrightarrow \subseteq \longrightarrow_{R/A}$ gilt und $\longrightarrow$ Church-Rosser modulo A ist: Gilt nämlich $s =_{R \cup A} t$, so gibt es s_1 und t_1 mit $s \xrightarrow{*} s_1 \sim t_1 \xleftarrow{*} t$, also $s \xrightarrow{*}_{R/A} s_1 \sim t_1\ _{R/A}\!\xleftarrow{*} t$.

b) Dies folgt unmittelbar aus der Definition der Church-Rosser-Eigenschaft.

c) Ist $t \longrightarrow$-reduzierbar, so ist t wegen $\longrightarrow \subseteq \longrightarrow_{R/A}$ auch $\longrightarrow_{R/A}$-reduzierbar. Sei jetzt $t \longrightarrow_{R/A}$-reduzierbar. Dann gibt es einen $\longrightarrow_{R/A}$-irreduziblen Term s mit $t \xrightarrow{+}_{R/A} s$. Also gilt $t =_{R \cup A} s, t > s$, und s ist $\longrightarrow$-irreduzibel. Wäre auch $t \longrightarrow$-irreduzibel, so wäre $s =_A t$ nach b). Dies ist wegen $t > s$ nicht möglich. Also ist t auch $\longrightarrow$-reduzierbar.

d) Es gilt $t_1 =_{R \cup A} t_2$ und t_1, t_2 sind $\longrightarrow$-irreduzibel nach c). Wegen b) gilt nun $t_1 =_A t_2$. $\qquad\qquad\square$

Der Satz 4.1.9 wird häufig für den Fall angewendet, daß A eine AC-Theorie ist. Es fragt sich also, wieso man die Axiome der Assoziativität und Kommutativität immer zusammenfaßt, obwohl die Assoziativität doch richtbar ist. Der Grund ist, daß es keine Reduktionsordnung gibt, die mit $C = \{x + y = y + x\}$ verträglich ist und die $(x + y) + z = x + (y + z)$ orientiert: Sei etwa $>$ mit C verträglich und $x + (y + z) > (x + y) + z$. Dann gilt

$$
\begin{aligned}
(x + y) + z \ &=_C\ z + (x + y) > (z + x) + y =_C (x + z) + y \\
&=_C\ y + (x + z) > (y + x) + z =_C (x + y) + z
\end{aligned}
$$

Da $>$ mit C verträglich ist, folgt $(x + y) + z > (x + y) + z$, also ein Widerspruch.

Übungsaufgaben

Aufgabe 4.1.1: Gegeben sei $(\mathcal{E}, \longrightarrow, \vdash\!\dashv)$. Es sei $\sim = \overset{*}{\vdash\!\dashv}$ und $[u]$ die $\sim$-Äquivalenzklasse von u. Auf den $\sim$-Äqivalenzklassen sei die Relation $\Longrightarrow$ erklärt durch
$$[u] \Longrightarrow [v] \text{ falls } u \longrightarrow_\sim v$$
a) Man zeige, daß $\Longrightarrow$ wohldefiniert ist, d.h., aus $[u] = [u']$ und $[v] = [v']$ und $u \longrightarrow_\sim v$ folgt $u' \longrightarrow_\sim v'$.

b) Ist $\longrightarrow$ Church-Rosser modulo $\sim$, so ist $\Longrightarrow$ konfluent.

c) Ist $\Longrightarrow$ konfluent, so ist $\longrightarrow_\sim$ konfluent.

Aufgabe 4.1.2: Ist A eine Menge von AC-Axiomen, so ist die A-Gleichheit entscheidbar. Außerdem ist das Matchproblem modulo A entscheidbar.

Aufgabe 4.1.3: Seien f und g AC-Operatoren, sei A die Menge der AC-Axiome zu f und g, und sei $R = \{g(a, x) \to x, f(c, d) \to d\}$. Man bestimme die $\longrightarrow_R$-Normalformen, die $\longrightarrow_{R.A}$-Normalformen und die $\to_{R/A}$-Normalformen zu
a) $t \equiv g(g(g(a, d), g(d, a)), f(c, f(c, d)))$
b) $t \equiv g(f(d, f(c, c)), g(g(a, a), a))$

Aufgabe 4.1.4: a) Ist $\longrightarrow_{R/A}$ terminierend, so sind auch $\longrightarrow_R$ und $\longrightarrow_{R.A}$ terminierend.
b) Man gebe R und A an, so daß $\longrightarrow_R$ terminierend ist, nicht aber $\longrightarrow_{R.A}$.
c) Man gebe R und A an, so daß $\longrightarrow_{R.A}$ terminierend ist, nicht aber $\longrightarrow_{R/A}$.

Aufgabe 4.1.5: Es sei $l \to r$ eine Regel in R, es sei $p \in O(r)$ und es gebe eine Substitution σ, so daß $\sigma(l) =_A \sigma(r/p)$ gilt. Dann ist $\longrightarrow_{R/A}$ nicht terminierend.

4.2   A-Vervollständigung für links-lineare Regeln

4.2.1   Lokale Konfluenzkriterien für $\longrightarrow_R$

Der Satz 4.1.9 legt es nahe, die Vervollständigung von $E \cup A$ zu einem Regelsystem so auszuführen, daß man die unrichtbaren Gleichungen in A in beiden Richtungen für die Bildung von kritischen Paaren verwendet, sonst aber die Strategie von früher beibehält. Diese Strategie ist in der Tat erfolgreich, aber nur für links-lineare Regeln. Für die Relation $\longrightarrow$ in Satz 4.1.9 benutzen wir also hier $\longrightarrow \; = \; \longrightarrow_R$.

Die Vervollständigung von $E \cup A$ zu (R, A) verläuft wieder nach dem Prinzip der Beweistransformation. Dazu geben wir ein Inferenzsystem $\mathcal{L}$ an, das Folgen (E_i, R_i) berechnet und dabei Beweise verkleinert. Es ist ja R genau dann Church-Rosser modulo A, wenn es für jedes Paar (s, t) mit $s =_{E \cup A} t$ einen *V-Beweis modulo A* gibt, d.h., einen Beweis der Form $s \overset{*}{\longrightarrow}_R s_0 =_A t_0 \overset{*}{\longleftarrow}_R t$. Speziell müssen also Beweise in $E_i \cup R_i \cup A$ verkleinert werden, die keine V-Beweise modulo A sind. Das sind genau die Beweise, die einen Teilbeweis der folgenden Form haben

$s' \longleftrightarrow_{E_i} t'$	E-Schritt
$s'_{R_i} \longleftarrow u \longrightarrow_{R_i} t'$	Spitze oder lokale Divergenz
$s' \longleftrightarrow_A u \longrightarrow_{R_i} t'$	Klippe

(Wir nennen auch den symmetrischen Fall $s_{R_i} \longleftarrow u \longleftrightarrow_A t$ eine Klippe.) Das später angegebene Inferenzsystem $\mathcal{L}$ leistet die Verkleinerung dieser Beweise bezüglich einer geschickt gewählten Beweisordnung. Dabei werden die Spitzen und Klippen durch Einführung von kritischen Paaren verkleinert, während die E-Schritte durch das Richten von Gleichungen behandelt werden.

Die Gleichungen in A sind in beiden Richtungen anwendbar. In Analogie zur Variablenbedingung für Regeln, d.h., $Var(r) \subseteq Var(l)$ für jede Regel $l \to r$, machen wir hier und im Abschnitt 4.3 folgende

Voraussetzung:
Für jede Gleichung $u = v$ in A gilt $Var(u) = Var(v)$. Für manche Fälle ist es auch günstig zu verlangen, daß A symmetrisch ist, d.h., aus $u = v$ in A folgt $v = u$ in A. Dann gilt $\longleftrightarrow_A = \longrightarrow_A$.

Definition 4.2.1 (Links-lineare Regel) *Eine Regel $l \to r$ heißt* links-linear, *wenn $|\, l \,|_x \leq 1$ für alle $x \in V$ gilt. Ein Regelsystem R heißt* links-linear, *wenn es nur links-lineare Regeln enthält.*

Definition 4.2.2 (Kritische Paare) *Ein* kritisches Paar *zwischen einer Regel $l \to r$ in R und einer Gleichung $u = v$ in A ist ein kritisches Paar zwischen $l \to r$ und $u \to v$ oder $v \to u$. Sei $CP(R, A)$ die Menge dieser kritischen Paare.*

Beispiel 4.2.3 $f(x) + f(y) \to f(x + y)$ *und* $(x + y) + z = x + (y + z)$ *liefert*

$$(f(x) + f(y)) + z \qquad\qquad \text{und} \qquad\qquad x + (f(y) + f(z))$$

$$f(x + y) + z \qquad f(x) + (f(y) + z) \qquad\qquad x + f(y + z) \qquad (x + f(y)) + f(z)$$

Das folgende Lemma bildet die Grundlage dafür, daß das oben skizzierte Vervollständigungsverfahren korrekt ist. Es sei nochmals betont, daß in diesem Abschnitt $\longrightarrow = \longrightarrow_R$ gilt, die Reduktionsrelation $\longrightarrow$ also A gar nicht berücksichtigt. Es gilt also $s \downarrow_\sim t$ genau dann, wenn es s_0 und t_0 gibt mit $s \xrightarrow{*}_R s_0 \xleftrightarrow{*}_A t_0 \xleftarrow{*}_R t$.

Lemma 4.2.4 (Kritisches-Paar-Lemma) *Sei R links-linear. Aus $s \xleftarrow{}_R u \longrightarrow_{R \cup A} t$ folgt $s \downarrow_\sim t$ oder $s \longleftrightarrow_{CP(R)} t$ oder $s \longleftrightarrow_{CP(R,A)} t$.*

Beweis: Gilt $s \xleftarrow{}_R u \longrightarrow_R t$, so folgt $s \downarrow t$ oder $s \longleftrightarrow_{CP(R)} t$ wie früher beim Kritischen-Paar-Lemma 3.5.4. Sei also $s \xleftarrow{}_R u \longrightarrow_A t$ mit Regel $l \to r$ bei $p \in O(u)$ für den ersten Beweisschritt und mit Gleichung $v = w$ aus A bei $q \in O(u)$ für den zweiten Beweisschritt. Handelt es sich um eine Nicht-Überlappung, d.h., p und q sind disjunkte Stellen, so gilt $s \longrightarrow_A s' \xleftarrow{}_R t$, also $s \downarrow_\sim t$. Handelt es sich um eine echte Überlappung, so gilt $s \longleftrightarrow_{CP(R,A)} t$ wie früher beim Lemma 3.5.4. Es bleibt also, den Fall der Variablenüberlappung zu betrachten. In diesem Fall gilt stets $s \downarrow_\sim t$. Wir machen dies an einem typischen Beispiel klar: Sei $l \to r$ in R und $l \equiv l(x)$, wobei x nur einmal in l auftritt, da R ja links-linear ist, und sei $v = w$ in A mit $v \equiv v(y, y)$, wobei y mehrfach (hier doppelt) in v auftreten kann. Wir betrachten die beiden typischen Fälle

$$r(v) \xleftarrow{}_R l(v) \longrightarrow_A l(w),$$
$$v(r, l) \xleftarrow{}_R v(l, l) \longrightarrow_A w(l).$$

Im ersten Fall gilt $s \equiv r(v) \xleftrightarrow{*}_A r(w) \xleftarrow{}_R l(w) \equiv t$, und im zweiten Fall gilt $s \equiv v(r, l) \xrightarrow{*}_R v(r, r) \longleftrightarrow_A w(r) \xleftarrow{}_R w(l) \equiv t$. In beiden Fällen gilt also $s \downarrow_\sim t$. $\square$

Das Lemma 4.2.4 wird falsch, wenn man die Voraussetzung wegläßt, daß R links-linear ist. Dann gilt im Beweis die letzte Überlegung nicht mehr, d.h., die Variablenüberlappungen bereiten Probleme.

Beispiel 4.2.5 $R:\ f(x,x) \to g(x) \quad A: a = b$
Es gilt $g(a)_R \longleftarrow f(a,a) \longrightarrow_A f(a,b)$. *Es gilt weder* $g(a) \downarrow_\sim f(a,b)$ *noch* $g(a) \longleftrightarrow_{CP(R)}$ $f(a,b)$ *noch* $g(a) \longleftrightarrow_{CP(R,A)} f(a,b)$. *Es ist nämlich* $CP(R) = CP(R,A) = \emptyset$, *es sind* $g(a)$ *und* $f(a,b)$ *R-irreduzibel, und es gilt nicht* $g(a) \longleftrightarrow^*_A f(a,b)$.

Aus Lemma 4.2.4 erhält man ein Hilfsmittel für den Nachweis, daß ein links-lineares Regelsystem R konvergent modulo A ist.

Satz 4.2.6 *Sei R ein links-lineares Regelsystem, sei $>$ eine A-verträgliche Reduktionsordnung, und sei $R \subseteq\ >$. Ist jedes Paar $(s,t) \in CP(R) \cup CP(R,A)$ zusammenführbar modulo A, so ist R Church-Rosser modulo A.*

Beweis: Sei $\sim\ =\ =_A$. Offenbar sind $\longrightarrow\ =\ \longrightarrow_R$ und $\longrightarrow_\sim$ terminierend. Nach Satz 4.1.7 reicht es also zu zeigen, daß $\longrightarrow$ lokal konfluent modulo A und lokal kohärent modulo A ist. Sei also
$$s\ _R\longleftarrow\ u \longrightarrow_{R \cup A} t.$$
Zu zeigen ist dann $s \downarrow_\sim t$. Dies folgt aus Lemma 4.2.4, da nach Voraussetzung $s' \downarrow_\sim t'$ für alle $(s',t') \in CP(R) \cup CP(R,A)$ gilt. $\qquad\square$

4.2.2 Das Inferenzsystem $\mathcal{L}$

Wir geben jetzt ein Inferenzsystem zur Vervollständigung von (E,A) an. Dabei ist die Vereinfachung von Gleichungen unkritisch, aber die Vereinfachung von Regeln erfordert einige Vorsichtsmaßnahmen. Wir geben daher zunächst ein Inferenzsystem $\mathcal{M}$ ohne die Vereinfachung von Regeln an.

Definition 4.2.7 (Inferenzsystem $\mathcal{L}$) *Sei A fest und $>$ eine A-verträgliche Reduktionsordnung. Das Inferenzsystem $\mathcal{M} = \mathcal{M}_>$ ist gegeben durch die Regeln (M1) bis (M4). Das Inferenzsystem $\mathcal{L} = \mathcal{L}_>$ besteht aus $\mathcal{M}$ und den Regeln (L1) und (L2).*

(M1) *Orientieren:*

$$\frac{(E \cup \{s \doteq t\}, R)}{(E, R \cup \{s \to t\})} \quad \textit{falls } s > t$$

(M2) *Generieren:*

$$\frac{(E, R)}{(E \cup \{s = t\}, R)} \quad \textit{falls } s_R \longleftarrow u \longrightarrow_R t$$

$$\frac{(E, R)}{(E, R \cup \{s \to t\})} \quad \textit{falls } s_A \longleftarrow u \longrightarrow_R t$$

(M3) *Simplifizieren einer Gleichung:*

$$\frac{(E \cup \{s \doteq t\}, R)}{(E \cup \{u = t\}, R)} \qquad falls \ s \longrightarrow_{R/A} u$$

(M4) *Löschen:*

$$\frac{(E \cup \{s \doteq t\}, R)}{(E, R)} \qquad falls \ s =_A t$$

(L1) *Simplifizieren einer rechten Seite:*

$$\frac{(E, R \cup \{s \to t\})}{(E, R \cup \{s \to u\})} \qquad falls \ t \longrightarrow_{R/A} u$$

(L2) *Simplifizieren einer linken Seite:*

$$\frac{(E, R \cup \{s \to t\})}{(E \cup \{u = t\}, R)} \qquad falls \ s \longrightarrow_R u \ mit \ l \to r \ in \ R \ und \ s \triangleright l$$

Hier ist $\triangleright$ die echte Umschließungsordnung.

Wir schreiben $(E, R) \vdash_{\mathcal{L}} (E', R')$, wenn man (E', R') aus (E, R) in einem $\mathcal{L}$-Schritt herleiten kann. Es heißt $(E_i, R_i)_{i \in \mathbb{N}}$ eine $\mathcal{L}$-Ableitung, falls $(E_i, R_i) \vdash_{\mathcal{L}} (E_{i+1}, R_{i+1})$ für alle $i \in \mathbb{N}$ gilt.

Wir machen eine Bemerkung zur Regel (M2). Sie wird in der Praxis nur so angewandt, daß Gleichungen $s = t$ aus $CP(R)$ in E aufgenommen und Gleichungen $s = t$ aus $CP(R, A)$ gerichtet in R aufgenommen werden. Gilt $s_A \longleftarrow u \longrightarrow_R t$ und $\longrightarrow_R \subseteq >$, so folgt $s =_A u > t$, also $s > t$, da $>$ A-verträglich ist. Also ist $s = t$ sofort zu $s \to t$ richtbar. In der Regel (L2) darf die linke Seite s in $s \to t$ nicht bei $p = \lambda$ mit einer Regel $l \to r$ reduziert werden, für die s und l bis auf eine Variablenumbenennung übereinstimmen. Alle anderen Simplifikationen sind erlaubt. Man beachte auch die feinen Unterschiede, wann mit $\longrightarrow_{R/A}$ reduziert werden darf und wann nur $\longrightarrow_R$ erlaubt ist.

Das Inferenzsystem $\mathcal{L}$ ist offenbar korrekt. Dies zeigt man wie im Beweis zum Lemma 3.6.5.

Lemma 4.2.8 *Sei $>$ die feste A-verträgliche Reduktionsordnung, sei $(E, R) \vdash_{\mathcal{L}} (E', R')$.*
a) Ist R mit $>$ verträglich, so ist auch R' mit $>$ verträglich.
b) Es ist $=_{E \cup R \cup A} = =_{E' \cup R' \cup A}$. $\qquad\qquad\qquad\qquad$ $\square$

Wir zeigen jetzt, daß sich mit dem Inferenzsystem $\mathcal{L}$ jeder Beweis in einen Beweis der Form $s \overset{*}{\longrightarrow}_R s_0 \overset{*}{\longleftrightarrow}_A t_0 \ {}_R\overset{*}{\longleftarrow} t$ transformieren läßt. Dazu benutzen wir wieder die Techniken, die schon aus den Abschnitten 1.4 und 3.6 bekannt sind. Wir definieren eine geeignete Beweisordnung und zeigen, daß jeder Beweis, der nicht die gewünschte Form hat, mit $\mathcal{L}$ verkleinert werden kann. Sei A im folgenden wie stets fest vorgegeben.

Definition 4.2.9 (Beweis, V-Beweis modulo A) *Ein Beweis zu $s = t$ in (E, R) ist eine Folge $B = (t_0, b_1, t_1, \ldots, t_{n-1}, b_n, t_n)$ mit $s \equiv t_0, t \equiv b_n$ und $t_{i-1} \longleftrightarrow_E t_i$ oder*

$t_{i-1} \longleftrightarrow_A t_i$ oder $t_{i-1} \longrightarrow_R t_i$ oder $t_{i-1} \; _R\!\longleftarrow t_i$ für $i = 1, \ldots, n$. Weiter ist b_i die Begründung für den i-ten Beweisschritt:

Gilt $t_{i-1} \longrightarrow_R t_i$ mit $l \to r$ in R bei $p \in O(t_{i-1})$, so ist $b_i = (l \to r, p)$.

Gilt $t_{i-1} \; _R\!\longleftarrow t_i$ mit $l \to r$ in R bei $p \in O(t_i)$, so ist $b_i = (r \leftarrow l, p)$.

Gilt $t_{i-1} \longleftrightarrow_E t_i$ mit $u = v$ in E, so gilt $b_i = (u = v, E)$.

Gilt $t_{i-1} \longleftrightarrow_A t_i$ mit $u = v$ in A, so gilt $b_i = (u = v, A)$.

Gilt $t_0 \xrightarrow{*} t_i \overset{*}{\longleftrightarrow}_A t_j \; _R\!\overset{*}{\longleftarrow} t_n$, so heißt B ein V-Beweis modulo A. Ist $n = 0$, so heißt B ein leerer Beweis.

Wir definieren jetzt zu einer festen A-verträglichen Partialordnung $>$ auf $Term(F, V)$ eine Beweisordnung $>_{\mathcal{L}}$. Dazu wird aus technischen Gründen ein neues Symbol min eingeführt mit $t > min$ für jeden Term t. Da $>$ A-verträglich ist, wird durch $[t_1] > [t_2]$ gdw $t_1 > t_2$ eine Partialordnung auf den A-Kongruenzklassen $[t]$ definiert.

Definition 4.2.10 (Beweisordnung $>_{\mathcal{L}}$) *Sei $B = (t_0, b_1, t_1, \ldots, t_{n-1}, b_n, t_n)$ ein Beweis zu $t_1 = t_n$ in (E, R).*
Wir ordnen dem i-ten Beweisschritt (t_{i-1}, b_i, t_i) folgende Komplexität c_i zu.

$$c_i = \begin{cases} (\{[t_{i-1}], [t_i]\}, -, -, -) & \text{falls} \quad t_{i-1} \longleftrightarrow_E t_i \\ (\{[t_i], [min]\}, -, -, -) & \text{falls} \quad t_{i-1} \longleftrightarrow_A t_i \\ (\{[t_{i-1}]\}, t_{i-1}/p, l, t_i) & \text{falls} \quad t_{i-1} \longrightarrow_R t_i \quad \text{bei } p \in O(t_{i-1}) \quad \text{mit } l \to r \\ (\{[t_i]\}, t_i/p, l, t_{i-1}) & \text{falls} \quad t_{i-1} \; _R\!\longleftarrow t_i \quad \text{bei } p \in O(t_{i-1}) \quad \text{mit } l \to r \end{cases}$$

Die Komplexität von B ist die Multimenge $c(B) = \{c_1, \ldots, c_n\}$. Die Ordnung $>_q$ auf den Quadrupeln c_i ist die lexikographische Kombination von (i) der Multimengenordnung zu $>$, (ii) der echten Teiltermordnung $>_{TT}$, (iii) der echten Subsumptionsordnung $\succ$ und (iv) der gegebenen Reduktionsordnung $>$. Sei $\gg_q$ die Multimengenordnung zu $>_q$. Dann ist die Ordnung $>_{\mathcal{L}}$ definiert durch
$$B >_{\mathcal{L}} B' \quad gdw \quad c(B) \gg_q c(B').$$

Das folgende Lemma ist das Analogon zu Lemma 3.6.8.

Lemma 4.2.11 *Es ist $>_{\mathcal{L}}$ eine Beweisordnung. Gilt $(E, R) \vdash_{\mathcal{L}} (E', R')$, und ist B ein Beweis zu $s = t$ in (E, R), so gibt es einen Beweis B' zu $s = t$ in (E', R') mit $B \geq_{\mathcal{L}} B'$, d.h. $B = B'$ oder $B >_{\mathcal{L}} B'$. Erfolgte der Übergang von (E, R) zu (E', R') mit der Inferenzregel (M2) und der Spitze $s \longleftarrow u \longrightarrow t$ und benutzt B diese Spitze, so gilt $B >_{\mathcal{L}} B'$.*

Beweis: Man zeigt wie in Lemma 3.6.8, daß $>_{\mathcal{L}}$ eine Beweisordnung ist.
Sei $B = (t_0, b_1, t_1, \ldots, b_n, t_n)$ ein Beweis in (E, R). Wie früher reicht es zu zeigen, daß jede Regel aus $\mathcal{L}$ Ein-Schritt-Beweise verkleinert, die die Stelle $p = \lambda$ im Term und die Substitution $\sigma = $ Identität benutzen. Wir tun das für jede Regel und geben zu jedem solchen Ein-Schritt-Beweis in (E, R) einen kleineren Beweis in (E', R') an.

(M1)	$s \longleftrightarrow_E t$	ist größer als	$s \longrightarrow_{R'} t$
(M2)	$s \: _R\!\longleftarrow u \longrightarrow_R t$	ist größer als	$s \longleftrightarrow_{E'} t$
(M2)	$s \: _A\!\longleftarrow u \longrightarrow_R t$	ist größer als	$s \longrightarrow_R t$
(M3)	$s \longleftrightarrow_E t$	ist größer als	$s \longrightarrow_{R'} u \longleftrightarrow_{E'} t$
(M4)	$s \longleftrightarrow_E t$	ist größer als	$s \overset{*}{\longleftrightarrow}_A t$
(L1)	$s \longrightarrow_R t$	ist größer als	$s \longrightarrow_{R'} u_{R/A} \longleftarrow t$
(L2)	$s \longrightarrow_R t$	ist größer als	$s \longrightarrow_{R'} u \longleftrightarrow_{E'} t$

Man muß nachrechnen, daß die angegebenen Beweise in (E', R', A) bezüglich $>_{\mathcal{L}}$ wirklich kleiner sind als die entsprechenden Beweise in (E, R, A). Wir tun dies exemplarisch für die Regeln (M3), (M4), (L1) und (L2).

(M3): Sei $B = s \longleftrightarrow_E t$ und $B' = s \longrightarrow_{R'} u \longleftrightarrow_{E'} t$. Dann ist $c(B) = \{c\}$ und $c(B') = \{c_1, c_2\}$ mit $c = (\{[s], [t]\}, -, -, -), c_1 = (\{[s]\}, -, -, -)$ und $c_2 = (\{[u], [t]\}, -, -, -)$. (Es sind die letzten drei Komponenten von c_1 weggelassen, da sie hier keine Rolle spielen. Diese letzten drei Komponenten sind für die Regeln (L1) und (L2) wichtig.) Es gilt $\{[s], [t]\} \gg \{[s]\}$ und wegen $s > u$ auch $\{[s], [t]\} \gg \{[u], [t]\}$. Dies liefert $c >_q c_1$ und $c >_q c_2$, also $c(B) \gg_q c(B')$ und $B >_{\mathcal{L}} B'$.

(M4): Sei $B = s \longleftrightarrow_E t$ und $B' = s \equiv s_0 \longleftrightarrow_A s_1 \longleftrightarrow_A \ldots \longleftrightarrow_A s_n \equiv t$. Dann ist $c(B) = \{c\}$ und $c(B') = \{c_1, \ldots, c_n\}$ mit $c = (\{[s], [t]\}, -, -, -)$ und $c_i = (\{[s_{i-1}], [min]\}, -, -, -)$. Es gilt $[s] = [s_i] = [t]$, also gilt $c >_q c_i$ für $i = 1, \ldots, n$ und daher $B >_{\mathcal{L}} B'$.

(L1): Sei $B = s \longrightarrow_R t$ und $B' = s \longrightarrow_{R'} u \equiv u_0 \longleftrightarrow_A u_1 \longleftrightarrow_A \ldots \longleftrightarrow_A u_{n\,R} \longleftarrow t_m \longleftrightarrow_A \ldots \longleftrightarrow_A t_1 \longleftrightarrow_A t_0 \equiv t$. Dann ist $c(B) = \{c\}$ und $c(B') = \{c_0, c'_1, \ldots, c'_n, c_1, c''_1, \ldots, c''_m\}$ mit $c = (\{[s]\}, s, s, t), c_0 = (\{[s]\}, s, s, u), c'_i = (\{[u_i], [min]\}, -, -, -), c_1 = (\{[t_m]\}, l, l, u_n)$ und $c''_j = (\{[t_j], [min]\}, -, -, -)$. Es gilt $s > t > u, [u] = [u_i]$ und $[t] = [t_i]$. Dies liefert $c >_q c_0, c >_q c'_i, c >_q c_1$ und $c >_q c''_j$, also $c(B) \gg_q c(B')$. Daher gilt $B >_{\mathcal{L}} B'$.

(L2): Sei $B = s \longrightarrow_R t, B' = s \longrightarrow_{R'} u \longleftrightarrow_{E'} t$, und sei $s \longrightarrow_R u$ mit $l \to r$ in R und entweder (i) $p \neq \lambda$ oder (ii) $p = \lambda$ und $s > l$. Dann ist $c(B) = \{c\}$ und $c(B') = \{c_1, c_2\}$ mit $c = (\{[s]\}, s, s, t), c_1 = (\{[s]\}, s/p, l, u)$ und $c_2 = (\{[u], [t]\}, -, -, -)$. Es gilt $s > t$ und $s > u$ wegen $s \longrightarrow_R t$ und $s \longrightarrow_R u$; dies liefert $c >_q c_2$. Es gilt außerdem $c >_q c_1$, und zwar im Fall (i) wegen der zweiten Komponente und im Fall (ii) wegen der dritten Komponente im Quadrupel. Hieraus folgt $c(B) \gg_q c(B')$, also $B >_{\mathcal{L}} B'$. $\qquad\square$

Wir geben jetzt wieder Fairness-Bedingungen an, die später die Korrektheit der Vervollständigung garantieren. Man muß verlangen, daß alle bildbaren kritischen Paare auch gebildet werden. Entsprechend der Regel (M2) werden die kritischen Paare aus $CP(R)$ ungerichtet in die E-Komponente aufgenommen, während die kritischen Paare aus $CP(R, A)$ gerichtet in die R-Komponente aufgenommen werden. Würde man die Gleichung $s = t$ aus $CP(R, A)$ zu $s_A \longleftarrow u \longrightarrow_R t$ in die E-Komponente aufnehmen, so könnte sie mit der Regel (M3) sofort zu $t = t$ simplifiziert und daher gelöscht werden. Das muß natürlich verhindert werden. Nimmt man $s \to t$ in die R-Komponente auf, so ist solch eine Löschung nicht mehr möglich. Im übrigen würde eine Aufnahme von $s = t$ in die E-Komponente auch nicht zu einer Beweisverkleinerung führen, d.h., Lemma 4.2.11 wäre falsch.

Definition 4.2.12 ($\mathcal{L}$-Fairness)) *Eine Folge $(E_i, R_i)_{i \in \mathbb{N}}$ ist eine $\mathcal{L}$-Ableitung, falls $(E_i, R_i) \vdash_{\mathcal{L}} (E_{i+1}, R_{i+1})$ gilt. Sie definiert die Grenzsysteme*

$$E^\infty = \bigcup_{i \geq 0} \bigcap_{j \geq i} E_j, \qquad R^\infty = \bigcup_{i \geq 0} \bigcap_{j \geq i} R_j$$

der persistenten Gleichungen und Regeln. Sie heißt $\mathcal{L}$-fair, falls gilt

(a) $E^\infty = \emptyset$,

(b) R^∞ ist links-linear,

(c) $CP(R^\infty) \subseteq \bigcup E_k$,

(d) $CP(R^\infty, A) \subseteq \bigcup R_k$.

Ein $\mathcal{L}$-Vervollständigungsverfahren ist ein Verfahren, das bei Eingabe $(E, A, >)$ von $(E_0, R_0) = (E, \emptyset)$ ausgehend entweder abbricht oder eine $\mathcal{L}$-faire $\mathcal{L}$-Ableitungsfolge $(E_i, R_i)_{i \geq 0}$ erzeugt.

Man beachte, daß $R^\infty \subseteq >$ gilt, da $R_i \subseteq >$ für alle $i \in \mathbb{N}$ gilt. Man beachte auch, daß nicht alle R_i links-linear sein müssen. Es reicht, wenn dies für R^∞ gilt.

Lemma 4.2.13 *Sei $(E_i, R_i)_{i \in \mathbb{N}}$ eine $\mathcal{L}$-faire $\mathcal{L}$-Ableitung. Ist B ein Beweis zu $s =_{E_j \cup R_j \cup A} t$, aber kein V-Beweis modulo A, so gibt es ein $k \geq j$ und einen Beweis B' zu $s =_{E_k \cup R_k \cup A} t$ mit $B >_{\mathcal{L}} B'$.*

Beweis: Ist B kein V-Beweis modulo A, so enthält B einen Teilbeweis der Form (a), (b) oder (c):

$$\text{(a)} \quad s \,_{R_j} \longleftarrow u \longrightarrow_{R_j} t \qquad \text{(b)} \quad s \,_{R_j} \longleftarrow u \longrightarrow_A t \qquad \text{(c)} \quad s \longleftrightarrow_{E_j} t$$

Die Fälle (a) und (c) werden wie im Beweis von Lemma 3.6.10 behandelt. Wir betrachten hier also nur den Fall (b).

Sei $u \longrightarrow_{R_j} s$ mit $l \to r$ aus R_j bei $p \in O(u)$ und $u \longrightarrow_A t$ mit $v = w$ aus A bei $q \in O(u)$, und sei $B = s \,_{R_j} \longleftarrow u \longrightarrow_A t$. Handelt es sich um eine Nicht-Überlappung, d.h., u/p und u/q sind disjunkte Teilterme, so gibt es ein s' und einen Beweis $B' = s \longleftrightarrow_A s' \,_{R_j} \longleftarrow t$, und es gilt $B >_{\mathcal{L}} B'$. Es handle sich jetzt also um eine Überlappung, d.h., es ist p ein Anfangswort von q oder q ein Anfangswort von p. Ist $l \to r$ nicht in R^∞, so wird $l \to r$ simplifiziert, und das führt nach Lemma 4.2.8 zu einem kleineren Beweis B', d.h. $B >_{\mathcal{L}} B'$. Sei jetzt also $l \to r$ in R^∞. Dann ist $l \to r$ links-linear. Handelt es sich um eine Variablenüberlappung, so gibt es, wie im Beweis zu Lemma 4.2.4 gezeigt, einen Beweis $B' = s \overset{*}{\longrightarrow}_{R_j} s_0 \overset{*}{\longleftarrow}_A t_0 \,_{R_j} \longleftarrow t$, und es gilt $B >_{\mathcal{L}} B'$. Handelt es sich um eine echte Überlappung, so wird wegen der Fairness zu einem Zeitpunkt k das kritische Paar $c = d \in CP(R, A)$ zu $l \to r$ und $v = w$ gebildet und gerichtet als $c \to d$ in R_k aufgenommen. Dies liefert $B' = s \longrightarrow_{R_k} t$ oder $B' = t \longrightarrow_{R_k} s$. Wir zeigen, daß in beiden Fällen $B >_{\mathcal{L}} B'$ gilt. Es ist $c(B) = \{c_1, c_2\}$ und $c(B') = \{c'\}$ mit $c_1 = (\{[u]\}, -, -, -), c_2 = (\{[u], [min]\|], -, -, -)$ und $c' = (\{[s]\}, -, -, -)$ oder $c' = (\{[t]\}, -, -, -)$. Wegen $u \longrightarrow s$ gilt $u > s$, und wegen $u \longleftrightarrow_A t$ gilt $[u] = [t]$. Es ist also in beiden Fällen $c_2 >_q c'$. Dies liefert $c(B) \gg_q c(B')$ und $B >_{\mathcal{L}} B'$. $\qquad\square$

Der folgende Satz 4.2.14 ist das Hauptergebnis dieses Abschnitts. Er wird genauso bewiesen wie der entsprechende Satz 3.6.12.

Satz 4.2.14 *Sei $\mathcal{A}$ eine $\mathcal{L}$-faire Vervollständigungsprozedur, die mit Eingabe $(E, A, >)$ nicht abbricht. Dann ist R^∞ konvergent modulo A, und es gilt $=_{E \cup A} \; = \; =_{R^\infty \cup A}$.*   □

Wir fassen dieses Ergebnis noch einmal zusammen: Kann man ausgehend von $(E_0, \emptyset)$, A und einer festen A-verträglichen Reduktionsordnung $>$ eine $\mathcal{L}$-faire $\mathcal{L}$-Ableitung $(E_i, R_i)_{i \in \mathbb{N}}$ berechnen, so ist $R = R^\infty$ links-linear. In diesem Fall ist die Reduktionsrelation $\longrightarrow \; = \; \longrightarrow_R$, die A nicht berücksichtigt, Church-Rosser modulo A. Mit ihr läßt sich also das Wortproblem zu $E_0 \cup A$ auf das zu A reduzieren.

Beispiel 4.2.15

$$E: \quad f(x + y) = f(x) + f(y) \qquad\qquad A: \quad \begin{array}{ll} (i) & x + y = y + x \\ (ii) & (x + y) + z = x + (y + z) \end{array}$$

Wir benutzen die Polynomordnung zu

$$\varphi(f)(x) = x^2, \quad \varphi(+)(x, y) = x + y, \quad M = \mathbb{N}_2 = \{n \in \mathbb{N} \mid n \geq 2\}.$$

Sie ist A-verträglich und richtet die Gleichung in E zu $f(x + y) \to f(x) + f(y)$. Die $\mathcal{L}$-Vervollständigung liefert:

R_i		E_i	Begründung
$i = 1$	$f(x + y) \to f(x) + f(y)$	–	
$i = 2$	$f(x + y) \to f(x) + f(y)$	–	
	$f(x + (y + z)) \to f(x + y) + f(z)$		kritische Paare
	$f((x + y) + z) \to f(x) + f(y + z)$		$f(x + y) \to f(x) + f(y)$ mit (ii)
$i = 3$	$f(x + y) \to f(x) + f(y)$	$f(x) + f(y + z) = f(x + y) + f(z)$	(L2)
		$f(x + y) + f(z) = f(x) + f(y + z)$	
$i = 4$	$f(x + y) \to f(x) + f(y)$	–	(M3), (M4)
$i = 5$	$f(x + y) \to f(x) + f(y)$	–	kritisches Paar
	$f(y + x) \to f(x) + f(y)$		$f(x + y) \to f(x) + f(y)$ mit (i)
$i = 6$	$f(x + y) \to f(x) + f(y)$	$f(x) + f(y) = f(y) + f(x)$	kritisches Paar
	$f(y + x) \to f(x) + f(y)$		$f(x + y) \to f(x) + f(y)$ mit
			$f(y + x) \to f(x) + f(y)$
$i = 7$	$f(x + y) \to f(x) + f(y)$	–	(M4)
	$f(y + x) \to f(x) + f(y)$		
$i = 8$	$f(x + y) \to f(x) + f(y)$	–	kritische Paare
	$f(y + x) \to f(x) + f(y)$		$f(y + x) \to f(x) + f(y)$
	$f(x + (y + z)) \to f(z) + f(x + y)$		mit (i) und (ii)
	$f((x + y) + z) \to f(y + z) + f(x)$		
$i = 9$	$f(x + y) \to f(x) + f(y)$	$f(x) + f(y + z) = f(z) + f(x + y)$	(L2)
	$f(y + x) \to f(x) + f(y)$	$f(x + y) + f(z) = f(y + z) + f(x)$	
$i = 10$	$f(x + y) \to f(x) + f(y)$	–	(M3), (M4)
	$f(y + x) \to f(x) + f(y)$		

Also ist das folgende Regelsystem R Church-Rosser modulo A:

$$R: \quad \begin{array}{lcl} f(x + y) & \to & f(x) + f(y) \\ f(y + x) & \to & f(x) + f(y) \end{array}$$

Als Übung sei empfohlen, das Inferenzsystem $\mathcal{L}$ auf folgende Eingabe anzuwenden

$$
\begin{array}{rclcrcl}
E: & f(x+y) & = & f(x)+f(y) & \qquad A: & x+y & = & y+x \\
   & x+0 & = & 0 &   & (x+y)+z & = & x+(y+z) \\
   & f(0) & = & 0
\end{array}
$$

Es ergibt sich

$$
\begin{array}{rclcrcl}
R: & f(x+y) & \to & f(x)+f(y) & \qquad & x+0 & \to & x \\
   & f(y+x) & \to & f(x)+f(y) &   & 0+x & \to & x \\
   & f(0) & \to & 0
\end{array}
$$

Übungsaufgaben

Aufgabe 4.2.1: Diese Aufgabe motiviert die Variablenrestriktion für die Gleichungen in A. Gibt es in A eine Gleichung $u = v$ mit $Var(u) \neq Var(v)$ und ist R nicht leer, so ist $\longrightarrow_{R/A}$ nicht terminierend.

Hinweis: Ist $g(x) = f(x,y)$ in A und $l \to r$ in R, so gibt es eine unendliche $\longrightarrow_{R/A}$-Kette ab $g(l)$, denn es gilt $g(l) \longrightarrow_{R/A} f(r, g(l))$.

Aufgabe 4.2.2: Das folgende Problem ist entscheidbar.

Eingabe: Ein endliches, links-lineares Regelsystem R und eine endliche Gleichungsmenge A, so daß $=_A$ entscheidbar und $\longrightarrow_{R/A}$ terminierend ist.

Frage: Ist $\longrightarrow_R$ Church-Rosser modulo A?

Aufgabe 4.2.3: Man vervollständige den Beweis zu Lemma 4.2.11.

Aufgabe 4.2.4: Man zeige, daß $\longrightarrow_R$ Church-Rosser modulo A ist.

a) Ganze Zahlen

$$
\begin{array}{rclcrcl}
R: & s(p(x)) & \to & x & \qquad & x+0 & \to & x \\
   & p(s(x)) & \to & x &   & 0+y & \to & y \\
   & x-0 & \to & x &   & x+s(y) & \to & s(x+y) \\
   & x-s(y) & \to & p(x-y) &   & s(x)+y & \to & s(x+y) \\
   & x-p(y) & \to & s(x-y) &   & x+p(y) & \to & p(x+y) \\
   &   &   &   &   & p(x)+y & \to & p(x+y)
\end{array}
$$

$A:$ AC-Axiome zu $+$

b) Addition auf Listen

$$
\begin{array}{rclcrcl}
R: & x+0 & \to & x & \qquad & nil \oplus nil & \to & 0 \\
   & 0+y & \to & y &   & x.l_1 \oplus nil & \to & x+(l_1 \oplus nil) \\
   & x+s(y) & \to & s(x+y) & & nil \oplus y.l_2 & \to & y+(nil \oplus l_2) \\
   & s(x)+y & \to & s(x+y) & & x.l_1 \oplus y.l_2 & \to & (x+y)+(l_1 \oplus l_2)
\end{array}
$$

$A:$ AC-Axiome zu $+$

c) Sei R wie in Teil b) und bestehe A aus den AC-Axiomen zu $+$ und $\oplus$. Dann ist $\longrightarrow_R$ nicht Church-Rosser modulo A auf $Term(F, V)$, wohl aber auf der Menge $Term(F)$ der Grundterme.

Aufgabe 4.2.5: Man vervollständige folgende Gleichungssysteme E:
a) Kommutatives Monoid (es ist $a^3 \cdot b^2 \equiv (((a \cdot a) \cdot a) \cdot b) \cdot b)$).
$E : x \cdot 1 = x, \quad a^2 b^3 = a^3 \cdot b, \quad a^4 \cdot b = a^2 \cdot b^2$
$A :$ AC-Axiome zu
b) Aussagenlogik
$E : not(not(x)) = x \quad or(not(x), not(y)) = not(and(x, y))$
$A :$ AC-Axiome zu or und and

4.3   A-Vervollständigung für beliebige Regeln

4.3.1   Lokale Konfluenzkritereien für $\longrightarrow_{R.A}$

Im Abschnitt 4.2 wurde für die A-Vervollständigung die scharfe Einschränkung auf
links-lineare Regeln gemacht. Wir betrachten jetzt den allgemeinen Fall.

Wir hatten im letzten Abschnitt gesehen, daß die Reduktionsrelation $\longrightarrow_R$ zu schwach
ist: Bei Regeln, die nicht links-linear sind, muß man zur Behandlung von Spitzen auch
Variablenüberlappungen betrachten. Dies würde zu unendlich vielen kritischen Paaren
führen. Aus diesem Grund wird die Reduktionsrelation von $\longrightarrow_R$ zu $\longrightarrow_{R.A}$ verstärkt.
Diese Verstärkung der Reduktionsrelation hat aber zur Folge, daß allgemeinere Teil-
beweise verkleinert werden müssen. Speziell reicht zur Behandlung der Spitzen die
Bildung kritischer Paare nach dem bisherigen Muster nicht aus. Da $\longrightarrow_{R.A}$ die Glei-
chungen in A benutzt, muß man zur Bildung der kritischen Paare die Unifikation zur
Unifikation modulo A erweitern.

Die Vervollständigung verläuft nach dem bewährten Prinzip der Beweistransformation
mit einem Inferenzsystem. Es werden die unerwünschten Muster für Teilbeweise isoliert
und mit entsprechenden Regeln wegtransformiert. Die Verkleinerung geschieht wieder
bezüglich einer geschickt gewählten Beweisordnung.

Im folgenden seien E und A Gleichungssysteme und $>$ eine A-verträgliche Reduktionsordnung. Es ist das Ziel, E in ein Regelsystem R zu transformieren mit den
Eigenschaften

(i) $=_{E \cup A} \; = \; =_{R \cup A}$ und

(ii) $l > r$ für alle $l \to r$ in R und

(iii) $R.A$ ist Church-Rosser modulo A.

Bei gegebenen R und A benutzen wir also die Reduktionsrelation $\longrightarrow \; = \; \longrightarrow_{R.A}$.

Wir setzen A als symmetrisch voraus, dann gilt also $\longleftrightarrow_A \; = \; \longrightarrow_A$. Außerdem setzen
wir $Var(v) = Var(w)$ für jede Gleichung $v = w$ in A voraus. Es sollen jetzt Kriterien
dafür entwickelt werden, daß $R.A$ Church-Rosser modulo A ist. Diese Kriterien werden
wie früher über kritische Paare formuliert. Sie dienen später dazu, $E \cup A$ in $R \cup A$
so zu transformieren, daß (i) bis (iii) gelten. Wie früher kann diese Transformation
erfolgreich halten, abbrechen oder unendlich lange laufen.

Wir isolieren zunächst die unerwünschten Beweismuster, die später durch Regeln des Inferenzsystems wegtransformiert werden müssen. Es gilt $s \longrightarrow_{R.A} t$ genau dann, wenn es eine Stelle $p \in O(s)$, eine Regel $l \to r$ und eine Substitution σ gibt mit $s/p =_A \sigma(l)$ und $t \equiv s[p \leftarrow \sigma(r)]$. Einem Beweisschritt $s \longrightarrow_{R.A} t$ in $R.A$ entspricht also in $R \cup A$ ein Beweis der Form $s \stackrel{*}{\longleftrightarrow}_A s' \longrightarrow_R t$, wobei alle Beweisschritte in $s \stackrel{*}{\longleftrightarrow}_A s'$ unterhalb des Beweisschrittes $s' \longrightarrow_R t$ liegen. Dabei liegt ein Beweisschritt bei Stelle q (echt) unterhalb eines Beweisschrittes bei p, falls p ein (echtes) Anfangswort von q ist. (Beachte, daß $p, q \in \mathbb{N}^*$ gilt.)

Es zeigt sich, daß folgende Beweismuster wegtransformiert werden müssen:

(1) $s \;_R\!\longleftarrow u \longrightarrow_{R.A} t$, der erste Beweisschritt liegt nicht echt unter den restlichen Beweisschritten in $R \cup A$. Dies ist eine *Spitze*.

(2) $s \;_A\!\longleftarrow u \longrightarrow_{R.A} t$, der erste Beweisschritt liegt nicht unter den restlichen Beweisschritten in $R \cup A$. Dies ist eine *Klippe*.

Wir subsumieren auch die symmetrischen Varianten $s \;_{R.A}\!\longleftarrow u \longrightarrow_R t$ bzw. $s \;_{R.A}\!\longleftarrow u \longrightarrow_A t$ unter (1) und (2).

Es soll ein Inferenzsystem $\mathcal{A}$ und eine Ordnung $>_A$ auf Beweisen angeben werden, so daß alle Spitzen und Klippen verkleinerbar sind. Dies führt dann dazu, daß jeder Beweis, der kein *V-Beweis modulo A* ist (also die Form $s \stackrel{*}{\longrightarrow}_{R.A} s_0 \stackrel{*}{\longleftrightarrow}_A t_0 \;_{R.A}\!\stackrel{*}{\longleftarrow} t$ hat) verkleinert werden kann.

Wir starten mit einigen Vorüberlegungen und betrachten die Bedingungen für die lokale Kohärenz und die lokale Konfluenz von $\longrightarrow_{R.A}$:
$$s \;_A\!\longleftarrow u \longrightarrow_{R.A} t \qquad s_{R.A}\!\longleftarrow u \longrightarrow_{R.A} t$$
Dabei sei jeweils der erste Beweisschritt an der Stelle $p \in O(u)$ und der zweite bei $q \in O(u)$. Es ist zu testen, ob $s \downarrow_\sim t$ gilt mit $\sim \;= \;=_A$. Wir zeigen zunächst für beide Fälle: Entweder gilt $s \downarrow_\sim t$, oder diese Beweise zu $s = t$ enthalten eine Klippe oder eine Spitze:

Sei $s \;_A\!\longleftarrow u \longrightarrow_{R.A} t$. Liegt p unterhalb von q, so gilt $s \longrightarrow_{R.A} t$, also $s \downarrow_\sim t$. Sonst handelt es sich um eine Klippe.

Sei $s \;_{R.A}\!\longleftarrow u \longrightarrow_{R.A} t$. Sind p und q parallel, d.h., u/p und u/q sind disjunkte Teilterme von u, so gilt $s \downarrow_\sim t$. Sind p, q nicht parallel, so kann man ohne Beschränkung der Allgemeinheit annehmen, daß q unterhalb von p liegt. Gilt $s \;_R\!\longleftarrow u \longrightarrow_{R.A} t$, so handelt es sich um eine Spitze. Gilt nicht $u \longrightarrow_R s$, so entspricht $s_{R.A}\!\longleftarrow u \longrightarrow_{R.A} t$ einem Beweis $s \;_{R.A}\!\longleftarrow u_2 \;_A\!\longleftarrow u_1 \stackrel{*}{\longleftrightarrow}_A u \longrightarrow_{R.A} t$, wobei alle Beweisschritte in $u_1 \stackrel{*}{\longleftrightarrow}_A u$ unterhalb q liegen, der Beweisschritt $u_2 \;_A\!\longleftarrow u_1$ aber nicht unterhalb q liegt. Dann gilt $u_2 \;_A\!\longleftarrow u_1 \longrightarrow_{R.A} t$, und dies ist eine Klippe.

Wir betrachten jetzt Spitzen und Klippen genauer. Es sei jetzt $s_R\!\longleftarrow u \longrightarrow_{R.A} t$ eine Spitze bzw. $s \longleftrightarrow_A u \longrightarrow_{R.A} t$ eine Klippe mit $p \in O(u)$ und $l \to r$ bzw. $v = w$ für den ersten Beweisschritt und $q \in O(u), l' \to r'$ für den zweiten Beweisschritt. Wir unterscheiden drei Fälle:

a) Es sind p und q disjunkte Stellen, d.h., es ist weder p Anfangswort von q noch q

Anfangswort von p. Siehe Abbildung 4.7. Wir nennen dies eine *Nicht-Überlappung*. Es gibt dann ein s' mit $s \longrightarrow_{R.A} s'_R \longleftarrow t$ bzw. $s \longrightarrow_{R.A} s' \longleftrightarrow_A t$, also gilt $s \downarrow_\sim t$.

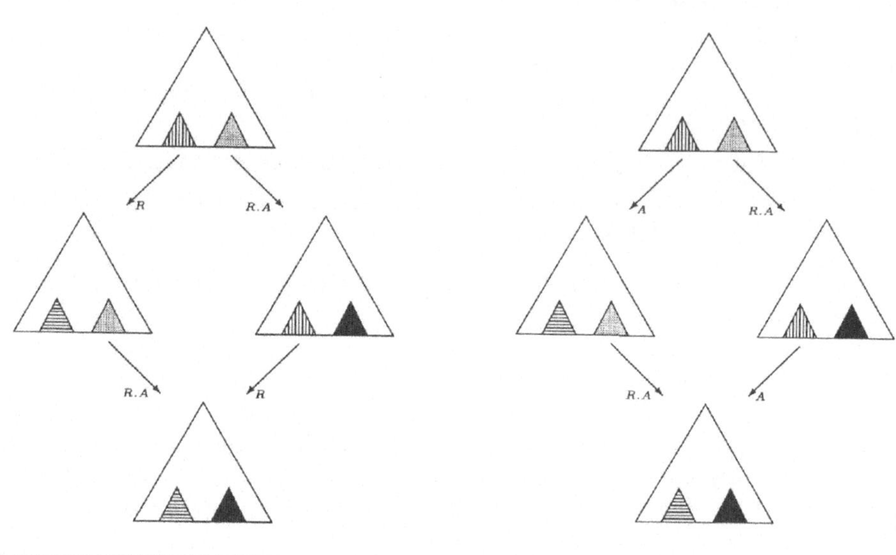

Abbildung 4.7: Konfluenzanalyse zu $\longrightarrow_{R.A}$, 1. Fall

b) Es ist p ein Anfangswort von q, und zwar ein echtes Anfangswort im Fall der Klippe. Dies ist eine *Überlappung*. Siehe Abbildung 4.8.

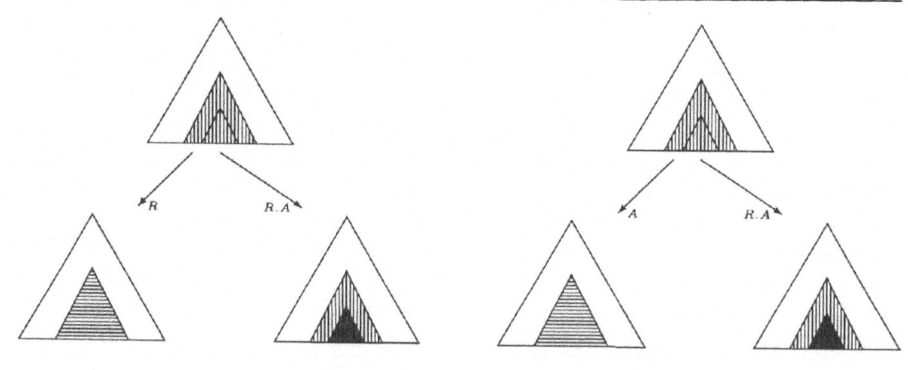

Abbildung 4.8: Konfluenzanalyse zu $\longrightarrow_{R.A}$, 2. Fall

Sei $q = p \cdot p'$. Ist $p' \in O(l_1)$ und l_1/p' keine Variable, so handelt es sich um eine *echte Überlappung*, sonst handelt es sich um eine *Variablenüberlappung*.

b1) Handelt es sich um eine Variablenüberlappung, so gilt $s \xrightarrow{*}_{R.A} s' \ _{R.A}\xleftarrow{*} t$
bzw. $s \xrightarrow{*}_{R.A} s' \xleftrightarrow{}_A t' \ _{R.A}\xleftarrow{*} t$, also $s \downarrow_\sim t$. Wir machen dies an folgendem
Beispiel klar (siehe Abbildung 4.9). Sei $l(x,x) \rightarrow r(x)$ die erste Regel, $v(x,x) = w(x)$
die Gleichung, $l' \rightarrow r'$ die zweite Regel und $\bar{l} =_A l'$. (Die Schreibweise $l(x,x)$ soll
andeuten, daß x in l zweimal vorkommt.) Es ist $\longrightarrow \; = \; \longrightarrow_{R.A}$. Ist $u \equiv l(\bar{l},\bar{l})$, so gilt
$s \equiv r(\bar{l}) \ _R\xleftarrow{} u \longrightarrow_{R.A} t \equiv l(r',\bar{l})$. Ist $u \equiv v(\bar{l},\bar{l})$, so gilt $s \equiv w(\bar{l}) \ _A\xleftarrow{} u \longrightarrow_{R.A} t \equiv$
$v(r',\bar{l})$. In beiden Fällen gilt $s \downarrow_\sim t$.

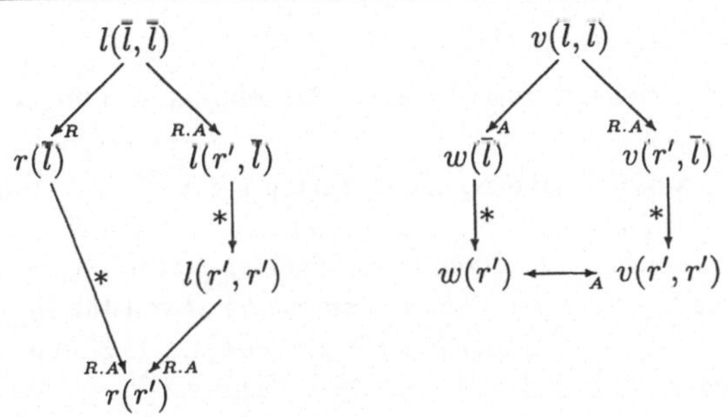

Abbildung 4.9: Konfluenzanalyse zu $\longrightarrow_{R.A}$, 3. Fall

b2) Handelt es sich um eine echte Überlappung in einer Spitze, so gilt $s \downarrow_\sim t$ im allge-
meinen nicht. Dieser Fall muß über kritische Paare abgefangen werden: Es gilt
$$\sigma(l/p) =_A \sigma(l') \text{ und } s \equiv \sigma(r) \ _R\xleftarrow{} \sigma(l) \longrightarrow_{R.A} \sigma(l)[p \leftarrow \sigma(r')] \equiv t.$$
Damit $R.A$ Church-Rosser modulo A ist, müssen also alle diese Paare $\langle s,t \rangle$ einen
V-Beweis modulo A haben. Eine analoge Überlegung gilt für die Klippen.

Bevor die echten Überlappungen behandelt werden, gehen wir nochmals auf die unter-
schiedlichen Stärken der Reduktionsrelationen $\longrightarrow_R$ und $\longrightarrow_{R.A}$ ein und diskutieren
die Auswirkung dieses Unterschieds auf Variablenüberlappungen. Gegeben seien die
Regel und die Gleichung
$$f(x,x) \rightarrow x \qquad x+y = y+x$$
Es gibt das Kohärenztripel $s \equiv f(y+x, x+y) \ _A\xleftarrow{} f(x+y, x+y) \equiv u \longrightarrow_R x+y \equiv t$.
Es sind s und t mit $\longrightarrow_R$ nicht zusammenführbar modulo A, wohl aber mit $\longrightarrow_{R.A}$.
Es gilt nämlich $s \longrightarrow_{R.A} t$. Diese Variablenüberlappung ist also für $\longrightarrow_R$ kritisch,
für $\longrightarrow_{R.A}$ aber unkritisch. Man beachte auch, daß $s \ _A\xleftarrow{} u \longrightarrow_{R.A} t$ keine Klippe
ist, da der erste Beweisschritt unterhalb des zweiten liegt. Solche Situationen sind für
$\longrightarrow_{R.A}$ generell unkritisch, da $s \longrightarrow_{R.A} t$ gilt. Dies ist der Grund dafür, daß man
für beliebige Regelsysteme die stärkere Reduktionsrelation $\longrightarrow_{R.A}$ wählt. (Für links-
lineare Regelsysteme reicht nach Lemma 4.2.4 die Reduktionsrelation $\longrightarrow_R$ aus.) So
werden Variablenüberlappungen unkritisch. Das nächste Beispiel zeigt aber, daß dieser
Gewinn mit einem höheren Aufwand bei der Berechnung der kritischen Paare erkauft
werden muß.

Beispiel 4.3.1

$R: \quad x + 0 \to x \qquad\qquad\qquad A: \quad x + y = y + x$
$\qquad\quad y + 1 \to f(y)$

Die linken Seiten $l_1 \equiv x + 0$ und $l_2 \equiv y + 1$ sind nicht unifizierbar, sie sind aber unifizierbar modulo A. Es gilt nämlich $1 + 0 =_A 0 + 1$ und daher gibt es folgende Spitze

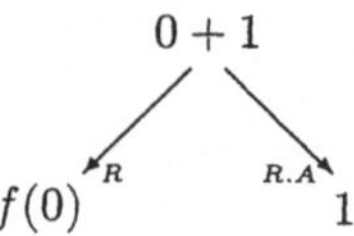

$$0 + 1$$

$$f(0) \quad{}^R \qquad {}^{R.A} \quad 1$$

Wir kommen jetzt zur Behandlung von echten Überlappungen mit A-kritischen Paaren.

Definition 4.3.2 (A-Unifikation) *Zwei Terme s, t heißen A-unifizierbar, wenn es eine Substitution σ gibt mit $\sigma(s) =_A \sigma(t)$. Dann heißt σ ein A-Unifikator zu s, t. Es gilt $\sigma \succeq_A \tau(V_0)$ für zwei Substitutionen σ, τ, falls es ρ gibt mit $\sigma(x) =_A \rho(\tau(x))$ für alle $x \in V_0$. Eine Menge Σ von A-Unifikatoren zu s, t heißt vollständig, wenn es für jeden A-Unifikator τ zu s, t ein $\sigma \in \Sigma$ gibt mit $\tau \succeq_A \sigma(Var(s, t))$. Σ heißt minimal, wenn es nicht zwei verschiedene $\sigma, \tau \in \Sigma$ gibt mit $\tau \succeq_A \sigma(Var(s, t))$.*

Für beliebige Gleichungssysteme muß die Relation $>_A$ auf Substitutionen nicht Noethersch sein, es muß keine minimale vollständige Menge von Unifikatoren zu s, t geben, und es kann möglicherweise nur unendliche vollständige Mengen von Unifikatoren geben. In Spezialfällen ist die Situation einfacher. Für $A = \emptyset$ ist die A-Unifikation die gewöhnliche Unifikation aus Abschnitt 3.4, und es gibt eine einelementige vollständige Menge von Unifikatoren, falls s, t unifizierbar sind. Ist A eine Menge von AC-Axiomen, so ist die A-Unifizierbarkeit von s, t entscheidbar, und es gibt im positiven Fall eine endliche vollständige Menge von A-Unifikatoren, die aus s, t berechenbar ist. Dieses Ergebnis gilt auch noch für einige weitere praktisch relevante Theorien. Das Problem der AC-Unifikation wird hier aber nicht behandelt.

Beispiel 4.3.3 $\quad s \equiv f(x, g(a, b)) \qquad t \equiv f(g(y, b), x)$
Wir betrachten die A-Unifikation von s und t für unterschiedliche Axiomenmengen A.

a) $A = \emptyset$
Es sind s, t unifizierbar mit dem allgemeinsten Unifikator σ_1
$$\sigma_1 = \{x \leftarrow g(a, b), y \leftarrow a\}$$

b) $A: \quad f(x, y) = f(y, x)$
Es ist σ_1 aus a) ein A-Unifikator; ein weiterer A-Unifikator ist
$$\sigma_2 = \{y \leftarrow a\}$$
Offenbar ist σ_2 allgemeiner als σ, d.h., es gilt $\sigma_2 \leq_A \sigma_1(Var(s, t))$. Es ist $\Sigma = \{\sigma_2\}$ eine vollständige Menge von A-Unifikatoren zu s, t.

c) $A: \quad f(f(x, y), z) = f(x, f(y, z))$
Sei $\quad \mu_0 = \sigma_1 = \{x \leftarrow g(a, b), y \leftarrow a\}$

$$\mu_{i+1} = \{x \leftarrow f(g(a,b), \mu_i(x)), y \leftarrow a\} \quad \text{für } i \geq 0$$

*Dann ist jedes μ_i ein A-Unifikator, und $\Sigma = \{\mu_i \mid i \geq 0\}$ ist eine vollständige
Menge von A-Unifikatoren zu s, t. Es gibt keine endliche vollständige Menge von
A-Unifikatoren zu s, t.*

d) $A: \quad f(x,y) = f(y,x) \quad f(f(x,y), z) = f(x, f(y,z))$
  Es ist $\Sigma = \{\sigma_2\}$ eine vollständige Menge von A-Unifikatoren zu s, t.

Wir setzen ab jetzt voraus, daß es stets eine endliche vollständige Menge von A-
Unifikatoren zu s, t gibt, falls s, t A-unifizierbar sind. Ist zusätzlich die Quasiordnung $\succeq_A$ auf den Substitutionen Noethersch, so gibt es auch eine endliche minimale
vollständige Menge von A-Unifikatoren.

Definition 4.3.4 (A-kritische Paare) *Seien $l \rightarrow r$ und $s \rightarrow t$ zwei variablendis-
junkte Regeln, sei $p \in O(l)$ und l/p keine Variable und sei Σ eine minimale vollständige
Menge von A-Unifikatoren zu l/p und s. Wir können voraussetzen, daß für jedes
$x \in Var(l, s)$ der Term $\sigma(x)$ keine Variable aus $Var(l, s)$ enthält. Dann ist für alle
$\sigma \in \Sigma$ ein Beweis der Form*

$$\sigma(r) \;{}_R\!\!\longleftarrow\; \sigma(l) \;\overset{*}{\longleftrightarrow}{}_A\; \sigma(l)[p \leftarrow \sigma(s)] \;\longrightarrow_R\; \sigma(l)[p \leftarrow \sigma(t)]$$

*eine A-kritische Überlappung. Das Paar $\langle \sigma(r), \sigma(l)[p \leftarrow \sigma(t)] \rangle$ heißt ein A-kritisches
Paar von $s \rightarrow t$ auf $l \rightarrow r$ bei Position p. Ein A-kritisches Paar von $s \rightarrow t$ auf eine
Gleichung $u = v$ ist ein A-kritisches Paar von $s \rightarrow t$ auf $u \rightarrow v$ oder auf $v \rightarrow u$. Sei
$CP_A(R)$ die Menge aller A-kritischen Paare von Regeln aus R, und sei $CP_A(R, A)$ die
Menge aller A-kritischen Paare von Regeln aus R auf Gleichungen in A.*

Beispiel 4.3.5
$R: \quad f(x) + f(y) \rightarrow g(x,y)$
$A: \quad x + y = y + x \quad (x + y) + z = x + (y + z)$
*Wegen $f(x) + f(y) =_A f(y) + f(x)$ gibt es eine A-Überlappung der Regel mit sich selbst.
Das A-kritische Paar ist $\langle g(x,y), g(y,x) \rangle$.
Die Überlappung der Regel auf die Gleichung $(x + y) + z = x + (y + z)$ liefert*

$$
\begin{array}{cc}
(f(x) + f(y)) + z & \qquad\qquad z + (f(x) + f(y)) \\
\swarrow_A \quad \searrow_{R.A} & \qquad\qquad \swarrow_A \quad \searrow_{R.A} \\
f(x) + (f(y) + z) \quad g(x,y) + z & \qquad (z + f(x)) + f(y) \quad z + g(x,y)
\end{array}
$$

*Eine Überlappung der Regel auf die Gleichung $x + y = y + x$ ist nur bei der Stelle
$\lambda \in O(x + y)$ bzw. $\lambda \in O(y + x)$ möglich. Dies ist keine Klippe und die so gebildeten
A-kritischen Paare sind mit $\longrightarrow_{R.A}$ zusammenführbar. Es ergibt sich*

$$
\begin{array}{c}
f(x) + f(y) \\
\swarrow_A \quad \searrow_{R.A} \\
f(y) + f(x) \quad\longrightarrow_{R.A}\quad g(x,y)
\end{array}
$$

Man beachte, daß nur A-kritische Paare von Regeln auf Gleichungen in $CP_A(R, A)$ liegen; es müssen keine A-kritischen Paare von Gleichungen auf Regeln gebildet werden. Die Reduktionsrelation $\longrightarrow_{R.A}$ ist so stark, daß diese Kohärenzpaare unkritisch sind. Wir betrachten dies an dem typischen Beispiel $l[u] \to r$ in R und $u = v$ in A. Diese Schreibweise soll andeuten, daß u als Teilterm in l vorkommt. Dann ergibt sich

$$l[u] \longleftrightarrow_A l[v]$$
$$\swarrow_{R.A}$$
$$r$$

Wegen $l[v] \longrightarrow_{R.A} r$ gilt $r \downarrow_\sim l[v]$. Man vergleiche dies mit der Motivation zur Definition einer Klippe. Es ist $l[v] \longleftrightarrow_A l[u] \longrightarrow_{R.A} r$ keine Klippe, da der A-Schritt unterhalb des R-Schrittes liegt.

Es gilt nun das Analogon zum Kritischen-Paar-Lemma (Lemma 3.5.4). Es behandelt die kritischen Fälle der Spitzen und Klippen, d.h., die Fälle, in denen nicht a priori $s \downarrow_\sim t$ gilt.

Lemma 4.3.6 (Erweitertes Kritisches-Paar-Lemma)
a) Zu jeder echten Überlappung $s \; {}_R \longleftarrow u \longrightarrow_{R.A} t$, bei der der erste Beweisschritt oberhalb des zweiten stattfindet, gibt es einen Beweis der Form $s \longleftrightarrow^*_A s' \longleftrightarrow_{CP_A(R)} t' \longleftrightarrow^*_A t$.
b) Zu jeder echten Überlappung $s_A \longleftrightarrow u \longrightarrow_{R.A} t$, bei der der erste Beweisschritt echt oberhalb des zweiten stattfindet, gibt es einen Beweis der Form $s \longleftrightarrow^*_A s' \longleftrightarrow_{CP_A(R,A)} t' \longleftrightarrow^*_A t$.

Beweis:
a) Man kann annehmen, daß der erste Beweisschritt bei $p = \lambda$ mit $l \to r$ und der zweite Beweisschritt bei Position $q \in O(u)$ mit $l' \to r'$ stattfindet und daß die Regeln variablendisjunkt sind. Dann gibt es eine Substitution τ mit $\tau(l/q) =_A \tau(l')$. Also sind l/q und l' A-unifizierbar, und es gibt eine minimale vollständige Menge Σ von A-Unifikatoren und ein $\sigma \in \Sigma$ mit $\sigma \leq_A \tau(Var(l, l'))$. Also gibt es ein ρ mit $\tau(x) =_A \rho(\sigma(x))$ für alle $x \in Var(l, l')$. Für das kritische Paar $\langle v, w \rangle$ zur Regel $l' \to r'$ auf $l \to r$ bei q mit σ gilt $s =_A \rho(v), t =_A \rho(w)$. Dies liefert $s \; {}_A \longleftrightarrow \rho(v) \longleftrightarrow_{CP_A(R)} \rho(w) \longleftrightarrow^*_A t$. Gilt $p \neq \lambda$, so gilt diese Überlegung für $s/p \; {}_R \longleftarrow u/p \longrightarrow_{R.A} t/p$. Es gilt also die Aussage a) des Lemmas.

b) Der Beweis verläuft fast wörtlich wie der zu a). $\qquad\qquad\square$

Der Teil a) des Lemmas erlaubt es, mit Beweistransformationen Spitzen wegzutransformieren. Der Teil b) weist darauf hin, dies auch mit Klippen zu tun. Für die Behandlung von Klippen gibt es aber auch andere Mechanismen. Wir betrachten hier "erweiterte Regeln". Dabei wird $CP_A(R, A)$ nicht benötigt.

Sei $s \longleftrightarrow_A u \longrightarrow_{R.A} t$ eine echte Überlappung mit der Gleichung $v = w$ aus A bei $p \in O(u)$ und der Regel $l \to r$ bei $q = pp'$. Dann hat die Überlappung die Form

$$s \equiv u[p \leftarrow \sigma(w)] \longleftrightarrow_A u[p \leftarrow \sigma(v)] \equiv u \overset{*}{\longleftrightarrow}_A u[q \leftarrow \sigma(l)] \longrightarrow_R u[q \leftarrow \sigma(r)] \equiv t.$$

Es ist also $\sigma(v/p') =_A \sigma(l)$. Erweitert man $l \rightarrow r$ zur Regel $v[p' \leftarrow l] \rightarrow v[p' \leftarrow r]$, so ist $u/p =_A \sigma(v[p' \leftarrow l])$, und es gilt $s \longrightarrow_{R.A} t$, weil man $v[p' \leftarrow l] \rightarrow v[p' \leftarrow r]$ an der Stelle $p \in O(s)$ anwenden kann. Mit der erweiterten Regel hat man also die Klippe wegtransformiert. Man beachte, daß die erweiterte Regel gültig ist. Es gilt $v[p' \leftarrow l] =_R v[p' \leftarrow r]$ wegen $l \rightarrow r$ in R.

Definition 4.3.7 (Erweiterte Regel) *Seien $l \rightarrow r$ in R und $v = w$ in A variablendisjunkt, sei $p \in O(v)$ und v/p keine Variable. Weiter seien l und v/p A-unifizierbar. Dann heißt $v[p \leftarrow l] \rightarrow v[p \leftarrow r]$ eine erweiterte Regel (oder Erweiterungsregel) zu $l \rightarrow r$ und $v = w$. Sei $EXT_A(R)$ die Menge aller solcher erweiterten Regeln. Wir schreiben diese erweiterte Regel auch in der Form $v[l] \rightarrow v[r]$, wenn kein Bezug auf p nötig ist.*

Beispiel 4.3.8
$R : \quad f(x) + f(y) \rightarrow f(x + y)$
$A : \quad x + (y + z) = (x + y) + z$
Die erweiterten Regeln sind $x + (f(y) + f(z)) \rightarrow x + f(y + z)$ und $(f(x) + f(y)) + z \rightarrow f(x + y) + z$. Es gibt die Klippe
$$s \equiv f(x) + (f(y) + z) \longleftrightarrow_A (f(x) + f(y)) + z \longrightarrow_R f(x + y) + z \equiv t.$$
Diese Klippe läßt sich mit der ersten erweiterten Regel wegtransformieren. Es gilt $s =_A (f(x) + f(y)) + z \longrightarrow_{R'} t$, also $s \longrightarrow_{A.R'} t$. Dabei besteht R' aus R und den zwei Erweiterungsregeln. Man beachte auch, daß s und t mit $\longrightarrow_{R.A}$ nicht reduzierbar sind.

Man beachte, daß zur Berechnung der Erweiterungsregeln zu $l \rightarrow r$ und $v = w$ nur getestet werden muß, ob l und v/p (bzw. w/p) A-unifizierbar sind. Man muß keinen A-Unifikator berechnen. Im Gegensatz dazu muß zur Berechnung der A-kritischen Paare zu $l \rightarrow r$ und $v = w$ eine vollständige Menge von A-Unifikatoren zu $l, v/p$ (bzw. $l, w/p$) berechnet werden.

Man beachte auch, daß man eine erweiterte Regel $v[l] \rightarrow v[r]$ mit $l \rightarrow r$ zur trivialen Gleichung $v[r] = v[r]$ simplifizieren kann. Um dies zu verhindern, wird R zerlegt in $R = N \cup S$. Dabei enthält S alle die Regeln, die vor einigen Simplifizierungen geschützt sind.

4.3.2 Das Inferenzsystem $\mathcal{A}$

Wir geben jetzt auf der Basis der bisherigen Überlegungen ein Inferenzsystem $\mathcal{A}$ an, das zur Vervollständigung von $E \cup A$ zu $R.A$ dienen soll. Es arbeitet auf Tripeln (E, N, S), wobei E ein Gleichungssystem ist und N, S, wie oben angedeutet, Regelsysteme sind. Es ist stets $R = N \cup S$. Es ist $>$ eine feste A-verträgliche Reduktionsordnung und $\rhd$ eine beliebige Noethersche Partialordnung, z.B. die Umschließungsordnung $\blacktriangleright$.

Definition 4.3.9 (Inferenzsystem $\mathcal{A}$) *Das Inferenzsystem $\mathcal{A}$ zu A und den Ordnungen $>$ und $\rhd$ ist gegeben durch*

(A1) *Generieren:*

$$\frac{(E,N,S)}{(E \cup \{s = t\}, N, S)} \qquad \text{falls } s \;_{R \cup A}\!\longleftarrow u \longrightarrow_{R.A} t$$

(A2) *Erweitern:*

$$\frac{(E,N,S)}{(E,N,S \cup \{l \to r\})} \qquad \text{falls } l \to r \text{ in } EXT_A(R)$$

(A3) *Orientieren:*

$$\frac{(E \cup \{s \doteq t\}, N, S)}{(E, N \cup \{s \to t\}, S)} \qquad \text{falls } s > t$$

(A4) *Schützen:*

$$\frac{(E, N \cup \{s \to t\}, S)}{(E, N, S \cup \{s \to t\})}$$

(A5) *Löschen:*

$$\frac{(E \cup \{s \doteq t\}, N, S)}{(E, N, S)} \qquad \text{falls } s \stackrel{*}{\longleftrightarrow}_A t$$

(A6) *Simplifizieren einer Gleichung:*

$$\frac{(E \cup \{s \doteq t\}, N, S)}{(E \cup \{u = t\}, N, S)} \qquad \text{falls } s \longrightarrow_{R/A} u$$

(A7) *Simplifizieren einer rechten Seite:*

$$\frac{(E, N \cup \{s \to t\}, S)}{(E, N \cup \{s \to u\}, S)} \qquad \text{falls } t \longrightarrow_{R/A} u$$

$$\frac{(E, N, S \cup \{s \to t\})}{(E, N, S \cup \{s \to u\})} \qquad \text{falls } t \longrightarrow_{R/A} u$$

(A8) *Simplifizieren einer linken Seite:*

$$\frac{(E, N \cup \{s \to t\}, S)}{(E \cup \{u = t\}, N, S)} \qquad \text{falls } s \longrightarrow_{R.A} u \text{ mit } l \to r \text{ und } s \rhd l$$

Wir schreiben wieder $(E,N,S) \vdash_A (E',N',S')$, falls (E',N',S') durch Anwendung einer Regel auf A aus (E,N,S) entsteht. Es heißt $(E_i, N_i, S_i)_{i \in \mathbb{N}}$ eine A-Ableitung, falls $(E_i, N_i, S_i) \vdash_A (E_{i+1}, N_{i+1}, S_{i+1})$ für alle $i \in \mathbb{N}$ gilt. Dann ist $E^\infty = \bigcup_{i \geq 0} \bigcap_{j \geq i} E_j$ die Menge aller persistenten Gleichungen. Analog sind N^∞ und S^∞ erklärt. Es ist $R^\infty = N^\infty \cup S^\infty$.

Das nächste Lemma ist das Analogon zu Lemma 3.6.5 und garantiert die Korrektheit von A.

Lemma 4.3.10 *Es gelte* $(E,N,S) \vdash_A (E',N',S')$ *und* $N \subseteq >, S \subseteq >$.
a) Dann gilt auch $N' \subseteq >$ *und* $S' \subseteq >$.
b) Es ist $=_{E \cup N \cup S \cup A} \; = \; =_{E' \cup N' \cup S' \cup A}$. $\qquad\qquad \square$

Es soll jetzt gezeigt werden, daß $\mathcal{A}$ Beweise verkleinert. Dazu muß zunächst eine geeignete Beweisordnung definiert werden. Ein Beweis zu $s = t$ in (E, N, S) ist eine Folge $B = (t_0, b_1, t_1, \ldots, t_{n-1}, b_n, t_n)$ mit $t_0 \equiv s, t_n \equiv t$ und Begründung b_i für den i-ten Beweisschritt. Es ist $b_i = (u_i = v_i, p_i, *_i)$, dabei ist $u_i = v_i$ die angewandte Gleichung, p_i die Position in t_i und $*_i \in \{\longleftrightarrow_E, \longleftrightarrow_A, \longrightarrow_N, N\longleftarrow, \longrightarrow_S, s\longleftarrow\}$, $*_i$ gibt also an, aus welcher Menge $u_i = v_i$ ist und wie die Gleichung angewandt wurde. Wir sagen, der i-te Beweisschritt ist links-beschränkt, falls es ein $j < i$ gibt mit $t_j {}_{S.A}\longleftarrow t_i$. Er ist rechts-beschränkt, wenn es $j \geq i$ gibt mit $t_{i-1} \longrightarrow_{S.A} t_j$. Dann ist die Zahl $\beta_i = 0$, falls der i-te Beweisschritt links- und rechts-beschränkt, $\beta_i = 1$, falls er links- oder rechts-beschränkt ist, aber nicht beides, $\beta_i = 2$ sonst. Es ist $|p_i|$ die Länge von $p_i \in \mathbb{N}^*$. Es ist $[t]$ die A-Kongruenzklasse zu t.

Definition 4.3.11 (Beweisordnung $>_A$) *Sei* $B = (t_0, b_1, t_1, \ldots, b_n, t_n)$ *ein Beweis in* (E, N, S)*, und sei im i-ten Schritt die Gleichung* $u_i = v_i$ *aus* E*, bzw. die Regel* $u_i \to v_i$ *aus* $N \cup S$ *bei* $p_i \in O(t_{i-1})$ *angewandt. Die Komplexität des i-ten Beweisschrittes ist ein 5-Tupel*

$$
c_i = \begin{cases}
(\{[t_{i-1}], [t_i]\}, \bot, \bot, \bot, [\bot]) & \text{\textit{falls}} \quad t_{i-1} \longleftrightarrow_E t_i \\
(\{[t_{i-1}]\}, u_i, \bot, \bot, [t_i]) & \text{\textit{falls}} \quad t_{i-1} \longrightarrow_N t_i \\
(\{[t_i]\}, v_i, \bot, \bot, [t_{i-1}]) & \text{\textit{falls}} \quad t_{i-1} \, {}_N\!\longleftarrow t_i \\
(\{[t_i]\}, \bot, \beta_i, \bot, [t_i]) & \text{\textit{falls}} \quad t_{i-1} \longleftrightarrow_A t_i \\
(\{[t_{i-1}]\}, \bot, \bot, |p_i|, [t_i]) & \text{\textit{falls}} \quad t_{i-1} \longrightarrow_S t_i \\
(\{[t_i]\}, \bot, \bot, |p_i|, [t_{i-1}]) & \text{\textit{falls}} \quad t_{i-1} \, {}_S\!\longleftarrow t_i
\end{cases}
$$

Die Ordnung $>_q$ auf diesen 5-Tupeln ist als lexikographische Kombination der folgenden Ordnungen erklärt: $\gg$ für die 1. Komponente, $\rhd$ für die 2. Komponente, die Größer-Relation auf $\mathbb{N}$ für die 3. Komponente und die 4. Komponente, $>$ für die 5. Komponente. Es ist $\bot$ ein neues Element, das minimal in allen diesen Ordnungen ist. Die Komplexität des Beweises B ist die Multimenge $c(B) = \{c_1, \ldots, c_n\}$. Für zwei Beweise B_1, B_2 gilt $B_1 >_A B_2$ gdw $c(B_1) \gg_q c(B_2)$, dabei ist $\gg_q$ die Erweiterung von $>_q$ auf Multimengen.

Lemma 4.3.12 *Sei* $(E, N, S) \vdash_A (E', N', S')$ *und* B *ein Beweis zu* $s = t$ *in* (E, N, S)*, und* B *enthalte keine Klippe* $s \longleftrightarrow_A u \longrightarrow_{R.A} t$*, die eine echte Überlappung beinhaltet. Dann ist* B *auch ein Beweis zu* $s = t$ *in* (E', N', S') *oder es gibt einen Beweis* B' *zu* $s = t$ *in* (E', N', S') *mit* $B >_A B'$*. Geschah der Übergang von* (E, N, S) *nach* (E', N', S') *mit Regel (A1) und der Spitze bzw. Klippe* $s \, {}_{R\cup A}\!\longleftarrow u \longrightarrow_{R.A} t$ *und enthält* B *diese Spitze bzw. Klippe auch instantiiert und in größere Terme eingebettet (d.h., B benutzt diese Spitze bzw. Klippe), so gilt* $B >_A B'$*.*

Beweis: Der Beweis verläuft analog zum Beweis zu Lemma 3.6.8, ist aber in einigen Punkten diffiziler. Man sieht leicht, daß die Ordnung $>_A$ verträglich ist mit Substitutionen und der Termersetzung. Sie ist aber nicht voll verträglich mit der Beweisstruktur. Wir zeigen, daß jeder Ein-Schritt-Beweis, der in $\mathcal{A}$ direkt angesprochen wird, durch einen kleineren Beweis ersetzt werden kann und daß diese Ersetzung auch zu kleineren

Beweisen führt, die aus mehreren Beweisschritten bestehen.

Die Ordnung $>_A$ ist so gewählt: Die Inferenzregeln (A3), (A5) und (A6) verkleinern die Komplexität in der ersten Komponente der c_i, die Regel (A8) verkleinert die zweite Komponente, (A2) verkleinert die zweite oder vierte Komponente, (A4) verkleinert die vierte und (A7) die fünfte Komponente. Die dritte Komponente wird für (A1) benötigt.

Die Regel (A1) dient dazu, Spitzen und Klippen wegzutransformieren. Hier sind auch Variablenüberlappungen zu behandeln. Da dies der komplizierteste Fall ist, sollen zunächst die übrigen Inferenzregeln betrachtet werden. Sei $(E, N, S) \vdash_A (E', N', S')$.

(A2) Erweitern

Sei $l \rightarrow r$ die Erweiterungsregel zu $u \rightarrow v$ in $R = N \cup S$. Ist $u \rightarrow v$ in N, so gilt $s \xrightarrow{}_{N,u \rightarrow v} t >_A s \xrightarrow{}_{S',l \rightarrow r} t$ wegen $(\{[s]\}, u, \perp, \perp, [t]) >_q (\{[s]\}, \perp, \perp, |p|, [t])$. Ist $u \rightarrow v$ in S, so gilt $s \xrightarrow{}_{S,u \rightarrow v} t >_A s \xrightarrow{}_{S,l \rightarrow r} t$ wegen $(\{[s]\}, \perp, \perp, |pq|, [t]) >_q (\{[s]\}, \perp, \perp, |p|, [t])$. Es ist hier $q \neq \lambda$, da die Regel $u \rightarrow v$ echt unterhalb der Regel $l \rightarrow r$ angewendet wird.

(A3) Orientieren

Es ist $B = s \xleftrightarrow{}_E t >_A s \xrightarrow{}_{N'} t = B'$ wegen $\{[s], [t]\} \gg \{[s]\}$.

(A4) Schützen

Es ist $s \xrightarrow{}_N t >_A s \xrightarrow{}_{S'} t$ wegen $(\{[s]\}, u, \perp, \perp, \{t\}) >_q (\{[s]\}, \perp, \perp, |p|, [t])$.

(A5) Löschen

Es ist $B = s \xleftrightarrow{}_E t >_A s \xleftrightarrow{*}_A t = B'$ wegen $([s], [t]\} \gg \{[s_i]\}$ für alle s_i im Beweis $s \equiv s_0 \xleftrightarrow{}_A s_1 \xleftrightarrow{}_A \ldots \xleftrightarrow{}_A s_n \equiv t$.

(A6) Simplifizieren einer Gleichung

Es ist $B = s \xleftrightarrow{}_E t >_A s \xrightarrow{}_{R'/A} u \xleftrightarrow{}_E t = B'$ wegen $\{[s], [t]\} \gg \{[s_i]\}$ für jedes s_i im Beweis $s \xleftrightarrow{*}_A s_n \xrightarrow{}_{R'} s_{n+1} \xleftrightarrow{*}_A s_m \equiv u$ und $\{[s], [t]\} \gg \{[u], [t]\}$.

(A7) Simplifizieren einer rechten Seite

Es ist $B = s \xrightarrow{}_{N,s \rightarrow t} >_A s \xrightarrow{}_{N,s \rightarrow u} u \ _{R/A} \xleftarrow{} t = B'$ wegen $(\{[s]\}, s, \perp, \perp, [t]) >_q (\{[s]\}, s, \perp, \perp, [u])$ und $s > s_i$ für alle s_i im Beweis $u \ _{R/A} \xleftarrow{} t$.

Es ist $s \xrightarrow{}_{S,s \rightarrow t} t >_A s \xrightarrow{}_{S,s \rightarrow v} u \ _{R/A} \xleftarrow{} t$ wegen $(\{[s]\}, \perp, \perp, |p|, [t]) >_q (\{[s]\}, \perp, \perp, |p|, [u])$ und $s > s_i$ für alle s_i im Beweis $u \ _{R/A} \xleftarrow{} t$.

(A8) Simplifizieren einer linken Seite

Es ist $B = s \xrightarrow{}_{N,s \rightarrow t} t >_A s \xleftrightarrow{*}_A s' \xrightarrow{}_{N,l \rightarrow r} u \xleftrightarrow{}_E t = B'$, weil wegen $s \rhd l$ der Beweisschritt $s \xrightarrow{}_N t$ größer ist als alle Beweisschritte in $s \xleftrightarrow{*}_A s' \xrightarrow{}_N u$ (in der zweiten Komponente) und als $u \xleftrightarrow{}_E t$ (in der ersten Komponente).

(A1) Generieren

Für Spitzen: Es ist $B = s \ _R \xleftarrow{} u \xrightarrow{}_{R.A} t >_A s \xleftrightarrow{*}_A v \xleftrightarrow{}_E w \xleftrightarrow{*}_A t = B'$ wegen $u > s'$ für jeden Term s' im Beweis B'. Solch ein Beweis B' existiert nach Lemma 4.3.6, wenn $B = s \ _R \xleftarrow{} u \xrightarrow{}_{R.A} t$ eine echte Überlappung ist. Handelt es sich um eine Nicht-Überlappung, so gibt es $B' = s \xrightarrow{}_{R.A} v \ _R \xleftarrow{} t$, und es gilt $B >_A B'$. Handelt es sich um eine Variablenüberlappung, so gibt es $B' = s \xrightarrow{*}_{R.A} v \ _{R.A} \xleftarrow{*} t$, und es gilt auch hier $B >_A B'$. Zur Verkleinerung von Spitzen wird also nur die erste Komponente der Ordnung $>_q$ benötigt.

In all diesen Fällen gilt auch $B_1 B B_2 >_A B_1 B' B_2$, d.h., die Ersetzung von B durch B' verkleinert auch Mehr-Schritt-Beweise.

Es bleibt, (A1) für Klippen $s \longleftrightarrow_A u \longrightarrow_{R.A} t$ zu betrachten. Dabei kann nach Voraussetzung der Fall ausgeschlossen werden, daß es sich um eine echte Überlappung handelt. Zu betrachten sind also Nicht-Überlappungen und Variablenüberlappungen.

(A1) für Klippen, Nicht-Überlappungen: Sei $B = s \longleftrightarrow_A u \longrightarrow_{R.A} t$, wobei der erste Beweisschritt bei $p \in O(u)$ und der zweite Beweisschritt bei $q \in O(u)$ stattfindet und u/p und u/q disjunkte Teilterme von u sind. Dann gibt es einen Beweis $B' = s \longrightarrow_{R.A} v \longleftrightarrow_A t$, wobei der erste (bzw. zweite) Beweisschritt bei $q \in O(s)$ (bzw. $p \in O(t)$) stattfindet. Dabei werden die Beweisschritte in $u \longrightarrow_{R.A} t = u \longleftrightarrow^*_A u' \longrightarrow_R t$ auch in $s \longrightarrow_{R.A} v = s \longleftrightarrow^*_A s' \longrightarrow_R v$ verwendet, nur in anderem Kontext. Ist im Beweis $B_1 B B_2$ ein Gleichheitsschritt in $u \longleftrightarrow^*_A u'$ links-beschränkt (bzw. rechts-beschränkt), so gilt das auch für den entsprechenden Schritt in $s \longleftrightarrow^*_A s'$ in $B_1 B' B_2$. Dies zeigt $u \longleftrightarrow^*_A u' >_A s \longleftrightarrow^*_A s'$. Die beiden Beweisschritte $u' \longrightarrow_R t$ und $s' \longrightarrow_R v$ haben die gleiche Komplexität, da die Regeln an der gleichen Stelle $q \in O(u)$ angewendet werden. Aus $s > v$ folgt $s \longleftrightarrow_A u >_A v \longleftrightarrow_A t$. Dies alles führt zu $B >_A B'$.

(A1) für Klippen, Variablenüberlappungen: Sei $B = s \longleftrightarrow_A u \longrightarrow_{R.A} t$. Dann gibt es – wie in der Vorüberlegung unter b1) zur Definition der A-kritischen Paare – einen Beweis $B' = s \xrightarrow{i}_{R.A} v \longleftrightarrow_A w \; _{R.A}\longleftarrow^* t$ mit $i \geq 0$. Wir zeigen $B > B'$. Wegen $[s] > [t] \geq [w] = [v]$ gilt $i > 0$, sei also $B' = s \longrightarrow_{R.A} v' \longrightarrow^*_{R.A} v \longleftrightarrow_A w \; _{R.A}\longleftarrow^* t$. Der Beweisschritt $s \longleftrightarrow_A u$ in B hat eine größere Komplexität als jeder Beweisschritt in $B'' = v' \longrightarrow^*_{R.A} v \longleftrightarrow_A w \; _{R.A}\longleftarrow^* t$ wegen $s > s'$ für alle s' in B''. Der Beweis $u \longrightarrow_{R.A} t$ (genauer $u \longleftrightarrow^*_A u' \longrightarrow_R t$) enthält die gleiche Folge von Beweisschritten wie $s \longrightarrow_{R.A} v'$ (genauer $s \longleftrightarrow^*_A s' \longrightarrow_R v'$), nur in anderem Kontext.

Ist in einem Beweis $B_1 B B_2$ ein Gleichheitsschritt in $u \longleftrightarrow^*_A u'$ links-beschränkt (bzw. rechts-beschränkt), so gilt das auch in $B_1 B' B_2$ für den entsprechenden Gleichheitsschritt in $s \longleftrightarrow^*_A s'$. Also gilt $u \longleftrightarrow^*_A u' \geq_A s \longleftrightarrow^* s'$. Gilt $u' \longrightarrow_N t$, so gilt auch $s \longrightarrow_N v'$, und beide Beweisschritte haben die gleiche Komplexität. Gilt $u' \longrightarrow_S t$, so gilt auch $s' \longrightarrow_S v'$, und es ist $s \longleftrightarrow_A t >_A s' \longrightarrow_R v'$. (Es gilt im allgemeinen nicht $u' \longrightarrow_S t >_A s' \longrightarrow_S v'$; hier wird die dritte Komponente in der Ordnung $>_q$ benötigt.) Dies alles zusammen liefert $B_1 B B_2 >_A B_1 B' B_2$.

Dies beschließt den Beweis des Lemmas 4.3.10.   □

Wir formulieren jetzt die Fairness-Bedingung. Sie garantiert, daß eine faire Ableitung ein Regelsystem $R = R^\infty$ erzeugt, so daß $R.A$ Church-Rosser modulo A ist. Sie verlangt unter anderem, daß die erweiterten kritischen Paare geschützt werden, also in S aufgenommen werden. Nach Konstruktion gilt $R \subseteq >$, also ist $\longrightarrow_{R/A}$ terminierend.

Definition 4.3.13 ($\mathcal{A}$-Fairness bezüglich Erweiterungen) *Eine $\mathcal{A}$-Ableitung $(E_i,$ $N_i, S_i)_{i\in\mathbb{N}}$ heißt fair bezüglich Erweiterungen, falls gilt*

(a) $E^\infty = \emptyset$

(b) $CP_A(R^\infty) \subseteq \bigcup_{i\geq 0} E_i$,

(c) $EXT_A(R^\infty) \subseteq \bigcup_{i\geq 0} S_i$

Ein $\mathcal{A}$-faires Vervollständigungsverfahren ist ein Verfahren, das bei Eingabe von $(E, A,$ $>, \rhd)$ ausgehend von $(E_0, N_0, S_0) = (E, \emptyset, \emptyset)$ nur faire $\mathcal{A}$-Ableitungen erzeugt oder abbricht.

Lemma 4.3.14 *Sei $(E_i, N_i, S_i)_{i\in\mathbb{N}}$ eine faire $\mathcal{A}$-Ableitung. Ist B ein Beweis zu $s = t$ in (E_i, N_i, S_i), der kein V-Beweis modulo A in $(N_i \cup S_i).A$ ist, so gibt es $j \geq i$ und einen Beweis B' zu $s = t$ in (E_j, N_j, S_j) mit $B >_A B'$.*

Beweis: Benutzt B eine Gleichung aus E_i oder eine Regel, die nicht in $R^\infty = N^\infty \cup S^\infty$ liegt, so wird diese Gleichung bzw. Regel entfernt, und die Aussage folgt aus (dem Beweis zu) Lemma 4.3.12. B benutze jetzt also nur Regeln in $R = R^\infty$ und Gleichungen aus A. Da B kein V-Beweis modulo A ist, muß er entweder eine Spitze oder eine Klippe als Teilbeweis B_0 enthalten.

$$B_0: \quad s_0 \; {}_R\!\longleftarrow u \longrightarrow_{R.A} t_0 \qquad \text{oder} \qquad B_0: \quad s_0 \; {}_A\!\longleftrightarrow u \longrightarrow_{R.A} t_0$$

Ist B_0 eine Spitze oder auch eine Klippe, die keine echte Überlappung enthält, so zeigt der Beweis zu Lemma 4.3.12, daß B_0 zu einem Zeitpunkt k durch einen kleineren Beweis B_0' in (E_k, N_k, S_k) ersetzt werden kann und daß dadurch auch B verkleinert werden kann. Es bleibt also nur der Fall zu betrachten, daß B_0 eine Klippe ist, die eine echte Überlappung enthält, etwa zur Regel $l \to r$ in R und zur Gleichung $v = w$ in A. Um diesen Fall abzufangen, wurden die erweiterten Regeln eingeführt. Wegen der Fairness liegt die erweiterte Regel $v[l] \to v[r]$ aus $EXT_A(R)$ in einem S_k. Es ist dann $B_0' = s_0 \longrightarrow_{R_k.A} t_0$ ein Beweis in (E_k, N_k, S_k), und es ist $B_0 >_A B_0'$ aufgrund der ersten Komponente von $>_q$. Ersetzt man also B_0 durch B_0' in B, so wird dadurch B verkleinert zu B'.   □

Man beweist jetzt analog zu früher

Satz 4.3.15 *Sei $\mathcal{A}$ ein $\mathcal{A}$-faires Vervollständigungsverfahren, das mit Eingabe $(E, A,$ $>, \rhd)$ nicht abbricht, und sei $R = R^\infty$ das Grenzsystem. Dann gilt $=_{E\cup A} \, = \, =_{R\cup A}$ und $R.A$ ist konvergent modulo A.*   □

Wir fassen noch einmal zusammen, was $\mathcal{A}$-faire Vervollständigungsverfahren leisten müssen:

(1) Alle Gleichungen müssen behandelt werden.

(2) Alle kritischen Paare zu persistenten Regeln müssen gebildet werden.

(3) Zu allen persistenten Regeln müssen die Erweiterungen gebildet werden.

Hier ist besonders der Punkt (3) problematisch, da er fast immer die Termination der Vervollständigung verhindert. Man betrachte zum Beispiel

$$(r_0): \quad f(s,t) \to u \qquad A: \quad f(f(x,y),z) = f(x,f(y,z))$$

Dann ist $(r_1): f(f(s,t),x_1) \to f(u,x_1)$ eine Erweiterungsregel zu (r_0), und sie hat die Form wie (r_0). Also ist $(r_2): f(f(f(s,t),x_1),x_2) \to f(f(u,x_1),x_2)$ eine Erweiterungsregel zu (r_1). Dies erzeugt eine unendliche Folge von Erweiterungsregeln (r_i), und die Vervollständigung kann nicht erfolgreich halten, falls eine Regel der Form (r_0) auftritt. Beachte, daß die obige Gleichung die Assoziativität von f beschreibt, also in Anwendungen häufig auftritt.

Glücklicherweise benötigt man für spezielle Gleichungssysteme A nicht die volle Erweiterung $EXT_A(R)$. Wir beschreiben dies für AC-Theorien.

Die AC-Axiome für $f \in F$ bestehen aus den Gleichungen

$$\begin{aligned} f(f(x,y),z) &= f(x,f(y,z)) \\ f(x,f(y,z)) &= f(f(x,y),z) \\ f(x,y) &= f(y,x) \end{aligned}$$

Voraussetzung: (ab jetzt)

1) A ist eine Menge von AC-Axiomen für einige $f \in F$. Diese f heißen AC-Symbole.

2) Die vom Inferenzsystem $\mathcal{A}$ benutzte Relation $\rhd$ ist der strikte Anteil der Quasiordnung

$$s \unrhd t \text{ gdw es gibt } u, \sigma \text{ mit } s =_{AC} u, \sigma(t) \text{ ist Teilterm von } u.$$

Es gilt z.B. $x + (a + z) \rhd y + x, x + (a + z) \rhd a + x$ und $x + (y + a) \rhd (z + x) + y$, wenn $+$ ein AC-Symbol ist.

Man beachte, daß $\unrhd$ die AC-Verallgemeinerung der Umschließungsordnung aus Abschnitt 3.3 ist. Man prüft leicht nach, daß $\unrhd$ wirklich eine Quasiordnung ist, dann ist also $\rhd$ eine Partialordnung. Es gilt

$$s \rhd t \curvearrowright |s| > t \text{ oder } (|s| = t \text{ und } \| Var(s) \| > \| Var(t) \|),$$

also ist $\rhd$ als lexikographische Kombination zweier Noetherscher Partialordnungen auch Noethersch.

Sei f ein AC-Symbol. Dann gibt es zu allen Regeln der Form $f(s,t) \to r$ Erweiterungsregeln, und diese Regeln sind $f(x,f(s,t)) \to f(x,r)$ und $f(f(s,t),x) \to f(r,x)$ mit $x \notin Var(s,t)$.

Sei $l \equiv f(s,t)$. Wir sagen, $f(l,x) \to f(r,x)$ und $f(x,l) \to f(x,r)$ sind *überflüssig* in R, falls es eine Regel $u \to v$ in R und eine Substitution σ gibt mit $f(l,x) =_A \sigma(u)$ und $f(r,x) \xrightarrow{*}{}^{\circ}_{R/A} \sigma(v)$.[1] Anschaulich bedeutet *überflüssig*, daß die Regeln nicht benötigt werden und durch andere Regeln simuliert werden können. Es gilt nämlich $f(l,x) \xrightarrow{}_{R/A} \sigma(v) \; {}^{\circ}_{R/A} \xleftarrow{*} f(r,x)$, also $f(l,x) \downarrow_{\sim} f(r,x)$ und analog auch $f(x,l) \downarrow_{\sim} f(x,r)$. Man beachte auch, daß in jedem Fall die Regel $f(x,l) \to f(x,r)$ die Regel $f(l,x) \to f(r,x)$ überflüssig macht. Von den beiden Erweiterungsregeln zu $l \to r$ liegt also nur eine in dem gleich zu definierenden Regelsystem R^e. Wir zeigen in

---

[1] Es ist $s \xrightarrow{*}{}^{\circ}_{R/A} t$, falls entweder $s =_A t$ oder $s \xrightarrow{*}_{R/A} t$.

Lemma 4.3.18, daß $f(l, x) \to f(r, x)$ die Erweiterungsregeln zu dieser Regel überflüssig macht. Man braucht also nicht Erweiterungsregeln zu Erweiterungsregeln zu bilden.

Definition 4.3.16 (Erweitertes Regelsystem) *Ist R ein Regelsystem, so ist das erweiterte Regelsystem R^e*
$$R^e = R \cup \{s \to t \mid s \to t \text{ in } EXT_A(R), s \to t \text{ nicht überflüssig in } R\}.$$

Beispiel 4.3.17 *Seien $+$ und $*$ AC-Operatoren, und sei*
$$R: \quad x + 0 \to x \quad x + -x \to 0 \quad x * 0 \to 0$$
Dann besteht R^e aus R und der Regel $(x+(-x))+y \to 0+y$. Für die Regel $(x+0)+y \to x + y$ aus $EXT_A(R)$ gilt $(x + 0) + y =_A (x + y) + 0$, und $x + 0 \to x$ macht diese Regel überflüssig. Für die Regel $(x * 0) * y \to 0 * y$ aus $EXT_A(R)$ gilt $(x * 0) * y =_A (x * y) * 0$ und $0 * y \xrightarrow{*}{}^{\circ}_{R/A} 0$, also macht $x * 0 \to 0$ diese Regel überflüssig.

Lemma 4.3.18 *Es gilt stets $(R^e)^e = R^e$.*

Beweis: Es gilt $R^e \subseteq (R^e)^e$. Für die Inklusion $(R^e)^e \subseteq R^e$ ist zu zeigen, daß zu jeder Regel $s \to t$ in R^e die Erweiterungsregel $f(s, x) \to f(t, x)$ in R^e überflüssig ist.
a) Sei $s \to t$ in R. Ist die Erweiterungsregel $f(s, x) \to f(t, x)$ schon in R überflüssig, so ist sie auch in R^e überflüssig. Ist sie nicht in R überflüssig, so liegt sie in R^e und macht sich daher selbst in R^e überflüssig. b) Sei $s \to t$ in $R^e - R$. Dann ist $s \to t$ die Erweiterungsregel $f(l, y) \to f(r, y)$ einer Regel $l \to r$ in R, es gilt also $s \equiv f(l, y), t \equiv f(r, y)$ und y tritt in l und r nicht auf. Mit $\sigma = \{y \leftarrow f(y, x)\}$ ergibt sich $f(s, x) \equiv f(f(l, y), x) =_A f(l, f(y, x)) \equiv \sigma(f(l, y)) \equiv \sigma(s)$. Es gilt also $f(s, x) =_A \sigma(s)$ und analog $f(t, x) =_A \sigma(t)$. Also macht $s \to t$ die Erweiterungsregel $f(s, x) \to f(t, x)$ in R^e überflüssig. $\qquad\Box$

Beispiel 4.3.19
$$R: \quad x + 0 \to x \qquad\qquad x + f(x) \to 0$$
$$+ \text{ ist AC-Symbol}$$
Es ist $s \equiv (a + b) + (c + f(a)) \longrightarrow_{R/A} b + (c + 0) \longrightarrow_{R/A} b + c$, aber s ist in $R.A$ irreduzibel. Mit der Erweiterungsregel $(x+f(x))+y \to 0+y$ in R^e zu $x+f(x) \to 0$ gilt $s \longrightarrow_{R^e.A} 0+(b+c) \longrightarrow_{R.A} b+c$. Die Erweiterungsregel $((x+f(x))+y)+z \to (0+y)+z$ zu $(x + f(x)) + y \to 0 + y$ wird nicht benötigt.

Wir benötigen noch ein technisches Hilfslemma für den Nachweis, daß das Konzept der Erweiterungsregeln erfolgreich ist.

Lemma 4.3.20 *Sei $f(s, t) \to u$ eine Regel in R und f ein AC-Symbol. Zu jedem v und σ gibt es einen Term w mit $f(f(\sigma(s), \sigma(t)), v) \longrightarrow_{R^e.A} w$ bei $p = \lambda$ und $f(\sigma(u), v) \xrightarrow{*}_{R/A} w$.*

Beweis: Betrachte die Erweiterungsregel $f(f(s, t), x) \to f(u, x)$ zu $f(s, t) \to u$. Ist diese Regel nicht in R^e, so gibt es $l \to r$ in R und τ mit

$$f(f(s,t),x) =_A \tau(l), \quad f(u,x) \xrightarrow{*}{}^{\circ}_{R/A} \tau(r) \qquad (+)$$

Ist die Erweiterungsregel in R^e, so kann man diese Regel als $l \to r$ wählen und $(+)$ gilt auch. Erweitere σ durch $\sigma(x) \equiv v$, dann gilt $f(f(\sigma(s),\sigma(t)),v) =_A \sigma(\tau(l))$ und $f(\sigma(u),v) \xrightarrow{*}{}^{\circ}_{R/A} \sigma(\tau(r))$. Da $l \to r$ in R^e liegt, gilt die Behauptung des Lemmas mit $w \equiv \sigma(\tau(r))$. $\qquad\qquad\square$

Der folgende Satz besagt, daß man in der Fairness-Bedingung die Forderung $EXT_A(R^\infty)$ $\subseteq \bigcup S_i$ durch $(R^\infty)^e \subseteq \bigcup S_i$ ersetzen kann. Beachte, daß $(R^\infty)^e$ endlich ist, falls R^∞ endlich ist. Dies erlaubt in vielen Fällen die Termination der Vervollständigung bei Eingabe $(E, A, >, \rhd)$.

Satz 4.3.21 *Sei A eine Menge von AC-Axiomen und $(E_i, N_i, S_i)_{i\in\mathbb{N}}$ eine $\mathcal{A}$-Ableitung mit $E^\infty = \emptyset, CP_A(R^\infty) \subseteq \bigcup E_i$ und $(R^\infty)^e \subseteq \bigcup S_i$. Dann ist $R^\infty.A$ konvergent modulo A und $=_{E\cup A} \; = \; =_{R^\infty \cup A}$.*

Beweis: Sei $R = R^\infty$. Es reicht wie im Beweis zu Lemma 4.3.14 zu zeigen: Ist B ein Beweis in $R \cup A$ und enthält B eine Spitze $B_0 : s \; _R \longleftarrow u \longrightarrow_{R.A} t$, oder eine Klippe $B_0 : s \; _A \longleftrightarrow u \longrightarrow_{R.A} t$, so gibt es ein j und einen Beweis B_0' zu $s = t$ in $E_j \cup R_j \cup A$ mit $B >_A B'$.

Ist B_0 eine Spitze oder aber eine Klippe, die keine echte Überlappung ist, so läuft der Beweis wie früher. Sei also $B_0 : s \; _A \longleftrightarrow u \longrightarrow_{R.A} t$ eine Klippe und eine echte Überlappung. Wir können annehmen, daß der erste Beweisschritt bei $p = \lambda$ geschieht. Dann hat die beteiligte Regel die Form $f(s,t) \to r$ und B_0 eine der Formen

$$f(f(u,v),w) \; \longleftrightarrow_A \; f(u,f(v,w)) \; \xleftrightarrow{*}_A \; f(u,f(\sigma(s),\sigma(t))) \; \longrightarrow_R \; f(u,\sigma(r))$$
$$f(v,f(w,u)) \; \longleftrightarrow_A \; f(f(u,w),u) \; \xleftrightarrow{*}_A \; f(f(\sigma(s),\sigma(t)),u) \; \longrightarrow_R \; f(\sigma(r),u)$$

Wir betrachten nun den ersten Fall, der zweite läuft analog. Nach Lemma 4.3.20 gibt es einen Term w' mit $f(u,f(\sigma(s),\sigma(t))) \longrightarrow_{R^e.A} w'$ bei $q = \lambda$ und $f(u,\sigma(r)) \xrightarrow{*}{}^{\circ}_{R^e/A} w'$. Wegen der Fairness-Bedingung $R^e \subseteq \bigcup S_i$ gibt es ein j mit $B_0' = f(f(u,v),w) \longrightarrow_{S_j.A}$ $w' \; {}^{\circ}_{S_j/A} \xleftarrow{*} f(u,\sigma(r))$.

Man kann jetzt nachrechnen, daß $B_0 >_A B_0'$ gilt: Wir behaupten, daß B_0 größer ist als alle Beweisschritte in B_0'. Dies gilt offenbar für alle Beweisschritte in $w' \; {}^{\circ}_{S_j/A} \xleftarrow{*}$ $f(u,\sigma(r))$, da $u > u'$ für alle Terme u' in diesem Beweis. Der Gleichheitsschritt $f(f(u,v),w) \longleftrightarrow_A f(u,f(v,w))$, der in B nicht rechts-beschränkt ist, ist komplexer als alle Gleichheitsschritte in $f(f(u,v),w) \longrightarrow_{S_j.A} w'$, weil alle diese Beweisschritte rechts-beschränkt sind. Schließlich ist der Gleichheitsschritt in B größer in der dritten Komponente von $>_q$ als der Beweisschritt in $f(f(u,v),w) \longrightarrow_{S_j.A} w'$. Also ist $B_0 >_A B_0'$. $\qquad\qquad\square$

Beispiel 4.3.22 (Abelsche Gruppen) *Sei*
$E: \quad x + 0 = x \qquad x + -(x) = 0$
$+$ ist ein AC-Symbol
$>$ die Polynomordnung mit $\varphi(0) = 2$, $\varphi(-)(x) = x^2$ und $\varphi(+)(x,y) = x + y$
Die Vervollständigung liefert

(1)	$x + 0 \to x$	*Gleichung richten*
(2)	$x + -(x) \to 0$	*Gleichung richten*
(3)	$(x + -(x)) + y \to 0 + y$	*Erweiterung von (2)*
(3')	$(x + -(x)) + y \to y$	*Simplifikation von (3), löscht (3)*
(4)	$-(0) \to 0$	*aus (1), (2)*
(5)	$-(-(x)) \to x$	*aus (2), (3')*
(6)	$y + -(x + y) \to -x$	*aus (3'), (3')*
(7)	$-(x + y) \to -(x) + -(y)$	*aus (6), (2), löscht (6)*

Jetzt ist R.A Church-Rosser modulo A.

$$
\begin{array}{llll}
R: & x + 0 & \to & x \\
& -(0) & \to & 0 \\
& -(-x) & \to & x
\end{array}
\qquad
\begin{array}{lll}
x + -(x) & \to & 0 \\
(x + -(x) + y) & \to & y \\
-(x + y) & \to & -(x) + -(y)
\end{array}
$$

Wir betrachten in Abbildung 4.10 die Entstehung einiger Regeln. Dabei ist $\longrightarrow \; = \; \longrightarrow_R$.

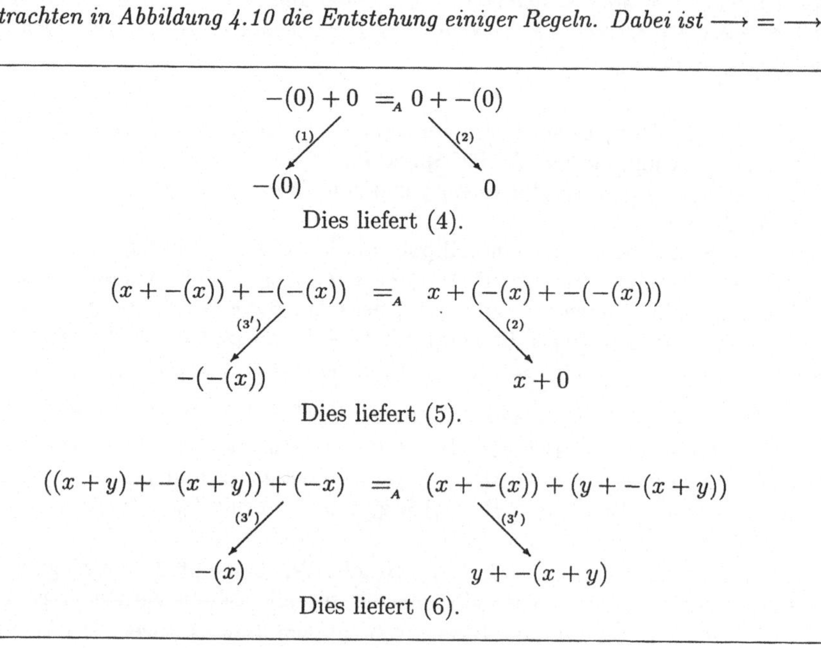

Abbildung 4.10: $\mathcal{A}$-Vervollständigung

Beispiel 4.3.23 (Kommutative Ringe mit 1) *Sei*

$$
E: \quad x + 0 = x \qquad x * 0 = 0 \quad x * (y + z) = (x * y) + (x * z)
$$
$$
x + -(x) = 0 \quad x * 1 = x
$$

*+ und * sind AC-Symbole*
> die Polynomordnung zu $\varphi(0) = \varphi(1) = 2$, $\varphi(-)(x) = 3x + 1$, $\varphi(+)(x, y) = x + y + 1$,
und $\varphi(*)(x, y) = x \cdot y$.
Die Vervollständigung liefert

$$R: \quad
\begin{array}{lcl}
x + 0 & \to & x \\
-(0) & \to & 0 \\
-(-x) & \to & x \\
x * 0 & \to & 0 \\
x * 1 & \to & x \\
x * -(y) & \to & -(x * y)
\end{array}
\qquad
\begin{array}{lcl}
x + -(x) & \to & 0 \\
(x + -(x) + y) & \to & y \\
-(x + y) & \to & -(x) + -(y) \\
(x * -(y)) * z & \to & -(x * y) * z \\
x * (y + z) & \to & (x * y) + (x * z) \\
(x * (y + z)) * x' & \to & ((x * y) * x') + ((x * z) * x')
\end{array}$$

Beispiel 4.3.24 (Aussagenlogik, Boolesche Ringe) *Es ist $+$ die exklusive Disjunktion, $*$ die Konjunktion und $\neg$ die Negation. Seien $+$ und $*$ AC-Symbole. Dann bilden die Gleichungen im folgenden Regelsysem R zusammen mit den AC-Axiome für $+$ und $*$ das Axiomensystem für die Booleschen Ringe. Man rechnet leicht nach, daß R, A Church-Rosser modulo A ist.*

$$R: \quad
\begin{array}{lcl}
x + 0 & \to & x \\
x + x & \to & 0 \\
x * (y + z) & \to & (x * y) + (x * z) \\
(x + x) + y & \to & y \\
(x * x) * y & \to & x * y
\end{array}
\qquad
\begin{array}{lcl}
x * 0 & \to & 0 \\
x * 1 & \to & x \\
x * x & \to & x \\
\neg x & \to & x + 1
\end{array}$$

Hier ist $>$ die Polynomordnung zu $\varphi(0) = \varphi(1) = 2$, $\varphi(+)(x,y) = x+y+1$, $\varphi(*)(x,y) = x \cdot y$ und $\varphi(\neg)(x) = x + 5$.

Man beachte, daß die in den drei Beispielen angegebenen Reduktionsordnungen $>$ AC-verträglich sind.

Übungsaufgaben

Aufgabe 4.3.1: Es sei A die Menge der AC-Axiome zu f und g. Man bestimme, ob s und t A-unifizierbar sind und gebe gegebenenfalls einen AC-Unifikator an.
a) $s \equiv g(g(a,x), g(b,y))$, $\quad t \equiv g(g(c,x), z)$
b) $s \equiv f(g(x,c), f(g(y,a), z))$, $\quad t \equiv f(f(y,z), g(a,b))$
c) $s \equiv f(f(x,x), y)$, $\quad t \equiv f(a,z)$

Aufgabe 4.3.2: Sei $u \equiv ((a + a) + b) + b$ und
$R: x + x \to 0$, $\qquad A: +$ ist AC.
Man bestimme alle Paare (s,t) mit $s \; {}_A\!\longleftarrow u \longrightarrow_{R.A} t$ oder $s \; {}_{R.A}\!\longleftarrow u \longrightarrow_{R.A} t$ und zeige: Es gilt $s \downarrow_\sim t$ oder der Beweis zu $s = t$ in $R \cup A$ enthält eine Spitze oder eine Klippe.

Aufgabe 4.3.3: Gegeben sei
$R: x \wedge x \to x \quad x \vee x \to x \quad (x \vee y) \wedge y \to y$
$A: \wedge, \vee$ sind AC
Man bestimme die Mengen $CP_A(R)$ und $CP_A(R, A)$.

Aufgabe 4.3.4: Gegeben sei
$R: x + 0 \to x \quad x + (-x) \to 0$
$A: +$ ist AC

Man transformiere mit dem Inferenzsystem $\mathcal{A}$ die folgenden Beweise in V-Beweise modulo $\mathcal{A}$.

a) $d + ((a+b) + (-(b+a)))\ {}_{R.A}\longleftarrow d + (a + (0+b)) + (-((b+0)+a)) \longrightarrow_{R.A} d+0$

b) $(-0+a)+b\ {}_{R.A}\longleftarrow ((-0+a)+0)+b =_A (a+(-0+0))+b \longrightarrow_{R.A} (a+0)+b \longrightarrow_{R.A}$ $a+b$.

Aufgabe 4.3.5: Es seien R und A wie in Aufgabe 4.3.4.
a) Man bestimme $R_1 = EXT_A(R)$ und $R_2 = EXT_A(R_1)$.
b) Man bestimme das erweiterte Regelsystem R^e.
c) Man zeige, daß $R^e = (R^e)^e$ gilt.

Aufgabe 4.3.6: Man zeige, daß $\longrightarrow_{R.A}$ lokal konfluent modulo A und lokal kohärent modulo A ist:

$$
\begin{array}{llll}
R: & min(x,0) & \to & 0 \\
   & min(x,x) & \to & x
\end{array}
\qquad
\begin{array}{lll}
min(s(x),s(y)) & \to & s(min(x,y)) \\
min(min(x,x),y) & \to & min(x,y) \\
min(min(s(x),s(y)),z) & \to & min(s(min(x,y)),z)
\end{array}
$$

$$A: \quad min \text{ ist } AC$$

Aufgabe 4.3.7: Man zeige, daß folgendes Problem entscheidbar ist.
Eingabe: Ein endliches Regelsystem R und ein System A von AC-Axiomen, so daß $\longrightarrow_{R/A}$ terminierend ist.
Frage: Ist $\longrightarrow_{R.A}$ Church-Rosser modulo A?

4.4 A-verträgliche Reduktionsordnungen

Es sollen jetzt Verfahren behandelt werden, mit denen man zu gegebenem Regelsystem R und gegebener Theorie A die Termination von R/A beweisen kann. Man beachte, daß in den früheren Abschnitten die Termination von R/A auch dann benötigt wurde, wenn zur Reduktion $R.A$ oder auch nur R benutzt wurde.

Das Lemma 4.1.11 besagt, daß R/A genau dann terminierend ist, wenn es eine A-verträgliche Reduktionsordnung $>$ gibt mit $l > r$ für alle $l \to r$ in R. Dabei heißt eine Reduktionsordnung $>$ A-verträglich, wenn gilt: Aus $s' =_A s > t =_A t'$ folgt $s' > t'$. Es ergibt sich also die Frage, wie man A-verträgliche Reduktionsordnungen konstruieren kann.

Eine Quasi-Reduktionsordnung $\geq$ heißt A-verträglich, wenn ihr echter Anteil $>$ A-verträglich ist. Ist $\geq$ eine Quasi-Reduktionsordnung mit $=_A\ \subseteq\ \geq\ \cap\ \leq$, so ist $\geq$ offenbar A-verträglich.

4.4.1 Semantische Reduktionsordnungen

Der erste Ansatz zur Konstruktion von A-verträglichen Quasi-Reduktionsordnungen verwendet semantische Ordnungen. Ist wie in Abschnitt 3.7 $(M, >_0)$ eine geordnete Menge und φ eine Terminierungsfunktion, die jedem n-stelligen $f \in F$ eine Funktion $\varphi(f) : M^n \to M$ zuordnet, so ist $\geq$ erklärt durch

$$s \geq t \quad \text{gdw} \quad \varphi(s) \geq_0 \varphi(t) \text{ auf } M.$$

Unter den in Lemma 3.7.15 und Lemma 3.7.17 angegebenen Bedingungen ist $>$ eine Reduktionsordnung. Gilt $\varphi(u) = \varphi(v)$ auf M für alle Gleichungen $u = v$ in A, so ist $\geq$ eine A-verträgliche Quasi-Reduktionsordnung. Aus $s =_A t$ folgt nämlich $s \geq t$ und $t \geq s$, also gilt $=_A \subseteq \geq \cap \leq$. Dies liefert

Satz 4.4.1 *Sei $\geq$ eine semantische Quasi-Reduktionsordnung zur Terminierungsfunktion φ. Gilt $\varphi(u) = \varphi(v)$ für alle Gleichungen $u = v$ aus A, so ist $>$ A-verträglich.*

$\square$

Wir betrachten dies für den Fall, daß A eine Menge von AC-Axiomen und $>$ eine Polynomordnung ist. Ist f ein AC-Symbol, so lauten die AC-Axiome für f

$$\begin{aligned} f(f(x,y),z) &= f(x,f(y,z)) \\ f(x,y) &= f(y,x). \end{aligned}$$

Die Forderung, daß $\varphi(f(f(x,y),z)) = \varphi(f(x,f(y,z)))$ und $\varphi(f(x,y)) = \varphi(f(y,x))$ gelten muß, schränkt die Wahl der Koeffizienten von $\varphi(f)$ stark ein. Ist $\varphi(f)(x,y) = \Sigma a_{ij} x^i y^j$, so impliziert das Kommutativitätsaxiom $a_{ij} = a_{ji}$ für alle i,j. Das Assoziativitätsaxiom schränkt die mögliche Wahl der a_{ij} weiter ein. Speziell liefert ein Vergleich der höchsten Koeffizienten von $\varphi(f(f(x,y),z))$ und $\varphi(f(x,f(y,z)))$, daß $a_{ij} = 0$ gelten muß für $i \geq 2$ oder $j \geq 2$. Man rechnet leicht nach, daß folgendes Lemma gilt.

Lemma 4.4.2 *Die Polynomordnung $\geq$ zur Terminierungsfunktion φ ist genau dann AC-verträglich, wenn für jedes AC-Symbol f das Polynom $\varphi(f)(x,y)$ die Form hat*
$$\varphi(f)(x,y) = axy + b(x+y) + c \text{ mit } ac + b = b^2.$$
$\square$

Die eben angegebene Technik zur Konstruktion von A-verträglichen Reduktionsordnungen ist natürlich nicht auf den Fall beschränkt, daß A eine Menge von AC-Axiomen ist. Einige einfache Fälle werden in Aufgabe 4.4.1 behandelt.

4.4.2 Die assoziative Pfadordnung

Der zweite Ansatz zur Konstruktion von A-verträglichen Quasi-Reduktionsordnungen verwendet syntaktische Ordnungen. Hier ist es erheblich schwieriger, die A-Verträglichkeit zu garantieren. Es gibt bisher nur für wenige Theorien A-verträgliche Reduktionsordnungen.

Im folgenden sei $\trianglerighteq$ eine Präzedenz auf der Menge F der Operatoren und $\geq_{rpo}$ die rekursive Pfadordnung zu $\trianglerighteq$. Wir lassen Operatoren mit variabler Stelligkeit zu. Es wird sich gleich zeigen, daß das große Vorteile bringt, wenn A eine Menge von AC-Axiomen ist.

Wir beginnen mit einer einfachen Überlegung zur rekursiven Pfadordnung. Hier hat jedes $f \in F$ den Status $stat(f) = multiset$. Ist also $\geq_{rpo}$ eine RPO und $\sim_{rpo} = \geq_{rpo} \cap \leq_{rpo}$, so gilt $f(t_1, \ldots, t_n) \sim_{rpo} f(t_{\pi(1)}, \ldots, t_{\pi(n)})$ für jede Permutation π. Dies führt zu folgendem Lemma.

Lemma 4.4.3 *Ist* $\geq_{rpo}$ *eine rekursive Pfadordnung und enthält* A *nur permutative Axiome der Form*

$$f(t_1, \ldots, t_n) = f(t_{\pi(1)}, \ldots, t_{\pi(n)}) \qquad \pi \text{ eine Permutation,}$$

so ist $\geq_{rpo}$ A-*verträglich.*

Beweis: Sei $\geq_{rpo}$ die *RPO* zur Präzedenz $\trianglerighteq$ auf F, und sei $\sim\ =\ \sim_{perm}$ die Permutationskongruenz zu $\geq$ gemäß Definition 3.7.22. Dann gilt $=_A\ \subseteq\ \sim$, da A nur permutative Gleichungen enthält, und es gilt $\sim\ =\ \geq_{rpo}\ \cap\ \leq_{rpo}$, wie im Anschluß an Satz 3.7.24 bemerkt. Hieraus folgt, daß $\geq_{rpo}$ A-verträglich ist. $\square$

Wir betrachten jetzt den Fall, daß A eine Menge von Assoziativitäts- und Kommutativitätsaxiomen ist, und definieren die assoziative Pfadordnung. Die assoziative Pfadordnung ist eine AC-verträgliche Reduktionsordnung auf der Basis der rekursiven Pfadordnung *RPO*. Sei also

$$\begin{aligned}
F_{AC} &= \{f \mid f \text{ ist ein } AC\text{-Symbol in } F\} \\
Ass &= \{f(f(x,y),z) = f(x,f(y,z)) \mid f \in F_{AC}\} \\
Kom &= \{f(x,y) = f(y,x) \mid f \in F_{AC}\} \\
A &= Ass \cup Kom
\end{aligned}$$

Wir benutzen zunächst die Gleichungen in Ass, um die Rechts-Klammerung eines Terms zu erreichen. So gilt z.B. $t \equiv f(f(t_1,t_2),f(f(t_3,t_4),t_5)) \xleftarrow{\ *\ }_{Ass} f(t_1,f(t_2,f(t_3,f(t_4,t_5))))$. Erlaubt man für die $f \in F_{AC}$ eine variable Stelligkeit, so kann man den zweiten Term eindeutig in der Form $f(t_1,t_2,t_3,t_4,t_5)$ schreiben. Wir benutzen diese Schreibweise und nennen den Term $f(t_1,t_2,t_3,t_4,t_5)$ die Abflachung von t.

Definition 4.4.4 (Abflachung) *Der* Abflach-Operator *zu* F_{AC} *ist folgendermaßen definiert. Sei* $t \equiv f(t_1, \ldots, t_n)$, *dann ist*

$$\bar{t} = \begin{cases} t & \text{falls} \quad t \text{ eine Konstante oder Variable ist} \\ f(\bar{t}_1, \ldots, \bar{t}_n) & \text{falls} \quad f \notin F_{AC} \\ t' & \text{falls} \quad f \in F_{AC} \end{cases}$$

dabei entsteht t' *aus* t, *wenn man* t_i *durch* $s_1, \ldots, s_m$ *ersetzt, falls* $\bar{t}_i = f(s_1, \ldots, s_m)$ *ist, und* t_i *durch* $\bar{t}_i$ *ersetzt, falls* $t_i = g(s_1, \ldots, s_k)$ *und* $f \neq g$ *ist.*

Ist also $t \equiv f(g(g(a,b),x), f(f(x,y),f(a,z)))$, so ist $\bar{t} = f(g(a,b,x),x,y,a,z)$ für $f,g \in F_{AC}$ und $\bar{t} \equiv f(g(g(a,b),x),x,y,a,z)$ für $f \in F_{AC}, g \notin F_{AC}$. Man beachte, daß $t_1 =_{Ass} t_2$ genau dann gilt, wenn $\bar{t}_1 \equiv \bar{t}_2$ gilt.

Man könnte also versuchen, zu einer gegebenen *RPO* $\geq_{rpo}$ eine Ass-verträgliche Ordnung zu definieren durch $s >_{Ass} t$ gdw $\bar{s} >_{rpo} \bar{t}$. Leider geht dadurch die Verträglichkeit mit der Termstruktur verloren, wie folgendes Beispiel zeigt: Sei $f \in F_{AC}$, $\triangleright$ eine Präzedenz mit $f \triangleright g$ und $\geq_{rpo}$ die *RPO* zu $\triangleright$. Für $s \equiv f(a,b), t \equiv g(a,b)$ gilt $s \equiv \bar{s}, t \equiv \bar{t}$ und $s >_{Ass} t$. Es ist aber $f(s,c) <_{Ass} f(t,c)$, da $\overline{f(s,c)} \equiv f(a,b,c) <_{rpo} f(g(a,b),c) \equiv$

$\overline{f(t,c)}$. Ist aber $\rhd$ so, daß es kein $f, g \in F$ gibt mit $f \rhd g$ und $f \in F_{AC}$, so liefert obige Konstruktion in der Tat eine *Ass*-verträgliche – sogar AC-verträgliche – Ordnung (siehe Satz 4.4.17).

Die Forderung, daß jedes AC-Symbol f minimal in der Präzedenz $\rhd$ ist, ist sehr restriktiv. Sie soll jetzt abgeschwächt werden.

Definition 4.4.5 (Assoziative Pfadbedingung) *Eine Präzedenz $\rhd$ auf F erfüllt die assoziative Pfadbedingung, falls für alle $f \in F_{AC}$ entweder (i) oder (ii) gilt.*

(i) *f ist minimal in F bezüglich $\rhd$.*

(ii) *Es gibt ein $g \in F_{AC}$, so daß f minimal in $F - \{g\}$ bezüglich $\rhd$ ist.*

Wir verdeutlichen diese Definition an einem Beispiel. Sei $F = \{f, g, h\}$, und sei $f, g \in F_{AC}$. Die Präzedenz $\rhd$ mit $f \rhd g$, $h \rhd g$ erfüllt die assoziative Pfadbedingung, nicht aber die Präzedenz $\rhd$ mit $f \rhd g$, $f \rhd h$. Die Präzedenz $\rhd$ mit $h \rhd g \rhd f$ erfüllt die assoziative Pfadbedingung genau dann, wenn $h \notin F_{AC}$ ist.

Will man subminimale AC-Operatoren wie in obiger Definition zulassen, so reicht die Transformation (Abflachung) von s, t zu $\overline{s}, \overline{t}$ vor dem Vergleich mit der *RPO* nicht aus. Das Problem liegt darin, daß die Abflachung die Terme im allgemeinen verkleinert (es gilt $t \geq_{rpo} \overline{t}$) und daß man keine Kontrolle über den Grad der Verkleinerung hat. Im obigen Beispiel $s \equiv f(a,b), t \equiv g(a,b)$ und $f \rhd g$ gilt $f(s,c) \equiv f(f(a,b),c) >_{rpo} \underline{f(a,b,c)} \equiv \overline{f(s,c)}$ und $f(t,c) \equiv f(g(a,b),c) \equiv \overline{f(t,c)}$. Dies liefert $\overline{f(s,c)} <_{rpo} \overline{f(t,c)}$, obwohl $s >_{rpo} t$ gilt. Es zeigt sich, daß man die Verkleinerung der Terme unter Kontrolle halten kann, wenn man die abgeflachten Terme vor dem $>_{rpo}$-Vergleich noch weiter transformiert: Man benötigt die Voraussetzung, daß f über g distribuiert. Die Regel $f(g(x,y),z) \to g(f(x,z),f(y,z))$ transformiert $\overline{f(s,c)}$ und $\overline{f(t,c)}$ in $\alpha(f(s,c)) \equiv f(a,b,c)$ und $\alpha(f(t,c)) \equiv g(f(a,c),f(b,c))$, und es gilt $\alpha(f(s,c)) >_{rpo} \alpha(f(t,c))$.

Das Distribuieren wird durch das folgende Regelsystem D beschrieben.

Definition 4.4.6 (Regelsystem D zur Präzedenz $\rhd$) *Sei $\rhd$ eine Präzedenz auf F, die die assoziative Pfadbedingung erfüllt. Dann besteht D aus den Regeln*

$$\begin{aligned}
f(x, g(y,z)) &\to g(f(x,y), f(x,z)) \\
f(g(x,y), z) &\to g(f(x,z), f(y,z))
\end{aligned}$$

für alle $f, g \in F_{AC}$ mit $f \rhd g$. Dabei werden f und g auch in D als AC-Symbole betrachtet. Die Reduktionsrelation zu D ist $\to_D$.

Die Terme werden also mit dem Gleichungssystem $D \cup A$ transformiert, wobei A die Menge der *AC*-Axiome zu den $f \in F_{AC}$ ist. Offenbar ist D links-linear. Wir können also die Ergebnisse aus Abschnitt 4.2 verwenden, um zu zeigen, daß $\to_D$ konvergent modulo A ist.

Lemma 4.4.7 *Das Regelsystem D ist konvergent modulo A.*

Beweis: Sei $>_{pol}$ die Polynomordnung zu
$$\varphi(f)(x,y) = x \cdot y \qquad \varphi(g)(x,y) = x + y + 1$$
für alle $f, g \in F_{AC}$ mit $f \vartriangleright g$. Dann ist $>_{pol}$ AC-verträglich nach Lemma 4.4.2, und es gilt $l >_{pol} r$ für alle $l \to r$ in D. Nach Satz 4.2.6 bleibt zu zeigen, daß $s \downarrow_\sim t$ für alle kritischen Paare $(s,t) \in CP(D) \cup CP(D,A)$ gilt. Dabei ist $\sim\, =\, =_A$ und $\to\, =\, \to_D$.

Da $\vartriangleright$ die assoziative Pfadbedingung erfüllt, gibt es zu jedem $f \vartriangleright g$ ein kritisches Paar in $CP(D)$ und 10 kritische Paare in $CP(D,A)$. Das kritische Paar in $CP(D)$ ist in Abbildung 4.11 dargestellt.

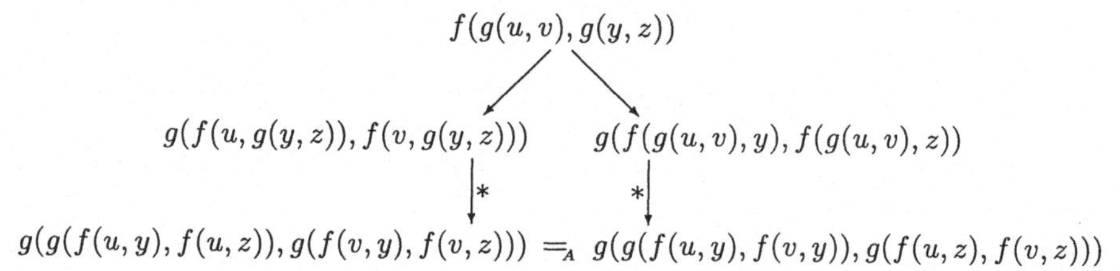

$$f(g(u,v), g(y,z))$$

$$g(f(u,g(y,z)), f(v,g(y,z)))) \qquad g(f(g(u,v),y), f(g(u,v),z))$$

$$\Big\downarrow * \qquad\qquad\qquad\qquad * \Big\downarrow$$

$$g(g(f(u,y), f(u,z)), g(f(v,y), f(v,z))) \;=_A\; g(g(f(u,y), f(v,y)), g(f(u,z), f(v,z)))$$

Abbildung 4.11: Beweis zu Lemma 4.4.7, Teil 1

Die kritischen Paare zwischen der Regel $f(x, g(y,z)) \to g(f(x,y), f(x,z))$ und den AC-Gleichungen sind in Abbildung 4.12 angegeben.

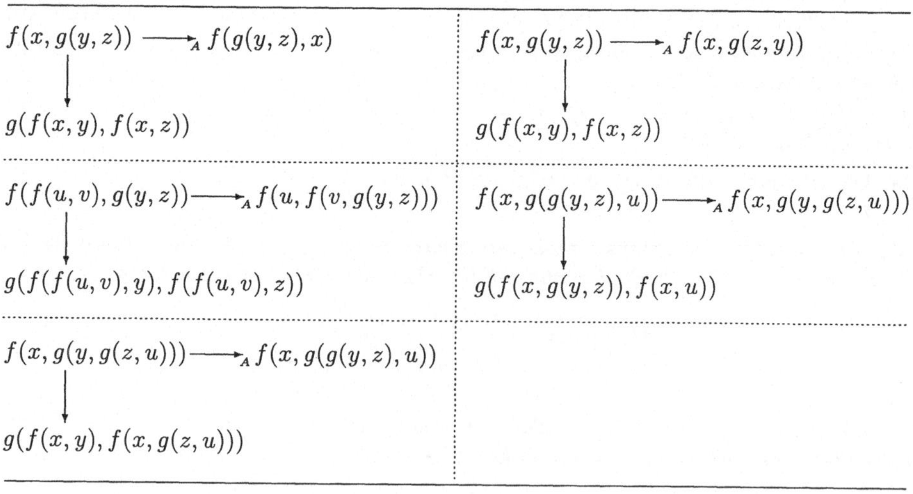

$$f(x, g(y,z)) \xrightarrow{\;A\;} f(g(y,z), x)$$
$$\Big\downarrow$$
$$g(f(x,y), f(x,z))$$

$$f(x, g(y,z)) \xrightarrow{\;A\;} f(x, g(z,y))$$
$$\Big\downarrow$$
$$g(f(x,y), f(x,z))$$

$$f(f(u,v), g(y,z)) \xrightarrow{\;A\;} f(u, f(v, g(y,z)))$$
$$\Big\downarrow$$
$$g(f(f(u,v),y), f(f(u,v),z))$$

$$f(x, g(g(y,z), u)) \xrightarrow{\;A\;} f(x, g(y, g(z,u)))$$
$$\Big\downarrow$$
$$g(f(x, g(y,z)), f(x,u))$$

$$f(x, g(y, g(z,u))) \xrightarrow{\;A\;} f(x, g(g(y,z), u))$$
$$\Big\downarrow$$
$$g(f(x,y), f(x, g(z,u)))$$

Abbildung 4.12: Beweis zu Lemma 4.4.7, Teil 2

Analog ergeben sich fünf kritische Paare zwischen der Regel $f(g(x,y), z) \to g(f(x,z), f(y,z))$ und den AC-Gleichungen. Man prüft leicht nach, daß $s \downarrow_\sim t$ für alle diese kritischen Paare (s, t) gilt. Also ist D konvergent modulo AC.   □

Wir geben jetzt ein Regelsystem an, das das Abflachen und das Distribuieren gleichzeitig macht. Dazu erlauben wir, daß alle AC-Symbole eine variable Stelligkeit haben.

Definition 4.4.8 (Regelsystem DV zur Präzedenz $\rhd$) *Sei $\rhd$ eine Präzedenz auf F, die die assoziative Pfadbedingung erfüllt. Dann besteht DV aus allen Regeln der Form*

$$f(x_1, \ldots, x_i, f(y_1, \ldots, y_m), x_{i+1}, \ldots, x_n)$$
$$\to f(x_1, \ldots, x_i, y_1, \ldots, y_m, x_{i+1}, \ldots, x_n) \qquad f \in F_{AC}$$
$$f(x_1, \ldots, x_i, g(y_1, \ldots, y_m), x_{i+1}, \ldots, x_n)$$
$$\to g(f(x_1, \ldots, x_n, y_1), \ldots, f(x_1, \ldots, x_n, y_m)) \qquad f \rhd g \quad f, g \in F_{AC}$$

Die durch DV definierte Reduktionsrelation ist $\to_{DV}$. Sie ist terminierend, weil $l >_{rpo} r$ für jede Regel $l \to r$ in DV gilt. Dabei ist $>_{rpo}$ die *RPO* zu $\rhd$. Sei $\sim_{perm}$ die Permutationskongruenz zur Präzedenz $\rhd$ (siehe Definition 3.7.22). Man zeigt analog zu Lemma 4.4.7

Lemma 4.4.9 *Das Regelsystem DV ist konvergent modulo $\sim_{perm}$.*   □

Nach Lemma 4.4.9 gilt $t_1 \sim_{perm} t_2$ für je zwei DV-Normalformen zu $t \in Term(F, V)$. Also sind t_1 und t_2 bezüglich $\geq_{rpo}$ gleich groß wegen $\sim_{rpo} = \sim_{perm}$. Wir definieren daher die Transformation $t \mapsto \alpha(t)$ durch

$$\alpha(t) \equiv t^* \qquad t^* \text{ eine } DV\text{-Normalform zu } t$$

und setzen $s >_{apo} t$, falls $\alpha(s) >_{rpo} \alpha(t)$. Um s und t auch bezüglich $>_{apo}$ vergleichen zu können, wenn $\alpha(s) \sim_{perm} \alpha(t)$ gilt, kann man eine beliebige Partialordnung $>_0$ auf $Term(F, V)$ gemäß der folgenden Definition wählen.

Definition 4.4.10 (Zulässige Partialordnung) *Sei $\rhd$ eine Präzedenz auf F, die die assoziative Pfadbedingung erfüllt. Eine Partialordnung $>_0$ auf $Term(F, V)$ heißt zulässig, falls sie (i) verträglich mit Substitutionen und der Termstruktur ist, (ii) AC-verträglich ist und (iii) auf jeder Äquivalenzklasse $[t] = \{s \mid \alpha(s) \sim_{perm} \alpha(t)\}$ wohlfundiert ist.*

Beispiel 4.4.11
a) *Offenbar ist jede AC-verträgliche Reduktionsordnung zulässig. Dies gilt speziell für*
$$>_0 = \xrightarrow{+}_{D/A}.$$

b) *Sei*
$$s >_0 t \quad gdw \quad |s| < |t| \text{ und } |s|_x \leq |t|_x \text{ für alle } x \in V.$$
Dann ist $>_0$ zulässig. Es gibt zwar unendliche $>_0$-Ketten auf $Term(F, V)$, nicht aber auf einer Äquivalenzklasse $[t]$. Es gibt nämlich zu jedem t ein $k \in \mathbb{N}$ mit $|s| \leq k$ für alle $s \in [t]$.

Wir können jetzt die assoziative Pfadordnung definieren.

Definition 4.4.12 (Assoziative Pfadordnung APO) *Sei $\triangleright$ eine Präzedenz auf F, die die assoziative Pfadbedingung erfüllt, und sei $>_0$ eine zulässige Partialordnung. Dann ist die APO $>_{apo}$ zu ($\triangleright, >_0$) auf $Term(F, V)$ definiert durch*

$$s >_{apo} t \quad gdw \quad \alpha(s) >_{rpo} \alpha(t) \ oder$$
$$\alpha(s) \sim_{perm} \alpha(t) \ und \ s >_0 t$$

Dabei ist $>_{rpo}$ die RPO zu $\triangleright$.

Ist etwa $s \equiv f(a, f(a, a)), t \equiv f(a, g(a, a))$ und $f \triangleright g$, dann gilt $\alpha(s) \equiv f(a, a, a) >_{rpo}$ $g(f(a, a), f(a, a)) \equiv \alpha(t)$, also $s >_{apo} t$. Ist $s \equiv f(a, g(a, a))$ und $t \equiv g(f(a, a), f(a, a))$, so ist $\alpha(s) \equiv t \equiv \alpha(t)$ und $s >_0 t$ mit $>_0 = \xrightarrow{+}_{D/A}$. Also gilt $s >_{apo} t$.

Es soll gezeigt werden, daß jede APO eine AC-verträgliche Reduktionsordnung ist. Dies geschieht in mehreren Schritten. Wir zeigen zunächst, daß sie wirklich eine Partialordnung ist, dann, daß sie eine Simplifikationsordnung ist, und schließlich, daß sie mit Substitutionen verträglich ist.

Lemma 4.4.13 *Jede APO ist eine AC-verträgliche Partialordnung.*

Beweis: Sei $>_{apo}$ die APO zu ($\triangleright, >_0$). Es ist $>_{apo}$ irreflexiv und transitiv nach Definition, da dies für $>_{rpo}$ und $>_0$ gilt. Also ist $>_0$ eine Partialordnung. Für den Nachweis der AC-Verträglichkeit sei $s' =_A s >_{apo} t =_A t'$, zu zeigen ist dann $s' >_{apo} t'$. Es gilt $\alpha(s') \sim_{rpo} \alpha(s)$ und $\alpha(t) \sim_{rpo} \alpha(t')$. Ist $s >_{apo} t$ wegen $\alpha(s) >_{rpo} \alpha(t)$, so gilt auch $\alpha(s') >_{rpo} \alpha(t')$, also $s' >_{apo} t'$. Ist $s >_{apo} t$ wegen $\alpha(s) \sim_{rpo} \alpha(t)$ und $s >_0 t$, so gilt auch $\alpha(s') \sim_{rpo} \alpha(t')$ und $s' >_0 t'$, da $>_0$ AC-verträglich ist. Also gilt auch hier $s' >_{apo} t'$. $\square$

Es soll als nächstes gezeigt werden, daß jede APO eine Simplifikationsordnung ist, die mit Substitutionen verträglich ist. Dazu benötigen wir einige Hilfslemmata. Man beachte, daß für den Test $s >_{apo} t$ zuerst $\alpha(s) >_{rpo} \alpha(t)$ getestet werden muß. Wir untersuchen also zunächst, wie sich die RPO bezüglich des α-Operators verhält. Sei $top(s)$ das führende Funktionssymbol von s.

Lemma 4.4.14 *Seien s_0, t_0, $s \equiv f(t_1, \ldots, s_0, \ldots, t_n)$ und $t \equiv f(t_1, \ldots, t_0, \ldots, t_n)$ DV-irreduzibel. Gilt $s_0 >_{rpo} t_0$, so gilt auch $\alpha(s) >_{rpo} \alpha(t)$.*

Beweis: Sei $s_0 \equiv g(s_1', \ldots, s_k')$ und $t_0 \equiv h(t_1', \ldots, t_l')$. Ist entweder $f \notin F_{AC}$ oder $f \in F_{AC} \wedge g, h \notin F_{AC}$, so gilt $\alpha(s) \equiv s >_{rpo} t \equiv \alpha(t)$. Sei jetzt also $f \in F_{AC}$ und $g \in F_{AC} \vee h \in F_{AC}$. Es gilt nicht $f \triangleright g$, weil sonst entweder die assoziative Pfadbedingung verletzt oder s DV-reduzierbar wäre. Analog gilt nicht $f \triangleright h$. Es sind die Fälle zu betrachten, daß von den Funktionssymbolen f, g und h alle drei gleich, zwei gleich oder alle verschieden sind. Es zeigt sich, daß stets $\alpha(s) >_{rpo} \alpha(t)$ gilt. Wir zeigen dies für $f = g \neq h$. Es ist $\alpha(s) \equiv f(t_1, \ldots, s_1', \ldots, s_k', \ldots, t_n)$ und

$\alpha(t) \equiv t \equiv f(t_1, \ldots, h(t'_1, \ldots, t'_l), \ldots, t_n)$ und $s_0 \equiv f(s'_1, \ldots, s'_k)$. Es gilt nicht $f \rhd h$, aber $s_0 >_{rpo} t_0$, also gibt es ein s'_i mit $s'_i >_{rpo} t_0$. Dies liefert $\alpha(s) >_{rpo} \alpha(t)$. $\quad\square$

Das nächste Lemma besagt im wesentlichen, daß jede *APO* die Teiltermeigenschaft hat und mit der Termstruktur verträglich ist.

Lemma 4.4.15
a) Sei $t \equiv f(t_1, \ldots, t_n)$. Dann gilt $\alpha(t) >_{rpo} \alpha(t_i)$.
b) Sei $s \equiv f(t_1, \ldots, s_0, \ldots, t_n)$ und $t \equiv f(t_1, \ldots, t_0, \ldots, t_n)$. Gilt $\alpha(s_0) >_{rpo} \alpha(t_0)$, so gilt auch $\alpha(s) >_{rpo} \alpha(t)$. Gilt $\alpha(s_0) \sim_{rpo} \alpha(t_0)$, so gilt auch $\alpha(s) \sim_{rpo} \alpha(t)$.

Beweis:

a) Wir führen Induktion nach $>_{rpo}$: Ist t *DV*-irreduzibel, so gilt $\alpha(t) \equiv t >_{rpo} t_i \equiv \alpha(t_i)$. Sei t *DV*-reduzierbar. Ist ein t_i *DV*-reduzierbar, etwa $t_i \to_{DV} t'_i$, so gilt $t \to_{DV} t' \equiv f(t_1, \ldots, t'_i, \ldots, t_n)$. Es gilt $\alpha(t) \sim_{rpo} \alpha(t')$ und $\alpha(t_i) \sim_{rpo} \alpha(t'_i)$ und nach Induktionsvoraussetzung $\alpha(t') >_{rpo} \alpha(t'_i)$. Dies liefert $\alpha(t) >_{rpo} \alpha(t_i)$. Seien jetzt die t_i *DV*-irreduzibel. Gibt es ein t_i mit $t_i = f(s_1, \ldots, s_k)$, so gilt $t \to_{DV} t' \equiv f(t_1, \ldots, s_1, \ldots, s_k, \ldots, t_n) >_{rpo} t_i \equiv f(s_1, \ldots, s_k)$. Die Induktionsvoraussetzung liefert $\alpha(t') >_{rpo} \alpha(s_j)$, und hieraus folgt wie oben $\alpha(t) >_{rpo} \alpha(t_i)$.
Sei jetzt $f \neq top(t_i)$ und t_i *DV*-irreduzibel für alle i. Da t *DV*-reduzierbar ist, gibt es ein i mit $top(t_i) = g$ und $f \rhd g$. Sei $t_i \equiv g(s_1, \ldots, s_k)$. Dann gilt $t \to_{DV} t' \equiv g(f(s_1, t_1, \ldots, t_n), \ldots, f(s_k, t_1, \ldots, t_n))$. Nach Induktionsvoraussetzung gilt $\alpha(t') >_{rpo} \alpha(f(s_j, t_1, \ldots, t_n)) >_{rpo} \alpha(t_i)$. Dies liefert $\alpha(t) >_{rpo} \alpha(t_i)$.

b) Wir schreiben $t[t']$ für $t \equiv f(t_1, \ldots, t', \ldots, t_n)$ und zeigen durch Induktion nach $>_{rpo}$: Gilt $s_0 >_{rpo} t_0$, so gilt auch $t[s_0] >_{rpo} t[t_0]$.
Der Beweis hierzu verläuft parallel zum Beweis zu Teil a) des Lemmas. Wir betrachten nur den letzten Fall. Sei $t \equiv f(t_1, \ldots, t_0, \ldots, t_n)$, und seien $s_0, t_0, t_1, \ldots, t_n$ *DV*-irreduzibel und $f \neq top(t_i), f \neq top(s_0)$. Das Lemma 4.4.14 liefert dann $t[s_0] >_{rpo} t[t_o]$, da nach Voraussetzung $s_0 >_{rpo} t_0$ gilt.
Analog zeigt man: Gilt $\alpha(s_0) \sim_{rpo} \alpha(t_0)$, so gilt auch $\alpha(s) \sim_{rpo} \alpha(t)$. $\quad\square$

Wir betrachten jetzt das Verhalten von α und $>_{rpo}$ bei der Anwendung von Substitutionen. Eine Substitution σ heiße elementar, wenn σ die Form $\sigma = \{x \leftarrow h(x_1, \ldots, x_k)\}$ hat. Man beachte, daß sich jede Substitution als Komposition von elementaren Substitutionen darstellen läßt.
Sei

$$s \equiv f(s_1, \ldots, s_m) \qquad \sigma = \{x \leftarrow h(x_1, \ldots, x_k)\},$$

und sei s *DV*-irreduzibel. Sei $s_1 \equiv x$ und $s_i \neq x$ für $i > 1$. Dann gilt mit $s'_i \equiv \alpha(\sigma(s_i))$

(1) $\alpha(\sigma(s)) \equiv f(x_1, \ldots, x_k, s'_2, \ldots, s'_m),$ $\qquad\qquad$ falls $f = h$

(2) $\alpha(\sigma(s)) \equiv h(f(x_1, s'_2, \ldots, s'_m), \ldots, f(x_k, s'_2, \ldots, s'_m)),$ falls $f \rhd h$ und $f, h \in F_{AC}$

(3) $\alpha(\sigma(s)) \equiv f(s'_1, s'_2, \ldots, s'_m)$ $\qquad\qquad\qquad\qquad\qquad$ sonst

Weiter gilt $\sigma(s) \geq_{rpo} \alpha(\sigma(s))$ wegen $\sigma(s) \xrightarrow{*}_{DV} \alpha(\sigma(s))$.

Das nächste Lemma besagt im wesentlichen, daß jede APO mit Substitutionen verträglich ist.

Lemma 4.4.16 *Seien* $s \equiv f(s_1, \ldots, s_m)$ *und* $t \equiv g(t_1, \ldots, t_n)$ *DV-irreduzibel, und sei* $\sigma = \{x \leftarrow h(x_1, \ldots, x_k)\}$. *Gilt* $s >_{rpo} t$, *so gilt auch* $\alpha(\sigma(s)) >_{rpo} \alpha(\sigma(t))$. *Gilt* $s \sim_{rpo} t$, *so gilt auch* $\alpha(\sigma(s)) \sim_{rpo} \alpha(\sigma(t))$.

Beweis: Wir führen Induktion nach $|s| + |t|$.

a) Sei $s \sim_{rpo} t$. Dann ist $f = g, n = m$ und $s_i \sim_{rpo} t_{\pi(i)}$ für eine Permutation $\pi : \{1, \ldots, n\} \to \{1, \ldots, n\}$. Die Induktionsvoraussetzung liefert $\alpha(\sigma(s_i)) \sim_{rpo} \alpha(\sigma(t_{\pi(i)}))$. Man zeigt jetzt leicht mit der Vorüberlegung, daß $\alpha(\sigma(s)) \sim_{rpo} \alpha(\sigma(t))$ in allen drei Fällen (1), (2) und (3) gilt.

b) Sei $s >_{rpo} t$, und sei $s_i' \equiv \alpha(\sigma(s_i))$ und $t_j' \equiv \alpha(\sigma(t_j))$.

b1) Sei $f = g$. Dann gilt $\{s_1, \ldots, s_m\} \gg_{rpo} \{t_1, \ldots, t_n\}$ und die Induktionsvoraussetzung liefert $\{s_1', \ldots, s_m'\} \gg_{rpo} \{t_1', \ldots, t_n'\}$. Wie unter a) zeigt man, daß $\alpha(\sigma(s)) >_{rpo} \alpha(\sigma(t))$ gilt.

b2) Sei $f \triangleright g$. Dann gilt $s >_{rpo} t_j$ für alle j, nach Induktionsvoraussetzung also auch $\alpha(\sigma(s)) >_{rpo} \alpha(\sigma(t_j))$. Es ist $top(\alpha(\sigma(s))) \in \{f, h\}$. Ist $top(\alpha(\sigma(s))) = f$, so gilt $\alpha(\sigma(s)) >_{rpo} g(t_1', \ldots, t_n')$ wegen $f \triangleright g$. Wegen $g(t_1', \ldots, t_n') \xrightarrow{*}_{DV} \alpha(\sigma(t))$ gilt $g(t_1', \ldots, t_n') \geq_{rpo} \alpha(\sigma(t))$, also $\alpha(\sigma(s)) >_{rpo} \alpha(\sigma(t))$. Ist $top(\alpha(\sigma(s))) = h$, so ist $f \triangleright h, f, h \in F_{AC}$. Wegen $f \triangleright g$ und der assoziativen Pfadbedingung ist $g = h$. Also ist $top(\alpha(\sigma(s))) \triangleright g$, und es gilt wie eben $\alpha(\sigma(s)) >_{rpo} \alpha(\sigma(t))$.

b3) Sei weder $f = g$ noch $f \triangleright g$. Dann gibt es ein s_i mit $s_i \geq_{rpo} t$, nach Induktionsvoraussetzung also $\alpha(\sigma(s_i)) \geq_{rpo} \alpha(\sigma(t))$. Es gibt die drei Fälle (1), (2) und (3) aus der Vorüberlegung. Wegen $s_i \geq_{rpo} t$ ist s_i keine Variable. In allen drei Fällen enthält $\alpha(\sigma(s))$ den Teilterm s_i'. Hieraus folgt dann $\alpha(\sigma(s)) >_{rpo} \alpha(\sigma(s_i')) \geq_{rpo} \alpha(\sigma(t))$. $\square$

Wir sind nun in der Lage zu zeigen, daß jede APO eine AC-verträgliche Reduktionsordnung ist.

Satz 4.4.17 *Jede* APO *ist eine* AC-*verträgliche Reduktionsordnung, sogar eine Simplifikationsordnung.*

Beweis: Sei $>_{apo}$ die APO zu $(\triangleright, >_0)$. Sie ist eine AC-verträgliche Partialordnung nach Lemma 4.4.13.
a) $>_{apo}$ hat die Teiltermeigenschaft: Sei $t \equiv f(t_1, \ldots, t_n)$. Nach Lemma 4.4.15 a) gilt $\alpha(t) >_{rpo} \alpha(t_i)$, also gilt $t >_{apo} t_i$.

b) $>_{apo}$ ist verträglich mit der Termstruktur: Sei $s \equiv f(t_1, \ldots, s_0, \ldots, t_n)$, $t \equiv f(t_1, \ldots, t_0, \ldots, t_n)$ und $s_0 >_{apo} t_0$, zu zeigen ist $s >_{apo} t$. Gilt $s_0 >_{apo} t_0$ wegen $\alpha(s_0) >_{rpo} \alpha(t_0)$, so gilt $\alpha(s) >_{rpo} \alpha(t)$ nach Lemma 4.4.15 b). Hieraus folgt $s >_{apo} t$. Gilt $s_0 >_{apo} t_0$ wegen $\alpha(s_0) \sim_{rpo} \alpha(t_0)$, $s_0 >_0 t_0$, so gilt $\alpha(s) \sim_{rpo} \alpha(t)$ nach Lemma 4.4.15 b). Nun gilt $s >_0 t$, da $>_0$ verträglich mit der Termstruktur ist. Hieraus folgt auch in diesem Fall $s >_{apo} t$.

c) $>_{apo}$ ist verträglich mit Substitutionen: Sei $s >_{apo} t$, zu zeigen ist $\sigma(s) >_{apo} \sigma(t)$ für jede Substitution σ. Es reicht dies für jede elementare Substitution σ zu zeigen, d.h. wenn σ die Form $\sigma = \{x \leftarrow h(x_1, \ldots, x_k)\}$ hat. Dies reicht, weil jede Substitution eine Komposition $\sigma = \sigma_0 \circ \ldots \circ \sigma_m$ von elementaren Substitutionen σ_i ist.

Sei also σ elementar. Gilt $s >_{apo} t$ wegen $\alpha(s) >_{rpo} \alpha(t)$, so gilt $\alpha(\sigma(s)) \sim_{rpo} \alpha(\sigma(\alpha(s))) >_{rpo} \alpha(\sigma(\alpha(t))) \sim_{rpo} \alpha(\sigma(t))$, also $\alpha(\sigma(s)) >_{rpo} \alpha(\sigma(t))$ und daher $\sigma(s) >_{apo} \sigma(t)$. Gilt $s >_{apo} t$ wegen $\alpha(s) \sim_{rpo} \alpha(t)$ und $s >_0 t$, so folgt analog $\alpha(\sigma(s)) \sim_{rpo} \alpha(\sigma(t))$ und $\sigma(s) >_0 \sigma(t)$. Dies liefert auch $\sigma(s) >_{apo} \sigma(t)$. $\qquad\square$

Wir wenden Satz 4.4.17 auf einige Regelsysteme an.

Beispiel 4.4.18

a) *Abelsche Gruppen*

Sei $F = \{0, +, -\}$, $F_{AC} = \{+\}$ *und* $\rhd: - \rhd + \ und - \rhd 0.$

$$
\begin{array}{rllcl}
R: & (1) & x + 0 & \to & x \\
   & (2) & -0 & \to & 0 \\
   & (3) & x + -(x) & \to & 0 \\
   & (4) & (x + -(x)) + y & \to & y \\
   & (5) & -(-(x)) & \to & x \\
   & (6) & -(x + y) & \to & -(x) + -(y)
\end{array}
$$

Offenbar erfüllt $\rhd$ *die assoziative Pfadbedingung. Man rechnet leicht nach, daß* $\alpha(l) >_{rpo} \alpha(r)$*, also* $l >_{apo} r$ *für jede Regel* $l \to r$ *gilt. Also ist* R/A *terminierend. In diesem Beispiel wird die Ordnung* $>_0$ *nicht benötigt.*

b) *Ringe*

Sei $F = \{0, +, -, 1, *\}$, $F_{AC} = \{+\}$ *und* $\rhd: * \rhd - \rhd + \ und - \rhd 0.$ *Es besteht* R *aus den Regeln (1) - (6) der Abelschen Gruppen und*

$$
\begin{array}{rllcl}
R' & (7) & x * 0 & \to & 0 \\
   & (8) & 0 * x & \to & 0 \\
   & (9) & x * (y + z) & \to & (x * y) + (x * z) \\
   & (10) & (x + y) * z & \to & (x * z) + (y * z) \\
   & (11) & x * -(y) & \to & -(x * y) \\
   & (12) & -(x) * y & \to & -(x * y)
\end{array}
$$

Wieder gilt $\alpha(l) >_{rpo} \alpha(r)$*, also* $l >_{apo} r$ *für jede Regel* $l \to r$*. Also ist* R/A *terminierend. Auch hier wird die Ordnung* $>_0$ *nicht benötigt.*

c) *Kommutative Ringe mit Eins-Element*

Sei $F = \{0, +, -, 1, *\}$, $F_{AC} = \{+, *\}$*. Es besteht* R *aus den Regeln (1) - (6) der Abelschen Gruppen und*

$$
\begin{array}{rllcl}
R' & (7') & x * 0 & \to & 0 \\
   & (8') & x * 1 & \to & x \\
   & (9') & x * -(y) & \to & -(x * y) \\
   & (10') & (x * -(y)) * z & \to & -((x * y) * z) \\
   & (11') & x * (y + z) & \to & (x * y) + (x * z) \\
   & (12') & (x * (y + z)) * x' & \to & ((x * y) * x') + ((x * z) * x')
\end{array}
$$

Wir zeigen, daß die Termination von R/A mit dem Satz 4.4.17 nicht nachweisbar ist. Man benötigt für Regel (9') die Präzedenz $*\ \rhd\ -$ und für Regel (11') und (12') die Präzedenz $*\ \rhd\ +$. Damit wird die assoziative Pfadbedingung verletzt und der Satz 4.4.17 ist nicht anwendbar.

d) *Boolesche Ringe*

Sei $F = \{0, 1, +, *, \neg, \vee\}$, $F_{AC} = \{*, +\}$ und $\rhd$: $\vee \rhd *$ und $\neg \rhd +$ und $\neg \rhd 1$ und $* \rhd +$. Sei weiter $>_0$: $\xrightarrow{+}_{D/A}$.

$$
\begin{array}{llll}
R: & (1) & x + 0 & \to x \\
   & (2) & x + x & \to x \\
   & (3) & x * 0 & \to 0 \\
   & (4) & x * 1 & \to x \\
   & (5) & x * x & \to x \\
   & (6) & (x + y) * z & \to (x * z) + (y * z) \\
   & (7) & \neg(x) & \to x + 1 \\
   & (8) & (x \vee y) & \to (x * y) + (x + y)
\end{array}
$$

Es erfüllt $\rhd$ die assoziative Pfadbedingung. Für Regel (6) gilt $l >_{apo} r$ wegen $\alpha(l) \sim_{rpo} \alpha(r)$ und $l >_0 r$. Für alle anderen Regeln gilt $l >_{apo} r$ wegen $\alpha(l) >_{rpo} \alpha(r)$. Also ist R/A terminierend.

Die assoziative Pfadordnung verlangt, daß für jedes $f \in F_{AC}$ entweder (i) oder (ii) gilt:

(i) f ist in F minimal bezüglich $\rhd$.

(ii) Es gibt ein $g \in F_{AC}$, so daß f in $F - \{g\}$ minimal bezüglich $\rhd$ ist.

Diese Bedingung ist sehr restriktiv, wie schon das Beispiel der kommutativen Ringe mit Eins-Element zeigt (siehe obiges Beispiel c)). Mit ihr kann man nicht einmal die Regel

$$x + s(y) \to s(x + y) \qquad\qquad + \in F_{AC}$$

behandeln. Man benötigt nämlich die Präzedenz $+ \rhd s$, und dies ist nicht erlaubt.

Glücklicherweise kann man die assoziative Pfadbedingung abschwächen. Schon in der Arbeit [BD86] findet man folgende Erweiterung.

1. Man modifiziert die Bedingung (ii) in Definition 4.4.5 zu

(ii') Es gibt ein $g \in F$, so daß g entweder einstellig ist oder in F_{AC} liegt und daß f in $F - \{g\}$ minimal bezüglich $\rhd$ ist.

2. Man erweitert das Regelsystem DV in Definition 4.4.8 um alle Regeln der Form

$$
\begin{aligned}
& f(x_1, \ldots, x_i, g(y), x_{i+1}, \ldots, x_n) \\
& \qquad \to g(f(x_1, \ldots, x_n, y)) \qquad\qquad f \rhd g, \ f \in F_{AC}, \ g \text{ einstellig}
\end{aligned}
$$

Dann gilt der Satz 4.4.17 weiterhin. Die Beweise sind sehr technisch und werden daher hier weggelassen. Man benötigt keine neuen Beweisideen, muß aber viele Fallunterscheidungen durchführen.

Beispiel 4.4.19 (Binomialkoeffizienten)

Sei $F = \{0, s, +, bin\}$, $F_{AC} = \{+\}$ und $\triangleright$: $bin \triangleright + \triangleright s$. Sei weiter $>_0$: $\xrightarrow{+}_{DV/A}$.

$$R: \quad (1) \quad x + 0 \qquad\qquad \to \quad x$$
$$(2) \quad x + s(y) \qquad\quad \to \quad s(x + y)$$
$$(3) \quad bin(0, s(y)) \qquad \to \quad 0$$
$$(4) \quad bin(x, 0) \qquad\quad \to \quad s(0)$$
$$(5) \quad bin(s(x), s(y)) \quad \to \quad bin(x, y) + bin(x, s(y))$$

Wir zeigen $l >_{apo} r$ für die Regeln (2) und (5). Zunächst zu (2): Es ist $\alpha(x + s(y)) \equiv s(x + y) \equiv \alpha(s(x + y))$ und $x + s(y) \to_{DV/A} s(x + y)$. Also gilt $x + s(y) >_{apo} s(x + y)$. Für Regel (5) gilt $\alpha(l) \equiv l >_{rpo} r \equiv \alpha(r)$, also $l >_{apo} r$. Analog zeigt man $l >_{apo} r$ für die anderen Regeln. Also is R/A terminierend.

In der Arbeit [DP93] wird diese assoziative Pfadbedingung noch weiter abgeschwächt. So wird zugelassen, daß es mehrere $g_i \in F_{AC}$ mit $f \triangleright g_i$ geben darf. Man darf auch Ketten $f_1 \triangleright f_2 \triangleright \ldots \triangleright f_k$ von AC-Symbolen zulassen oder Ketten der Form $f \triangleright h_1 \triangleright \ldots \triangleright h_k \triangleright g$, wobei f, g AC-Symbole und die h_i einstellige Funktionssymbole sind. Ein anderer Ansatz zur flexiblen Konstruktion von AC-verträglichen Ordnungen benutzt Knuth-Bendix-Ordnungen, in denen die Funktionssymbole einen Status wie bei der RPO/LPO haben dürfen, siehe [Ste90a]. In [Ste94] sind weitere Ergebnisse aufgeführt, hier findet man auch einen guten Überblick über den aktuellen Wissensstand.

Übungsaufgaben

Aufgabe 4.4.1: Man kann A-verträgliche Polynomordnungen für verschiedene Gleichungssysteme A konstruieren. Dazu muß man die Interpretation $\varphi(f), f \in F_A$, geeignet wählen, siehe Satz 4.4.1. Man tue dies für folgende Beispiele. Gesucht sind hinreichende Bedingungen an die $\varphi(f), f \in F_A$, so daß die Polynomordnung $> = >_\varphi$ A-verträglich ist.

a) Links-Distributivität
$$A: \quad f(g(x, y), z) \;=\; g(f(x, z), f(y, z))$$

b) Distributivität
$$A: \quad f(g(x, y), z) \;=\; g(f(x, z), f(y, z))$$
$$f(x, g(y, z)) \;=\; g(f(x, y), f(x, z))$$

c) Endomorphismus
$$A: \quad h(f(x, y)) \;=\; f(h(x), h(y))$$

Aufgabe 4.4.2: Man zeige mit Polynomordnungen, daß $\longrightarrow_{R/A}$ terminierend ist.

a) Aussagenlogik

$$R: \quad x \wedge 0 \;\to\; 0 \qquad\qquad x \oplus 0 \qquad \to \quad x$$
$$x \wedge 1 \;\to\; x \qquad\qquad x \oplus x \qquad \to \quad 0$$
$$x \wedge x \;\to\; x \qquad\qquad (x \oplus y) \wedge z \;\to\; (x \wedge z) \oplus (y \wedge z)$$
$$A: \quad \wedge, \oplus \text{ sind } AC$$

b) Maximum

$R: \quad max(x, 0) \quad\quad \to \quad x$
$\quad\quad max(0, y) \quad\quad \to \quad y$
$\quad\quad max(s(x), s(y)) \quad \to \quad s(max(x, y))$
$A: \quad max$ ist AC

c) Summe einer Folge

$R: \quad x + 0 \quad\quad \to \quad x \quad\quad\quad\quad\quad\quad sum(nil) \quad \to \quad 0$
$\quad\quad x + s(y) \quad \to \quad s(x + y) \quad\quad\quad\quad sum(x.l) \quad \to \quad x + sum(l)$
$A: \quad +$ ist AC

Aufgabe 4.4.3: Man zeige mit einer APO, daß $\longrightarrow_{R/A}$ terminierend ist.

a) Aussagenlogik

$R: \quad x \lor 0 \quad \to \quad x \quad\quad\quad\quad \neg(x \lor y) \quad\quad \to \quad \neg(x) \land \neg(y)$
$\quad\quad x \land 1 \quad \to \quad x \quad\quad\quad\quad (x \lor y) \land z \quad \to \quad (x \land z) \lor (y \land z)$
$\quad\quad \neg(0) \quad \to \quad 1 \quad\quad\quad\quad \neg(\neg(x)) \quad\quad \to \quad x$
$\quad\quad \neg(1) \quad \to \quad 0$
$A: \quad \land, \lor$ sind AC

b) Distributivität und Endomorphismus

$R: \quad (x + y) \cdot z \quad \to \quad (x \cdot z) + (y \cdot z)$
$\quad\quad h(x) \cdot h(y) \quad \to \quad h(x \cdot y)$
$A: \quad +$ ist AC

Aufgabe 4.4.4: Man kann auch eine Knuth-Bendix-Ordnung zu einer AC-verträglichen Ordnung verfeinern. Das wird hier vorbereitet. Siehe [Ste94].

Sei $>$ eine Präzedenz auf F, sei $\varphi : F \cup V \to \mathbb{N}$ eine Gewichtsfunktion wie in Definition 3.5.12 und sei $stat : F \to \{left\text{-}to\text{-}right, right\text{-}to\text{-}left, multiset\}$ eine Statusfunktion. Wir erlauben auch $\varphi(f) = 0$, wenn f einstellig ist und $f > g$ für alle $g \in F - \{f\}$ gilt. Dann ist die Knuth-Bendix-Ordnung mit Status (KBOS) definiert durch

$s \equiv f(s_1, \ldots, s_m) >_{kbo} t \equiv g(t_1, \ldots, t_n)$
gdw $\quad |\, s\,|_x \geq |\, t\,|_x$ für alle $x \in V$ und

$\quad\quad (1) \quad\quad \varphi(s) > \varphi(t)$ oder
$\quad\quad (2) \quad\quad \varphi(s) = \varphi(t)$ und
$\quad\quad (2a) \quad\quad f > g$ oder
$\quad\quad (2b) \quad\quad f = g, \{s_1, \ldots, s_m\} \gg_{kbo} \{t_1, \ldots, t_m\}$, falls $stat(f) = multiset$
$\quad\quad\quad\quad\quad\quad f = g, (s_1, \ldots, s_m) >_{kbo}^{lex,l-r} (t_1, \ldots, t_m)$, falls $stat(f) = left\text{-}to\text{-}right$
$\quad\quad\quad\quad\quad\quad f = g, (s_1, \ldots, s_m) >_{kbo}^{lex,r-l} (t_1, \ldots, t_m)$, falls $stat(f) = right\text{-}to\text{-}left$

Dabei ist $>_{kbo}^{lex,l-r}$ (bzw. $>_{kbo}^{lex,r-l}$) die lexikographische Erweiterung von links nach rechts (bzw. von rechts nach links) von $>_{kbo}$. Man zeige, daß $>_{kbo}$ eine mit Substitutionen verträgliche Simplifikationsordnung ist. Also ist $>_{kbo}$ eine Reduktionsordnung.

Aufgabe 4.4.5: Sei $>, \varphi$ und $stat$ wie in Aufgabe 4.4.4. Weiter gelte für jedes $f \in F_{AC}$: (i) $\varphi(f) = 0$, (ii) f ist minimal in $>$ und $stat(f) = multiset$. Sei $\bar{s}$ die Abflachung von s. Dann ist die KBO-AC definiert durch

$\quad\quad s >_{kbo-AC} t \quad$ gdw $\quad \bar{s} >_{kbo} \bar{t}$

Man zeige, daß $>_{kbo-AC}$ eine Simplifikationsordnung ist, die AC-verträglich und mit

Substitutionen verträglich ist. Also ist $>_{kbo-AC}$ eine AC-verträgliche Reduktionsordnung.

Aufgabe 4.4.6: Man zeige mit einer KBO-AC, daß $\longrightarrow_{R/A}$ terminierend ist.

a) Disjunktive Normalform

$$R: \quad \neg(\neg(x)) \quad \rightarrow \quad x \qquad \qquad \neg(x \vee y) \quad \rightarrow \quad \neg(x) \wedge \neg(y)$$
$$x \wedge x \quad \rightarrow \quad x \qquad \qquad \neg(x \wedge y) \quad \rightarrow \quad \neg(x) \vee \neg(y)$$
$$x \vee x \quad \rightarrow \quad x$$

$$A: \quad \wedge, \vee \text{ sind } AC$$

b) Assoziativität und Endomorphismus

$$R: \quad h(x) + h(y) \quad \rightarrow \quad h(x+y)$$
$$h(x) + (h(y) + z) \quad \rightarrow \quad h(x+y) + z$$

$$A: \quad + \text{ ist } AC$$

c) Addition von Listen

$$R: \quad nil \oplus (y.l_2) \quad \rightarrow \quad y + (nil \oplus l_2) \qquad nil \oplus nil \quad \rightarrow \quad 0$$
$$(x.l_1) \oplus nil \quad \rightarrow \quad x + (l_1 \oplus nil) \qquad (x.l_1) \oplus (y.l_2) \quad \rightarrow \quad (x+y) + (l_1 \oplus l_2)$$

$$A: \quad + \text{ ist } AC$$

Literaturhinweise zu Kapitel 4

Die Vervollständigung modulo einer unterliegenden Theorie (beschrieben durch ein Gleichungssystem A) wurde für den Fall der links-linearen Regeln schon in der Arbeit [Hue80] von Huet behandelt. Ein wesentlicher Durchbruch für den AC-Fall, ohne Beschränkung auf links-lineare Regeln, gelang mit der Arbeit [PS81] von Peterson und Stickel. Der allgemeine Fall wurde dann in [JK86] von Jouannaud und Kirchner behandelt. Schließlich wandten Bachmair und Dershowitz in [BD89] den Ansatz der Beweistransformation auf die AC-Vervollständigung an, siehe auch [Bac91]. Die hier gewählte Darstellung orientiert sich stark an der Arbeit [BD89]. Für die Bildung von A-kritischen Paaren wird die Unifikation modulo A benötigt. Diese Problematik wurde hier nicht besprochen. Man findet einen guten Überblick über dieses Gebiet in [Sie89]. A-verträgliche Polynomordnungen wurden zuerst von Lankford [Lan79] angegeben. Für Erweiterungen und Implementierungen siehe [CL87]. Für AC-verträgliche Knuth-Bendix-Ordnungen siehe [Ste90a]. Die Konstruktion von AC-verträglichen Ordnungen auf der Basis der RPO beginnt mit [DHJP83]. Die endgültige Konstruktion gelang in [BP85] und [BD86]. Für Erweiterungen siehe [Ste90b], [DP93] und [Ste94].

Kapitel 5

Ausblick

Der Inhalt von Kapitel 3 bildet den Kern der Techniken im Bereich der Termersetzungssysteme. Es gibt jedoch viele Erweiterungen, die für den praktischen Einsatz sehr wichtig sind. Einige von ihnen sollen hier kurz angedeutet werden.

In Kapitel 4 wurde schon die Erweiterung auf die Termersetzung modulo einer unterliegenden Theorie besprochen. Dies ist besonders für AC-Theorien wichtig, da in der Praxis in natürlicher Weise Operatoren auftreten, die assoziativ und kommutativ sind.

Eine andere Erweiterung widmet sich der Frage, wie man den Abbruch des Vervollständigungsalgorithmus vermeiden kann. Dies führt zur "unfailing completion", wie sie in der Dissertation von Bachmair [Bac91] im Zusammenhang mit Beweistransformationen beschrieben ist. Mit diesen Techniken kann man Semi-Entscheidungsalgorithmen für die reine Gleichheitslogik angeben. Unter der reinen Gleichheitslogik verstehen wir dabei, daß das Axiomensystem aus unbedingten Gleichungen besteht. Einen größeren Teil der vollen Prädikatenlogik erster Stufe erhält man, wenn man als Axiome Klauseln zuläßt, also Disjunktionen von Gleichungen und negierten Gleichungen. In [BG92] ist gezeigt, wie man mit Vervollständigungstechniken auch dann einen Semi-Entscheidungsalgorithmus für die Ax-Gültigkeit erhält, wenn Ax eine Menge von all-quantifizierten Klauseln ist.

Als weitere Anwendung sei noch das Lösen von Gleichungen in der freien Termalgebra erwähnt. Ist R ein konvergentes Regelsystem, so gibt es ein Verfahren, das zu je zwei Termen s und t alle R-Unifikatoren σ aufzählt, d.h. alle Substitutionen σ mit $\sigma(s) =_R \sigma(t)$. Dies ist unter dem Begriff "Narrowing" bekanntgeworden. Eine der ersten wesentlichen Arbeiten auf diesem Gebiet ist [Hul80]. Einen Überblick über den aktuellen Wissensstand findet man in [MH94].

Mit den bisher besprochenen Methoden lassen sich nur Gleichheiten behandeln, die in allen Modellen der Spezifikation gelten. Häufig ist man aber an Gleichheiten im speziellen Modell der initialen Theorie, d.h. der Gleichheit von Grundtermen, interessiert. Unter dem Schlagwort "Beweise durch Konsistenz" sind Vervollständigungsstrategien entwickelt worden, mit denen man induktive Theoreme nachweisen kann. Hier besteht ein enger Zusammenhang zum Beweisschema der Induktion nach dem Termaufbau, siehe [Bac88].

In Kapitel 3 wurden schon Datenstrukturen mit verschiedenen Sorten zugelassen, allerdings waren die Sorten als disjunkt – d.h. ohne Beziehung zueinander – vorausgesetzt. Häufig hat man aber Hierarchien in den Sorten. So beschreibt z.B. $NULL < NAT < INT$ eine Hierarchie $\{0\} \subseteq \mathbb{N} \subseteq \mathbb{Z}$ in den ganzen Zahlen. Dabei vererben sich Funktionsdefinitionen von Sorten auf Untersorten. Dies erlaubt es, kurze und gut lesbare Spezifikationen zu schreiben. Es gibt Ansätze für die Termersetzung mit Sortenhierarchien, siehe etwa [SNGM89] und [GKK90].

Die nächste Erweiterung stellt sich dem Problem, daß in Spezifikationen häufig bedingte Gleichungen auftreten. Ein typisches Beispiel dafür ist der Sortieralgorithmus aus Abschnitt 0.2. Es ist möglich, Bedingungen für die Konfluenz von bedingten Regelsystemen anzugeben und daraus Vervollständigungsalgorithmen zu entwickeln. Im Literaturverzeichnis sind Referenzen auf entsprechende Arbeiten angegeben, etwa [Kap84] und [DOS88] für positiv bedingte Regelsysteme. In [Kap87] werden erstmals positiv/negativ bedingte Regelsysteme betrachtet. Einen weiterführenden Ansatz findet man in [WG94].

Ein aktuelles Forschungsgebiet ist auch der Einbau von Constraints in das Vervollständigungsverfahren. Allgemein sind Constraints Bedingungen, die die Gültigkeit eines Axioms einschränken. Die grundlegende Arbeit auf diesem Gebiet ist [KKR90]. Constraints können für sehr unterschiedliche Zwecke eingesetzt werden: Ordnungs-Constraints auf den Termen schränken die Anzahl der zu ziehenden Inferenzen (Überlappungen) ein. Gleichungs-Constraints erleichtern die Behandlung von eingebauten Theorien A; sie entschärfen z.B. das Problem, häufig vollständige Mengen von A-Unifikatoren berechnen zu müssen. (Diese können sehr groß sein, sogar unendlich groß werden.) In [NR94] und [Vig94] werden für den AC-Fall Vervollständigungsverfahren angegeben, in denen keine Berechnung von AC-Unifikatoren mehr nötig ist. Weiter können Constraints für den Einbau fester Strukturen in das Axiomensystem verwendet werden [AB92], [AB94]. So lassen sich etwa die ganzen Zahlen und die Aussagenlogik in Regelsysteme einbauen. Dies ist von Programmiersprachen her bekannt, die ja auch über eingebaute Strukturen verfügen.

Als letzter Punkt sei erwähnt, daß auch Termersetzungsmethoden auf Termen höherer Ordnung, also auf λ-Termen, untersucht wurden [Nip91]. Hier treten Unifikationsprobleme auf, so daß man sich auf Regeln beschränken muß, deren linke Seiten "Pattern-Terme" sind. Unter dieser Voraussetzung läßt sich die Theorie der Termersetzung von den Termen erster Stufe auf die Terme höherer Stufe übertragen. Weiter wird dann auch in eingeschränktem Maße die Übertragung von Narrowing-Verfahren möglich [AL94]. Dies hat Anwendungen bei der Programmsynthese.

Allgemein haben sich die Reduktionstechniken als sehr flexibel und in Spezialgebieten auch als äußerst effizient erwiesen. Die relativ einfache Methode der Vervollständigung führt in vielen Fällen zu Lösungen für Probleme in algebraischen Strukturen, die vorher nur mit erheblichem Aufwand an Wissen über die algebraische Struktur erreichbar waren.

Für Übersichtsarbeiten zu Termersetzungstechniken sei auf [AM90], [DJ90] und [Klo92] verwiesen.

Literaturverzeichnis

[AB92]   J. Avenhaus and K. Becker. Conditional rewriting modulo a built-in algebra. SEKI-Report SR-92-11, Fachbereich Informatik, Universität Kaiserslautern, 1992.

[AB94]   J. Avenhaus and K. Becker. Operational specifications with built-ins. In P. Enjalbert, E.W. Mayr, and K.W. Wagner, editors, *Proc. 11th Annual Symposium on Theoretical Aspects of Computer Science*, volume 775 of *Lecture Notes in Computer Science*, pages 263–274, Caen, France, February 1994. Springer-Verlag.

[AL94]   J. Avenhaus and C. Loría-Sáenz. Higher order conditional rewriting and narrowing. In J.-P. Jouannaud, editor, *Proc. 1st Int. Conference on Constraints in Computational Logics*, volume 845 of *Lecture Notes in Computer Science*, pages 269–284, Munich, Germany, September 1994. Springer-Verlag.

[AM90]   J. Avenhaus and K. Madlener. Term rewriting and equational reasoning. In R.B. Banerji, editor, *Formal Techniques in Artificial Intelligence*, pages 1–43. North-Holland, Amsterdam, 1990.

[AMO86]   J. Avenhaus, K. Madlener, and F. Otto. Groups presented by finite two-monadic Church-Rosser Thue systems. *Trans. Am. Math. Society*, 297:427–443, 1986.

[Ave84]   J. Avenhaus. On the termination of the Knuth-Bendix completion algorithm. Technical report, Fachbereich Informatik, Universität Kaiserslautern, 1984.

[Ave86]   J. Avenhaus. On the descriptive power of term rewriting systems. *Journal of Symbolic Computation*, 2:109–122, 1986.

[AW89]   J. Avenhaus and D. Wissmann. Using rewriting techniques to solve the generalized word problem in polycyclic groups. In *Proc. ACM-SIGSAM Intern. Symposium on Symbolic and Algebraic Computation (ISSAC-89)*, pages 322–337, 1989.

[Bac88]   L. Bachmair. Proof by consistency in equational theories. In *Proc. 3rd Annual IEEE Symposium on Logic in Computer Science*, pages 228–233, 1988.

[Bac91]   L. Bachmair. *Canonical Equational Proofs*. Birkhäuser, 1991.

[Bau81]   G. Bauer. *Zur Darstellung von Monoiden durch konfluente Regelsysteme*. PhD thesis, Universität Kaiserslautern, 1981.

[BD86]   L. Bachmair and N. Dershowitz. Commutation, transformation and termination. In *Proc. 8th Int. Conference on Automated Deduction*, volume 230 of *Lecture Notes in Computer Science*, pages 5–20. Springer-Verlag, 1986.

[BD89]   L. Bachmair and N. Dershowitz. Completion for rewriting modulo a congruence. *Theoretical Computer Science*, 67:173–201, 1989. Also in Proc. RTA-87, LNCS 256, p.192-203.

[BDH86]   L. Bachmair, N. Dershowitz, and J. Hsiang. Orderings for equational proofs. In *Proc. 1st Annual IEEE Symposium on Logic in Computer Science*, pages 346–357, 1986.

[BG92]   L. Bachmair and H. Ganzinger. Rewrite-based theorem proving with selection and simplification. In A. Voronkow, editor, *Proc. Conference on Logic Programming and Automated Reasoning*, volume 624 of *Lecture Notes in Computer Science*, pages 273 – 284. Springer-Verlag, 1992.

[Bir35]   G. Birkhoff. On the structure of abstract algebras. *Proc. Cambridge Philos. Society*, 31:433–454, 1935.

[BL74]   W.S. Brainerd and L.H. Landweber. *Theory of computation*. John Wiley, New York, 1974.

[BL81]   A.M. Ballantyne and D.S. Lankford. New decision algorithms for finitely presented commutative semigroups. *Comp. and Maths. with Applications*, 7:159–165, 1981.

[BO93]   R.V. Book and F. Otto. *String-Rewriting Systems*. Springer-Verlag, 1993.

[Boo82]   R.V. Book. Confluent and other types of Thue-systems. *Journal of the ACM*, 29:171–182, 1982.

[Boo87]   R.V. Book. Thue systems as rewriting systems. *Journal of Symbolic Computation*, 3:39–68, 1987. Also in Proc. RTA-85, LNCS 202, p.63-94.

[BP85]   L. Bachmair and D.A. Plaisted. Termination orderings for associative-commutative rewriting systems. *Journal of Symbolic Computation*, 1:329–349, 1985.

[Buc83]   B. Buchberger. A critical pair/completion algorithm for finitely generated ideals in rings. In *Proc. Logic and Machines*, volume 171 of *Lecture Notes in Computer Science*, pages 137–161. Springer-Verlag, 1983.

[Buc87]   B. Buchberger. History and basic features of the critical pair/completion procedure. *Journal of Symbolic Computation*, 3:3–38, 1987. Also in Proc. RTA-85, LNCS 202, p.1-45.

[CL87]   A. Ben Cherifa and P. Lescanne. Termination of rewriting systems by polynomial interpretations and its implementation. *Science of Computer Programming*, 9:137–160, 1987.

[Dau88]   M. Dauchet. Termination of rewriting is undecidable in the one rule case. In *Proc. 14th Int. Symposium on Mathematical Foundations of Computer Science*, volume 324 of *Lecture Notes in Computer Science*, pages 262–268. Springer-Verlag, 1988.

[Dav58]   M. Davis. *Computability and unsolvability*. McGraw-Hill, New York, 1958.

[Der82]   N. Dershowitz. Orderings for term rewriting systems. *Theoretical Computer Science*, 17:279–301, 1982.

[Der87]   N. Dershowitz. Termination of rewriting. *Journal of Symbolic Computation*, 3:69–116, 1987.

[DHJP83]   N. Dershowitz, J. Hsiang, N.A. Josephson, and D.A. Plaisted. Associative-commutative rewriting. In *Proc. IJCAI-83*, pages 940–944, 1983.

[DJ90]   N. Dershowitz and J.-P. Jouannaud. Rewrite systems. In J. van Leeuwen, editor, *Handbook of Theoretical Computer Science*, volume B, chapter 6, pages 243–320. Elsevier, 1990.

[DM79]   N. Dershowitz and Z. Manna. Proving termination with multiset orderings. *Communications of the ACM*, 22:465–476, 1979.

[DOS88]   N. Dershowitz, M. Okada, and G. Sivakumar. Canonical conditional rewrite systems. In *Proc. 9th Int. Conference on Automated Deduction*, volume 310 of *Lecture Notes in Computer Science*, pages 538–549. Springer-Verlag, 1988.

[DP93]   C. Delor and L. Puel. Extension of the associative path ordering to a chain of associative commutative symbols. In C. Kirchner, editor, *Proc. 5th Int. Conference on Rewriting Techniques and Applications*, volume 690 of *Lecture Notes in Computer Science*, pages 389–404. Springer-Verlag, 1993.

[Dro84]   K. Drosten. Towards executable specifications using conditional axioms. In *Proc. 1st Annual Symposium on Theoretical Aspects of Computer Science*, volume 166 of *Lecture Notes in Computer Science*, pages 85–96. Springer-Verlag, 1984.

[DTHL87]   M. Dauchet, S. Tison, T. Heuillard, and P. Lescanne. Decidability of the confluence of ground term rewriting systems. In *Proc. 2nd Annual IEEE Symposium on Logic in Computer Science*, pages 353–359. IEEE Computer Society Press, 1987.

[EGL89]   H.D. Ehrich, M. Gogolla, and U.W. Lipeck. *Algebraische Spezifikation abstrakter Datentypen*. Teubner-Verlag, 1989.

[EM85]   H. Ehrig and B. Mahr. *Fundamentals of algebraic specification 1*, volume 6 of *EATCS Monographs on Theoretical Computer Science*. Springer-Verlag, 1985.

[Eva51]   T. Evans. The word problem for abstract algebras. *Proc. London Math. Society*, 26:64–71, 1951.

[GKK90]   I. Gnaedig, C. Kirchner, and H. Kirchner. Equational completion in order-sorted algebras. *Theoretical Computer Science*, 72:169–202, 1990. Also in Proc. CAAP-88, LNCS 299, p. 165-184.

[Gra92]   B. Gramlich. Generalized sufficient conditions for modular termination of rewriting. In H. Kirchner and G. Levi, editors, *Proc. 3rd Int. Conference on Algebraic and Logic Programming*, volume 632 of *Lecture Notes in Computer Science*, pages 53–68, Volterra, Italy, September 1992. Springer-Verlag.

[Her71]   G. Herman. Strong computability and variants of the uniform halting problem. *Z. Mathem. Logik Grundl. Mathematik*, pages 115–131, 1971.

[Hig52]   G. Higman. Ordering by divisibility in abstract algebras. *Proc. London Math. Society*, 2:326–336, 1952.

[HL78]   G.P. Huet and D.S. Lankford. On the uniform halting problem for term rewriting systems. IRIA Report No. 283, France, 1978.

[HL91]   G. Huet and J.-J. Levi. Computations in orthogonal rewriting systems. In J. Lassez and G. Plotkin, editors, *Computational Logic: Essays in Honor of Alan Robinson*, pages 395–443. MIT Press, 1991.

[HO80]   G.P. Huet and D.C. Oppen. Equations and rewrite rules: A survey. In R.V. Book, editor, *Formal Languages: Perspectives and Open Questions*, pages 349–405. Academic Press, 1980.

[Hue80]   G.P. Huet. Confluent reductions: Abstract properties and applications to term rewriting systems. *Journal of the ACM*, 27:797–821, 1980.

[Hue81]   G.P. Huet. A complete proof of correctness of the Knuth-Bendix completion algorithm. *Journal of Computer and System Sciences*, 23:11–21, 1981.

[Hul80]   J.-M. Hullot. Canonical forms and unification. In *Proc. 5th Int. Conference on Automated Deduction*, volume 87 of *Lecture Notes in Computer Science*, pages 318–334. Springer-Verlag, 1980.

[Jan88]   M. Jantzen. *Confluent string rewriting*, volume 14 of *EATCS Monographs on Theoretical Computer Science*. Springer-Verlag, 1988.

[JK86]   J.-P. Jouannaud and H. Kirchner. Completion of a set of rules modulo a set of equations. *SIAM Journal on Computing*, 15:1155–1194, 1986.

[Kap84]   S. Kaplan. Conditional rewrite rules. *Theoretical Computer Science*, 33:175–193, 1984.

[Kap87]   S. Kaplan. Positive/negative conditional rewriting. In *Proc. 1st Int. Workshop on Conditional Term Rewriting Systems*, volume 308 of *Lecture Notes in Computer Science*, pages 129–143. Springer-Verlag, 1987.

[KB70]   D.E. Knuth and P.B. Bendix. Simple word problems in universal algebras. In J. Leech, editor, *Computational Problems in Abstract Algebras*, pages 263–297. Pergamon Press, 1970.

[KKR90]   C. Kirchner, H. Kirchner, and M. Rusinowitch. Deduction with symbolic constraints. *Revue d'Intelligence Artificielle*, 4(3):9–52, 1990.

[KL80]   S. Kamin and J.-J. Levi. Two generalizations of the recursive path ordering. Technical report, Dep. of Computer Science, University of Illinois, Urbana, IL, 1980. Unpublished note.

[Kla83]   H.A. Klaeren. *Algebraische Spezifikation*. Springer-Verlag, 1983.

[Klo92]   J.W. Klop. Term rewriting systems. In S. Abramsky, Dov M. Gabbay, and T.S.E. Maibaum, editors, *Handbook of Logic in Computer Science*, volume 2 Background: Computational Structures, chapter 1, pages 1–116. Clarendon Press - Oxford, 1992.

[KM91]   J. W. Klop and A. Middeldorp. Sequentiality in orthogonal term rewriting systems. *Journal of Symbolic Computation*, 12:161–195, 1991.

[KMTdV94] J.W. Klop, A. Middeldorp, Y. Toyama, and R. de Vrijer. Modularity of confluence: A simplified proof. *Information Processing Letters*, 49(2):101–109, 1994.

[KN85a]   D. Kapur and P. Narendran. A finite Thue system with decidable word problem and without equivalent finite canonical system. *Theoretical Computer Science*, 35:337–344, 1985.

[KN85b]   D. Kapur and P. Narendran. The Knuth-Bendix completion procedure and Thue systems. *SIAM Journal on Computing*, 14, 1985. Also in Proc. 3rd Conf. Foundations Comp. Science and Softw. Eng. Bangalore, India, 1983.

[KNS85]   D. Kapur, P. Narendran, and G. Sivakumar. A path ordering for proving termination of term rewriting systems. In *Proc. 10th Colloquium on Trees in Algebras and Programming*, volume 185 of *Lecture Notes in Computer Science*, pages 173–187. Springer-Verlag, 1985.

[Kru60]   J.B. Kruskal. Well-quasi-orderings, the tree theorem, and Vazsonyi's conjecture. *Trans. Amer. Math. Society*, 95:210–225, 1960.

[Lan79]   D.S. Lankford. On proving term rewriting systems are noetherian. Memo MTP-3, Mathematics Department, Louisiana Tech. University, Ruston, LA, 1979.

[LP81]   H.R. Lewis and C.H. Papadimitriou. *Elements of the theory of computation*. Prentice-Hall, Englewood Cliffs, New Jersey, 1981.

[Met83]   Y. Metivier. About the rewriting systems produced by the Knuth-Bendix completion algorithm. *Information Processing Letters*, 16:31–34, 1983.

[MH94]   A. Middeldorp and E. Hamoen. Completeness results for basic narrowing. *Applicable Algebra in Engineering, Communication and Computing*, 5:213–253, 1994.

[MO85]   K. Madlener and F. Otto. Pseudo-natural algorithms for the word problem for finitely presented monoids and groups. *Journal of Symbolic Computation*, 1:383–418, 1985.

[MO88]   K. Madlener and F. Otto. Commutativity in groups presented by finite Church-Rosser Thue systems. *Informatique théorique et Applications/Theoretical Informatics and Applications*, 22:93–111, 1988.

[MZ94]   A. Middeldorp and H. Zantema. Simple termination revisited. In A. Bundy, editor, *Proc. of the 12th International Conference on Automated Deduction*, volume 814 of *Lecture Notes in Artificial Intelligence*, pages 451–465, Nancy, France, June 1994. Springer-Verlag.

[NB72]   M. Nivat and M. Benois. Congruences parfaites. Séminaire Dubriels 25e Année, 1971-72. 7-01-09.

[New42]   M.H.A. Newman. On theories with a combinatorial definition of "equivalence". *Annals of Mathematics*, 43:223–243, 1942.

[Nip91]   T. Nipkow. Higher-order critical pairs. In *Proc. 6th Annual IEEE Symposium on Logic in Computer Science*, pages 342–349, Amsterdam, The Netherlands, July 1991. IEEE Computer Society Press.

[NR94]   R. Nieuwenhuis and A. Rubio. AC-superposition with constraints: no AC-unifiers needed. In A. Bundy, editor, *Proc. of the 12th International Conference on Automated Deduction*, volume 814 of *Lecture Notes in Artificial Intelligence*, pages 545–559, Nancy, France, June 1994. Springer-Verlag.

[O'D77]   M.J. O'Donnell. *Computing in Systems Described by Equations*, volume 58 of *Lecture Notes in Computer Science*. Springer-Verlag, 1977.

[O'D83]   C. O'Dunlaing. Infinite regular Thue systems. *Theoretical Computer Science*, 25:171–192, 1983.

[Oya87]   M. Oyamaguchi. The Church-Rosser property for ground term rewriting systems is decidable. *Theoretical Computer Science*, 49:43–79, 1987.

[Pla78]   D.A. Plaisted. A recursively defined ordering for proving termination of term rewriting systems. Technical report, Dept. of Computer Science, University of Illinois, Urbana-Champaign, 1978.

[Pla85]   D.A. Plaisted. The undecidability of self-embedding for term rewriting systems. *Information Processing Letters*, 20:61–64, 1985.

[PS81]   G.E. Peterson and M.E. Stickel. Complete sets of reductions for some equational theories. *Journal of the ACM*, 28:233–264, 1981.

[Ros73]   B.K. Rosen. Tree-manipulating systems and Church-Rosser theorems. *Journal of the ACM*, 20(1):160 – 187, 1973.

[Rus87a]   M. Rusinowitch. On termination of the direct sum of term-rewriting systems. *Information Processing Letters*, 26:65–70, 1987.

[Rus87b]   M. Rusinowitch. Path of subterms ordering and recursive decomposition ordering revisited. *Journal of Symbolic Computation*, 3:117–131, 1987.

[Sie89]   J. Siekmann. Unification theory. *Journal of Symbolic Computation*, 7:207–274, 1989.

[Sim91]   C.C. Sims. The Knuth-Bendix procedure for strings as a substitute for coset enumeration. *Journal of Symbolic Computation*, 12:439–442, 1991.

[SNGM89]   G. Smolka, W. Nutt, J.A. Goguen, and J. Meseguer. Order-sorted equational computation. In H.Aït Kaci and M. Nivat, editors, *Resolution of Equations in Algebraic Structures*, volume 2: Rewriting Techniques, pages 299–369. Academic Press, 1989.

[Ste90a]   J. Steinbach. AC-termination of rewrite systems: A modified Knuth-Bendix ordering. In *Proc. 2nd Int. Conference on Algebraic and Logic Programming*, volume 463 of *Lecture Notes in Computer Science*, pages 372–386. Springer-Verlag, 1990.

[Ste90b]   J. Steinbach. Improving associative path orderings. In *Proc. 10th Int. Conference on Automated Deduction*, volume 449 of *Lecture Notes in Computer Science*, pages 411–425. Springer-Verlag, 1990.

[Ste94] J. Steinbach. *Termination of rewriting - Extensions, comparisons and automatic generation of simplification orderings.* PhD thesis, Fachbereich Informatik, Universität Kaiserslautern, 1994.

[TKB89] Y. Toyama, J.W. Klop, and H.P. Barendregt. Termination for the direct sum of left-linear term rewriting systems (preliminary draft). In N. Dershowitz, editor, *Proc. 3rd Int. Conference on Rewriting Techniques and Applications*, volume 355 of *Lecture Notes in Computer Science*, pages 477–491. Springer-Verlag, 1989.

[Toy87a] Y. Toyama. Counterexamples to termination for the direct sum of term rewriting systems. *Information Processing Letters*, 25:141–143, 1987.

[Toy87b] Y. Toyama. On the Church-Rosser property for the direct sum of term rewriting systems. *Journal of the ACM*, 34:128–143, 1987.

[Vig94] L. Vigneron. Associative-commutative deduction with constraints. In A. Bundy, editor, *Proc. of the 12th International Conference on Automated Deduction*, volume 814 of *Lecture Notes in Artificial Intelligence*, pages 530–544, Nancy, France, June 1994. Springer-Verlag.

[WG94] C.-P. Wirth and B. Gramlich. A constructor-based approach to positive/negative-conditional equational specifications. *Journal of Symbolic Computation*, 17:51–90, 1994.

[Wir90] M. Wirsing. Algebraic specification. In J. van Leeuwen, editor, *Handbook of Theoretical Computer Science*, volume B, chapter 13, pages 675–788. Elsevier, 1990.

Index

Wegweiser zur Originalliteratur

[AB92]   J. Avenhaus and K. Becker. Conditional rewriting modulo a built-in algebra. SEKI-Report SR-92-11, Fachbereich Informatik, Universität Kaiserslautern, 1992.

[AB94]   J. Avenhaus and K. Becker. Operational specifications with built-ins. In P. Enjalbert, E.W. Mayr, and K.W. Wagner, editors, *Proc. 11th Annual Symposium on Theoretical Aspects of Computer Science*, volume 775 of *Lecture Notes in Computer Science*, pages 263–274, Caen, France, February 1994. Springer-Verlag.

[ABS84]   J. Avenhaus, R.V. Book, and C.C. Squier. On expressing commutativity by finite Church-Rosser presentations: A note on commutative monoids. *RAIRO Theor. Informatics*, 18:47–52, 1984.

[AD93]   J. Avenhaus and J. Denzinger. Distributing equational theorem proving. In C. Kirchner, editor, *Proc. 5th Int. Conference on Rewriting Techniques and Applications*, volume 690 of *Lecture Notes in Computer Science*, pages 62–76, Montreal, Canada, June 1993. Springer-Verlag.

[ADH92]   J. Avenhaus, J. Denzinger, and T. Hoffmann. Efficient AC1-matching using constraints. SEKI-Report SR-92-03, Fachbereich Informatik, Universität Kaiserslautern, 1992.

[AH90]   S. Anantharaman and J. Hsiang. Automated proofs of the Moufang identities in alternative rings. *J. Automated Reasoning*, 6(1):79–109, 1990.

[AL93]   J. Avenhaus and C. Loría-Sáenz. Canonical conditional rewrite systems containing extra variables. SEKI-Report SR-93-03, Fachbereich Informatik, Universität Kaiserslautern, 1993.

[AL94a]   J. Avenhaus and C. Loría-Sáenz. Higher order conditional rewriting and narrowing. In J.-P. Jouannaud, editor, *Proc. 1st Int. Conference on Constraints in Computational Logics*, volume 845 of *Lecture Notes in Computer Science*, pages 269–284, Munich, Germany, September 1994. Springer-Verlag.

[AL94b]   J. Avenhaus and C. Loría-Sáenz. On conditional rewrite systems with extra variables and deterministic logic programs. In F. Pfenning, editor, *Proc. Int. Conference on Logic Programming and Automated Reasoning*, volume 822 of *Lecture Notes in Computer Science*, pages 215–229. Springer-Verlag, 1994.

[AM90]   J. Avenhaus and K. Madlener. Term rewriting and equational reasoning. In R.B. Banerji, editor, *Formal Techniques in Artificial Intelligence*, pages 1–43. North-Holland, Amsterdam, 1990.

[AMO86]   J. Avenhaus, K. Madlener, and F. Otto. Groups presented by finite two-monadic Church-Rosser Thue systems. *Trans. Am. Math. Society*, 297:427–443, 1986.

[Ave84]   J. Avenhaus. On the termination of the Knuth-Bendix completion algorithm. Technical report, Fachbereich Informatik, Universität Kaiserslautern, 1984.

[Ave86]   J. Avenhaus. On the descriptive power of term rewriting systems. *Journal of Symbolic Computation*, 2:109–122, 1986.

[Ave91]   J. Avenhaus. Proving equational and inductive theorems by completion and embedding techniques. In R. V. Book, editor, *Proc. 4th Int. Conference on Rewriting Techniques and Applications*, volume 488 of *Lecture Notes in Computer Science*, pages 361–373, Como, Italy, April 1991. Springer-Verlag.

[AW89]   J. Avenhaus and D. Wissmann. Using rewriting techniques to solve the generalized word problem in polycyclic groups. In *Proc. ACM-SIGSAM Intern. Symposium on Symbolic and Algebraic Computation (ISSAC-89)*, pages 322–337, 1989.

[Bac87]   L. Bachmair. *Proof methods for equational theories*. PhD thesis, University of Illinois, Urbana-Champaign, 1987.

[Bac88]   L. Bachmair. Proof by consistency in equational theories. In *Proc. 3rd Annual IEEE Symposium on Logic in Computer Science*, pages 228–233, 1988.

[Bac89]   L. Bachmair. Proof normalization for resolution and paramodulation. In *Proc. 3rd Int. Conference on Rewriting Techniques and Applications*, volume 355 of *Lecture Notes in Computer Science*, pages 15 – 28, 1989.

[Bac91]   L. Bachmair. *Canonical Equational Proofs*. Birkhäuser, 1991.

[Bac92]   L. Bachmair. Associative-commutative reduction orderings. *Information Processing Letters*, 43:21–27, August 1992.

[Bau81]   G. Bauer. *Zur Darstellung von Monoiden durch konfluente Regelsysteme*. PhD thesis, Universität Kaiserslautern, 1981.

[Bau85]   G. Bauer. N-level rewriting systems. *Theoretical Computer Science*, 40:85–99, 1985.

[BBK87]   J.C.M. Baeten, J.A. Bergstra, and J.W. Klop. Term rewriting systems with priorities. In *Proc. 2nd Int. Conference on Rewriting Techniques and Applications*, volume 256 of *Lecture Notes in Computer Science*, pages 83–94. Springer-Verlag, 1987.

[BBL81]   A.M. Ballantyne, G. Butler, and D.S. Lankford. Applications of term rewriting systems to finitely presented abelian groups. Memo MTP-16, Math. Department, Louisiana Tech. University, Ruston, LA, 1981.

[BD86]   L. Bachmair and N. Dershowitz. Commutation, transformation and termination. In *Proc. 8th Int. Conference on Automated Deduction*, volume 230 of *Lecture Notes in Computer Science*, pages 5–20. Springer-Verlag, 1986.

[BD88]   L. Bachmair and N. Dershowitz. Critical pair criteria for completion. *Journal of Symbolic Computation*, 6:1–18, 1988.

[BD89]   L. Bachmair and N. Dershowitz. Completion for rewriting modulo a congruence. *Theoretical Computer Science*, 67:173–201, 1989. Also in Proc. RTA-87, LNCS 256, p.192-203.

[BD94]   L. Bachmeir and N. Dershowitz. Equational inference, canonical proofs and proof orderings. *Journal of the ACM*, 41(2):236–276, March 1994.

[BDH86]   L. Bachmair, N. Dershowitz, and J. Hsiang. Orderings for equational proofs. In *Proc. 1st Annual IEEE Symposium on Logic in Computer Science*, pages 346–357, 1986.

[BDJ79]   D. Brand, J.A. Darringer, and W.H. Joyner. Completeness of conditional reductions. In *Proc. Fourth Workshop on Automated Deduction*, Austin, TX, 1979.

[BDP89]   L. Bachmair, N. Dershowitz, and D. A. Plaisted. Completion without failure. In H. Aït Kaci and M. Nivat, editors, *Resolution of Equations in Algebraic Structures*, volume 2: Rewriting Techniques, chapter 1, pages 1–30. Academic Press, 1989.

[Bec92]   K. Becker. Inductive proofs in specifications parametrized by a built-in theory. SEKI-Report SR-92-02, Fachbereich Informatik, Universität Kaiserslautern, 1992.

[Bec93] K. Becker. Proving ground confluence and inductive validity in constructor based equational specifications. In M.C. Gaudel and J.-P. Jouannaud, editors, *Proc. 4th International Joint Conference CAAP/FASE on Theory and Practice of Software Development, TAPSOFT '93*, volume 668 of *Lecture Notes in Computer Science*, pages 46–60, Orsay, France, April 1993. Springer-Verlag.

[BG89] H. Bertling and H. Ganzinger. Completion-time optimization of rewrite-time goal solving. In *Proc. 3rd Int. Conference on Rewriting Techniques and Applications*, volume 355 of *Lecture Notes in Computer Science*, pages 45–58. Springer-Verlag, 1989.

[BG90] L. Bachmair and H. Ganzinger. On restrictions of ordered paramodulation with simplification. In *Proc. 10th Int. Conference on Automated Deduction*, volume 449 of *Lecture Notes in Artificial Intelligence*, pages 427–441. Springer-Verlag, 1990.

[BG91] L. Bachmair and H. Ganzinger. Perfect model semantics for logic programs with equality. In K. Furukawa, editor, *Proc. 8th Int. Conference on Logic Programming*, pages 645–659. MIT Press, 1991.

[BG92] L. Bachmair and H. Ganzinger. Rewrite-based theorem proving with selection and simplification. In A. Voronkow, editor, *Proc. Conference on Logic Programming and Automated Reasoning*, volume 624 of *Lecture Notes in Computer Science*, pages 273 – 284. Springer-Verlag, 1992.

[BG94a] L. Bachmair and H. Ganzinger. Buchberger's algorithm: A constrained-based completion procedure. In J.-P. Jouannaud, editor, *Proc. 1st Int. Conference on Constraints in Computational Logics*, volume 845 of *Lecture Notes in Computer Science*, pages 285–301, Munich, Germany, September 1994. Springer-Verlag.

[BG94b] L. Bachmair and H. Ganzinger. Ordered chaining for total orderings. In A. Bundy, editor, *Proc. 12th Int. Conference on Automated Deduction*, volume 814 of *Lecture Notes in Artificial Intelligence*, pages 435–450, Nancy, France, June 1994. Springer-Verlag.

[BG94c] L. Bachmair and H. Ganzinger. Rewrite-based equational theorem proving with selection and simplification. *Journal of Logic and Computation*, 4(3):217–247, 1994.

[BGLS92] L. Bachmair, H. Ganzinger, C. Lynch, and W. Snyder. Basic paramodulation and superposition. In D. Kapur, editor, *Proc. 11th Int. Conference on Automated Deduction*, volume 607 of *Lecture Notes in Artificial Intelligence*, pages 462–476, Saratoga Springs, NY, USA, June 1992. Springer-Verlag.

[BGW92] L. Bachmair, H. Ganzinger, and U. Waldmann. Theorem proving for hierarchic first-order theories. In H. Kirchner and G. Levi, editors, *Proc. 3rd Int. Conference on Algebraic and Logic Programming*, volume 632 of *Lecture Notes in Computer Science*, pages 420–434, Volterra, Italy, September 1992. Springer-Verlag.

[BGW93] L. Bachmair, H. Ganzinger, and U. Waldmann. Set constraints are the monadic class. In *Proc. 8th Annual IEEE Symposium on Logic in Computer Science*, pages 75–83, Montreal, Canada, June 1993. IEEE Computer Society Press.

[BH91] M.P. Bonacina and J. Hsiang. On fairness of completion-based theorem proving strategies. In *Proc. 4th Int. Conference on Rewriting Techniques and Applications*, volume 488 of *Lecture Notes in Computer Science*, pages 348–360. Springer-Verlag, 1991.

[Bir35] G. Birkhoff. On the structure of abstract algebras. *Proc. Cambridge Philos. Society*, 31:433–454, 1935.

[BJSS89] A. Boudet, J.-P. Jouannaud, and M. Schmidt-Schauss. Unification in Boolean rings and Abelian groups. *Journal of Symbolic Computation*, 8:449–477, 1989.

[BK83] J.A. Bergstra and J.W. Klop. Initial algebra specifications for parametrized data types. *Elektr. Informationsverarb. Kybernetik (EIK)*, 19:17–31, 1983.

[BK86]   J.A. Bergstra and J.W. Klop. Conditional rewrite rules: Confluence and termination. *Journal of Symbolic Computation*, 32:323–362, 1986.

[BKN87] D. Benanav, D. Kapur, and P. Narendran. Complexity of matching problems. *Journal of Symbolic Computation*, 3:203–216, 1987. Also in Proc. RTA '85, LNCS 202, p. 417-429.

[BKR87] B. Benninghofen, S. Kemmerich, and M.M. Richter. *Systems of Reductions*, volume 277 of *Lecture Notes in Computer Science*. Springer-Verlag, 1987.

[BL74]   W.S. Brainerd and L.H. Landweber. *Theory of computation*. John Wiley, New York, 1974.

[BL81]   A.M. Ballantyne and D.S. Lankford. New decision algorithms for finitely presented commutative semigroups. *Comp. and Maths. with Applications*, 7:159–165, 1981.

[BL87]   F. Bellegarde and P. Lescanne. Transformation orderings. In *Proc. 12th Colloquium on Trees in Algebras and Programming*, volume 249 of *Lecture Notes in Computer Science*, pages 69–80. Springer-Verlag, 1987.

[BL90]   F. Bellegarde and P. Lescanne. Termination by completion. *Applicable Algebra in Engineering, Communication and Computing*, 1:79–96, 1990.

[BM79]   R.R. Boyer and J.S. Moore. *A Computational Logic*. Academic Press, 1979.

[BM94]   M. P. Bonacina and W. W. McCune. Distributed theorem proving by Peers. In A. Bundy, editor, *Proc. 12th Int. Conference on Automated Deduction*, volume 814 of *Lecture Notes in Artificial Intelligence*, pages 841–845, Nancy, France, June 1994. Springer-Verlag.

[BO93]   R.V. Book and F. Otto. *String-Rewriting Systems*. Springer-Verlag, 1993.

[Boo82a] R.V. Book. Confluent and other types of Thue-systems. *Journal of the ACM*, 29:171–182, 1982.

[Boo82b] R.V. Book. The power of the Church-Rosser property for string rewriting systems. In *Proc. 6th Int. Conference on Automated Deduction*, volume 138 of *Lecture Notes in Computer Science*, pages 360–368. Springer-Verlag, 1982.

[Boo87] R.V. Book. Thue systems as rewriting systems. *Journal of Symbolic Computation*, 3:39–68, 1987. Also in Proc. RTA-85, LNCS 202, p.63-94.

[Bou92] A. Boudet. Unification in order-sorted algebras with overloading. In D. Kapur, editor, *Proc. 11th Int. Conference on Automated Deduction*, volume 607 of *Lecture Notes in Artificial Intelligence*, pages 193–207, Saratoga Springs, NY, USA, June 1992. Springer-Verlag.

[BP85]   L. Bachmair and D.A. Plaisted. Termination orderings for associative-commutative rewriting systems. *Journal of Symbolic Computation*, 1:329–349, 1985.

[BR87]   W. Bousdira and J.L. Rémy. Hierarchical contextual rewriting with several levels. In *Proc. 1st Int. Workshop on Conditional Term Rewriting Systems*, volume 308 of *Lecture Notes in Computer Science*, pages 15–30. Springer-Verlag, 1987.

[BTG91] V. Breazu-Tannen and J. Gallier. Polymorphic rewriting conserves algebraic strong normalization. *Theoretical Computer Science*, 83:3–28, 1991.

[Buc83] B. Buchberger. A critical pair/completion algorithm for finitely generated ideals in rings. In *Proc. Logic and Machines*, volume 171 of *Lecture Notes in Computer Science*, pages 137–161. Springer-Verlag, 1983.

[Buc85] B. Buchberger. Groebner bases: An algorithmic method in polynomial ideal theory. In N.K. Bose, editor, *Multidimensional systems theory*, pages 184–229. Reichel, Dordrecht, 1985.

[Buc87]   B. Buchberger. History and basic features of the critical pair/completion procedure. *Journal of Symbolic Computation*, 3:3–38, 1987. Also in Proc. RTA-85, LNCS 202, p.1-45.

[Bur69]   R.M. Burstall. Proving properties of structural induction. *Computer Journal*, 12:41–48, 1969.

[CDGV91]   J.L. Coquide, M. Dauchet, R. Gilleron, and S. Vagvölgyi. Bottom-up tree pushdown automata and rewrite systems. In *Proc. 4th Int. Conference on Rewriting Techniques and Applications*, volume 488 of *Lecture Notes in Computer Science*, pages 287–298. Springer-Verlag, 1991.

[CG91]   P.L. Curien and G. Ghelli. On confluence for weakly normalizing systems. In *Proc. 4th Int. Conference on Rewriting Techniques and Applications*, volume 488 of *Lecture Notes in Computer Science*, pages 215–225. Springer-Verlag, 1991.

[CHJ92]   H. Comon, M. Haberstrau, and J.-P. Jouannaud. Decidable problems in shallow equational theories. In *Proc. 7th Annual IEEE Symposium on Logic in Computer Science*, pages 255–265. IEEE Computer Society Press, June 1992.

[CHK90]   H. Chen, J. Hsiang, and H.C. Kong. On finite representations of infinite sequences of terms. In *Proc. 2nd Int. Workshop on Conditional and Typed Rewriting Systems*, volume 516 of *Lecture Notes in Computer Science*, pages 100–114. Springer-Verlag, 1990.

[CL87]   A. Ben Cherifa and P. Lescanne. Termination of rewriting systems by polynomial interpretations and its implementation. *Science of Computer Programming*, 9:137–160, 1987.

[CL89]   H. Comon and P. Lescanne. Equational problems and disunification. *Journal of Symbolic Computation*, 7:371–425, 1989.

[CL92]   A. Cichon and P. Lescanne. Polynomial interpretations and the complexity of algorithms. In D. Kapur, editor, *Proc. 11th Int. Conference on Automated Deduction*, volume 607 of *Lecture Notes in Artificial Intelligence*, pages 139–147, Saratoga Springs, NY, USA, June 1992. Springer-Verlag.

[Com86]   H. Comon. Sufficient completeness, term rewriting systems and "anti-unification". In *Proc. 8th Int. Conference on Automated Deduction*, volume 230 of *Lecture Notes in Computer Science*, pages 128–140. Springer-Verlag, 1986.

[Com88]   H. Comon. An effective method for handling initial algebras. In *Proc. of Algebraic and Logic Programming*, volume 49, pages 108–118, Berlin, 1988. Akademie-Verlag.

[Com89]   H. Comon. Inductive proofs by specification transformations. In *Proc. 3rd Int. Conference on Rewriting Techniques and Applications*, volume 355 of *Lecture Notes in Computer Science*, pages 76–91. Springer-Verlag, 1989.

[Com90a]   H. Comon. Equational formulas in order-sorted algebras. In *Proc. 17th Int. Colloquium on Automata, Languages and Programming*, volume 443 of *Lecture Notes in Computer Science*, pages 674–688. Springer-Verlag, 1990.

[Com90b]   H. Comon. Solving inequations in term algebra (extended abstract). In *Proc. 5th Annual IEEE Symposium on Logic in Computer Science*, pages 674–688. IEEE Computer Society Press, 1990.

[Com91]   H. Comon. Disunification: A survey. In J.-L. Lassez and G. Plotkin, editors, *Computational Logic: Essays in Honor of Alan Robinson*, pages 322–359. MIT Press, 1991.

[Com92]   H. Comon. Completion of rewrite systems with membership constraints. In W. Kuich, editor, *Proc. 19th Int. Colloquium on Automata, Languages and Programming*, volume 623 of *Lecture Notes in Computer Science*, pages 392–403. Springer-Verlag, July 1992.

[Dar68]   J.L. Darlington. Automatic theorem proving with equality substitution and mathematical induction. *Machine Intelligence*, 3:113–127, 1968.

[Dau88]   M. Dauchet. Termination of rewriting is undecidable in the one rule case. In *Proc. 14th Int. Symposium on Mathematical Foundations of Computer Science*, volume 324 of *Lecture Notes in Computer Science*, pages 262–268. Springer-Verlag, 1988.

[Dau92]   M. Dauchet. Simulation of Turing machines by a regular rewrite rule. *Theoretical Computer Science*, 103(2):409–420, September 1992.

[Dav58]   M. Davis. *Computability and unsolvability*. McGraw-Hill, New York, 1958.

[Deh11]   M. Dehn. Über unendliche diskontinuierliche Gruppen. *Math. Annalen*, 71:116–144, 1911.

[Dei92]   Th. Deiß. Conditional semi-Thue systems for presenting monoids. In A. Finkel and M. Jantzen, editors, *Proc. 9th Annual Symposium on Theoretical Aspects of Computer Science*, volume 577 of *Lecture Notes in Computer Science*, pages 557–565. Springer-Verlag, February 1992.

[Der79]   N. Dershowitz. A note on simplification orderings. *Information Processing Letters*, 9:212–215, 1979.

[Der82a]   N. Dershowitz. Applications of the Knuth-Bendix completion procedure. In *Proc. Séminaire d'Informatique Théorique*, pages 95–111, 1982.

[Der82b]   N. Dershowitz. Orderings for term rewriting systems. *Theoretical Computer Science*, 17:279–301, 1982.

[Der85]   N. Dershowitz. Synthesis by completion. In *Proc. IJCAI-87*, pages 208–214, 1985.

[Der87a]   N. Dershowitz. Corrigendum: Termination of rewriting. *Journal of Symbolic Computation*, 4:409–410, 1987.

[Der87b]   N. Dershowitz. Termination of rewriting. *Journal of Symbolic Computation*, 3:69–116, 1987.

[Der89]   N. Dershowitz. Completion and its applications. In H. Aït Kaci and M. Nivat, editors, *Resolution of Equations in Algebraic Structures*, volume 2: Rewriting Techniques, chapter 2, pages 31–85. Academic Press, 1989.

[Der90]   N. Dershowitz. A maximal-literal unit strategy for Horn clauses. In *Proc. 2nd Int. Workshop on Conditional and Typed Rewriting Systems*, volume 516 of *Lecture Notes in Computer Science*, pages 14–25. Springer-Verlag, 1990.

[Der93a]   N. Dershowitz. A taste of rewrite systems. *Journal of Combinatorial Theory, Series A*, 62:216–224, 1993.

[Der93b]   N. Dershowitz. Trees, ordinals and termination. In M.C. Gaudel and J.-P. Jouannaud, editors, *Proc. 4th International Joint Conference CAAP/FASE on Theory and Practice of Software Development, TAPSOFT '93*, volume 668 of *Lecture Notes in Computer Science*, pages 243–250, Orsay, France, April 1993. Springer-Verlag.

[DH93]   N. Dershowitz and Ch. Hoot. Topics in termination. In C. Kirchner, editor, *Proc. 5th Int. Conference on Rewriting Techniques and Applications*, volume 690 of *Lecture Notes in Computer Science*, pages 198–212, Montreal, Canada, June 1993. Springer-Verlag.

[DHJP83]   N. Dershowitz, J. Hsiang, N.A. Josephson, and D.A. Plaisted. Associative-commutative rewriting. In *Proc. IJCAI-83*, pages 940–944, 1983.

[DJ90]   N. Dershowitz and J.-P. Jouannaud. Rewrite systems. In J. van Leeuwen, editor, *Handbook of Theoretical Computer Science*, volume B, chapter 6, pages 243–320. Elsevier, 1990.

[DJ91]   N. Dershowitz and J.-P. Jouannaud. Notations for rewriting. *Bulletin of the European Association for Theoretical Computer Science (EATCS)*, 43:162–172, February 1991.

[DK91]   N. Doggaz and C. Kirchner. Completion for unification. *Theoretical Computer Science*, 85:231–251, 1991.

[DKM90]   J. Dick, J. Kalmus, and U. Martin. Automating the Knuth-Bendix ordering. *Acta Informatica*, 28:95–119, 1990.

[DKP91]   N. Dershowitz, S. Kaplan, and D.A. Plaisted. Rewrite, rewrite, rewrite, rewrite, rewrite, ... *Theoretical Computer Science*, 83:71–96, 1991. Also in Proc. ICALP '89, LNCS 372, p. 249-262.

[DL91]   F. Drewes and C. Lautermann. Incremental termination proofs and the length of derivations. In R.V. Book, editor, *Proc. 4th Int. Conference on Rewriting Techniques and Applications*, volume 488 of *Lecture Notes in Computer Science*, pages 49–61. Springer-Verlag, 1991.

[DM79]   N. Dershowitz and Z. Manna. Proving termination with multiset orderings. *Communications of the ACM*, 22:465–476, 1979.

[DMS90]   N. Dershowitz, S. Mitra, and G. Sivakumar. Equation solving in conditional AC-theories. In *Proc. 2nd Int. Conference on Algebraic and Logic Programming*, volume 463 of *Lecture Notes in Computer Science*, pages 283–297. Springer-Verlag, 1990.

[DMS92]   N. Dershowitz, S. Mitra, and G. Sivakumar. Decidable matching for convergent systems -preliminary version-. In D. Kapur, editor, *Proc. 11th Int. Conference on Automated Deduction*, volume 607 of *Lecture Notes in Artificial Intelligence*, pages 589–602, Saratoga Springs, NY, USA, June 1992. Springer-Verlag.

[DMT88]   N. Dershowitz, L. Marcus, and A. Tarlecki. Existence, uniqueness, and construction of rewrite systems. *SIAM Journal on Computing*, 17:629–639, 1988.

[DO88]   N. Deshowitz and M. Okada. Proof-theoretic techniques for term rewriting theory. In *Proc. 3rd Annual IEEE Symposium on Logic in Computer Science*, pages 104–11. IEEE Computer Society Press, 1988.

[DO90]   N. Dershowitz and M. Okada. A rationale for conditional equational programming. *Theoretical Computer Science*, 75:111–138, 1990.

[Dom91]   E. Domenjoud. AC-unification through order-sorted AC1-unification. In R.V. Book, editor, *Proc. 4th Int. Conference on Rewriting Techniques and Applications*, volume 488 of *Lecture Notes in Computer Science*, pages 98–111. Springer-Verlag, 1991.

[DOR91]   V. Diekert, E. Ochmanski, and K. Reinhardt. On confluent semi-commutations - decidability and complexity results (extended abstract). In *Proc. 18th Int. Colloquium on Automata, Languages and Programming*, volume 510 of *Lecture Notes in Computer Science*, pages 228–241. Springer-Verlag, 1991.

[DOS88]   N. Dershowitz, M. Okada, and G. Sivakumar. Canonical conditional rewrite systems. In *Proc. 9th Int. Conference on Automated Deduction*, volume 310 of *Lecture Notes in Computer Science*, pages 538–549. Springer-Verlag, 1988.

[DP85]   N. Dershowitz and D.A. Plaisted. Logic programming cum applicative programming. In *Proc. IEEE Symposium on Logic Programming*, pages 54–66. IEEE Computer Society Press, 1985.

[DP88]   N. Dershowitz and D.A. Plaisted. Equational programming. *Machine Intelligence*, 11:21–56, 1988.

[DP90]   N. Dershowitz and E. Pinchover. Inductive synthesis of equational programs. In *Proc. 3rd AAAI*, volume 1, pages 234–239. MIT Press, 1990.

[DP93]   C. Delor and L. Puel. Extension of the associative path ordering to a chain of associative commutative symbols. In C. Kirchner, editor, *Proc. 5th Int. Conference on Rewriting Techniques and Applications*, volume 690 of *Lecture Notes in Computer Science*, pages 389–404. Springer-Verlag, 1993.

[DR92]   N. Dershowitz and E. M. Reingold. Ordinal arithmetic with list structures. In A. Nerode and M. Taitslin, editors, *Proc. 2nd International Symposium on Logical Foundations of Computer Science*, volume 620 of *Lecture Notes in Computer Science*, pages 117–126, Tver, Russia, July 1992. Springer-Verlag.

[DR93]   N. Dershowitz and U.S. Reddy. Deductive and inductive synthesis ofequational programs. *Journal of Symbolic Computation*, 15:467–494, 1993.

[Dro84]   K. Drosten. Towards executable specifications using conditional axioms. In *Proc. 1st Annual Symposium on Theoretical Aspects of Computer Science*, volume 166 of *Lecture Notes in Computer Science*, pages 85–96. Springer-Verlag, 1984.

[DS88]   N. Dershowitz and G. Sivakumar. Solving goals in equational languages. In *Proc. 1st Int. Workshop on Conditional Term Rewriting Systems*, volume 308 of *Lecture Notes in Computer Science*, pages 45–55. Springer-Verlag, 1988.

[DTHL87]   M. Dauchet, S. Tison, T. Heuillard, and P. Lescanne. Decidability of the confluence of ground term rewriting systems. In *Proc. 2nd Annual IEEE Symposium on Logic in Computer Science*, pages 353–359. IEEE Computer Society Press, 1987.

[Ech92]   R. Echahed. Uniform narrowing strategies. In H. Kirchner and G. Levi, editors, *Proc. 3rd Int. Conference on Algebraic and Logic Programming*, volume 632 of *Lecture Notes in Computer Science*, pages 259–275, Volterra, Italy, September 1992. Springer-Verlag.

[EGL89]   H.D. Ehrich, M. Gogolla, and U.W. Lipeck. *Algebraische Spezifikation abstrakter Datentypen*. Teubner-Verlag, 1989.

[EM85]   H. Ehrig and B. Mahr. *Fundamentals of algebraic specification 1*, volume 6 of *EATCS Monographs on Theoretical Computer Science*. Springer-Verlag, 1985.

[Eva51]   T. Evans. The word problem for abstract algebras. *Proc. London Math. Society*, 26:64–71, 1951.

[Fag87]   F. Fages. Associative-commutative unification. *Journal of Symbolic Computation*, 3:257–275, 1987.

[FD85]   R. Forgaard and D. Detlefs. An incremental algorithm for proving termination of term rewriting systems. In J.-P. Jouannaud, editor, *Proc. 1st Int. Conference on Rewriting Techniques and Applications*, volume 202 of *Lecture Notes in Computer Science*, pages 255–270. Springer-Verlag, 1985.

[FH83]   F. Fages and G. Huet. Complete sets of unifiers and matchers in equational theories. In *Proc. 3rd Colloquium on Trees in Algebras and Programming*, volume 159 of *Lecture Notes in Computer Science*, pages 205–220. Springer-Verlag, 1983.

[Fri84]   L. Fribourg. Oriented equational clauses as a programming language. *Journal of Logic Programming*, pages 165–177, 1984.

[Fri85]   L. Fribourg. Slog: A logic programming language interpreter based on clausal superposition and rewriting. In *Proc. IEEE Symp. on Logic Programming*, pages 172–184. IEEE Computer Society Press, 1985.

[Fri86]   L. Fribourg. A strong restriction of the inductive completion procedure. In *Proc. 13th Int. Colloquium on Automata, Languages and Programming*, volume 226 of *Lecture Notes in Computer Science*, pages 105–115. Springer-Verlag, 1986.

[FV91]   Z. Fülöp and S. Vagvölgyi. Ground term rewriting rules for the word problem of ground term equations. *Bulletin of the European Association for Theoretical Computer Science*, 45:186–201, 1991.

[FZ93]   M.C.F. Ferreira and H. Zantema. Total termination of term rewriting. In C. Kirchner, editor, *Proc. 5th Int. Conference on Rewriting Techniques and Applications*, volume 690 of *Lecture Notes in Computer Science*, pages 213–227, Montreal, Canada, June 1993. Springer-Verlag.

[Gal91]   J.H. Gallier. What's so special about Kruskal's theorem and the ordinal gama(0)? A survey of some results in proof theory. *Annals of Pure and Appl. Logic*, 53:199–260, 1991.

[Gan87]   H. Ganzinger. Ground term confluence in parametric conditional equational specifications. In *Proc. 4th Annual Symposium on Theoretical Aspects of Computer Science*, volume 247 of *Lecture Notes in Computer Science*, pages 286–298. Springer-Verlag, 1987.

[Gan88a] H. Ganzinger. A completion procedure for conditional equations. In *Proc. 1st Int. Workshop on Conditional Term Rewriting Systems*, volume 308 of *Lecture Notes in Computer Science*, pages 62–83. Springer-Verlag, 1988.

[Gan88b] H. Ganzinger. Completion with history-dependent complexities for generated equations. In *Proc. Recent Trends in Data Type Specifications*, volume 332 of *Lecture Notes in Computer Science*, pages 73–91. Springer-Verlag, 1988.

[Gan91a] H. Ganzinger. A completion procedure for conditional equations. *Journal of Symbolic Computation*, 11:51–81, 1991.

[Gan91b] H. Ganzinger. Order-sorted completion: The many-sorted way. *Theoretical Computer Science*, 89:3–32, 1991.

[Ges92]   A. Geser. On a monotonic semantic path ordering. Ulmer Informatik-Berichte 92-13, Fakultät für Informatik, Universität Ulm, November 1992.

[GF84]   G.Bauer and F.Otto. Finite complete rewriting systems and the complexity of the word problem. *Acta Informatica*, 21:521–540, 1984.

[GG92]   S.J. Garland and J.V. Guttag. An overview of Larch. In P.E. Lauer, editor, *Functional programming, concurrency, simulation and automated reasoning*, volume 693 of *Lecture Notes in Computer Science*, pages 329–348, McMaster University Hamilton, Ontario, Canada, 1991-1992. Springer-Verlag.

[Gil79]   R.H. Gilman. Presentation of groups and monoids. *J. Algebra*, 57:544–554, 1979.

[Gil91]   R. Gilleron. Decision problems for term rewriting systems and recognizable tree languages. In *Proc. 8th Annual Symposium on Theoretical Aspects of Computer Science*, volume 480 of *Lecture Notes in Computer Science*, pages 148–159. Springer-Verlag, 1991.

[GJM85]   J.A. Goguen, J.-P. Jouannaud, and J. Meseguer. Operational semantics for order sorted algebra. In *Proc. 12th Int. Colloquium on Automata, Languages and Programming*, volume 194 of *Lecture Notes in Computer Science*, pages 221–231. Springer-Verlag, 1985.

[GKK90]   I. Gnaedig, C. Kirchner, and H. Kirchner. Equational completion in order-sorted algebras. *Theoretical Computer Science*, 72:169–202, 1990. Also in Proc. CAAP-88, LNCS 299, p. 165-184.

[GKM83]   J.V. Guttag, D. Kapur, and D.R. Musser. On proving uniform termination and restricted termination of rewriting systems. *SIAM Journal on Computing*, 12:189–214, 1983.

[GL86]   I. Gnaedig and P. Lescanne. Proving termination of associative-commutative rewriting systems by rewriting. In *Proc. 8th Int. Conference on Automated Deduction*, volume 230 of *Lecture Notes in Computer Science*, pages 52–61. Springer-Verlag, 1986.

[GM85]   J.A. Goguen and J. Meseguer. Completeness of many-sorted equational logic. *Houston J. of Math*, 11:307–334, 1985.

[GM92]   J.A. Goguen and J. Meseguer. Order-sorted algebra I: Equational deduction for multiple inheritance, overloading, exceptions and partial operations. *Theoretical Computer Science*, 105:217–273, 1992.

[Gna92a]   I. Gnaedig. ELIOS-OBJ theorem proving in a specification language. In B. Krieg-Brückner, editor, *Proc. 4th European Symposium on Programming*, volume 582 of *Lecture Notes in Computer Science*, pages 182–199, Rennes, France, February 1992. Springer-Verlag.

[Gna92b]   I. Gnaedig. Termination of order-sorted rewriting. In H. Kirchner and G. Levi, editors, *Proc. 3rd Int. Conference on Algebraic and Logic Programming*, volume 632 of *Lecture Notes in Computer Science*, pages 37–52, Volterra, Italy, September 1992. Springer-Verlag.

[GNP+93]   J. Gallier, P. Narendran, D.A. Plaisted, S. Raatz, and W. Snyder. An algorithm for finding canonical sets of ground rewrite rules in polynomial time. *Journal of the ACM*, 40(1):1–16, January 1993. Also in Proc. CADE-88, LNCS 310, p. 182-196.

[GNPS90]   J. Gallier, P. Narendran, D. Plaisted, and W. Snyder. Rigid E-unification: NP-completeness and applications to equational matings. *Information and Computation*, 87:129–195, 1990.

[Göb87a]   R. Göbel. *A completion procedure for generating ground confluent term rewriting systems*. PhD thesis, Universität Kaiserslautern, 1987.

[Göb87b]   R. Göbel. Ground confluence. In *Proc. 2nd Int. Conference on Rewriting Techniques and Applications*, volume 256 of *Lecture Notes in Computer Science*, pages 156–167. Springer-Verlag, 1987.

[Gog80]   J.A. Goguen. How to prove algebraic inductive hypotheses without induction. In *Proc. 5th Int. Conference on Automated Deduction*, volume 87 of *Lecture Notes in Computer Science*, pages 356–373. Springer-Verlag, 1980.

[Gra90a]   B. Gramlich. Completion based inductive theorem proving: A case study in verifying sorting algorithms. Technical report, Fachbereich Informatik, Universität Kaiserslautern, 1990.

[Gra90b]   B. Gramlich. Completion based inductive theorem proving: An abstract framework and its applications. In *Proc. 2nd Int. Conference on Algebraic and Logic Programming*, volume 632 of *Lecture Notes in Computer Science*, pages 53–68. Springer-Verlag, 1990.

[Gra92a]   B. Gramlich. Generalized sufficient conditions for modular termination of rewriting. In H. Kirchner and G. Levi, editors, *Proc. 3rd Int. Conference on Algebraic and Logic Programming*, volume 632 of *Lecture Notes in Computer Science*, pages 53–68, Volterra, Italy, September 1992. Springer-Verlag.

[Gra92b]   B. Gramlich. Towards intelligent inductive proof engineering. SEKI-Report SR-92-01, Fachbereich Informatik, Universität Kaiserslautern, 1992.

[Gra94a]   B. Gramlich. Generalized sufficient conditions for modular termination of rewriting. *Applicable Algebra in Engineering, Communication and Computing*, 5:131–158, 1994.

[Gra94b]   B. Gramlich. New abstract criteria for termination and confluence of conditional rewrite systems. SEKI-Report SR-93-17, Fachbereich Informatik, Universität Kaiserslautern, 1994.

[Gra94c]   B. Gramlich. On modularity of termination and confluence properties of conditional rewrite systems. In G. Levi and M. Rodríguez Artalejo, editors, *Proc. 4rd Int. Conference on Algebraic and Logic Programming*, volume 850 of *Lecture Notes in Computer Science*, pages 186–203, Madrid, Spain, September 1994. Springer-Verlag.

[Gut77]   J.V. Guttag. Abstract data types and the development of data structures. *Communications of the ACM*, 20:396–404, 1977.

[GW92]   H. Ganzinger and U. Waldmann. Termination proofs of well-moded logic programs via conditional rewrite systems. In *Proc. 3rd Int. Workshop on Conditional Term Rewriting Systems*, volume 656 of *Lecture Notes in Computer Science*, pages 430–437. Springer-Verlag, 1992.

[HD83]   J. Hsiang and N. Dershowitz. Rewrite methods for clausal and non-clausal theorem proving. In *Proc. 10th Int. Colloquium on Automata, Languages and Programming*, volume 154 of *Lecture Notes in Computer Science*, pages 331–346. Springer-Verlag, 1983.

[Hen79]   L. Henkin. The logic of equality. *Math. Monthly*, pages 597–012, 1979.

[Her71]   G. Herman. Strong computability and variants of the uniform halting problem. *Z. Mathem. Logik Grundl. Mathematik*, pages 115–131, 1971.

[Her91]   M. Hermann. On proving properties of completion strategies. In *Proc. 4th Int. Conference on Rewriting Techniques and Applications*, volume 632 of *Lecture Notes in Computer Science*, pages 115–127. Springer-Verlag, 1991.

[Her92]   M. Hermann. On the relation between primitive recursion, schematization, and divergence. In H. Kirchner and G. Levi, editors, *Proc. 3rd Int. Conference on Algebraic and Logic Programming*, volume 632 of *Lecture Notes in Computer Science*, pages 115–127, Volterra, Italy, September 1992. Springer-Verlag.

[HH82]   G.P. Huet and J.-M. Hullot. Proofs by induction in equational theories with constructors. *Journal of Computer and System Sciences*, 25:239–266, 1982.

[Hig52]   G. Higman. Ordering by divisibility in abstract algebras. *Proc. London Math. Society*, 2:326–336, 1952.

[HKK94]   C. Hintermeier, C. Kirchner, and H. Kirchner. Dynamically-typed computations for order-sorted equational presentations. In S. Abiteboul and E. Shamir, editors, *Proc. 21st Int. Colloquium on Automata, Languages and Programming*, volume 820 of *Lecture Notes in Computer Science*, pages 450–462. Springer-Verlag, 1994.

[HKP91]   A. Habel, H.-J. Kreowski, and D. Plump. Jungle evaluation. *Fundamenta Informaticae*, 15:37–60, 1991.

[HL78]   G.P. Huet and D.S. Lankford. On the uniform halting problem for term rewriting systems. IRIA Report No. 283, France, 1978.

[HL79]   G.P. Huet and J.-J. Levy. Call by need computations in nonambiguous linear rewriting systems. INRIA Report No. 359, Le Chesnay, France, 1979.

[HL91]   G. Huet and J.-J. Levi. Computations in orthogonal rewriting systems. In J. Lassez and G. Plotkin, editors, *Computational Logic: Essays in Honor of Alan Robinson*, pages 395–443. MIT Press, 1991.

[HO80]   G.P. Huet and D.C. Oppen. Equations and rewrite rules: A survey. In R.V. Book, editor, *Formal Languages: Perspectives and Open Questions*, pages 349–405. Academic Press, 1980.

[HO82]   C.M. Hoffmann and M.J. O'Donnell. Programming with equations. *Transactions on Programming Laguages and Systems*, pages 83–112, 1982.

[Hof91]   D. Hofbauer. Time bounded rewrite systems and termination proofs by generalized embedding. In R.V. Book, editor, *Proc. 4th Int. Conference on Rewriting Techniques and Applications*, volume 488 of *Lecture Notes in Computer Science*, pages 62–73. Springer-Verlag, 1991.

[Hof92]   D. Hofbauer. Termination proofs by multiset path orderings imply primitive recursive derivation lengths. *Theoretical Computer Science*, 105:129–140, 1992.

[HP86]   M. Hermann and I. Privara. On nontermination of Knuth-Bendix algorithm. In *Proc. 13th Int. Colloquium on Automata, Languages and Programming*, volume 226 of *Lecture Notes in Computer Science*, pages 146–156. Springer-Verlag, 1986.

[HP91]   B. Hoffmann and D. Plump. Implementing term rewriting by jungle evaluation. *Informatique théorique et Applications/Theoretical Informatics and Applications*, 25:445–472, 1991.

[HR86]   J. Hsiang and M. Rusinowitch. A new method for establishing refutational completeness in theorem proving. In *Proc. 8th Int. Conference on Automated Deduction*, volume 230 of *Lecture Notes in Computer Science*, pages 141–152. Springer-Verlag, 1986.

[HR87]   J. Hsiang and M. Rusinowitch. On word problems in equational theories. In *Proc. 14th Int. Colloquium on Automata, Languages and Programming*, volume 267 of *Lecture Notes in Computer Science*, pages 54–71. Springer-Verlag, 1987.

[HR91]   J. Hsiang and M. Rusinowitch. Proving refutational completeness of theorem-proving strategies: The transfinite semantic tree method. *Journal of the ACM*, 38:559–587, 1991.

[Hsi85a]   J. Hsiang. Refutational theorem proving using term-rewriting systems. *Artificial Intelligence*, 25:225–300, 1985.

[Hsi85b]   J. Hsiang. Two results in term rewriting theorem proving. In *Proc. 1st Int. Conference on Rewriting Techniques and Applications*, volume 202 of *Lecture Notes in Computer Science*, pages 301–324. Springer-Verlag, 1985.

[Hsi87]   J. Hsiang. Rewrite method for theorem proving in first order theory with equality. *Journal of Symbolic Computation*, 3:133–151, 1987.

[Hue75]   G.P. Huet. A unification algorithm for typed lambda-calculus. *Theoretical Computer Science*, 1:27–57, 1975.

[Hue80]   G.P. Huet. Confluent reductions: Abstract properties and applications to term rewriting systems. *Journal of the ACM*, 27:797–821, 1980.

[Hue81]   G.P. Huet. A complete proof of correctness of the Knuth-Bendix completion algorithm. *Journal of Computer and System Sciences*, 23:11–21, 1981.

[Hul80a]   J.-M. Hullot. Canonical forms and unification. In *Proc. 5th Int. Conference on Automated Deduction*, volume 87 of *Lecture Notes in Computer Science*, pages 318–334. Springer-Verlag, 1980.

[Hul80b]   J.-M. Hullot. A catalogue of canonical term rewriting systems. Technical Report CSC-113, SRI International, 1980.

[Hus92]   H. Hussmann. Nondeterministic algebraic specifications and nonconfluent term rewriting. *Journal of Logic Programming*, 12:237–255, 1992.

[HZ92]   X. Hua and H. Zhang. FRI: Failure-resistant induction in RRL. In D. Kapur, editor, *Proc. 11th Int. Conference on Automated Deduction*, volume 607 of *Lecture Notes in Artificial Intelligence*, pages 691–695, Saratoga Springs, NY, USA, June 1992. Springer-Verlag.

[IN91]   P. Inverardi and M. Nesi. Infinite normal forms for non-linear term rewriting systems. In *Proc. 16th International Symposium on Mathematical Foundations of Computer Science*, volume 520 of *Lecture Notes in Computer Science*, pages 9–13. Springer-Verlag, 1991.

[Jan88]   M. Jantzen. *Confluent string rewriting*, volume 14 of *EATCS Monographs on Theoretical Computer Science*. Springer-Verlag, 1988.

[JK86]   J.-P. Jouannaud and H. Kirchner. Completion of a set of rules modulo a set of equations. *SIAM Journal on Computing*, 15:1155–1194, 1986.

[JK89]   J.-P. Jouannaud and E. Kounalis. Automatic proofs by induction in theories without constructors. *Information and Computation*, 82:1–33, 1989.

[JK91]   J.-P. Jouannaud and C. Kirchner. Solving euations in abstract algebras: A rule-based survey of unification. In J. Lassez and G. Plotkin, editors, *Computational Logic: Essays in Honor of Alan Robinson*, pages 257–321. MIT Press, 1991.

[JKK83]   J.-P. Jouannaud, C. Kirchner, and H. Kirchner. Incremental construction of unification algorithms in equational theories. In *Proc. 10th Int. Colloquium on Automata, Languages and Programming*, volume 154 of *Lecture Notes in Computer Science*, pages 361–373. Springer-Verlag, 1983.

[JKKM92]   J.-P. Jouannaud, C. Kirchner, H. Kirchner, and A. Mégrelis. Programming with equalities, subsorts, overloading, and parametrization in OBJ. *Journal of Logic Programming*, 12:257–279, 1992.

[JKR83]   J.-P. Jouannaud, H. Kirchner, and J.L. Rémy. Church-Rosser properties of weakly terminating term rewriting systems. In *Proc. of the 8th IJCAI*, pages 909–915, 1983.

[JL82]   J.-P. Jouannaud and P. Lescanne. On multiset orderings. *Information Processing Letters*, 15:57–63, 1982.

[JLR83]   J.-P. Jouannaud, P. Lescanne, and F. Reinig. Recursive decomposition ordering. In *Working Conference on Formal Description of Programming Concepts II (IFIP)*, pages 331–348, 1983.

[JM84]   J.-P. Jouannaud and M. Munoz. Termination of a set of rules modulo a set of equations. In *Proc. 7th Int. Conference on Automated Deduction*, volume 170 of *Lecture Notes in Computer Science*, pages 175–193. Springer-Verlag, 1984.

[JM92]   J.-P. Jouannaud and C. Marché. Termination and completion modulo associativity, commutativity and identity. *Theoretical Computer Science*, 104(1):29–51, 1992.

[JO91a]   J.-P. Jouannaud and M. Okada. A computation model for executable higher-order algebraic specification languages. In *Proc. 6th Annual IEEE Symposium on Logic in Computer Science*, pages 350–361, Amsterdam, The Netherlands, July 1991. IEEE Computer Society Press.

[JO91b]   J.-P. Jouannaud and M. Okada. Satisfiability of systems of ordinal notations with the subterm property is decidable. In *Proc. 18th Int. Colloquium on Automata, Languages and Programming*, volume 510 of *Lecture Notes in Computer Science*, pages 455–468. Springer-Verlag, 1991.

[Jou83]   J.-P. Jouannaud. Confluent and coherent sets of reduction with equations: Application to proofs in data types. In *Proc. 8th Colloquium on Trees in Algebras and Programming*, volume 59 of *Lecture Notes in Computer Science*, pages 269–283. Springer-Verlag, 1983.

[Jou91]   J.-P. Jouannaud. Executable higher-order algebraic specifications. In *Proc. 8th Annual Symposium on Theoretical Aspects of Computer Science*, volume 480 of *Lecture Notes in Computer Science*, pages 16–25. Springer-Verlag, 1991.

[JW86]   J.-P. Jouannaud and B. Waldmann. Reductive conditional term rewriting systems. In *Proc. 3rd IFIP Working Conference on Formal Description of Programming Concepts*, Ebberup, Denmark, 1986.

[Kap84]   S. Kaplan. Conditional rewrite rules. *Theoretical Computer Science*, 33:175–193, 1984.

[Kap87a]   S. Kaplan. Positive/negative conditional rewriting. In *Proc. 1st Int. Workshop on Conditional Term Rewriting Systems*, volume 308 of *Lecture Notes in Computer Science*, pages 129–143. Springer-Verlag, 1987.

[Kap87b]   S. Kaplan. Simplifying conditional term rewriting system: Unification, termination and confluence. *Journal of Symbolic Computation*, 4:295–334, 1987.

[KB70]   D.E. Knuth and P.B. Bendix. Simple word problems in universal algebras. In J. Leech, editor, *Computational Problems in Abstract Algebras*, pages 263–297. Pergamon Press, 1970.

[Kes91]   D. Kesner. Pattern matching in order-sorted languages. In *Proc. 16th International Symposium on Mathematical Foundations of Computer Science*, volume 520 of *Lecture Notes in Computer Science*, pages 267–276. Springer-Verlag, 1991.

[Kha94]   Z. Khasidashvili. Perpetuality and strong normalizations in orthogonal term rewriting systems. In P. Enjalbert, E.W. Mayr, and K.W. Wagner, editors, *Proc. 11th Annual Symposium on Theoretical Aspects of Computer Science*, volume 775 of *Lecture Notes in Computer Science*, pages 163–174, Caen, France, February 1994. Springer-Verlag.

[Kir84]   H. Kirchner. A general inductive completion algorithm and application to abstract data types. In *Proc. 7th Int. Conference on Automated Deduction*, volume 170 of *Lecture Notes in Computer Science*, pages 282–302. Springer-Verlag, 1984.

[Kir86]   C. Kirchner. Computing unification algorithms. In *Proc. 1st Annual IEEE Symposium on Logic in Computer Science*, pages 206–216. IEEE Computer Society Press, 1986.

[Kir87]   H. Kirchner. Schematization of infinite sets of rewrite rules. Application to the divergence of completion processes. In *Proc. 2nd Int. Conference on Rewriting Techniques and Applications*, volume 256 of *Lecture Notes in Computer Science*, pages 180–191. Springer-Verlag, 1987.

[Kir89]   C. Kirchner. From unification in combination of equational theories to a new AC-unification algorithm. In H. Aït Kaci and M. Nivat, editors, *Resolution of Equations in Algebraic Structures*, volume 2: Rewriting Techniques, chapter 6, pages 171–210. Academic Press, 1989.

[Kir91]   H. Kirchner. Proofs in parameterized specifications. In R.V. Book, editor, *Proc. 4th Int. Conference on Rewriting Techniques and Applications*, volume 488 of *Lecture Notes in Computer Science*, pages 174–187. Springer-Verlag, 1991.

[KK84]   D. Kapur and B. Krishnamurthy. A natural proof system based on rewriting techniques. In *Proc. 7th Int. Conference on Automated Deduction*, volume 170 of *Lecture Notes in Computer Science*, pages 53–64. Springer-Verlag, 1984.

[KK91]   C. Kirchner and H. Kirchner. Order-sorted computations in G-algebra. INRIA-Lorraine & CRIN, Cedex, France, December 1991.

[KKR90]   C. Kirchner, H. Kirchner, and M. Rusinowitch. Deduction with symbolic constraints. *Revue d'Intelligence Artificielle*, 4(3):9–52, 1990.

[KKSV91]   J.R. Kennaway, J.W. Klop, M.R. Sleep, and F.J. De Vries. Transfinite reductions in orthogonal term rewriting systems (extended abstract). In *Proc. 4th Int. Conference on Rewriting Techniques and Applications*, volume 488 of *Lecture Notes in Computer Science*, pages 1–12. Springer-Verlag, 1991.

[KL80]   S. Kamin and J.-J. Levi. Two generalizations of the recursive path ordering. Technical report, Dep. of Computer Science, University of Illinois, Urbana, IL, 1980. Unpublished note.

[KL87]   C. Kirchner and P. Lescanne. Solving disequations. In *Proc. 2nd Annual IEEE Symposium on Logic in Computer Science*, pages 347–352. IEEE Computer Society Press, 1987.

[KL91]   E. Kounalis and D. Lugiez. Compilation of pattern matching with associative-commutative functions. In *Proc. of the International Joint Conference on Theory and Practice of Software Development: Colloquium on Trees in Algebras and Programming (CAAP '91)*, volume 493 of *Lecture Notes in Computer Science*, pages 56–73. Springer-Verlag, 1991.

[Kla83]   H.A. Klaeren. *Algebraische Spezifikation*. Springer-Verlag, 1983.

[Kla91]   F. Klay. Undecidable properties of syntactic theories. In *Proc. 4th Int. Conference on Rewriting Techniques and Applications*, volume 488 of *Lecture Notes in Computer Science*, pages 136–149. Springer-Verlag, 1991.

[Klo80]   J.W. Klop. *Combinatory Reduction Systems*. PhD thesis, Mathematisch Centrum, Amsterdam, 1980.

[Klo92]   J.W. Klop. Term rewriting systems. In S. Abramsky, Dov M. Gabbay, and T.S.E. Maibaum, editors, *Handbook of Logic in Computer Science*, volume 2 Background: Computational Structures, chapter 1, pages 1–116. Clarendon Press - Oxford, 1992.

[KM84]   D. Kapur and D.R. Musser. Proof by consistency. *Artificial Intelligence*, 31:125–157, 1984.

[KM86]   D. Kapur and D.R. Musser. Inductive reasoning with incomplete specifications. In *Proc. 1st Annual IEEE Symposium on Logic in Computer Science*, pages 367–377. IEEE Computer Society Press, 1986.

[KM91]   J. W. Klop and A. Middeldorp. Sequentiality in orthogonal term rewriting systems. *Journal of Symbolic Computation*, 12:161–195, 1991.

[KMN88]   D. Kapur, D.R. Musser, and P. Narendran. Only prime superpositions need to be considered in the Knuth-Bendix completion procedure. *Journal of Symbolic Computation*, 4:19–36, 1988.

[KMNS91]   D. Kapur, D. Musser, P. Narendran, and J. Stillman. Semi-unification. *Theoretical Computer Science*, 81:169–187, 1991.

[KMTdV94]   J.W. Klop, A. Middeldorp, Y. Toyama, and R. de Vrijer. Modularity of confluence: A simplified proof. *Information Processing Letters*, 49(2):101–109, 1994.

[KN85a]   D. Kapur and P. Narendran. A finite Thue system with decidable word problem and without equivalent finite canonical system. *Theoretical Computer Science*, 35:337–344, 1985.

[KN85b]   D. Kapur and P. Narendran. The Knuth-Bendix completion procedure and Thue systems. *SIAM Journal on Computing*, 14, 1985. Also in Proc. 3rd Conf. Foundations Comp. Science and Softw. Eng. Bangalore, India, 1983.

[KN85c]   M.S. Krishnamoorthy and P. Narendran. On recursive path ordering. *Theoretical Computer Science*, 40:323–328, 1985.

[KN92a]   D. Kapur and P. Narendran. Complexity of unification problems with associative-commutative operators. *Journal of Automated Reasoning*, 9:261–288, 1992.

[KN92b]   D. Kapur and P. Narendran. Double-exponential complexity of computing a complete set of AC-unifiers (preliminary report). In *Proc. 7th Annual IEEE Symposium on Logic in Computer Science*, pages 11–21, Santa Cruz, California, USA, June 1992. IEEE Computer Society Press.

[KNKM85]   D. Kapur, P. Narendran, M.S. Krishnamoorthy, and R. McNaughton. The Church-Rosser property and special Thue systems. *Theoretical Computer Science*, 39:123–133, 1985.

[KNO90]   Depak Kapur, Paliath Narendran, and Friedrich Otto. On ground-confluence of term rewriting systems. *Information and Computation*, 86(1):14–31, 1990.

[KNS85]   D. Kapur, P. Narendran, and G. Sivakumar. A path ordering for proving termination of term rewriting systems. In *Proc. 10th Colloquium on Trees in Algebras and Programming*, volume 185 of *Lecture Notes in Computer Science*, pages 173–187. Springer-Verlag, 1985.

[KNZ86]   D. Kapur, P. Narendran, and H. Zhang. Proof by induction using test sets. In *Proc. 8th Int. Conference on Automated Deduction*, volume 230 of *Lecture Notes in Computer Science*, pages 99–117. Springer-Verlag, 1986.

[KNZ87]   D. Kapur, P. Narendran, and H. Zhang. On sufficient completeness and related properties of term rewriting systems. *Acta Informatica*, 24:395–415, 1987.

[KNZ91]   D. Kapur, P. Narendran, and H. Zhang. Automating inductionless induction using test sets. *Journal of Symbolic Computation*, 11:83–111, 1991.

[KO92]   M. Kurihara and A. Ohuchi. Modularity of simple termination of term rewriting systems with shared constructors. *Theoretical Computer Science*, 103(2):273–282, September 1992.

[Kou92]   E. Kounalis. Testing for the ground (co-)reducibility property in term-rewriting systems. *Theoretical Computer Science*, 106:87–117, 1992.

[KR89]   St. Kaplan and J.-L. Rémy. Completion algorithms for conditional rewriting systems. In H. Aït Kaci and M. Nivat, editors, *Resolution of Equations in Algebraic Structures*, volume 2: Rewriting Techniques, chapter 5, pages 141–170. Academic Press, 1989.

[KR90]   E. Kounalis and M. Rusinowitch. Mechanizing inductive reasoning. In *Proc. 8th AAAI*, pages 240–245. MIT Press, 1990.

[KR91a]   E. Kounalis and M. Rusinowitch. Automatic proof methods for algebraic specifications. In *Proc. Int. Conference on Fundamentals of Computation Theory (FCT '91)*, volume 529 of *Lecture Notes in Computer Science*, pages 307–317. Springer-Verlag, 1991.

[KR91b]   E. Kounalis and M. Rusinowitch. On word problems in Horn theories. *Journal of Symbolic Computation*, 11:113–127, 1991.

[Kru60]   J.B. Kruskal. Well-quasi-orderings, the tree theorem, and Vazsonyi's conjecture. *Trans. Amer. Math. Society*, 95:210–225, 1960.

[Kru72]   J.B. Kruskal. The theory of well-quasi-ordering: A frequently discovered concept. *Journal of Combinatorial Theory, Ser.A*, 13:297–305, 1972.

[KS85]   D. Kapur and M. Srivas. A rewrite rule based approach for synthesizing abstract data types. In *Proc. of the International Joint Conference on Theory and Practice of Software Development, TAPSOFT '85*, pages 188–207, 1985.

[KSZ90]   D. Kapur, G. Sivakumar, and H. Zhang. A new method for proving termination of AC-rewrite systems. In *Proc. 10th Conf. FST&TCS*, volume 472 of *Lecture Notes in Computer Science*, pages 133–148. Springer-Verlag, 1990.

[Küc89]   W. Küchlin. Inductive completion by ground proof transformation. In H. Aït Kaci and M. Nivat, editors, *Resolution of Equations in Algebraic Structures*, volume 2: Rewriting Techniques, chapter 7, pages 211–244. Academic Press, 1989.

[Kuc91]   G.A. Kucherov. On relationship between term rewriting systems and regular tree languages. In *Proc. 4th Int. Conference on Rewriting Techniques and Applications*, volume 488 of *Lecture Notes in Computer Science*, pages 299–311. Springer-Verlag, 1991.

[KV90]   J.W. Klop and R.C. De Vrijer. Extended term rewriting systems. In *Proc. 2nd Int. Workshop on Conditional and Typed Rewriting Systems*, volume 516 of *Lecture Notes in Computer Science*, pages 26–50. Springer-Verlag, 1990.

[KZ88]   D. Kapur and H. Zhang. Problem corner: Proving equivalence of different axiomatizations of free groups. *Journal of Automated Reasoning*, 4:331–352, 1988.

[KZ91]   D. Kapur and H. Zhang. A case study of the completion procedure: Proving ring commutativity problems. In J. Lassez and G. Plotkin, editors, *Computational Logic: Essays in Honor of Alan Robinson*, pages 360–395. MIT Press, 1991.

[Lan75a]   D.S. Lankford. Canonical algebraic simplification in computational logic. Report ATP-25, University of Texas, Math. Department, Automatic Theorem Proving Project, Austin, TX, 1975.

[Lan75b]   D.S. Lankford. Canonical inference. Report ATP-32, University of Texas, Math. Department, Automatic Theorem Proving Project, Austin, TX, 1975.

[Lan79a]   D.S. Lankford. On proving term rewriting systems are noetherian. Memo MTP-3, Mathematics Department, Louisiana Tech. University, Ruston, LA, 1979.

[Lan79b]   D.S. Lankford. Some new approaches to the theory and applications of conditional term rewriting systems. Memo MTP-6, Mathematics Department, Louisiana Tech. University, Ruston, LA, 1979.

[Lan81]   D.S. Lankford. A simple explanation of inductionless induction. Memo MTP-14, Mathematics Department, Louisiana Tech. University, Ruston, LA, 1981.

[LB77a]   D.S. Lankford and A.M. Ballantyne. Decision procedures for simple equational theories with commutative-associative axioms: Complete sets of comm-ass reductions. Technical Report ATP-39, University of Texas of Austin, 1977.

[LB77b]   D.S. Lankford and A.M. Ballantyne. Decision procedures for simple equational theories with permutative axioms: Complete sets of permutative reductions. Technical Report ATP-37, University of Texas of Austin, April 1977, also in extended version, 1977.

[LB77c]   D.S. Lankford and A.M. Ballantyne. Decision procedures for simple equational theories with a commutative axiom: Complete sets of commutative reductions. Technical Report ATP-35, University of Texas of Austin, 1977.

[LB79a]   D.S. Lankford and A.M. Ballantyne. Blocked permutative narrowing and resolution. 4th Deduction Workshop, Austin, Texas, 1979.

[LB79b]   D.S. Lankford and A.M. Ballantyne. The refutation completeness of blocked permutative narrowing and resolution. In *Proc. 4th Int. Conference on Automated Deduction*, pages 53–59, Austin, Texas, 1979.

[Les81]   P. Lescanne. Decomposition ordering as a tool to prove the termination of rewriting systems. In *Proc. of the 7th IJCAI*, pages 548–550, 1981.

[Les83a]   P. Lescanne. Computer experiments with the REVE term rewriting system. In *Proc. 10th ACM Symposium on Principles of Programming Languages*, pages 99–108, Austin, Texas, 1983.

[Les83b]   P. Lescanne. Some properties of the decomposition ordering - a simplification ordering to prove the termination of rewriting systems. *Informatique théorique et Applications/Theoretical Informatics and Applications*, 16:331–347, 1983.

[Les84]   P. Lescanne. Uniform termination of term rewriting systems. recursive decomposition ordering with status. In B. Courcelle, editor, *Proc. 9th Colloquium on Trees in Algebras and Programming*, pages 181–194, 1984.

[Les89]   P. Lescanne. Well rewrite orderings. In *Proc. 5th Annual IEEE Symposium on Logic in Computer Science*, pages 249–256. IEEE Computer Society Press, 1989.

[Les90]   P. Lescanne. On the recursive decomposition ordering with lexicographical status and other related orderings. *Journal of Automated Reasoning*, 6:39–49, 1990.

[Les91]   P. Lescanne. Rewrite orderings and termination of rewrite systems. In *Proc. 16th International Symposium on Mathematical Foundations of Computer Science*, volume 520 of *Lecture Notes in Computer Science*, pages 17–27. Springer-Verlag, 1991.

[LP81]   H.R. Lewis and C.H. Papadimitriou. *Elements of the theory of computation*. Prentice-Hall, Englewood Cliffs, New Jersey, 1981.

[Mak91] G. S. Makanin. On general solution of equations in a free semigroup. In *Proc. 2nd International Workshop on Word Equations and Related Topics (IWWERT '91)*, volume 677 of *Lecture Notes in Computer Science*, pages 1–5, Rouen, France, October 1991. Springer-Verlag.

[Mar90] U. Martin. A note on division orderings on strings. *Information Processing Letters*, 36:237–240, 1990.

[Mar91] C. Marche. On ground AC-completion. In *Proc. 4th Int. Conference on Rewriting Techniques and Applications*, volume 488 of *Lecture Notes in Computer Science*, pages 411–422. Springer-Verlag, 1991.

[Mar92] C. Marché. The word problem of ACD-ground theories is undecidable. *International Journal of Foundations of Computer Science*, 3(1):81–92, 1992.

[Mar93] U. Martin. Linear interpretations by counting patterns. In C. Kirchner, editor, *Proc. 5th Int. Conference on Rewriting Techniques and Applications*, volume 690 of *Lecture Notes in Computer Science*, pages 421–433, Montreal, Canada, June 1993. Springer-Verlag.

[McN92] G.F. McNulty. A field guide to equational logic. *Journal of Symbolic Computation*, 14:371–397, 1992.

[Met83] Y. Metivier. About the rewriting systems produced by the Knuth-Bendix completion algorithm. *Information Processing Letters*, 16:31–34, 1983.

[MH92] A. Middeldorp and E. Hamoen. Counterexamples to completeness results for basic narrowing (extended abstract). In H. Kirchner and G. Levi, editors, *Proc. 3rd Int. Conference on Algebraic and Logic Programming*, volume 632 of *Lecture Notes in Computer Science*, pages 244–258, Volterra, Italy, September 1992. Springer-Verlag.

[MH94] A. Middeldorp and E. Hamoen. Completeness results for basic narrowing. *Applicable Algebra in Engineering, Communication and Computing*, 5:213–253, 1994.

[Mid94] A. Middeldorp. Completeness of combinations of conditional systems. *Journal of Symbolic Computation*, 17:3–21, 1994.

[ML92] U. Martin and M. Lai. Some experiments with a completion theorem prover. *Journal of Symbolic Computation*, 13:81–100, 1992.

[MN87] R. McNaughton and P. Narendran. Special monoids and special Thue systems. *Journal of Algebra*, 108:218–255, 1987.

[MN89] U. Martin and T. Nipkow. Boolean unification - the story so far. *Journal of Automated Reasoning*, 7:275–293, 1989.

[MN90] U. Martin and T. Nipkow. Ordered rewriting and confluence. In *Proc. 10th Int. Conference on Automated Deduction*, volume 449 of *Lecture Notes in Artificial Intelligence*, pages 366–380. Springer-Verlag, 1990.

[MNO88] R. McNaughton, P. Narendran, and F. Otto. Church-Rosser Thue systems and formal languages. *Journal of the ACM*, 35:324–344, 1988.

[MNO91] K. Madlener, P. Narendran, and F. Otto. A specialized completion procedure for monadic string-rewriting systems presenting groups. In *Proc. 18th Int. Colloquium on Automata, Languages and Programming*, volume 510 of *Lecture Notes in Computer Science*, pages 279–290. Springer-Verlag, 1991.

[MO85] K. Madlener and F. Otto. Pseudo-natural algorithms for the word problem for finitely presented monoids and groups. *Journal of Symbolic Computation*, 1:383–418, 1985.

[MO87] K. Madlener and F. Otto. Groups presented by certain classes of finite length-reducing string-rewriting systems. In *Proc. 2nd Int. Conference on Rewriting Techniques and Applications*, volume 256 of *Lecture Notes in Computer Science*, pages 133–144. Springer-Verlag, 1987.

[MO88]   K. Madlener and F. Otto. Commutativity in groups presented by finite Church-Rosser Thue systems. *Informatique théorique et Applications/Theoretical Informatics and Applications*, 22:93–111, 1988.

[MO91]   K. Madlener and F. Otto. Decidable sentences for context-free groups. In *Proc. 8th Annual Symposium on Theoretical Aspects of Computer Science*, volume 480 of *Lecture Notes in Computer Science*, pages 160–171. Springer-Verlag, 1991.

[MOSK92]   K. Madlener, F. Otto, and A. Sattler-Klein. Generating small convergent systems can be extremely hard (extended abstract). In T. Ibaraki, Y. Inagaki, K. Iwama, T. Nishizeki, and M. Yamashita, editors, *Proc. 3rd Int. Symposium on Algorithms and Computation (ISSAC '92)*, volume 650 of *Lecture Notes in Computer Science*, pages 299–308, Nagoya, Japan, December 1992. Springer-Verlag.

[MR93]   K. Madlener and B. Reinert. On Gröbner basis in monoid and group rings. SEKI-Report SR-93-08, Fachbereich Informatik, Universität Kaiserslautern, 1993.

[MS93]   U. Martin and E. Scott. The order types of termination orderings on monadic terms, strings and multisets. In *Proc. 8th Annual IEEE Symposium on Logic in Computer Science*, pages 356–363, Montreal, Canada, June 1993. IEEE Computer Society Press.

[MT91]   A. Middeldorp and Y. Toyama. Completeness of combinations of constructor systems. In *Proc. 4th Int. Conference on Rewriting Techniques and Applications*, volume 488 of *Lecture Notes in Computer Science*, pages 188–199. Springer-Verlag, 1991.

[MT93]   A. Middeldorp and Y. Toyama. Completeness of combinations of constructor systems. *Journal of Symbolic Computation*, 15:331–348, 1993.

[Mül88]   J. Müller. *Theorem proving with rewriting techniques - Methods, strategies, comparisons (in German)*. PhD thesis, FB Informatik, Universität Kaiserslautern, 1988.

[Mus80]   D.R. Musser. On proving inductive properties of abstract data types. In *Proc. ACM Symp. on Principles of of Programming Languages*, pages 154–162, 1980.

[MZ94]   A. Middeldorp and H. Zantema. Simple termination revisited. In A. Bundy, editor, *Proc. of the 12th International Conference on Automated Deduction*, volume 814 of *Lecture Notes in Artificial Intelligence*, pages 451–465, Nancy, France, June 1994. Springer-Verlag.

[Nar86]   P. Narendran. On the equivalence problem for regular Thue systems. *Theoretical Computer Science*, 44:237–245, 1986.

[NB72]   M. Nivat and M. Benois. Congruences parfaites. Séminaire Dubriels 25e Année, 1971-72. 7-01-09.

[New42]   M.H.A. Newman. On theories with a combinatorial definition of "equivalence". *Annals of Mathematics*, 43:223–243, 1942.

[Nip91a]   T. Nipkow. Combining matching algorithm: The regular case. *Journal of Symbolic Computation*, 12:633–653, 1991.

[Nip91b]   T. Nipkow. Higher-order critical pairs. In *Proc. 6th Annual IEEE Symposium on Logic in Computer Science*, pages 342–349, Amsterdam, The Netherlands, July 1991. IEEE Computer Society Press.

[NN91]   R. Nieuwenhuis and P. Nivela. Efficient deduction in equality Horn logic by Horn-completion. *Information Processing Letters*, 12:1–6, 1991.

[NO84]   M. Navarro and F. Orejas. On the equivalence of hierarchical and non-hierarchical rewriting on conditional term rewriting systems. In *Proc EUROSAM*, volume 174 of *Lecture Notes in Computer Science*, pages 74–85. Springer-Verlag, 1984.

[NO89]   P. Narendran and C. O'Dunlaing. Cancellativity in finitely presented semigroups. *Journal of Symbolic Computation*, 7:457–472, 1989.

[NR91]   P. Narendran and M. Rusinowitch. Any ground associative-commutative theory has a finite canonical system. In *Proc. 4th Int. Conference on Rewriting Techniques and Applications*, volume 488 of *Lecture Notes in Computer Science*, pages 423–434. Springer-Verlag, 1991.

[NR92a]   R. Nieuwenhuis and A. Rubio. Basic superposition is complete. In B. Krieg-Brückner, editor, *Proc. 4th European Symposium on Programming*, volume 582 of *Lecture Notes in Computer Science*, pages 371–389, Rennes, France, February 1992. Springer-Verlag.

[NR92b]   R. Nieuwenhuis and A. Rubio. Theorem proving with ordering constrained clauses. In D. Kapur, editor, *Proc. 11th Int. Conference on Automated Deduction*, volume 607 of *Lecture Notes in Artificial Intelligence*, pages 477–491, Saratoga Springs, NY, USA, June 1992. Springer-Verlag.

[NR93]   P. Narendran and M. Rusinowitch. The unifiability problem in ground AC theories. In *Proc. 8th Annual IEEE Symposium on Logic in Computer Science*, pages 364–370, Montreal, Canada, June 1993. IEEE Computer Society Press.

[NR94]   R. Nieuwenhuis and A. Rubio. AC-superposition with constraints: no AC-unifiers needed. In A. Bundy, editor, *Proc. of the 12th International Conference on Automated Deduction*, volume 814 of *Lecture Notes in Artificial Intelligence*, pages 545–559, Nancy, France, June 1994. Springer-Verlag.

[NRS89]   W. Nutt, P. Rety, and G. Smolka. Basic narrowing revisited. *Journal of Symbolic Computation*, 7:295–317, 1989.

[Nut91]   W. Nutt. The unification hierarchy is undecidable. *Journal of Automated Reasoning*, 7:369–381, 1991.

[O'D77]   M.J. O'Donnell. *Computing in Systems Described by Equations*, volume 58 of *Lecture Notes in Computer Science*. Springer-Verlag, 1977.

[O'D83]   C. O'Dunlaing. Infinite regular Thue systems. *Theoretical Computer Science*, 25:171–192, 1983.

[O'D85]   M.J. O'Donnell. *Equational Logic as a Programming Language*. MIT Press, 1985.

[Oka88]   M. Okada. A logic analysis on theory of conditional rewriting. In *Proc. 1st Int. Workshop on Conditional Term Rewriting Systems*, volume 308 of *Lecture Notes in Computer Science*, pages 179–198. Springer-Verlag, 1988.

[Ore87]   F. Orejas. Theorem proving in conditional equational theories. In *Proc. 1st Int. Workshop on Conditional Term Rewriting Systems*, volume 308 of *Lecture Notes in Computer Science*. Springer-Verlag, 1987.

[Ott91a]   F. Otto. Some undecidability results for weakly confluent monadic string-rewriting systems. In *Proc 9th Conf. Applied Algebra, Algebraic Algorithms, and Error Correcting Codes*, volume 539 of *Lecture Notes in Computer Science*, pages 292–303. Springer-Verlag, 1991.

[Ott91b]   F. Otto. When is an extension of a specification consistent? Decidable and undecidable cases. *Journal of Symbolic Computation*, 12:255–273, 1991.

[Oya87]   M. Oyamaguchi. The Church-Rosser property for ground term rewriting systems is decidable. *Theoretical Computer Science*, 49:43–79, 1987.

[Pad88a]   P. Padawitz. *Computing in Horn Clause Theories*, volume 16 of *EATCS Monographs on Theoretical Computer Science*. Springer-Verlag, 1988.

[Pad88b]   P. Padawitz. The equational theory of parameterized specifications. *Information and Computation*, 76:121–137, 1988.

[Pad91]   P. Padawitz. Inductive expansion: A calculus for verifying and synthesizing functional and logic programs. *Journal of Automated Reasoning*, 7:27–103, 1991.

[Pau84a]   E. Paul. A new interpretation of the resolution principle. In J.-P. Jouannaud and M. Muoz, editors, *Proc. 7th Int. Conference on Automated Deduction*, volume 170 of *Lecture Notes in Computer Science*, pages 333–355. Springer-Verlag, 1984.

[Pau84b]   E. Paul. Proof by induction in equational theories with relations between constructors. In *Proc. 9th Colloquium on Trees in Algebras and Programming*, pages 211–225, 1984.

[Ped84]   J. Pedersen. *Confluence methods and the word problem in universal algebra*. PhD thesis, Emroy University, Atlanta, Georgia, 1984.

[Pet83]   G.E. Peterson. A technique for establishing completeness results in theorem proving with equality. *SIAM Journal on Computing*, 12:82–100, 1983.

[Pet90]   G.E. Peterson. Complete sets of reductions with constraints. In *Proc. 10th Int. Conference on Automated Deduction*, volume 449 of *Lecture Notes in Artificial Intelligence*, pages 381–395. Springer-Verlag, 1990.

[Pla78]   D.A. Plaisted. A recursively defined ordering for proving termination of term rewriting systems. Technical report, Dept. of Computer Science, University of Illinois, Urbana-Champaign, 1978.

[Pla85a]   D.A. Plaisted. Semantic confluence tests and completion methods. *Information and Control*, 65:182–215, 1985.

[Pla85b]   D.A. Plaisted. The undecidability of self-embedding for term rewriting systems. *Information Processing Letters*, 20:61–64, 1985.

[Pla88]   D.A. Plaisted. A logic for conditional term rewriting systems. In *Proc. 1st Int. Workshop on Conditional Term Rewriting Systems*, volume 308 of *Lecture Notes in Computer Science*, pages 212–227. Springer-Verlag, 1988.

[Pla93a]   D. A. Plaisted. Equational reasoning and term rewriting systems. In Dov M. Gabbay, C.J. Hogger, and J.A. Robinson, editors, *Handbook of Logic in Artificial Intelligence and Logic Programming*, volume 1, pages 273–364. Clarendon Press, Oxford, 1993.

[Pla93b]   D. A. Plaisted. Polynomial time termination and constraint satisfaction tests. In C. Kirchner, editor, *Proc. 5th Int. Conference on Rewriting Techniques and Applications*, volume 690 of *Lecture Notes in Computer Science*, pages 405–420, Montreal, Canada, June 1993. Springer-Verlag.

[Plo72]   G.D. Plotkin. Building-in equational theories. *Machine Intelligence*, 7:73–90, 1972.

[PS81]   G.E. Peterson and M.E. Stickel. Complete sets of reductions for some equational theories. *Journal of the ACM*, 28:233–264, 1981.

[Rao84]   J.C. Raoult. On graph rewriting. *Theoretical Computer Science*, 32:1–24, 1984.

[Rao88]   J.C. Raoult. Proving open properties by induction. *Information Processing Letters*, 29:19–23, 1988.

[Red89]   U.S. Reddy. Rewriting techniques for program synthesis. In N. Dershowitz, editor, *Proc. 3rd Int. Conference on Rewriting Techniques and Applications*, volume 355 of *Lecture Notes in Computer Science*, pages 388–403. Springer-Verlag, 1989.

[Red90]   U.S. Reddy. Term rewriting induction. In *Proc. 10th Int. Conference on Automated Deduction*, volume 449 of *Lecture Notes in Artificial Intelligence*, pages 162–177. Springer-Verlag, 1990.

[Rém82]   J.L. Rémy. *Etude des systèmes de réécriture conditionelles et applications aux types abstraits algébriques*. PhD thesis, Université Nancy, 1982.

[Ret87]   P. Rety. Improving basic narrowing techniques. In P. Lescanne, editor, *Proc. 2nd Int. Conference on Rewriting Techniques and Applications*, volume 256 of *Lecture Notes in Computer Science*, pages 228–241. Springer-Verlag, 1987.

[RKKL85]   P. Rety, C. Kirchner, H. Kirchner, and P. Lescanne. Narrower: A new algorithm for unification and its application to logic programming. In J.-P. Jouannaud, editor, *Proc. 1ˢᵗ Int. Conference on Rewriting Techniques and Applications*, volume 202 of *Lecture Notes in Computer Science*, pages 141–157. Springer-Verlag, 1985.

[RN93]   A. Rubio and R. Nieuwenhuis. A precedence-based total AC-compatible ordering. In C. Kirchner, editor, *Proc. 5ᵗʰ Int. Conference on Rewriting Techniques and Applications*, volume 690 of *Lecture Notes in Computer Science*, pages 374–388, Montreal, Canada, June 1993. Springer-Verlag.

[Rob65]   J.A. Robinson. A machine-oriented logic based on the resolution principle. *Journal of the ACM*, 12:23–41, 1965.

[Ros73]   B.K. Rosen. Tree-manipulating systems and Church-Rosser theorems. *Journal of the ACM*, 20(1):160 – 187, 1973.

[RR91]   R. Ramesh and I.V. Ramakrishnan. Incremental techniques for efficient normalization of nonlinear rewrite systems. In R.V. Book, editor, *Proc. 4ᵗʰ Int. Conference on Rewriting Techniques and Applications*, volume 488 of *Lecture Notes in Computer Science*, pages 335–347. Springer-Verlag, 1991.

[Rus87a]   M. Rusinowitch. *Démonstration automatique par des techniques de réécriture.* PhD thesis, Université Nancy, 1987.

[Rus87b]   M. Rusinowitch. On termination of the direct sum of term-rewriting systems. *Information Processing Letters*, 26:65–70, 1987.

[Rus87c]   M. Rusinowitch. Path of subterms ordering and recursive decomposition ordering revisited. *Journal of Symbolic Computation*, 3:117–131, 1987.

[Rus91]   M. Rusinowitch. Theorem-proving with resolution and superposition. *Journal of Symbolic Computation*, 11:21–49, 1991.

[RV91]   M. Rusinowitch and L. Vigneron. Automated deduction with associative commutative operators. In Ph. Jorrand and J. Kelemen, editors, *Proc. Int. Workshop on Fundamentals of Artificial Intelligence Research*, volume 535 of *Lecture Notes in Artificial Intelligence*, pages 185–199, Smolenice, Czechoslovakia, September 1991. Springer-Verlag.

[RW69]   G. Robinson and L. Wos. Paramodulation and theorem-proving in first-order theories with equality. *Machine Intelligence*, 4:135–150, 1969.

[SA91]   R. Socher-Ambrosius. Boolean algebra admits no convergent term rewriting system. In R.V. Book, editor, *Proc. 4ᵗʰ Int. Conference on Rewriting Techniques and Applications*, volume 488 of *Lecture Notes in Computer Science*, pages 264–274. Springer-Verlag, 1991.

[Sal91]   K. Salomaa. Decidability of confluence and termination of monadic term rewriting systems. In R.V. Book, editor, *Proc. 4ᵗʰ Int. Conference on Rewriting Techniques and Applications*, volume 488 of *Lecture Notes in Computer Science*, pages 275–286. Springer-Verlag, 1991.

[Set74]   R. Sethi. Testing for the Church-Rosser property. *Journal of the ACM*, 21:671–679, 1974.

[Sha88]   N. Shankar. A mechanical proof of the Church-Rosser theorem. *Journal of the ACM*, 35:475–522, 1988.

[Sie89]   J. Siekmann. Unification theory. *Journal of Symbolic Computation*, 7:207–274, 1989.

[Sim91]   C.C. Sims. The Knuth-Bendix procedure for strings as a substitute for coset enumeration. *Journal of Symbolic Computation*, 12:439–442, 1991.

[SK91]   A. Sattler-Klein. Divergence phenomena during completion. In N. Dershowitz, editor, *Proc. 4ᵗʰ Int. Conference on Rewriting Techniques and Applications*, volume 488 of *Lecture Notes in Computer Science*, pages 374–385. Springer-Verlag, 1991.

[SK94]   A. Sattler-Klein. About changing the ordering during Knuth-Bendix completion. In P. Enjalbert, E.W. Mayr, and K.W. Wagner, editors, *Proc. 11th Annual Symposium on Theoretical Aspects of Computer Science*, volume 775 of *Lecture Notes in Computer Science*, pages 175–186, Caen, France, February 1994. Springer-Verlag.

[Sla74]   J.R. Slagle. Automated theorem-proving for theories with simplifiers, commutativity, and associativity. *Journal of the ACM*, 21:622–642, 1974.

[Smo89]   G. Smolka. *Logic programming over polymorphically order-sorted types*. PhD thesis, Fachbereich Informatik, Universität Kaiserslautern, 1989.

[SNGM89]   G. Smolka, W. Nutt, J.A. Goguen, and J. Meseguer. Order-sorted equational computation. In H.Aït Kaci and M. Nivat, editors, *Resolution of Equations in Algebraic Structures*, volume 2: Rewriting Techniques, pages 299–369. Academic Press, 1989.

[Sny93]   W. Snyder. A fast algorithm for generating reduced ground rewriting systems from a set of ground equations. *Journal of Symbolic Computation*, 15:415–450, 1993.

[SO87]   C. Squier and F. Otto. The word problem for finitely presented monoids and finite canonical rewriting systems. In P. Lescanne, editor, *Proc. 2nd Int. Conference on Rewriting Techniques and Applications*, volume 256 of *Lecture Notes in Computer Science*, pages 74–82. Springer-Verlag, 1987.

[Soc91]   R. Socher. On the relation between resolution based and completion based theorem proving. *Journal of Symbolic Computation*, 11:129–147, 1991.

[SR92]   R.C. Sekar and I.V. Ramakrishnan. Programming with equations: A framework for lazy parallel evaluation. In D. Kapur, editor, *Proc. 11th Int. Conference on Automated Deduction*, volume 607 of *Lecture Notes in Artificial Intelligence*, pages 618–632, Saratoga Springs, NY, USA, June 1992. Springer-Verlag.

[SRK93]   R.K. Shyamasundar, M.R.K. Krishna Rao, and D. Kapur. Rewriting concepts in the study of termination of logic programs. In *Proc 4th UK Conference on Logic Programming*, pages 3–21, many, 1993. Springer-Verlag.

[SS82]   J. Siekmann and P. Szabo. A noetherian and confluent rewrite system for idempotent semigroups. *Semigroup Forum*, 25:83–110, 1982.

[Sta75]   J. Staples. Church-Rosser theorems for replacement systems. In J. Crossley, editor, *Algebra and Logic*, volume 450 of *Lecture Notes in Computer Science*, pages 291–309. Springer-Verlag, 1975.

[Ste89]   J. Steinbach. Extensions and comparison of simplification orderings. In N. Dershowitz, editor, *Proc. 3rd Int. Conference on Rewriting Techniques and Applications*, volume 355 of *Lecture Notes in Computer Science*, pages 434–448. Springer-Verlag, 1989.

[Ste90a]   J. Steinbach. AC-termination of rewrite systems: A modified Knuth-Bendix ordering. In *Proc. 2nd Int. Conference on Algebraic and Logic Programming*, volume 463 of *Lecture Notes in Computer Science*, pages 372–386. Springer-Verlag, 1990.

[Ste90b]   J. Steinbach. Improving associative path orderings. In *Proc. 10th Int. Conference on Automated Deduction*, volume 449 of *Lecture Notes in Computer Science*, pages 411–425. Springer-Verlag, 1990.

[Ste93]   J. Steinbach. Simplification orderings: Putting them to the test. *Journal of Automated Reasoning*, 10:389–397, 1993.

[Ste94a]   J. Steinbach. Generating polynomial orderings. *Information Processing Letters*, 49(2):85–93, 1994.

[Ste94b]   J. Steinbach. *Termination of rewriting - Extensions, comparisons and automatic generation of simplification orderings*. PhD thesis, Fachbereich Informatik, Universität Kaiserslautern, 1994.

[Sti81]   M.E. Stickel. A unification algorithm for associative-commutative functions. *Journal of the ACM*, 28:423–434, 1981.

[Tha87]   S.R. Thatte. A refinement of strong sequentiality for term rewriting wiht constructors. *Information and Computation*, 72:46–65, 1987.

[TKB89]   Y. Toyama, J.W. Klop, and H.P. Barendregt. Termination for the direct sum of left-linear term rewriting systems (preliminary draft). In N. Dershowitz, editor, *Proc. 3rd Int. Conference on Rewriting Techniques and Applications*, volume 355 of *Lecture Notes in Computer Science*, pages 477–491. Springer-Verlag, 1989.

[Toy87a]   Y. Toyama. Counterexamples to termination for the direct sum of term rewriting systems. *Information Processing Letters*, 25:141–143, 1987.

[Toy87b]   Y. Toyama. On the Church-Rosser property for the direct sum of term rewriting systems. *Journal of the ACM*, 34:128–143, 1987.

[Toy88]   Y. Toyama. Confluent term rewriting systems with membership conditions. In *Proc. 1st Int. Workshop on Conditional Term Rewriting Systems*, volume 308 of *Lecture Notes in Computer Science*, pages 228–234. Springer-Verlag, 1988.

[Toy91a]   Y. Toyama. How to prove equivalence of term rewriting systems without induction. *Theoretical Computer Science*, 90:369–390, 1991. Also in Proc. CADE '86, LNCS 230, p. 118-127.

[Toy91b]   Y. Toyama. Strong sequentiality of left-linear overlapping term rewriting systems. CWI Report CS-R9146, Computer Science/Department of Software Technology, Amsterdam, The Netherlands, October 1991.

[TW93]   M. Thomas and P. Watson. Solving divergence in Knuth-Bendix completion by enriching signatures. *Theoretical Computer Science*, 112(1):145–185, April 1993.

[Vig94]   L. Vigneron. Associative-commutative deduction with constraints. In A. Bundy, editor, *Proc. of the 12th International Conference on Automated Deduction*, volume 814 of *Lecture Notes in Artificial Intelligence*, pages 530–544, Nancy, France, June 1994. Springer-Verlag.

[vOvR94]   V. van Oostrom and F. van Raamsdonk. Weak orthogonality implies confluence: the higher-order case. In A. Nerode and Yu. V. Matiyasevich, editors, *Proc. International Symposium on Logical Foundations of Computer Science*, volume 813 of *Lecture Notes in Computer Science*, pages 379–392, St. Petersburg, Russia, July 1994. Springer-Verlag.

[Wal91]   C. Walther. *Automatisierung von Terminierungsbeweisen*. Vieweg-Verlag, 1991.

[Wal93]   U. Waldmann. Semantics of order-sorted specifications. *Theoretical Computer Science*, 94:1–35, 1993.

[WB83]   F. Winkler and B. Buchberger. A criterion for eliminating unnecessary reductions in the Knuth-Bendix algorithm. *Coll. Mathem. Society J. Bolyai*, 42:849–869, 1983.

[Wec92]   W. Wechler. *Universal Algebra for Computer Scientists*, volume 25 of *EATCS Monographs on Theoretical Computer Science*. Springer-Verlag, 1992.

[Wer93]   A. Werner. A semantic approach to order-sorted rerwriting. In C. Kirchner, editor, *Proc. 5th Int. Conference on Rewriting Techniques and Applications*, volume 690 of *Lecture Notes in Computer Science*, pages 47–61, Montreal, Canada, June 1993. Springer-Verlag.

[WG94a]   C.-P. Wirth and B. Gramlich. A constructor-based approach to positive/negative-conditional equational specifications. *Journal of Symbolic Computation*, 17:51–90, 1994.

[WG94b]   C.-P. Wirth and B. Gramlich. On notions of inductive validity for first-order equational clauses. In A. Bundy, editor, *Proc. of the 12th International Conference on Automated Deduction*, volume 814 of *Lecture Notes in Artificial Intelligence*, pages 162–176, Nancy, France, June 1994. Springer-Verlag.

[WGKP93] C.-P. Wirth, B. Gramlich, U. Kühler, and H. Prote. Constructor-based inductive validity in positive/negative-conditional equational specifications. SEKI-Report SR-93-05, Fachbereich Informatik, Universität Kaiserslautern, June 1993.

[Wir90] M. Wirsing. Algebraic specification. In J. van Leeuwen, editor, *Handbook of Theoretical Computer Science*, volume B, chapter 13, pages 675–788. Elsevier, 1990.

[Zan94] H. Zantema. Termination of term rewriting: interpretation and type elimination. *Journal of Symbolic Computation*, 17:23–50, 1994.

[ZH92] H. Zhang and X. Hua. Proving the chinese remainder theorem by the cover set induction. In D. Kapur, editor, *Proc. 11th Int. Conference on Automated Deduction*, volume 607 of *Lecture Notes in Artificial Intelligence*, pages 431–445, Saratoga Springs, NY, USA, June 1992. Springer-Verlag.

[Zha93] H. Zhang. A case study of completion modulo distributivity and Abelian groups. In C. Kirchner, editor, *Proc. 5th Int. Conference on Rewriting Techniques and Applications*, volume 690 of *Lecture Notes in Computer Science*, pages 32–46, Montreal, Canada, June 1993. Springer-Verlag.

[ZK88] H. Zhang and D. Kapur. First-order theorem proving using conditional rewrite rules. In *Proc. 9th Int. Conference on Automated Deduction*, volume 310 of *Lecture Notes in Computer Science*, pages 1–20. Springer-Verlag, 1988.

[ZK90] H. Zhang and D. Kapur. Unnecessary inferences in associative - commutative completion procedures. *Mathematical Systems Theory*, 23:175–206, 1990.

[ZKK88] H. Zhang, D. Kapur, and M.S. Krishnamoorthy. A mechanizable induction principle for equational specifications. In *Proc. 9th Int. Conference on Automated Deduction*, volume 310 of *Lecture Notes in Computer Science*, pages 162–181. Springer-Verlag, 1988.

[ZR85] H. Zhang and J.L. Rémy. Contextual rewriting. In *Proc. 1st Int. Conference on Rewriting Techniques and Applications*, volume 202 of *Lecture Notes in Computer Science*, pages 46–62. Springer-Verlag, 1985.

Springer-Verlag und Umwelt

Als internationaler wissenschaftlicher Verlag sind wir uns unserer besonderen Verpflichtung der Umwelt gegenüber bewußt und beziehen umweltorientierte Grundsätze in Unternehmensentscheidungen mit ein.

Von unseren Geschäftspartnern (Druckereien, Papierfabriken, Verpackungsherstellern usw.) verlangen wir, daß sie sowohl beim Herstellungsprozeß selbst als auch beim Einsatz der zur Verwendung kommenden Materialien ökologische Gesichtspunkte berücksichtigen.

Das für dieses Buch verwendete Papier ist aus chlorfrei bzw. chlorarm hergestelltem Zellstoff gefertigt und im pH-Wert neutral.